高职高专土建专业"互联网＋"创新规划教材

市政工程
计量与计价

第四版

主　编◎郭良娟

副主编◎李　淳

参　编◎洪　巨　周剑宏
　　　　于江红

北京大学出版社
PEKING UNIVERSITY PRESS

内容简介

本书依据市政工程造价工程师的岗位标准和职业能力需求，采用现行规范、定额及工程计价相关的通知和规定进行编写。本书首先介绍了工程造价的基本知识、工程计量与计价的基本知识、建设工程定额的基本知识、工程量清单与清单计价的基本知识，然后分别阐述了市政工程定额计量与计价（包括通用项目、道路工程、排水工程、桥涵工程等市政工程定额项目的工程量计算规则、计算方法，以及定额项目基价、工程造价的计算）、市政工程清单计量与计价 [包括道路工程 (含土石方工程)、排水管网工程、桥涵工程等市政工程清单项目工程量计算规则、计算方法，以及清单项目综合单价、工程造价的计算]。全书辅以大量例题，例题由简到难、由小到大，道路工程（含土石方工程）、排水管网工程、桥涵工程等市政工程均结合工程实例设置了综合案例，示例了定额与清单工程量计算及工程造价计算的步骤与过程，便于学生理解和掌握相关知识，并能提高学生依据实际工程图纸结合工程施工方案进行计量与计价的动手能力。

本书既可作为高职高专院校市政工程技术专业、工程造价管理等专业的教材，也可供从事市政工程计量与计价工作的相关专业人员学习参考。

图书在版编目（CIP）数据

市政工程计量与计价 / 郭良娟主编 . —4 版 . —北京：北京大学出版社，2023.6
高等院校土建类专业"互联网＋"创新规划教材
ISBN 978-7-301-34060-8

Ⅰ . ①市… Ⅱ . ①郭… Ⅲ . ①市政工程－工程造价－高等学校－教材 Ⅳ . ① TU723.3

中国国家版本馆 CIP 数据核字（2023）第 097571 号

书　　　名	市政工程计量与计价（第四版）
	SHIZHENG GONGCHENG JILIANG YU JIJIA（DI-SI BAN）
著作责任者	郭良娟　主编
策 划 编 辑	刘健军
责 任 编 辑	伍大维
数 字 编 辑	蒙俞材
标 准 书 号	ISBN 978-7-301-34060-8
出 版 发 行	北京大学出版社
地　　　址	北京市海淀区成府路 205 号　100871
网　　　址	http：//www. pup. cn　新浪微博：@ 北京大学出版社
编辑部邮箱	pup6@pup.cn
总编室邮箱	zpup@pup.cn
电　　　话	邮购部 010-62752015　发行部 010-62750672　编辑部 010-62750667
印 刷 者	北京鑫海金澳胶印有限公司
经 销 者	新华书店
	787 毫米 ×1092 毫米　16 开本　25.5 印张　612 千字
	2008 年 9 月第 1 版　2012 年 8 月第 2 版　2016 年 11 月第 3 版
	2023 年 6 月第 4 版　2023 年 6 月第 1 次印刷
定　　　价	69.00 元

第四版前言
Preface

　　本书以高技能型人才培养为理念，以市政工程造价工程师的岗位标准和职业能力需求为依据，内容循序渐进、层层展开，在介绍工程计量与计价基本知识的基础上，分别阐述了市政工程定额计量与计价（包括通用项目、道路工程、排水工程、桥涵工程等市政工程定额项目的工程量计算规则、计算方法，以及定额项目基价、工程造价的计算）、市政工程清单计量与计价 [包括道路工程（含土石方工程）、排水管网工程、桥涵工程等市政工程清单项目工程量计算规则、计算方法，以及清单项目综合单价、工程造价的计算]。

　　本书在前三版的基础上，依据现行规范，以及与定额、计量和计价相关的通知和规定进行了修订和调整：依据国家营改增的相关规定、浙江省工程计量与计价相关的通知与规定、《浙江省建设工程计价规则》（2018 版）调整了工程计价规则及相关费率；依据《浙江省市政工程预算定额》（2018 版）对市政工程预算定额应用的例题，以及道路工程（含土石方工程）、排水管网工程、桥涵工程的综合案例进行了较大的修订与调整，使之更加适合教学实际，也更加有利于学生理解和掌握。

　　本书由郭良娟（浙江建设职业技术学院）任主编，李淳（杭州钱塘新区建设投资集团有限公司）任副主编，洪巨（杭州腾越建设工程有限公司）、周剑宏（杭州市市政工程集团有限公司）、于江红（杭州天恒投资建设管理有限公司）参编。本书第一版由王云江、郭良娟任主编，杨勇军、周土明、黄允洪参编；第二版由郭良娟、王云江任主编，董辉、易操、张斌任副主编，陈峰、洪巨、敬伯文参编；第三版由郭良娟任主编，易操、王云江任副主编，洪巨、于江红、周剑宏、李守敏参编。在此对前三版编者一并表示感谢。

　　针对本书内容，建议安排 80 ～ 96 学时进行教学，其中安排 24 ～ 32 学时用于实训，开展道路工程、排水管网工程、桥涵工程等专业工程的定额和清单计量与计价实训，并安排计价软件的应用操作实训，以提高学生从事市政工程造价相关工作的顶岗实习能力。

　　由于编者水平有限，书中难免有不足之处，恳请广大读者、同行批评指正。

编　者

2023 年 3 月

资源索引

目录
Catalog

第一篇 市政工程计量与计价基础知识

第二篇 市政工程定额计量与计价

第三篇 市政工程清单计量与计价

第一篇

市政工程计量与计价基础知识

第 1 章 工程造价的基本知识

思维导图

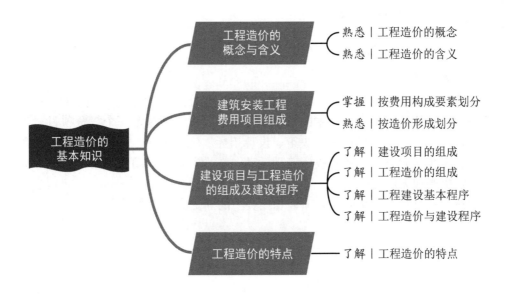

引言

工程项目的建设周期一般比较长，可以分为项目可行性研究与决策阶段、项目初步设计阶段、项目技术设计阶段、项目施工图设计阶段、项目招投标阶段、项目实施阶段、项目竣工验收阶段、项目试车（试运行）阶段、项目运行阶段。在每个阶段进行工程的投资管理活动会产生相应的费用，这些费用是如何构成的呢？每个阶段预计和实际发生的费用相同吗？

1.1 工程造价的概念与含义

1.1.1 工程造价的概念

工程造价的直接意义就是工程的建造价格，是工程项目按照确定的建设项目、建设规模、建设标准、功能要求、使用要求等全部建成后经验收合格并交付使用所需的全部费用。

1.1.2 工程造价的含义

工程造价有两种含义。

1. 第一种含义

工程造价是指建设一项工程预期开支或实际开支的全部固定资产的投资费用。

这一含义是从投资者——业主的角度来定义的。投资者选定一个投资项目，为了获得预期的效益，须通过项目评估、决策、设计招标、施工招标、监理招标、工程施工监督管理，直至竣工验收等一系列投资管理活动，在投资管理活动中所支付的全部费用就形成了固定资产和无形资产。

工程造价的第一种含义即建设项目总投资中的固定资产投资。

知识链接

建设项目总投资包括固定资产投资和流动资产投资两部分，具体构成见表1-1。

设备原价是指国产标准设备、国产非标准设备或进口设备的原价。国产标准设备、国产非标准设备原价一般是指设备生产厂家的交货价，即出厂价；进口设备原价是指进口设备的抵岸价，即进口设备抵达买方边境港口或边境车站且交完关税以后的价格。

设备运杂费由运输与装卸费、包装费、设备供销部门的手续费、采购与仓库保管费组成。

工器具及生产家具购置费是指新建或扩建项目按初步设计规定，主要保证初期正常生产必须购置的没有达到固定资产标准的设备、仪器、工卡模具、器具、生产家具和备品备件等的购置费用。

表 1-1　建设项目总投资的构成

建设项目总投资	固定资产投资（工程造价的第一种含义）	设备及工器具购置费	设备购置费	设备原价
				设备运杂费
			工器具及生产家具购置费	
		建筑安装工程费用（工程造价的第二种含义）	直接费	
			间接费	
			利润	
			税金	
		工程建设其他费用	土地使用费	
			与项目建设有关的其他费用	
			与未来企业生产经营有关的其他费用	
		预备费	基本预备费	
			价差预备费	
		建设期贷款利息		
		固定资产投资方向调节税（已暂停征收）		
	流动资产投资			

| 特别提示 |

> 工器具及生产家具一般价值不高，未达到固定资产标准；设备一般价值较高，已达到固定资产标准。

土地使用费包括土地征用及迁移补偿费、土地使用权出让金。

建设项目不同，与项目建设有关的其他费用也不尽相同，一般包括：建设单位管理费、勘察设计费、研究试验费、建设单位临时设施费、工程监理费、工程保险费、引进技术和进口设备其他费用、工程承包费。

与未来企业生产经营有关的其他费用主要包括：联合试运转费、生产准备费、办公和生活家具购置费。

基本预备费是指在初步设计及概算内难以预料的工程费用。

价差预备费是建设项目在建设期间由于价格等变化引起工程造价变化而事先预留的费用。

建设期贷款利息包括向国内银行和其他非银行金融机构贷款、出口信贷、外国政府贷款、国际商业银行以及在境内发行的债券等在建设期内应偿还的借款利息。

固定资产投资方向调节税是为了贯彻国家产业政策，控制投资规模，引导投资方向，调整投资结构，加强重点建设，促进国民经济持续、稳定、协调发展，对在我国境内进行固定资产投资的单位和个人征收的税费，简称投资方向调节税。依据《中华人民共和国固定资产投资方向调节税暂行条例》，自 2011 年 1 月起新发生的投资额，暂停征收固定资产投资方向调节税。

2. 第二种含义

工程造价是指为建设一项工程，预计或实际在土地市场、设备市场、技术劳务市场、承包市场等交易活动中所形成的建筑安装工程总价格。

这一含义以建设工程这种特定的商品形式作为交易对象，通过招投标或其他交易方式，在进行多次预估的基础上，最终由市场形成价格。

工程造价的第二种含义即建设项目总投资中的建筑安装工程费用。

1.2 建筑安装工程费用项目组成

根据《住房城乡建设部、财政部关于印发〈建筑安装工程费用项目组成〉的通知》（建标〔2013〕44号）规定，建筑安装工程费用项目组成有两种划分方式：按费用构成要素划分、按造价形成划分。

1.2.1 按费用构成要素划分

建标〔2013〕44号

建筑安装工程费用按费用构成要素划分，可分为人工费、材料费、施工机具使用费、企业管理费、利润、规费和税金，如图1.1所示。

1. 人工费

人工费是指按工资总额构成规定，支付给从事建筑安装工程施工的生产工人和附属生产单位工人的各项费用。

人工费包括以下内容。

（1）计时工资或计件工资：是指按计时工资标准和工作时间或对已做工作按计件单价支付给个人的劳动报酬。

建标〔2013〕44号的附件下载

（2）奖金：是指对超额劳动和增收节支支付给个人的劳动报酬，如节约奖、劳动竞赛奖等。

（3）津贴补贴：是指为了补偿职工特殊或额外的劳动消耗和因其他特殊原因支付给个人的津贴，以及为了保证职工工资水平不受物价影响支付给个人的物价补贴，如流动施工津贴、特殊地区施工津贴、高温（寒）作业临时津贴、高空津贴等。

（4）加班加点工资：是指按规定支付的在法定节假日工作的加班工资和在法定日工作时间外延时工作的加点工资。

（5）特殊情况下支付的工资：是指根据国家法律、法规和政策规定，因病、工伤、产假、计划生育假、婚丧假、事假、探亲假、定期休假、停工学习、执行国家或社会义务等原因按计时工资标准或计时工资标准的一定比例支付的工资。

2. 材料费

材料费是指施工过程中耗费的原材料、辅助材料、构配件、零件、半成品或成品、工程设备的费用。

特别提示

依据国家发展改革委、财政部等9部委发布的《标准施工招标文件》的有关规定，将工程设备费列入材料费。工程设备是指构成或计划构成永久工程一部分的机电设备、金属结构设备、仪器装置及其他类似的设备和装置。

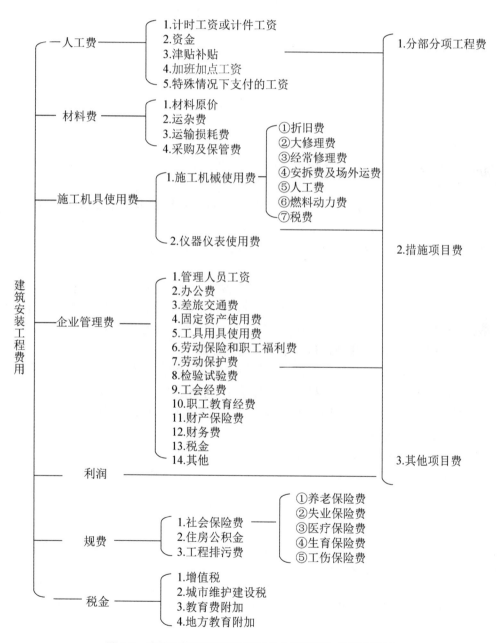

图 1.1　建筑安装工程费用项目组成（按费用构成要素划分）

材料费包括以下内容。

（1）材料原价：是指材料、工程设备的出厂价格或商家供应价格。

（2）运杂费：是指材料、工程设备自来源地运至工地仓库或指定堆放地点所发生的全部费用。

（3）运输损耗费：是指材料在运输装卸过程中不可避免的损耗。

（4）采购及保管费：是指为组织采购、供应和保管材料、工程设备的过程中所需要的各项费用，包括采购费、仓储费、工地保管费、仓储损耗。

3. 施工机具使用费

施工机具使用费是指施工作业所发生的施工机械、仪器仪表使用费或其租赁费。

1）施工机械使用费

施工机械使用费以施工机械台班耗用量乘以施工机械台班单价表示，施工机械台班单价应由下列七项费用组成。

（1）折旧费：指施工机械在规定的使用年限内，陆续收回其原值的费用。

（2）大修理费：指施工机械按规定的大修理间隔台班进行必要的大修理，以恢复其正常功能所需的费用。

（3）经常修理费：指施工机械除大修理以外的各级保养和临时故障排除所需的费用，包括为保障机械正常运转所需替换设备与随机配备工具附具的摊销和维护费用，机械运转中日常保养所需润滑与擦拭的材料费用及机械停滞期间的维护和保养费用等。

（4）安拆费及场外运费：安拆费指施工机械（大型机械除外）在现场进行安装与拆卸所需的人工、材料、机械和试运转费用，以及机械辅助设施的折旧、搭设、拆除等费用；场外运费指施工机械整体或分体自停放地点运至施工现场或由一施工地点运至另一施工地点的运输、装卸、辅助材料及架线等费用。

（5）人工费：指机上司机（司炉）和其他操作人员的人工费。

（6）燃料动力费：指施工机械在运转作业中所消耗的各种燃料及水、电等。

（7）税费：指施工机械按照国家规定应缴纳的车船税、保险费及年检费等。

2）仪器仪表使用费

仪器仪表使用费是指工程施工所需使用的仪器仪表的摊销及维修费用。

4. 企业管理费

企业管理费是指建筑安装企业组织施工生产和经营管理所需的费用。

企业管理费包括以下内容。

（1）管理人员工资：是指按规定支付给管理人员的计时工资、奖金、津贴补贴、加班加点工资及特殊情况下支付的工资等。

（2）办公费：是指企业管理办公用的文具、纸张、账表、印刷、邮电、书报、办公软件、现场监控、会议、水电、烧水和集体取暖降温（包括现场临时宿舍取暖降温）等费用。

（3）差旅交通费：是指职工因公出差、调动工作的差旅费、住勤补助费，市内交通费和误餐补助费，职工探亲路费，劳动力招募费，职工退休、退职一次性路费，工伤人员就医路费，工地转移费以及管理部门使用的交通工具的油料、燃料等费用。

（4）固定资产使用费：是指管理和试验部门及附属生产单位使用的属于固定资产的房屋、设备、仪器等的折旧、大修、维修或租赁费。

（5）工具用具使用费：是指企业施工生产和管理使用的不属于固定资产的工具、器具、家具、交通工具和检验、试验、测绘、消防用具等的购置、维修和摊销费。

（6）劳动保险和职工福利费：是指由企业支付的职工退职金、按规定支付给离休干部的经费，集体福利费、夏季防暑降温、冬季取暖补贴、上下班交通补贴等。

（7）劳动保护费：是企业按规定发放的劳动保护用品的支出，如工作服、手套、防暑降温饮料以及在有碍身体健康的环境中施工的保健费用等。

（8）检验试验费：是指施工企业按照有关标准规定，对建筑以及材料、构件和建筑安装物进行一般鉴定、检查所发生的费用，包括自设试验室进行试验所耗用的材料等费用，不包括新结构、新材料的试验费，对构件做破坏性试验及其他特殊要求检验试验的费用和建设单位委托检测机构进行检测的费用，对此类检测发生的费用，由建设单位在工程建设其他费用中列支。但对施工企业提供的具有合格证明的材料进行检测不合格的，该检测费用由施工企业支付。

（9）工会经费：是指企业按《中华人民共和国工会法》规定的全部职工工资总额比例计提的工会经费。

（10）职工教育经费：是指按职工工资总额的规定比例计提，企业为职工进行专业技术和职业技能培训，专业技术人员继续教育、职工职业技能鉴定、职业资格认定以及根据需要对职工进行各类文化教育所发生的费用。

（11）财产保险费：是指施工管理用财产、车辆等的保险费用。

（12）财务费：是指企业为施工生产筹集资金或提供预付款担保、履约担保、职工工资支付担保等所发生的各种费用。

（13）税金：是指企业按规定缴纳的房产税、车船税、土地使用税、印花税等。

（14）其他：包括技术转让费、技术开发费、投标费、业务招待费、绿化费、广告费、公证费、法律顾问费、审计费、咨询费、保险费等。

5. 利润

利润是指施工企业完成所承包工程获得的盈利。

6. 规费

规费是指按国家法律、法规规定，由省级政府和省级有关权力部门规定必须缴纳或计取的费用。

规费包括以下内容。

1）社会保险费

（1）养老保险费：是指企业按照规定标准为职工缴纳的基本养老保险费。

（2）失业保险费：是指企业按照规定标准为职工缴纳的失业保险费。

（3）医疗保险费：是指企业按照规定标准为职工缴纳的基本医疗保险费。

（4）生育保险费：是指企业按照规定标准为职工缴纳的生育保险费。

（5）工伤保险费：是指企业按照规定标准为职工缴纳的工伤保险费。

2）住房公积金

住房公积金是指企业按规定标准为职工缴纳的住房公积金。

3）工程排污费

工程排污费是指按规定缴纳的施工现场工程排污费。

其他应列而未列入的规费，按实际发生计取。

7. 税金

税金是指国家税法规定的应计入建筑安装工程造价内的增值税、城市维护建设税、教育费附加以及地方教育附加。

> **特别提示**
>
> 要注意企业管理费包含的税金与建筑安装工程费用七大构成要素之一的税金的区别。

知识链接

浙江省根据浙建站计〔2013〕64号、建建发〔2015〕517号、建建发〔2016〕144号等文件，结合本省实际，对建筑安装工程费用的构成要素做了一些调整，与建标〔2013〕44号文件相比较，其建筑安装工程费用的构成要素主要调整如下。

（1）人工费：增加了两项费用，第一项是"职工福利费"，第二项是"劳动保护费"。

（2）材料费：将"材料原价"名称调整为"材料及工程设备原价"，取消其中的"运输损耗费"，将其纳入"运杂费"中进行计算。

（3）施工机具使用费：将"施工机具使用费"名称调整为"机械费"，其中"施工机械使用费"包括的"大修理费"名称调整为"检修费"、"经常修理费"名称调整为"维护费"、"税费"名称调整为"其他费用"。

（4）企业管理费：取消其中的"职工福利费"和"劳动保护费"，将这两项费用移至"人工费"中进行计算；增加三项费用，一是"夜间施工增加费"，二是"已完工程及设备保护费"，三是"工程定位复测费"；企业管理费包含的"税金"名称调整为"税费"，其费用组成中增加了"环保税""城市维护建设税""教育费附加""地方教育附加"。

（5）规费：取消其中的"工程排污费"，将其以"环保税"的形式移至"企业管理费"的"税费"中进行计算。

（6）税金：取消其中的"城市维护建设税""教育费附加""地方教育附加"，将这三项费用移至"企业管理费"的"税费"中进行计算,"税金"只包括"增值税"。

调整后的浙江省建筑安装工程费用项目组成(按费用构成要素划分)如图1.2所示。

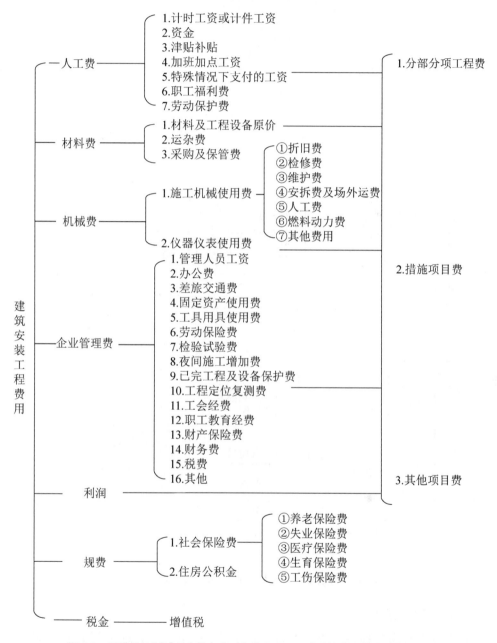

图 1.2 调整后的浙江省建筑安装工程费用项目组成(按费用构成要素划分)

1.2.2 按造价形成划分

建筑安装工程费用按造价形成划分,可分为分部分项工程费、措施项目费、其他项目费、规费和税金。其中，分部分项工程费、措施项目费、其他项目费包含人工费、材料费、施工机具使用费、企业管理费和利润，如图 1.3 所示。

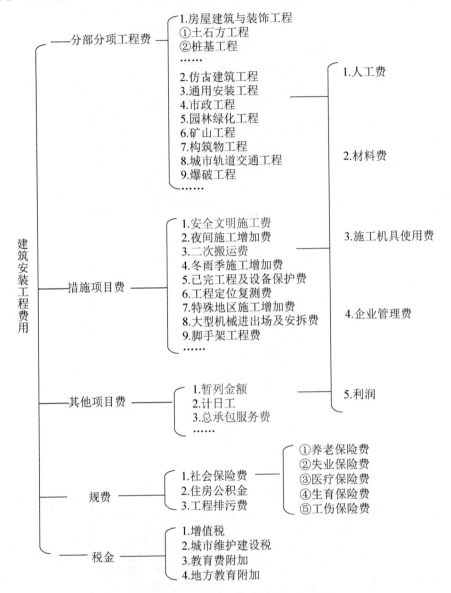

图 1.3　建筑安装工程费用项目组成（按造价形成划分）

1. 分部分项工程费

分部分项工程费是指各专业工程的分部分项工程应予列支的各项费用。

（1）专业工程：是指按现行国家计量规范划分的房屋建筑与装饰工程、仿古建筑工程、通用安装工程、市政工程、园林绿化工程、矿山工程、构筑物工程、城市轨道交通工程、爆破工程等各类工程。

（2）分部分项工程：指按现行国家计量规范对各专业工程划分的项目，如房屋建筑与装饰工程划分的土石方工程、地基处理与桩基工程、砌筑工程、钢筋及钢筋混凝土工程等。

各类专业工程的分部分项工程划分见现行国家或行业计量规范。

2. 措施项目费

措施项目费是指为完成建设工程施工，发生于该工程施工前和施工过程中的技术、生活、安全、环境保护等方面的费用。

措施项目费包括以下内容。

（1）安全文明施工费。

① 环境保护费：是指施工现场为达到环保部门要求所需要的各项费用。

② 文明施工费：是指施工现场文明施工所需要的各项费用。

③ 安全施工费：是指施工现场安全施工所需要的各项费用。

④ 临时设施费：是指施工企业为进行建设工程施工所必须搭设的生活和生产用的临时建筑物、构筑物和其他临时设施费用，包括临时设施的搭设、维修、拆除、清理费或摊销费等。

（2）夜间施工增加费：是指因夜间施工所发生的夜班补助费、夜间施工降效、夜间施工照明设备摊销及照明用电等费用。

（3）二次搬运费：是指因施工场地条件限制而发生的材料、构配件、半成品等一次运输不能到达堆放地点，必须进行二次或多次搬运所发生的费用。

（4）冬雨季施工增加费：是指在冬季或雨季施工需增加的临时设施、防滑、排除雨雪，人工及施工机械效率降低等费用。

（5）已完工程及设备保护费：是指竣工验收前，对已完工程及设备采取的必要保护措施所发生的费用。

（6）工程定位复测费：是指工程施工过程中进行全部施工测量放线和复测工作的费用。

（7）特殊地区施工增加费：是指工程在沙漠或其边缘地区、高海拔、高寒、原始森林等特殊地区施工增加的费用。

（8）大型机械设备进出场及安拆费：是指机械整体或分体自停放场地运至施工现场或由一个施工地点运至另一个施工地点，所发生的机械进出场运输及转移费用，以及机械在施工现场进行安装、拆卸所需的人工费、材料费、机械费、试运转费和安装所需的辅助设施的费用。

（9）脚手架工程费：是指施工需要的各种脚手架搭、拆、运输费用以及脚手架购置费的摊销（或租赁）费用。

其他措施项目及其包含的内容详见各类专业工程的现行国家或行业计量规范。

3. 其他项目费

（1）暂列金额：是指建设单位在工程量清单中暂定并包括在工程合同价款中的一笔款项。用于施工合同签订时尚未确定或者不可预见的所需材料、工程设备、服务的采购，施工中可能发生的工程变更、合同约定调整因素出现时的工程价款调整以及发生的索赔、现场签证确认等的费用。

（2）计日工：是指在施工过程中，施工企业完成建设单位提出的施工图纸以外的零星项目或工作所需的费用。

（3）总承包服务费：是指总承包人为配合、协调建设单位进行的专业工程发包，对建设单位自行采购的材料、工程设备等进行保管以及施工现场管理、竣工资料汇总整理等服务所需的费用。

4. 规费

与"1.2.1 按费用构成要素划分"中"规费"的定义相同。

5. 税金

与"1.2.1 按费用构成要素划分"中"税金"的定义相同。

知识链接

浙江省根据浙建站计〔2013〕64 号、建建发〔2015〕517 号、建建发〔2016〕144 号等文件，结合本省实际，对建筑安装工程费用的造价形成做了一些调整，与建标〔2013〕44 号文件相比较，其建筑安装工程费用的造价形成主要调整如下。

1. 措施项目费

措施项目费划分为"施工技术措施项目费"和"施工组织措施项目费"。

（1）施工技术措施项目费。

① 通用施工技术措施项目费：包括"大型机械设备进出场及安拆费"和"脚手架工程费"。

② 专业工程施工技术措施项目费：指根据现行国家各专业工程工程量计算规范或本省各专业计价定额及有关规定，列入各专业工程措施项目的属于施工技术措施的费用，如市政工程的施工排水、降水措施费用。

③ 其他施工技术措施项目费：指根据各专业工程特点补充的施工技术措施项目的费用。

施工技术措施项目按实施要求划分，可分为：施工技术常规措施项目、施工技术专项措施项目。其中，施工技术专项措施项目是指根据设计或建设主管部门的规定，需承包人提出专项方案并经论证、批准后方可实施的施工技术措施项目，如深基坑支护、高支模承重架、大型施工机械设备基础等。

（2）施工组织措施项目费。

① "安全文明施工费"以实施标准划分，可划分为"安全文明施工基本费"和"创建安全文明施工标化工地增加费"（简称"标化工地增加费"）。其中，"安全文明施工基本费"包括"施工扬尘污染防治增加费"。

② 将"优质工程增加费"调整为"其他项目费"列项内容。

2. 其他项目费

（1）暂列金额：增加并单列"标化工地暂列金额""优质工程暂列金额"。

（2）暂估价：在"材料及工程设备暂估价""专业工程暂估价"的基础上，增加"施工技术专项措施项目暂估价"（简称"专项措施暂估价"）。

（3）总承包服务费：名称调整为"施工总承包服务费"。

（4）明确不同计价阶段其他项目费的列项内容。

① 编制招标控制价和投标报价时，其他项目费的列项内容包括暂列金额、暂估价、计日工、施工总承包服务费。

② 编制竣工结算时，其他项目费的列项内容包括专业工程结算价、计日工、施工

总承包服务费、索赔与现场签证费、优质工程增加费。

3. 规费

与建筑安装工程费用按构成要素划分的调整相同。

4. 税金

与建筑安装工程费用按构成要素划分的调整相同。

调整后的浙江省建筑安装工程费用项目组成（按造价形成划分）如图 1.4 所示。

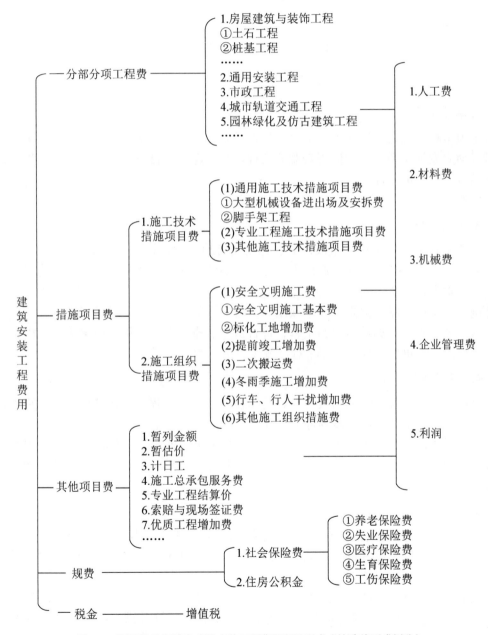

图 1.4 调整后的浙江省建筑安装工程费用项目组成（按造价形成划分）

1.3 建设项目与工程造价的组成及建设程序

1.3.1 建设项目的组成

建设项目按建设管理和合理确定工程造价的需要，可划分为建设项目、单项工程、单位工程、分部工程、分项工程 5 个组成层次。

1. 建设项目

建设项目是指按一个总体设计组织施工，建成后具有完整的系统，可以独立地形成生产能力或者使用价值的建设工程。

例如城市的一个污水厂工程、一条城市道路工程等，均为一个建设项目。

2. 单项工程

单项工程是建设项目的组成部分，是指具有独立的设计文件、可以独立施工，建成后可以独立发挥生产能力和使用效益的工程。一个建设项目可能是一个单项工程，也可能包括若干个单项工程。

例如一个污水厂的细格栅、曝气池、初沉池、二沉池、消化池等均是一个单项工程。

3. 单位工程

单位工程是单项工程的组成部分，是指具有独立的设计文件、可以独立组织施工，但建成后一般不能独立发挥生产能力和使用效益的工程。通常根据能否独立施工、独立核算的要求，将一个单项工程划分为若干个单位工程。

例如污水厂的曝气池是一个单项工程，曝气池的土建工程、设备安装工程则为其所包含的单位工程。又如城市道路工程，包含道路、排水管道、沿线桥梁等施工内容，则可以划分为三个单位工程：道路工程、排水管道工程、桥梁工程。

4. 分部工程

分部工程是单位工程的组成部分，是指在一个单位工程中，按结构部位、路段长度及施工特点或施工任务进一步划分的工程。

例如污水厂曝气池现浇混凝土（主体）结构是曝气池土建工程这个单位工程所包含的分部工程。又如桥梁工程这个单位工程可以划分为基础、下部结构、上部结构、桥面系及附属等分部工程。

5. 分项工程

分项工程是分部工程的组成部分，是指在一个分部工程中，按照不同的施工方法、材料、工序、路段长度等进一步划分确定的工程。分项工程是最小的一个层次，是施工图预算中最基本的计算单位。

例如污水厂曝气池的底板模板、底板钢筋、底板混凝土浇筑等是曝气池现浇混凝土（主体）结构这个分部工程所包含的分项工程。又如桥梁钻孔灌注桩基础这个分部工程可以划分为钢护筒埋设、成孔、泥浆池建造和拆除、钢筋笼制作安装、混凝土灌注、桩顶混凝土凿除等分项工程。

特别提示

一个建设项目通常由一个或若干个单项工程组成；一个单项工程通常由若干个单位工程组成；一个单位工程通常由若干个分部工程组成；一个分部工程通常由若干个分项工程组成。

1.3.2 工程造价的组成

相应于建设项目组成的层次划分，工程造价的组成也可分为 5 个层次：建设项目总造价、单项工程造价、单位工程造价、分部工程造价、分项工程造价。

工程造价的计算过程：分部分项工程单价→单位工程造价→单项工程造价→建设项目总造价。

特别提示

市政工程计量与计价是由局部到整体的一个计算过程，即从分项工程→分部工程→单位工程→单项工程→建设项目的分解、组合计算的过程。合理划分建设项目的组成，尤其是分部分项工程的划分是进行工程计量与计价的一项很重要的工作。

1.3.3 工程建设基本程序

工程建设基本程序一般划分为以下几个阶段：项目建议书和可行性研究阶段、初步设计阶段、技术设计阶段、施工图设计阶段、招投标阶段、实施阶段、竣工验收阶段、交付使用阶段。

1.3.4 工程造价与建设程序

工程建设周期长、规模大，工程建设程序划分为若干个阶段，相应地需要在工程建设的不同阶段多次进行工程造价的计算。

各个建设阶段与对应的工程造价见表 1-2。

表 1-2　建设阶段与对应的工程造价

建设阶段	对应的工程造价
项目建议书和可行性研究阶段	投资估算
初步设计阶段	设计概算
技术设计阶段	修正设计概算
施工图设计阶段	预算造价
招投标阶段	合同价
实施阶段	施工预算
竣工验收阶段	结算价
交付使用阶段	决算价

1. 投资估算

投资估算是指在项目建议书和可行性研究阶段，由建设单位或受其委托的咨询机构编制，依据项目建议、投资估算指标及类似工程的有关资料，预先测算和确定的建设项目的投资额，又称估算造价。

投资估算是决策、筹资和控制造价的主要依据。

2. 设计概算

设计概算是指在初步设计阶段，由设计单位编制，依据初步设计图纸和说明、概算指标或概算定额、各项费用取费标准、类似工程预（决）算文件等预先测算和限定的工程造价。

设计概算又称概算造价，它是设计文件的组成部分，根据编制的先后顺序和范围大小可以分为：单位工程概算、单项工程概算、建设项目总概算。

设计概算受投资估算的控制，同时设计概算比投资估算的准确性有所提高。

3. 修正设计概算

修正设计概算是指在采用三阶段设计的技术设计阶段，由设计单位编制，依据技术设计的要求，通过编制修正概算文件预先测算和限定的工程造价。

修正设计概算又称修正概算造价，它是对初步设计阶段的设计概算的修正和调整，它受设计概算的控制，但比设计概算准确。

4. 预算造价

预算造价是指在施工图设计阶段，由建设单位或设计单位、受其委托的咨询单位编制，依据施工图、预算定额或估价表、费用定额，以及地区人工、材料、机械、设备的价格等预先测算和限定的工程造价。

预算造价又称施工图预算，它受修正设计概算的控制，但比修正设计概算更详尽和准确。

5. 合同价

合同价是指在工程招投标阶段，由投标单位依据招标单位提供的图纸、招标文件、预算定额或企业定额、费用定额，以及地区人工、材料、机械、设备的价格等编制投标报价，再通过评标、定标，确定中标单位后在工程承包合同中确定的工程造价。

合同价是承发包双方根据市场行情共同议定和认可的成交价格，它不等同于工程的实际造价。建设工程合同有多种类型，不同类型的合同其合同价的内涵也有所不同。

6. 施工预算

施工预算是指在实施阶段，在工程施工前，由施工单位编制，依据施工图及标准图集、施工定额（或借用预算定额）、施工组织设计（或施工方案）、施工及验收规范等编制的单位工程或分部分项工程施工所需的人工、材料、机械台班的数量和费用。

施工预算是施工单位内部的经济管理文件，是施工单位进行施工准备、编制施工进度计划、编制资源供应计划、加强内部经济核算的依据。

7. 结算价

结算价是指在竣工验收阶段,由施工单位编制,依据合同调价范围、调价方法等相关规定,对实际发生的工程量进行增减、对设备和材料的价差等进行调整后计算和确定,并由建设单位或受其委托的咨询单位核对,最终确定的工程造价。

结算价是该结算工程的实际造价。

知识链接

工程结算是指施工企业依据承包合同和已完工程量,按照规定的程序向建设单位收取工程价款的一项经济活动。如果工程建设周期长、耗用资金数量大,则需要对工程价款进行中间结算(进度款结算)、年终结算和竣工结算。

8. 决算价

决算价是指在竣工验收、交付使用后,由建设单位编制,建设项目从筹建到竣工验收、交付使用全过程实际支付的全部建设费用。

决算价又称竣工决算,是整个建设项目的最终价格。

拓展讨论

党的二十大报告提出,贯彻新发展理念,着力推进高质量发展,推动构建新发展格局,实施供给侧结构性改革,制定一系列具有全局性意义的区域重大战略,我国经济实力实现历史性跃升。城镇化率提高十一点六个百分点,达到百分之六十四点七。

思考并讨论:城镇化率提高势必需要开展大量的城镇建设,其中有哪些与市政工程相关的建设项目?这些建设项目一般分为哪几个建设阶段?不同的建设阶段分别采用什么定额进行工程的计量与计价?

1.4 工程造价的特点

工程造价具有以下几个特点。

1. 大额性

能够发挥投资效益的任何一项工程,不仅实物形体庞大,而且工程造价高昂。一般工程造价也需上百万、上千万元人民币,特大工程造价可达百亿、千亿元人民币。

2. 个别性

任何一项工程都有特定的用途、功能、规模,因而工程内容和实物形态都具有个别性,从而决定了工程造价的个别性。同时,由于每项工程所处地区、地段不同,使得工程造价的个别性更为突出。

3. 动态性

工程建设周期较长，在此期间会出现许多影响工程造价的因素，如设计变更、设备及材料价格的变动、利率及汇率的变化等，使得工程造价在建设期内处于不确定状态。

4. 层次性

建设项目的组成具有层次性，与此对应，工程造价也具有层次性。它包括分项工程造价、分部工程造价、单位工程造价、单项工程造价、建设项目总造价。

5. 兼容性

建设工程造价的兼容性首先表现在它具有两种含义，其次表现在构成因素的广泛性。此外，盈利的构成也较为复杂，资金成本较大。

 思考题与习题

简答题

1. 什么是工程造价？

2. 按费用构成要素划分，建筑安装工程费用由哪几部分组成？

3. 按造价形成划分，建筑安装工程费用由哪几部分组成？

4. 人工费包括哪几部分费用？

5. 材料费包括了施工过程中耗费的工程设备的费用，这里的工程设备是什么概念？

6. 施工机具使用费中包含的人工费，是指哪些人工的费用？

7. 新结构、新材料的试验费包含在企业管理费中吗？

8. 什么叫规费？它包括哪些内容？

9. 企业管理费中的税金与建筑安装工程费用组成按构成要素划分的税金如何区别？

10. 措施项目费包括哪些费用？

11. 安全文明施工费包括哪些费用？

12. 其他项目费包括哪些费用？

13. 什么是暂列金额？

14. 什么是计日工？

15. 建设项目的组成分哪几个层次？

16. 建设项目的建设程序分哪几个阶段？各个阶段相应的工程造价分别叫什么？

第 2 章 工程计量与计价的基本知识

思维导图

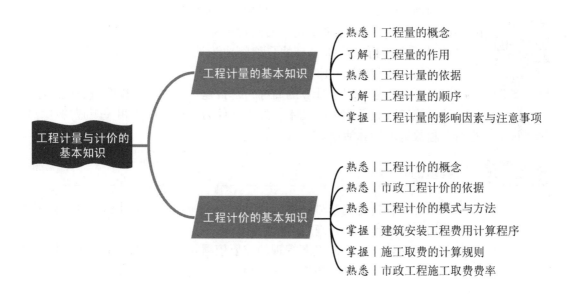

工程计量与计价的
基本知识

工程计量的基本知识
- 熟悉 | 工程量的概念
- 了解 | 工程量的作用
- 熟悉 | 工程计量的依据
- 了解 | 工程计量的顺序
- 掌握 | 工程计量的影响因素与注意事项

工程计价的基本知识
- 熟悉 | 工程计价的概念
- 熟悉 | 市政工程计价的依据
- 熟悉 | 工程计价的模式与方法
- 掌握 | 建筑安装工程费用计算程序
- 掌握 | 施工取费的计算规则
- 熟悉 | 市政工程施工取费费率

引例

某市区要建设城市高架路，一期工程长 2.7km。根据施工图，按正常的施工组织设计、正常的施工工期并结合市场价格计算出分部分项清单项目工程费为 4500 万元（其中人工费＋机械费为 1100 万元），施工技术措施清单项目费为 800 万元（其中人工费＋机械费为 220 万元），按综合单价法费用计算程序计算该工程造价。

思考：（1）各项施工组织措施费如何计算？规费、税金如何计算？

（2）分部分项工程费 4500 万元是如何计算得到的？

（3）什么是综合单价？什么是综合单价法？

2.1　工程计量的基本知识

2.1.1　工程量的概念

工程计量的
基本知识

工程量是以物理计量单位或自然计量单位表示的建筑工程各个分项工程或结构构件的数量。

物理计量单位是指以物体的某种物理属性来作为计量单位。例如，道路面层以"m^2"为计量单位，砖砌检查井砌筑以"m^3"为计量单位。自然计量单位是指以物体本身的自然组成为计量单位来表示工程项目的数量。例如，井字架以"座"为计量单位。

工程计量是工程量计算的简称，是指建筑工程以工程图纸、施工组织设计或施工方案及相关的技术、经济文件为依据，按照相关工程的计算规则等规定，进行工程数量的计算活动。

2.1.2　工程量的作用

（1）工程量是确定工程造价的基础。准确计算工程量，才能准确计算出分部分项工程费，进而按照费用计算程序计算、确定工程造价。

（2）工程量是施工单位进行生产经营管理的重要依据。各项工程量是施工单位编制施工组织设计、合理安排施工进度，组织现场劳动力、材料、机械等资源供应计划，进行经济核算的重要依据。

（3）工程量是建设单位管理工程建设的重要依据。工程量是建设单位编制建设计划、筹集资金、进行工程价款结算与拨付等的重要依据。

2.1.3　工程计量的依据

（1）现行的工程计量规范、定额、政策规定等。

（2）施工图纸及设计说明、相关图集、设计变更文件资料等。

（3）施工组织设计或施工方案、专项方案等。

（4）其他有关的技术、经济文件，如工程施工合同、招标文件等。

2.1.4　工程计量的顺序

1. 按施工顺序依次计算

结合工程图纸，按照工程施工顺序逐项计算工程量。例如某道路排水工程，可以按照总体施工顺序依次计算以下各分项工程的工程量：沟槽开挖、管道垫层、管道基础、管道铺设、检查井垫层、检查井底板、检查井砌筑、检查井抹灰、井室盖板预制安装、井圈预制安装、管道闭水试验、沟槽回填、道路路床整形碾压、道路基层、道路面层、平侧石安砌、人行道板铺设等。

2. 根据图纸，按一定的顺序依次计算

根据图纸，可以按顺时针方向计算，即从图纸的左上角开始，按顺时针方向依次计算；也可以按从左到右或者从上到下的顺序依次计算。

2.1.5　工程计量的影响因素与注意事项

1. 工程计量的影响因素

在进行工程计量前，应先确定以下工程计量因素。

1）计量对象

在不同的建设阶段，有不同的计量对象，对应有不同的计量方法，所以确定计量对象是工程计量的前提。

在项目建议书和可行性研究阶段编制投资估算时，工程计量的对象一般取得较大，可能是单项工程或单位工程，甚至是整个建设项目，这时得到的工程造价也就较粗略。

在初步设计阶段编制设计概算时，工程计量的对象可以取单位工程或扩大的分部分项工程。

在施工图设计阶段编制预算造价时，工程计量的基本对象为分项工程，这时取得的工程造价也就较为准确。

2）计量单位

工程计量时采用的计量单位不同，其计算结果也不同，所以工程计量前应明确计量单位。

按定额计算规则计算时，工程计量单位必须与定额的计量单位相一致，市政工程预算定额中大多数采用扩大定额的方法计算，即采用"100m³""1000m³""100m²""10t"等计量单位，如"挖掘机挖沟槽土方"定额的计量单位为"1000m³"、"人工挖沟槽土方"定额的计量单位为"100m³"。

按清单计算规则计算时，工程计量单位必须与清单工程量计算规范的规定相一致，清单工程量计算规范中通常采用基本计量单位，即采用"m³""m²""m""t"等计量单位，如"挖沟槽土方"清单项目的计量单位为"m³"。

3）施工方案

在工程计量时，对于施工图纸相同的工程，往往会因为施工方案不同而导致实际完成工程量不同，所以工程计量前应确定施工方案。

例如，同一段管道沟槽开挖，采用放坡开挖的施工方案和采用直槽加设支撑的施工

方案，计算得到的沟槽挖方工程量完全不同。

4）计算规则

在工程计量时，对于施工图纸相同的工程，采用定额的计算规则和清单的计算规则，可能会有不同的计算结果，所以在工程计量前也必须确定相应的计算规则。

例如，"排水管道铺设"的工程量，按定额的计算规则计算时需扣除附属构筑物、管件及阀门所占长度，而按清单的计算规则计算时则不需要扣除附属构筑物、管件及阀门所占长度。

2. 工程计量的注意事项

（1）要依据对应的工程计量规则进行计算，包括项目名称、计量单位、计量方法的一致性。

（2）熟悉施工图纸和设计说明，计算时以图纸标注尺寸为依据，不得任意加大或缩小尺寸。

（3）注意计算中的整体性和相关性。如在市政工程计量中，要注意处理道路工程、排水管道工程的相互关系，避免道路工程、排水管道工程在计算土石方工程量时的漏算或重复计算。

（4）注意计算列式的规范性和完整性，最好采用统一格式的工程计量纸，并写明计算部位、项目、特征等，以便核对。

（5）注意计算过程中的顺序性，为了避免工程计量过程中发生漏算、重复计算等现象，计算时可按一定的顺序进行。

（6）注意结合工程实际，工程计量前应了解工程的现场情况、拟用的施工方案和施工方法等，从而使工程量更切合实际。

（7）注意计算结果的自检和他检。工程计量后，计算者可采用指标检查、对比检查等方法进行自检，也可请经验丰富的造价工程师进行他检。

特别提示

工程数量有效位数规定如下。

① 以"t"为单位，应保留小数点后3位数字，第4位四舍五入。

② 以"m""m²""m³"为单位，应保留小数点后两位数字，第3位四舍五入。

③ 以"个""项""块"等为单位，应取整数。

2.2 工程计价的基本知识

2.2.1 工程计价的概念

工程计价是指在工程量清单计价模式下，按照规定的费用计算程序，根据相应的定额，结合人工、材料、机械市场价格，经计算预测或确定工程造价的活动。

建设项目所处的阶段不同，工程计价的具体内容、计价方法、计价的要求也不同。如在项目招投标阶段、实施阶段和竣工验收阶段，建设工程计价涵盖了从工程招投标到工程竣工的全过程，包括以下计价内容：工程量清单招标控制价、工程量清单投标报价、工程合同价款约定、工程计量与价款支付、工程价款调整、合同价款中期支付、工程竣工结算与支付、合同解除的价款结算与支付等。

2.2.2 市政工程计价的依据

1.《建设工程工程量清单计价规范》（GB 50500—2013）

中华人民共和国住房和城乡建设部于 2012 年 12 月 25 日发布"第 1567 号"公告，于 2013 年 7 月 1 日起正式在全国统一贯彻实施《建设工程工程量清单计价规范》（GB 50500—2013），原国家标准《建设工程工程量清单计价规范》（GB 50500—2008）同时废止。

《建设工程工程量清单计价规范》（GB 50500—2013）包括正文、附录两大部分，两者具有同等效力。

（1）正文共 16 章，包括总则、术语、一般规定、工程量清单编制、招标控制价、投标报价、合同价款约定、工程计量、合同价款调整、合同价款期中支付、竣工结算与支付、合同解除的价款结算与支付、合同价款争议的解决、工程造价鉴定、工程计价资料与档案、工程计价表格。

（2）附录包括附录 A 物价变化合同价款调整方法，附录 B 工程计价文件封面，附录 C 工程计价文件扉页，附录 D 工程计价总说明，附录 E 工程计价汇总表，附录 F 分部分项工程和措施项目计价表，附录 G 其他项目计价表，附录 H 规费、税金项目计价表，附录 J 工程计量申请（核准）表，附录 K 合同价款支付申请（核准）表，附录 L 主要材料、工程设备一览表。

2.《市政工程工程量计算规范》（GB 50857—2013）

《市政工程工程量计算规范》（GB 50857—2013），于 2013 年 7 月 1 日起正式在全国统一贯彻实施。

《市政工程工程量计算规范》（GB 50857—2013）包括正文、附录两大部分，两者具有同等效力。

（1）正文共 4 章，包括总则、术语、工程计量、工程量清单编制。

（2）附录包括附录 A 土石方工程、附录 B 道路工程、附录 C 桥涵工程、附录 D 隧道工程、附录 E 管网工程、附录 F 水处理工程、附录 G 生活垃圾处理工程、附录 H 路灯工程、附录 J 钢筋工程、附录 K 拆除工程、附录 L 措施项目。

> **特别提示**
>
> 按浙江省建建发〔2013〕273 号文通知，浙江省于 2014 年 1 月 1 日起在全省范围内贯彻实施《建设工程工程量清单计价规范》（GB 50500—2013）、《市政工程工程量计算规范》（GB 50857—2013）。

3.《浙江省建设工程计价依据》（2018 版）

浙建建〔2018〕61 号

《浙江省建设工程计价规则》（2018 版）封面照片

根据浙江省住房和城乡建设厅、浙江省发展和改革委员会、浙江省财政厅共同发布的浙建建〔2018〕61 号文，《浙江省建设工程计价依据》（2018 版）自 2019 年 1 月 1 日起施行。

《浙江省建设工程计价依据》（2018 版）包括：《浙江省建设工程计价规则》（2018 版）、《浙江省房屋建筑与装饰工程预算定额》（2018 版）、《浙江省通用安装工程预算定额》（2018 版）、《浙江省市政工程预算定额》（2018 版）、《浙江省园林绿化及仿古建筑工程预算定额》（2018 版）、《浙江省建设工程施工机械台班费用定额》（2018 版）、《浙江省建筑安装材料基期价格》（2018 版）、《浙江省城市轨道交通工程预算定额》（2018 版）。

1)《浙江省建设工程计价规则》（2018 版）

《浙江省建设工程计价规则》（2018 版）共设十章：第一章总则，第二章术语，第三章工程造价组成及计价方法，第四章建筑安装工程施工取费费率，第五章建设工程计价要素动态管理，第六章设计概算，第七章工程量清单及计价，第八章合同价款调整与工程结算，第九章工程计价纠纷处理，第十章标准（示范）格式。

2)《浙江省市政工程预算定额》（2018 版）

《浙江省建设工程施工机械台班费用定额》（2018 版）封面照片

《浙江省市政工程预算定额》（2018 版）是在《浙江省市政工程预算定额》（2010 版）的基础上，依据国家、浙江省有关现行产品标准、设计规范和施工验收规范、质量评定标准、安全技术操作规程，并结合浙江省实际情况进行编制的。

《浙江省市政工程预算定额》（2018 版）共九册，包括：第一册《通用项目》、第二册《道路工程》、第三册《桥涵工程》、第四册《隧道工程》、第五册《给水工程》、第六册《排水工程》、第七册《燃气与集中供热工程》、第八册《路灯工程》、第九册《生活垃圾处理工程》。

3)《浙江省建设工程施工机械台班费用定额》（2018 版）

《浙江省建设工程施工机械台班费用定额》（2018 版）包括三部分内容：施工机械台班单价、施工机械台班基础数据、附录。

4. 其他

杭州建设工程招标造价平台

建筑市场信息价格，如工程造价管理机构定期发布的人工、材料、施工机械台班市场价格信息也是确定工程造价的依据。

企业（行业）自行编制的经验性计价依据，如企业定额等也是确定工程造价（投标报价）的依据。

国家相关部门及各省、自治区、直辖市或相关部门发布的有关工程计量与计价的相关通知、文件等也是确定工程造价的依据。

2.2.3　工程计价的模式与方法

工程计价采用工程量清单计价模式，工程量清单计价模式采用综合单价法。

1. 综合单价

综合单价是指完成一个规定计量单位的清单项目（分部分项工程量清单项目或技术措施清单项目）所需的人工费、材料费、机械费、企业管理费与利润，以及一定范围内的风险费用。

> **特别提示**
>
> 上述综合单价不包括规费、税金等不可竞争的费用，并不是真正意义上的全包括的综合单价，而是一种狭义上的综合单价。
>
> 国际上所谓的综合单价一般是指全包括的综合单价，即包括规费、税金。

2. 综合单价法

综合单价法是指分部分项工程费、施工技术措施项目费及相关其他项目费的单价按综合单价计算，而施工组织措施项目费、规费、税金等按规定程序单独列项计算的一种计价方法。

$$项目单价 = 综合单价 \tag{2-1}$$

$$综合单价 = 1个规定计量单位的人工费 + 材料费 + 机械费 + \\ 取费基数 \times （企业管理费费率 + 利润费率） + 风险费用 \tag{2-2}$$

$$项目合价 = 综合单价 \times 项目工程数量 \tag{2-3}$$

$$工程造价 = \sum 项目合价 + 取费基数 \times 施工组织措施费费率 + \\ 其他项目费 + 规费 + 税金 \tag{2-4}$$

> **特别提示**
>
> 式（2-4）中的"取费基数"是分部分项工程项目及施工技术措施项目的人工费和机械费之和，即表2-1中的"（1+2）"。

2.2.4 建筑安装工程费用计算程序

招投标阶段建筑安装工程费用计算程序见表2-1。

表2-1 招投标阶段建筑安装工程费用计算程序

序号	费用项目		计算方法
一	分部分项工程费		$\sum$（分部分项工程数量 × 综合单价）
	其中	1. 人工费 + 机械费	$\sum$分部分项（人工费 + 机械费）
二	措施项目费		（一）+（二）
	（一）施工技术措施项目费		$\sum$（施工技术措施项目工程数量 × 综合单价）
	其中	2. 人工费 + 机械费	$\sum$施工技术措施项目（人工费 + 机械费）
	（二）施工组织措施项目费		按实际发生项之和进行计算

续表

序号	费用项目		计算方法
	其中	3. 安全文明施工基本费	（1+2）× 费率
		4. 提前竣工增加费	
		5. 二次搬运费	
		6. 冬雨季施工增加费	
		7. 行车、行人干扰增加费	
		8. 其他施工组织措施费	
三	其他项目费		按工程量清单计价要求计算
	（三）暂列金额		9+10+11
	其中	9. 标化工地暂列金额	（1+2）× 费率
		10. 优质工程暂列金额	除暂列金额外税前工程造价 × 费率
		11. 其他暂列金额	除暂列金额外税前工程造价 × 估算比例
	（四）暂估价		12+13
	其中	12. 专业工程暂估价	按各专业工程的除税金外全费用暂估金额之和进行计算
		13. 专项措施暂估价	按各专业措施的除税金外全费用暂估金额之和进行计算
	（五）计日工		$\sum$ 计日工（暂估数量 × 综合单价）
	（六）施工总承包服务费		14+15
	其中	14. 专业发包工程管理费	$\sum$ 专业发包工程（暂估金额 × 费率）
		15. 甲供材料设备保管费	甲供材料暂估金额 × 费率 + 甲供设备暂估金额 × 费率
四	规费		（1+2）× 费率
五	税前工程造价		一 + 二 + 三 + 四
六	税金（增值税销项税或征收率）		五 × 税率
七	建筑安装工程造价		五 + 六

特别提示

1. 本计算程序适用于招投标阶段单位工程的招标控制价和投标报价编制。

2. 编制招标控制价和投标报价时，可按规定选择增值税一般计税法或简易计税法进行计税，招标控制价和投标报价的计税方法应一致。如选择采用简易计税法，则应符合税务部门关于简易计税法的适用条件。

3. 采用一般计税法时，税前工程造价的各费用项目均不包含增值税的进项税额，相应价格均按"除税价格"计算；采用简易计税法时，税前工程造价的各费用项目均包含增值税的进项税额，相应价格均按"含税价格"计算。

4. 税前工程造价如包含甲供材料及甲供设备暂估金额的，应在计税基数中予以扣除。

2.2.5　施工取费的计算规则

1. 取费基数

取费基数"人工费+机械费"是指分部分项工程项目及施工技术措施项目的人工费和机械费之和。

（1）"人工费"不包括属于机械费组成内容的机上人工费，大型机械设备进出场及安拆费不能直接作为"机械费"计算，但其费用组成中的人工费和机械费可作为取费基数。

（2）编制招标控制价时，分部分项工程项目及施工技术措施项目应按照预算"专业定额"计算人工费和机械费作为取费基数。

（3）编制投标报价时，分部分项工程项目及施工技术措施项目的人工、机械台班消耗量可根据企业定额或参照预算"专业定额"确定，人工单价、机械台班单价可按当时当地的市场价格由企业自主确定，以此计算的人工费和机械费作为取费基数。

2. 取费费率

企业管理费、利润、施工组织措施费、规费、税金等各项费用的费率按照或参考《浙江省建设工程计价规则》（2018 版）的建筑安装工程施工取费费率计取。

（1）分部分项工程项目及施工技术措施项目的综合单价所含的企业管理费、利润以项目的"人工费+机械费"乘以企业管理费费率、利润费率分别计算。编制招标控制价时，企业管理费费率、利润费率应按相应施工取费费率的中值计取。编制投标报价时，企业管理费费率、利润费率可参考相应施工取费费率由企业自主确定。

（2）施工组织措施费以取费基数乘以相应的组织措施费费率计算，其中安全文明施工基本费为必须计算的施工组织措施费项目，其他施工组织措施费项目可根据工程量清单并结合工程实际情况列项，工程实际不发生的项目不应计取其费用。

① 编制招标控制价时，施工组织措施费费率均应按施工取费费率的中值计取（标化工地增加费除外）。

② 编制投标报价时，施工组织措施费费率可参考施工取费费率由企业自主确定（标化工地增加费除外）。其中，安全文明施工基本费费率应不低于施工取费费率的下限计取。

> **特别提示**
>
> 1. 标化工地施工费的基本内容已在安全文明施工基本费中综合考虑，但获得国家、省、设区市、县市区级安全文明施工标化工地的，应计算标化工地增加费。
>
> 在招投标阶段，标化工地增加费按其他项目费的暂列金额计列为"标化工地暂列金额"；在竣工结算时，标化工地增加费以施工组织措施项目费计算，按标化工地创建等级相应费率计算。
>
> 2. 安全文明施工基本费不包括市政、城市轨道交通高架桥（高架区间）以及道路绿化等工程在施工区域沿线搭设的临时围挡（护栏）费用，发生时应按施工技术措施项目费另列项目计算。

（3）规费以取费基数乘以相应的规费费率计算。编制招标控制价时，应按施工取费的规费相应费率进行计算；编制投标报价时，投标人可根据企业实际交纳"五险一金"的情况自主确定规费费率，但不得低于标准费率的 30% 计取。

（4）税金应依据国家税法规定的计税基数和税率计取，不得作为竞争性费用。

3. 其他项目费

招投标阶段编制招标控制价和投标报价时，其他项目费按暂列金额、暂估价、计日工、施工总承包服务费中实际发生项的合价之和进行计算。

（1）暂列金额按标化工地暂列金额、优质工程暂列金额、其他暂列金额之和进行计算，招标控制价与投标报价的暂列金额应保持一致。

① 标化工地暂列金额应以招标控制价中分部分项工程费与施工技术措施项目费的"人工费 + 机械费"乘以标化工地等级相应的增加费费率计算。

② 优质工程暂列金额应以招标控制价中除暂列金额外的税前工程造价乘以优质工程等级相应的增加费费率计算。

③ 其他暂列金额应以招标控制价中除暂列金额外的税前工程造价乘以估算比例计算，估算比例一般不高于 5%。

> **特别提示**
>
> 竣工结算时，暂列金额应予以取消，另行根据工程实际发生项目增加相应费用。

（2）暂估价按专业工程暂估价和专项措施暂估价之和进行计算，材料及工程设备暂估价按其暂估单价列入分部分项工程项目的综合单价中计算。招标控制价与投标报价的暂估价应保持一致。

> **特别提示**
>
> 竣工结算时，专业工程暂估价用专业工程结算价取代，专项措施暂估价用专项措施结算价取代，并计入施工技术措施项目费及相关费用。

（3）计日工。计日工按计日工数量乘以计日工综合单价以其合价之和进行计算。

① 计日工数量。编制招标控制价及投标报价时，计日工数量应统一以招标人在发承包计价前提供的"暂估数量"进行计算；编制竣工结算时，计日工数量应按实际发生并经发承包双方签证认可的"确认数量"进行调整。

② 计日工综合单价。计日工综合单价应以除税金外的全部费用进行计算。编制招标控制价时，应按有关计价规定并充分考虑市场价格波动因素计算；编制投标报价时，可由企业自主确定；编制竣工结算时，除计日工特征内容发生变化应予以调整外，其余均按投标报价时的相应价格保持不变。

（4）施工总承包服务费按专业发包工程管理费和甲供材料设备保管费之和进行计算。

① 编制招标控制价和投标报价时，专业发包工程管理费按专业工程暂估价内相应专业发包工程暂估价乘以专业发包工程管理费相应费率计算：编制招标控制价时，专业发包工程管理费费率应按相应区间费率的中值计算；编制投标报价时，专业发包工程管理费费率可参考相应区间费率由企业自主确定。

知识链接

发包人仅要求施工总承包人对其单独发包的专业工程提供现场堆放场地、现场供水供电管线（水电费用可另行按实计收）、施工现场管理、竣工资料汇总整理等服务而进行的施工总承包管理和协调时，施工总承包人可按专业发包工程金额的1%～2%向发包人计取专业发包工程管理费。

发包人要求施工总承包人对其单独发包的专业工程进行施工总承包管理和协调，并同时要求提供垂直运输等配合服务时，施工总承包人可按专业发包工程金额的2%～4%向发包人计取专业发包工程管理费，专业工程分包人不得重复计算相应费用。

② 编制招标控制价和投标报价时，甲供材料设备保管费按甲供材料、甲供设备暂估金额分别乘以各自的保管费费率以其合价之和进行计算：编制招标控制价时，甲供材料、甲供设备保管费费率应按相应区间费率的中值计算；编制投标报价时，甲供材料、甲供设备保管费费率可参考相应区间费率由企业自主确定。

2.2.6　市政工程施工取费费率

1. 市政工程企业管理费费率

市政工程企业管理费费率按表 2-2 计取。

表 2-2　市政工程企业管理费费率

定额编号	项目名称		取费基数	费率 /%					
				一般计税法			简易计税法		
				下限	中值	上限	下限	中值	上限
C1	企业管理费								
C1-1	市政土建工程								
C1-1-1	其中	道路、排水、河道护岸、水处理构筑物及城市综合管廊、生活垃圾处理工程	人工费 + 机械费	12.78	17.04	21.30	12.11	16.15	20.19
C1-1-2		桥梁工程		14.69	19.58	24.47	14.09	18.79	23.49
C1-1-3		隧道工程		7.17	9.56	11.95	6.93	9.24	11.55
C1-1-4		专业土石方工程		2.48	3.30	4.12	2.29	3.05	3.81
C1-2	市政安装工程		人工费 + 机械费	12.59	16.78	20.97	12.40	16.53	20.66

特别提示

1. 城市综合管廊工程适用于开槽施工的城市地下综合管廊工程，采用不开槽施工的城市地下综合管廊工程按隧道工程的相应费率执行。

2. 专业土石方工程仅适用于市政工程中单独承包的土石方工程。

3. 市政安装工程适用于城市给水管网（含自来水厂内给水管道、长距离城市供水管道等）、燃气管网、供热管网、路灯及智能交通设施等工程，并包括相应的附属工程。

2. 市政工程利润费率

市政工程利润费率按表 2-3 计取。

表 2-3　市政工程利润费率

定额编号	项目名称		取费基数	费率 /%					
				一般计税法			简易计税法		
				下限	中值	上限	下限	中值	上限
C2	利润								
C2-1	市政土建工程								
C2-1-1	其中	道路、排水、河道护岸、水处理构筑物及城市综合管廊、生活垃圾处理工程	人工费＋机械费	7.49	9.99	12.49	7.10	9.46	11.82
C2-1-2		桥梁工程		5.69	7.58	9.47	5.47	7.29	9.11
C2-1-3		隧道工程		4.87	6.49	8.11	4.70	6.26	7.82
C2-1-4		专业土石方工程		2.03	2.70	3.37	1.87	2.49	3.11
C2-2	市政安装工程		人工费＋机械费	8.58	11.44	14.30	8.42	11.23	14.04

3. 市政工程施工组织措施项目费费率

1）市政土建工程施工组织措施项目费费率

市政土建工程施工组织措施项目费费率按表 2-4 计取。

表 2-4　市政土建工程施工组织措施项目费费率

定额编号	项目名称		取费基数	费率 /%					
				一般计税法			简易计税法		
				下限	中值	上限	下限	中值	上限
CJ3	施工组织措施项目费								
CJ3-1	安全文明施工基本费								
CJ3-1-1	其中	非市区工程	人工费＋机械费	6.57	7.30	8.03	6.62	7.35	8.08
CJ3-1-2		市区工程		7.66	8.51	9.36	7.70	8.56	9.42

定额编号	项目名称		取费基数	费率 /%					
				一般计税法			简易计税法		
				下限	中值	上限	下限	中值	上限
CJ3-2	标化工地增加费								
CJ3-2-1	其中	非市区工程	人工费 + 机械费	1.19	1.40	1.68	1.20	1.41	1.69
CJ3-2-2		市区工程		1.40	1.65	1.98	1.41	1.66	1.99
CJ3-3	提前竣工增加费								
CJ3-3-1	其中	缩短工期比例 10% 以内	人工费 + 机械费	0.01	0.56	1.11	0.01	0.57	1.13
CJ3-3-2		缩短工期比例 20% 以内		1.11	1.38	1.65	1.13	1.40	1.67
CJ3-3-3		缩短工期比例 30% 以内		1.65	1.91	2.17	1.67	1.93	2.19
CJ3-4	二次搬运费		人工费 + 机械费	0.38	0.48	0.58	0.39	0.49	0.59
CJ3-5	冬雨季施工增加费		人工费 + 机械费	0.07	0.13	0.19	0.08	0.14	0.20
CJ3-6	行车、行人干扰增加费		人工费 + 机械费	1.35	1.69	2.03	1.36	1.70	2.04

特别提示

1. 专业土石方工程的施工组织措施项目费费率乘以系数 0.35。

2. 标化工地增加费费率的下限、中值、上限分别对应设区市级、省级、国家级标化工地，县市区级标化工地增加费按费率中值乘以系数 0.7。

2）市政安装工程施工组织措施项目费费率

市政安装工程施工组织措施项目费费率按表 2-5 计取。

表 2-5 市政安装工程施工组织措施项目费费率

定额编号	项目名称		取费基数	费率 /%					
				一般计税法			简易计税法		
				下限	中值	上限	下限	中值	上限
CA3	施工组织措施项目费								
CA3-1	安全文明施工基本费								
CA3-1-1	其中	非市区工程	人工费 + 机械费	4.82	5.35	5.88	5.01	5.57	6.13
CA3-1-2		市区工程		5.63	6.25	6.87	5.85	6.50	7.15
CA3-2	标化工地增加费								
CA3-2-1	其中	非市区工程	人工费 + 机械费	1.24	1.46	1.75	1.29	1.52	1.82
CA3-2-2		市区工程		1.46	1.72	2.06	1.52	1.79	2.15
CA3-3	提前竣工增加费								

续表

定额编号	项目名称		取费基数	费率/%					
				一般计税法			简易计税法		
				下限	中值	上限	下限	中值	上限
CA3-3-1	其中	缩短工期比例10%以内	人工费+机械费	0.01	0.63	1.25	0.01	0.66	1.31
CA3-3-2		缩短工期比例20%以内		1.25	1.56	1.87	1.31	1.63	1.95
CA3-3-3		缩短工期比例30%以内		1.87	2.20	2.53	1.95	2.29	2.63
CA3-4	二次搬运费		人工费+机械费	0.29	0.41	0.53	0.30	0.42	0.54
CA3-5	冬雨季施工增加费		人工费+机械费	0.07	0.13	0.19	0.08	0.14	0.20
CA3-6	行车、行人干扰增加费		人工费+机械费	1.25	1.57	1.89	1.30	1.63	1.96

特别提示

1. 市政安装工程的安全文明施工基本费费率按照其与市政土建工程同步交叉配合施工进行测算，不与市政土建工程同步交叉配合施工（即单独进场施工）的给水、燃气、供热、路灯及智能交通设施等市政安装工程，其安全文明施工基本费费率乘以系数1.4。

2. 标化工地增加费费率的下限、中值、上限分别对应设区市级、省级、国家级标化工地，县市区级标化工地增加费的费率按中值乘以系数0.7。

4. 市政工程其他项目费费率

市政工程其他项目费费率按表2-6计取。

表2-6　市政工程其他项目费费率

定额编号	项目名称		取费基数	费率/%
C4	其他项目费			
C4-1	优质工程增加费			
C4-1-1	其中	县市区级优质工程	除优质工程增加费外税前工程造价	0.75
C4-1-2		设区市级优质工程		1.00
C4-1-3		省级优质工程		2.00
C4-1-4		国家级优质工程		3.00
C4-2	施工总承包服务费			
C4-2-1	其中	专业发包工程管理费（管理、协调）	专业发包工程金额	1.00～2.00
C4-2-2		专业发包工程管理费（管理、协调、配合）		2.00～4.00
C4-2-3		甲供材料保管费	甲供材料金额	0.50～1.00
C4-2-4		甲供设备保管费	甲供设备金额	0.20～0.50

> **特别提示**
>
> 1. 专业发包工程管理费的取费基数按其税前金额确定，不包括相应的销项税。
> 2. 甲供材料保管费和甲供设备保管费的取费基数按其含税金额确定，包括相应的进项税。

5. 市政工程规费费率

市政工程规费费率按表 2-7 计取。

表 2-7　市政工程规费费率

定额编号	项目名称		取费基数	费率 /%	
				一般计税法	简易计税法
C5	规费				
C5-1	市政土建工程				
C5-1-1	其中	道路、排水、河道护岸、水处理构筑物及城市综合管廊、生活垃圾处理工程	人工费 + 机械费	18.75	17.75
C5-1-2		桥梁工程		22.84	21.96
C5-1-3		隧道工程		21.02	20.27
C5-1-4		专业土石方工程		12.62	11.65
C5-2	市政安装工程		人工费 + 机械费	27.80	27.30

6. 市政工程税金税率

市政工程税金税率按表 2-8 计取。

表 2-8　市政工程税金税率

定额编号	项目名称	适用计税方法	取费基数	税率 /%
C6	增值税			
C6-1	增值税销项税	一般计税法	税前工程造价	9.00
C6-2	增值税征收率	简易计税法		3.00

【例 2-1】某市区道路工程，于 2022 年 3 月 21 日—3 月 25 日编制招标控制价。根据招标文件及施工图，按正常的施工组织设计、正常的施工工期计算出分部分项工程费为 3500 万元（其中人工费 + 机械费为 1000 万元），施工技术措施项目费为 500 万元（其中人工费 + 机械费为 120 万元），该工程发包人没有创优质工程、标化工地要求，该工程无甲供材料和设备、无计日工，该工程不允许进行分包，其他暂列金额为 100 万元，该工程无专业工程暂估价与专项措施暂估价。试按建筑安装工程施工费用计算程序编制招标控制价（采用一般计税法）。

费用计算程序的应用实例

【解】（1）费率确定。

该道路工程为市政土建工程，根据《浙江省建设工程计价规则》（2018版）的规定，编制招标控制价时，施工组织措施项目费应按市政土建工程施工组织措施项目费费率的中值计取，规费、税金应按施工取费的相应费率进行计算。

（2）施工组织措施计取费用项目确定。

根据该道路工程的实际情况，计取以下施工组织措施项目费用：安全文明施工基本费，二次搬运费，冬雨季施工增加费，行车、行人干扰增加费。

（3）其他项目费计取费用项目确定。

其他项目费中，本工程不计取以下费用：标化工地暂列金额、优质工程暂列金额、暂估价、计日工、施工总承包服务费。

（4）按费用计算程序编制招标控制价，具体见表2-9。

表 2-9　编制招标控制价

序号	费用项目		计算方法	金额/万元
一	分部分项工程费		$\sum$（分部分项工程数量 × 综合单价）	3500
	其中	1. 人工费 + 机械费	$\sum$ 分部分项（人工费 + 机械费）	1000
二	措施项目费		（一）+（二）	621.072
	（一）施工技术措施项目费		$\sum$（施工技术措施项目工程数量 × 综合单价）	500
	其中	2. 人工费 + 机械费	$\sum$ 施工技术措施项目（人工费 + 机械费）	120
	（二）施工组织措施项目费		按实际发生项之和进行计算	121.072
	其中	3. 安全文明施工基本费	（1000+120）× 8.51%	95.312
		4. 提前竣工增加费		0
		5. 二次搬运费	（1000+120）× 0.48%	5.376
		6. 冬雨季施工增加费	（1000+120）× 0.13%	1.456
		7. 行车、行人干扰增加费	（1000+120）× 1.69%	18.928
		8. 其他施工组织措施费		0
三	其他项目费		按工程量清单计价要求计算	100
	（三）暂列金额		9+10+11	100
	其中	9. 标化工地暂列金额	（1+2）× 费率	0
		10. 优质工程暂列金额	除暂列金额外税前工程造价 × 费率	0
		11. 其他暂列金额	除暂列金额外税前工程造价 × 估算比例	100
	（四）暂估价		12+13	0
	其中	12. 专业工程暂估价	按各专业工程的除税金外全费用暂估金额之和进行计算	0
		13. 专项措施暂估价	按各专业措施的除税金外全费用暂估金额之和进行计算	0
	（五）计日工		$\sum$ 计日工（暂估数量 × 综合单价）	0
	（六）施工总承包服务费		14+15	0

续表

序号	费用项目		计算方法	金额 / 万元
	其中	14. 专业发包工程管理费	∑ 专业发包工程（暂估金额 × 费率）	0
		15. 甲供材料设备保管费	甲供材料暂估金额 × 费率 + 甲供设备暂估金额 × 费率	0
四	规费		（1000+120）× 18.75%	210
五	税前工程造价		一 + 二 + 三 + 四	4431.072
六	税金（增值税销项税）		4431.072 × 9%	398.797
七	建筑安装工程造价		五 + 六	4829.869

 思考题与习题

一、简答题

1. 工程计价的依据主要有哪些？

2. 什么是综合单价？

3. 什么是综合单价法？

4. 某市区排水工程编制招标控制价时，施工组织措施项目费、企业管理费及利润应按费率的中值计取，试确定安全文明施工基本费，二次搬运费，行车、行人干扰增加费，企业管理费，利润的费率。

5. 某企业在编制某非市区桥梁工程投标报价时，施工组织措施项目费、企业管理费及利润均按施工取费费率的下限计取，试确定安全文明施工基本费，二次搬运费，行车、行人干扰增加费，企业管理费，利润的费率。

6. 某非市区专业土石方工程，采用一般计税法，确定投标报价时安全文明施工基本费的费率下限、中值、上限分别是多少？

7. 某城市地下综合管廊工程采用盾构法施工，采用一般计税法编制该工程招标控制价时，企业管理费、利润的费率分别是多少？

8. 某市区桥梁工程创建了省级标化工地，采用一般计税法计取标化工地增加费时，标化工地增加费的费率是多少？

二、计算题

1. 某市区排水管道工程，按正常的施工组织设计、正常的施工工期计算出分部分项工程费、施工技术措施项目费见表 2-10，根据该工程的实际情况计取的施工组织措施项目见表 2-10。根据工程的招标文件及实际情况，该工程不计取以下费用：标化工地暂列金额、优质工程暂列金额、暂估价、计日工、施工总承包服务费。试按建筑安装工程施工费用计算程序编制招标控制价（采用一般计税法）。

表 2-10　招标控制价编制表

序号	费用项目	计算方法	金额／万元
一	分部分项工程费	$\sum$（分部分项工程数量 × 综合单价）	1100
	1. 人工费＋机械费	$\sum$分部分项（人工费＋机械费）	300
二	措施项目费	（一）＋（二）	
	（一）施工技术措施项目费	$\sum$（施工技术措施项目工程数量 × 综合单价）	250
	2. 人工费＋机械费	$\sum$施工技术措施项目（人工费＋机械费）	80
	（二）施工组织措施项目费		
其中	3. 安全文明施工基本费		
	4. 冬雨季施工增加费		
	5. 行车、行人干扰增加费		
三	其他项目费	按工程量清单计价要求计算	
	（三）暂列金额	按工程量清单计价要求计算	
其中	6. 其他暂列金额		60
四	规费		
五	税前工程造价	一＋二＋三＋四	
六	税金（增值税销项税）		
七	建筑安装工程造价	五＋六	

2. 某市区主干道工程，按正常的施工组织设计、正常的施工工期计算出分部分项工程费、施工技术措施项目费见表 2-11，根据该工程的实际情况计取的施工组织措施项目见表 2-11。根据工程的招标文件及实际情况，该工程不计取以下费用：标化工地暂列金额、优质工程暂列金额、暂估价、计日工、施工总承包服务费。试按建筑安装工程施工费用计算程序编制投标报价（采用一般计税法，各项施工组织措施费费率按下限计取，规费费率按施工取费的规费相应费率计取）。

表 2-11　投标报价编制表

序号	费用项目	计算方法	金额／万元
一	分部分项工程费	$\sum$（分部分项工程数量 × 综合单价）	6000
	1. 人工费＋机械费	$\sum$分部分项（人工费＋机械费）	1500
二	措施项目费	（一）＋（二）	

续表

序号	费用项目		计算方法	金额/万元
	（一）施工技术措施项目费		$\sum$（施工技术措施项目工程数量×综合单价）	1100
	2.人工费+机械费		$\sum$施工技术措施项目（人工费+机械费）	300
	（二）施工组织措施项目费			
	其中	3.安全文明施工基本费		
		4.二次搬运费		
		5.冬雨季施工增加费		
		6.行车、行人干扰增加费		
三	其他项目费		按工程量清单计价要求计算	
	（三）暂列金额		按工程量清单计价要求计算	
	其中	7.其他暂列金额		200
四	规费			
五	税前工程造价		一+二+三+四	
六	税金（增值税销项税）			
七	建筑安装工程造价		五+六	

第 3 章 建设工程定额的基本知识

思维导图

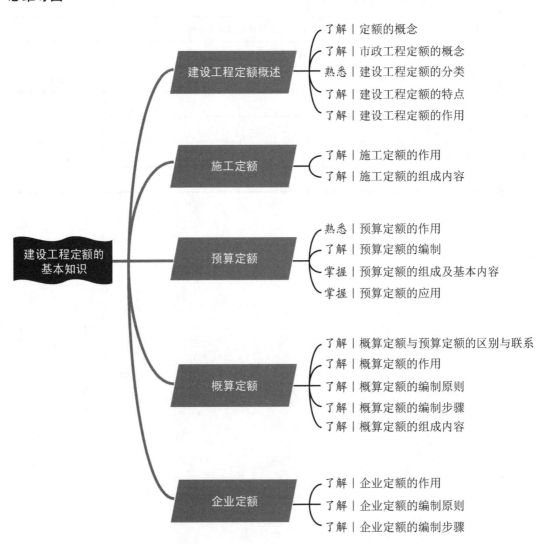

建设工程定额的基本知识

- 建设工程定额概述
  - 了解 | 定额的概念
  - 了解 | 市政工程定额的概念
  - 熟悉 | 建设工程定额的分类
  - 了解 | 建设工程定额的特点
  - 了解 | 建设工程定额的作用
- 施工定额
  - 了解 | 施工定额的作用
  - 了解 | 施工定额的组成内容
- 预算定额
  - 熟悉 | 预算定额的作用
  - 了解 | 预算定额的编制
  - 掌握 | 预算定额的组成及基本内容
  - 掌握 | 预算定额的应用
- 概算定额
  - 了解 | 概算定额与预算定额的区别与联系
  - 了解 | 概算定额的作用
  - 了解 | 概算定额的编制原则
  - 了解 | 概算定额的编制步骤
  - 了解 | 概算定额的组成内容
- 企业定额
  - 了解 | 企业定额的作用
  - 了解 | 企业定额的编制原则
  - 了解 | 企业定额的编制步骤

引例

经过第 2 章的学习，我们可知该章引例中"某市区高架路工程的分部分项工程费为 4500 万元（其中人工费＋机械费为 1100 万元），施工技术措施项目费为 800 万元（其中人工费＋机械费为 220 万元）"，这些费用在编制招标控制价时，应按照预算定额计算确定；在编制投标报价时，可根据企业定额或参照预算定额计算确定。那么什么是定额？什么是预算定额？什么是企业定额？还有其他定额吗？怎样使用定额？

3.1　建设工程定额概述

3.1.1　定额的概念

定额中的"定"就是规定，"额"就是数额或额度。定额就是规定的数额或额度，是在生产经营活动中，根据一定时期的生产力发展水平和产品的质量要求，为完成一定数量的合格产品所需消耗的人力、物力和财力的数量标准。

一般来讲，生产力发展水平高，则生产效率高，生产过程中的消耗就少，定额所规定的人力、物力和财力等资源消耗量应相应降低，称为定额水平高；反之，生产力发展水平低，则生产效率低，生产过程中的消耗就多，定额所规定的人力、物力和财力等资源消耗量应相应提高，称为定额水平低。

3.1.2　市政工程定额的概念

市政工程定额是指在市政工程项目建设中，在一定的施工组织和施工技术条件下，用科学的方法和实践经验相结合，完成单位合格工程产品所必须消耗的人工、材料、机械和资金的数量标准。

市政工程定额是在一定社会生产力发展水平下，完成市政工程中的某项合格产品与各种生产要素（人工、材料、机械和资金）消耗之间的数量关系，反映了在一定的社会生产力发展水平下市政工程的施工管理和技术水平。

3.1.3　建设工程定额的分类

建设工程定额的种类很多，如图 3.1 所示，一般按反映的生产因素、编制程序和用途、编制单位和执行范围进行分类，具体可分为以下类型。

1. 按反映的生产因素分类

定额按反映的生产因素可分为劳动消耗定额、材料消耗定额与机械消耗定额。

1）劳动消耗定额

劳动消耗定额简称劳动定额，也称人工定额，是指在正常施工条件下，某工种、某一等级工人以社会平均熟练程度和劳动强度为完成单位合格工程产品所必须消耗的劳动时间的数量标准，或在单位工作时间内完成合格工程产品的数量标准。

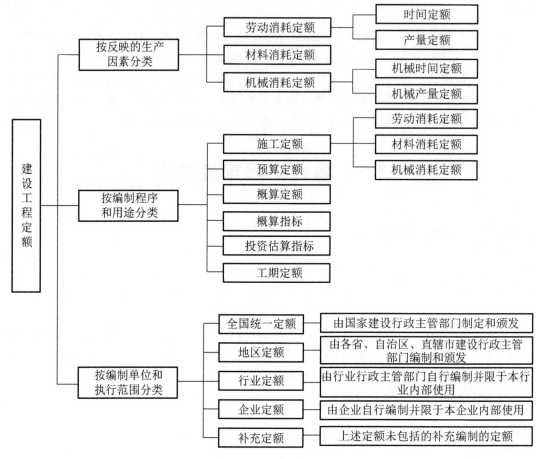

图 3.1　建设工程定额分类

劳动消耗定额按其表现形式不同，可分为时间定额和产量定额两种，两者互为倒数。

2）材料消耗定额

材料消耗定额简称材料定额，是指在正常施工条件和合理使用材料的条件下，完成单位合格工程产品所必须消耗的材料的数量标准。

材料是工程建设中使用一定品种规格的原材料、成品、半成品、构配件、燃料以及水、电等资源的统称。

3）机械消耗定额

机械消耗定额简称机械定额，是指在正常施工条件和合理的劳动组织下，使用某种施工机械完成单位合格工程产品所必须消耗的机械台班的数量标准，或在单位时间内机械完成合格工程产品的数量标准。

机械消耗定额按其表现形式不同，可分为机械时间定额和机械产量定额两种，两者互为倒数。

由于我国习惯上以一台机械一个工作班（台班，按一台机械工作 8 小时计）为机械消耗的计量单位，因此机械消耗定额又称机械台班消耗定额。

2. 按编制程序和用途分类

定额按编制程序和用途可分为施工定额、预算定额、概算定额、概算指标、投资估算指标、工期定额。

1）施工定额

施工定额是以同一性质的施工过程或工序为对象，在正常施工条件下完成单位合格工程产品所消耗的人工、材料、机械台班的数量标准。

施工定额是施工企业为组织生产和加强管理而在企业内部使用的一种定额，属于企业生产定额性质。

施工定额由劳动消耗定额、材料消耗定额和机械消耗定额 3 个部分组成，主要直接用于工程的施工管理，可用于编制施工组织设计、施工预算、施工作业计划、签发施工任务单、限额领料、结算计件工资等施工管理活动中。

施工定额的项目划分最细，是建设工程定额中的基础性定额，也是编制预算定额的基础。

2）预算定额

预算定额是以建设工程的分项工程为对象，确定完成规定计量单位的分项工程所消耗的人工、材料、机械台班的数量标准。

预算定额是一种计价性定额，在编制施工图预算阶段，用于计算工程造价及工程所需的人工、材料、机械台班的需要量，同时可作为编制施工组织设计、工程财务计划的参考。

预算定额是以施工定额为基础综合扩大编制的，也是编制概算定额的基础。

3）概算定额

概算定额是以扩大的分项工程为对象，确定完成规定计量单位的扩大分项工程所消耗的人工、材料、机械台班的数量标准。

概算定额也是一种计价性定额，在扩大初步设计或技术设计阶段，用于编制修正设计概算，并作为确定建设项目投资额的依据。

概算定额项目划分的粗细与扩大初步设计的深度相适应，一般是在预算定额的基础上综合扩大而成的，同时可作为编制概算指标、投资估算指标的依据。

特别提示

概算定额是介于预算定额与概算指标之间的定额。

4）概算指标

概算指标是以整个建（构）筑物为对象，以一定数量面积（或长度）为计量单位，而规定人工、材料、机械台班的耗用量及其费用标准。

概算指标也是一种计价性定额，在初步设计阶段，用于编制工程初步设计概算。

概算指标的设定与初步设计的深度相适应，是在概算定额和预算定额的基础上编制的，比概算定额更加综合扩大。

5）投资估算指标

投资估算指标往往以独立的单项工程或完整的工程项目为对象，编制内容是所有项目费用之和。

投资估算指标也是一种计价性定额，用于项目建议书和可行性研究阶段编制投资估算、计算工程投资需要量，并作为进行项目可行性分析、项目评估和决策、设计方案的技术经济分析等的依据。

投资估算指标比概算指标更为综合扩大，更为概略，其概略程度与可行性研究阶段相适应。投资估算指标的编制基础离不开预算定额、概算定额，是在历史实际工程的概预算、结算资料的基础上，通过技术分析和统计分析编制而成的。

6）工期定额

工期定额是指在一定生产技术和自然条件下，完成某个单项工程平均需用的编制天数，包括建设工期定额、施工工期定额两个层次。

建设工期是指建设项目或独立的单项工程在建设过程中耗用的时间总量，一般以月数或天数表示。建设工期是从开工建设开始到全部建成投产或交付使用所经历的时间，不包括由于决策失误而停（缓）建所延误的时间。

施工工期是指单项工程或单位工程从开工到完工所经历的时间。

施工工期是建设工期中的一部分。

工期定额是评价工程建设速度、编制施工进度计划及施工计划、签订承包合同的依据。

知识链接

工程建设的不同阶段，均需编制相应阶段的工程造价，采用或依据不同的定额，参见表 3-1。

表 3-1　工程建设阶段与工程造价、依据定额的关系表

建设阶段	工程造价	依据定额
项目建议书和可行性研究阶段	投资估算	投资估算指标
初步设计阶段	设计概算	概算指标
技术设计阶段	修正设计概算	概算定额
施工图设计阶段	预算造价	预算定额
招投标阶段	合同价	预算定额
实施阶段	施工预算	施工定额
竣工验收阶段	结算价	预算定额
交付使用阶段	决算价	预算定额

3. 按编制单位和执行范围分类

定额按编制单位和执行范围可分为全国统一定额、地区定额、行业定额、企业定额和补充定额。

1）全国统一定额

全国统一定额是由国家建设行政主管部门组织，依据有关国家标准和规范，综合全

国工程建设中的技术和施工组织管理水平情况进行编制、批准、发布的，在全国范围内使用的定额。

2）地区定额

地区定额是各省、自治区、直辖市建设行政主管部门在国家建设行政主管部门统一指导下，考虑地区工程建设特点，对国家定额进行调整、补充编制并批准、发布，只在规定的地区范围内使用的定额。

3）行业定额

行业定额是由行业行政主管部门组织，在国家建设行政主管部门统一指导下，依据各行业专业工程特点、标准和规范、施工企业生产水平、管理情况等进行编制、批准、发布的，一般只在本行业和相同专业性质的范围内使用的定额。

4）企业定额

企业定额是施工企业根据本企业的人员素质、机械设备程度、企业管理水平，参照国家、行业或地方定额自行编制的，只限于本企业内部使用的定额。

企业定额是反映企业素质高低的一个重要标志，其定额水平一般应高于国家现行定额水平，才能满足生产技术发展、企业管理和市场竞争的需要。

5）补充定额

补充定额是随着设计、施工技术的发展，在现行定额不能满足需要的情况下，为了补充缺陷而编制的定额。补充定额一般由施工企业提供测定资料，与建设单位或设计单位协商议定，并同时报主管部门备查，只能在限定范围内使用。

补充定额往往成为修订正式统一定额的基础资料。

3.1.4 建设工程定额的特点

1. 科学性

建设工程定额的科学性首先表现在用科学的态度制定定额，尊重客观实际，力求定额水平合理；其次表现在制定定额的技术方法上，利用现代科学管理的成就，形成一套系统的、完善的、在实践中行之有效的方法；最后表现在定额制定和贯彻的一体化，制定是为了提高贯彻的依据，贯彻是为了实现管理的目标，也是对定额的信息反馈。

2. 系统性

建设工程定额是相对独立的系统，是由多种定额结合而成的有机的整体。它的结构复杂、有鲜明的层次。

建设工程是庞大的实体系统，建设工程定额是为这个实体系统服务的，因而建设工程本身的系统性就决定了以它为服务对象的建设工程定额的系统性。

3. 统一性

为了使国民经济按照既定的目标发展，需要借助于标准、定额、参数等，对建设工程进行规划、组织、调节、控制。而这些标准、定额、参数等必须在一定范围内统一尺度，才能利用它对项目的决策、设计方案、投标报价、成本控制等进行比选和评价。

4．权威性

建设工程定额具有很大的权威性，在一些情况下具有经济法规性质。定额的权威性反映了统一的意志和要求，也反映了定额的信誉和对其的信赖度。

建设工程定额权威性的客观基础是定额的科学性，只有科学的定额才具有权威。

5．稳定性和时效性

任何一种定额都只能反映一定时期的技术发展和管理水平，因而在一段时间内表现出稳定的状态。建设工程定额稳定的时间一般为 5～10 年。保持定额的稳定性是维护定额的权威性所必需的，也是有效地贯彻定额所必要的。

当工程技术和管理水平向前发展了，建设工程定额就会与已经发展了的生产力水平不相适应，这时就需要重新编制或修订建设工程定额，所以建设工程定额又具有时效性。

3.1.5 建设工程定额的作用

建设工程定额是专门为工程建设而制定的定额，反映了工程建设和各种资源消耗之间的客观规律，它的主要作用如下。

1．建设工程定额是工程建设的依据

建设工程具有建设周期长、投入大的特点，需要对工程建设中的资金、资源消耗进行预测、计划、调配和控制。而建设工程定额中提供的各类资金、资料消耗的数量标准，为此提供了科学的依据。

2．建设工程定额是企业实行科学管理的依据

建设工程定额中的施工定额所提供的人工、材料、机械台班消耗的标准可以作为企业编制施工进度计划和施工作业计划、下达施工任务、合理组织调配资源及进行成本核算的依据，同时建设工程定额为企业开展考核评比和劳动竞赛、实行计件工资和超额奖励树立了标准尺度。

3．建设工程定额是节约社会劳动和优化资源配置的重要手段

企业利用建设工程定额加强管理，把社会劳动的消耗控制在合理的尺度内，可以节约社会劳动，并促进项目投资者合理并有效地利用和分配社会劳动、合理配置生产要素、优化资源配置。

3.2 施 工 定 额

施工定额是直接用于工程施工管理的一种定额，是施工企业管理工作的基础。

3.2.1 施工定额的作用

（1）施工定额是施工队向班组签发施工任务单和限额领料单的依据。

（2）施工定额是施工企业编制施工组织设计和施工进度计划的依据。

（3）施工定额是加强企业成本核算和成本管理的依据。

（4）施工定额是贯彻经济责任制、实行按劳分配和内部承包责任制的依据。

（5）施工定额是编制施工预算的依据。

（6）施工定额是编制预算定额的依据。

3.2.2　施工定额的组成内容

施工定额由劳动消耗定额、材料消耗定额和机械消耗定额 3 部分组成。

1. 劳动消耗定额

劳动消耗定额也称人工定额。它是施工定额的主要组成部分。人工以"工日"为计量单位，每"工日"是指一个工人工作一个工作日（按 8 小时计）。

劳动消耗定额由于表现形式不同，可分为时间定额和产量定额两种。

（1）时间定额：某种专业、某种技术等级的工人班组或个人在合理的劳动组织与合理使用材料的条件下完成单位合格产品所必须消耗的工作时间。

定额中的工作时间包括有效工作时间（准备与结束时间、基本生产时间和辅助生产时间）、工人必需的休息时间和不可避免的中断时间。

时间定额的计量单位按完成单位产品所必须消耗的工日表示，如工日 /m³、工日 /t 等。其计算方法如下。

$$单位产品时间定额（工日）= \frac{完成一定数量合格产品所必须消耗的工作时间（工日）}{完成合格产品的数量} \quad （3\text{-}1）$$

（2）产量定额：在合理的劳动组织与合理使用材料的条件下，某种技术等级的工人班组或个人在单位工日中应完成的合格产品数量。

产量定额的计量单位按单位时间内生产的产品数量表示，如 m³/ 工日、t/ 工日等。其计算方法如下。

$$单位时间产量定额 = \frac{完成合格产品的数量}{完成一定数量合格产品所必须消耗的工作时间（工日）} \quad （3\text{-}2）$$

时间定额与产量定额互为倒数，即

$$时间定额 = \frac{1}{产量定额} \quad （3\text{-}3）$$

或

$$产量定额 = \frac{1}{时间定额} \quad （3\text{-}4）$$

或

$$时间定额 \times 产量定额 = 1 \quad （3\text{-}5）$$

【例 3-1】砖石工程砌 1m³ 砖墙，规定需要 0.524 工日，每工日应砌筑砖墙 1.908m³。试确定其时间定额和产量定额。

【解】

$$时间定额 = \frac{1}{1.908} \approx 0.524 （工日 /m³）$$

$$产量定额 = \frac{1}{0.524} \approx 1.908 （m³/ 工日）$$

2. 材料消耗定额

材料消耗定额是指在节约与合理使用材料的条件下，生产单位合格产品所必须消耗的一定规格的材料、（半）成品、构（配）件的数量标准。

建设工程中的材料可以分为两种类型，即一次性使用材料和周转性使用材料。一次性使用材料直接构成工程实体，如水泥、碎石、砂、钢筋等。周转性使用材料在施工中可多次使用，但不构成工程实体，如脚手架、模板、挡土板、井点管等。

材料消耗量包括材料净用量和材料损耗量两部分，即

$$材料消耗量 = 材料净用量 + 材料损耗量 \tag{3-6}$$

材料净用量是指直接用到工程上，构成工程实体的材料用量。材料损耗量是指在施工过程中不可避免的损耗量，包括施工操作损耗量、场内运输损耗量、加工制作损耗量和现场堆放损耗量。

材料损耗量与材料净用量之比（百分数）称为材料损耗率，即

$$材料损耗率 = \frac{材料损耗量}{材料净用量} \times 100\% \tag{3-7}$$

或

$$材料损耗量 = 材料净用量 \times 材料损耗率 \tag{3-8}$$

材料的损耗率是通过观测和统计得到的，通常由国家有关部门确定。材料消耗量也可以表示为

$$材料消耗量 = 材料净用量 \times (1 + 材料损耗率) \tag{3-9}$$

例如，浇筑混凝土构件时，由于所需混凝土材料在搅拌、运输过程中不可避免的损耗，以及振捣后变得密实，$1m^3$ 混凝土产品往往需要消耗 $1.01m^3$ 混凝土拌和材料。

3. 机械消耗定额

机械消耗定额是完成单位合格产品所必须消耗的机械台班数量标准。它分为机械时间定额和机械产量定额。

1）机械时间定额

机械时间定额就是生产单位合格产品所必须消耗的某种机械工作时间。机械时间定额以某种机械一个工日（8 小时）为一个台班进行计量。其计算方法为

$$机械时间定额 = \frac{完成一定数量合格产品所消耗的机械作业时间（台班）}{完成合格产品的数量} \tag{3-10}$$

2）机械产量定额

机械产量定额就是某种机械在一个台班时间内必须完成单位合格产品的数量。其计算方法为

$$机械产量定额 = \frac{完成合格产品的数量}{完成一定数量合格产品所消耗的机械作业时间（台班）} \tag{3-11}$$

机械时间定额与机械产量定额互为倒数，即

$$机械时间定额 = \frac{1}{机械产量定额} \qquad (3\text{-}12)$$

或

$$机械产量定额 = \frac{1}{机械时间定额} \qquad (3\text{-}13)$$

或

$$机械时间定额 \times 机械产量定额 = 1 \qquad (3\text{-}14)$$

【例 3-2】机械运输及吊装工程分部定额中规定安装装配式钢筋混凝土柱（构件质量在 5t 以内），每立方米采用履带吊为 0.058 台班，试确定机械时间定额、机械产量定额。

【解】机械时间定额 =0.058/1=0.058（台班 /m³）

机械产量定额 =1/0.058 ≈ 17.241（m³/ 台班）

3.3 预算定额

现行市政工程的预算定额，有全国统一使用的预算定额，如 1999 年建设部编制的《全国统一市政工程预算定额》，也有各省、自治区、直辖市编制的地区预算定额，如《浙江省市政工程预算定额》（2018 版）。

3.3.1 预算定额的作用

（1）预算定额是编制施工图预算，确定和控制建设工程造价的基础。

（2）预算定额是编制招标控制价、投标报价的基础。

（3）预算定额是工程结算的依据。

（4）预算定额是施工企业进行经济活动分析的依据。

（5）预算定额是编制施工组织设计、施工作业计划的依据。

（6）预算定额是编制概算定额与概算指标的基础。

3.3.2 预算定额的编制

1. 预算定额的编制原则

1）按社会平均水平确定原则

预算定额应按照"在现有的社会正常的生产条件下，在社会平均的劳动熟练程度和劳动强度下，制造某种使用价值所需要的劳动时间"来确定定额水平。

预算定额的平均水平是在正常的施工条件、合理的施工组织和工艺条件、平均劳动熟练程度和劳动强度下，完成单位分项工程基本构造所需要的劳动时间、材料消耗量、机械台班消耗量。

知识链接

预算定额的平均水平是以大多数的施工企业的施工定额水平为基础的，但不是简单地套用施工定额的水平；预算定额中包含了更多的可变因素，需要保留合理的幅度差，如人工幅度差、机械幅度差等。

2）简明适用原则

在编制预算定额时，对于主要的、常用的、价值大的项目，分项工程的划分宜细，相应的定额步距要小一些；对于次要的、不常用的、价值小的项目，分项工程的划分可以放粗一些，定额步距也可以适当大一些。

此外，预算定额项目要齐全，要注意补充采用新技术、新结构、新材料而出现的新的定额项目，并应合理确定预算定额的计量单位，简化工程量的计算，尽可能避免同一种材料用不同的计量单位。

3）坚持统一性和差别性相结合原则

统一性是指计价定额的制定规划和组织实施由国务院建设行政主管部门归口，并负责全国统一定额的制定和修订，颁发有关工程造价管理的规章制度、办法。

差别性是指在统一性的基础上，各部门和省、自治区、直辖市主管部门可以在自己的管辖范围内，根据本部门和本地区的具体情况，制定部门和地区性定额，制定补充性制度和管理办法，以适应我国部门间和地区间发展不平衡、差异大的实际情况。

2. 预算定额的编制依据

（1）现行的劳动消耗定额、材料消耗定额、机械消耗定额及施工定额。

（2）现行的设计规范、施工及验收规范、质量评定标准和安全操作规程。

（3）具有代表性的典型工程施工图及现行的标准图。

（4）新技术、新结构、新材料和先进的施工方法等。

（5）有关科学实验和技术测定的统计、经验资料。

（6）现行的预算定额、材料预算价格及有关文件的规定等。

3. 预算定额的编制步骤

预算定额的编制大致可以分为准备工作、收集资料、定额编制、定额审核、定稿报批和整理资料5个阶段。

1）准备工作阶段

（1）拟订编制方案。

（2）抽调人员根据专业需要划分编制小组和综合组。

2）收集资料阶段

（1）普遍收集资料。在已确定的编制范围内，采用表格化形式收集定额编制基础资料，以统计资料为主，注明所需的资料内容、填表要求和时间范围，便于资料整理。

（2）召开专题座谈会。邀请建设单位、设计单位、施工单位及其他相关单位的专业人员召开座谈会，就以往定额中存在的问题提出意见和建议，以便在新定额编制时加以改进。

（3）收集现行规范、规定和相关政策法规资料。

（4）收集定额管理部门积累的资料，包括定额解释、补充定额资料、新技术在工程实践中的应用资料等。

（5）收集专项查定及试验资料，主要是混凝土、砂浆试验试配资料，还应收集一定数量的现场实际配合比资料。

3）定额编制阶段

（1）确定编制细则，包括统一编制表格及编制方法，统一计算口径、计量单位和小数点位数等要求。

（2）确定定额的项目划分和工程量计算规则。

（3）定额人工、材料、机械台班消耗量的计算、复核和测算。

4）定额审核阶段

（1）审核定稿。审核的主要内容：文字表达确切通顺、简明易懂；定额数字正确无误；章节、项目之间无矛盾。

（2）预算定额水平测算。测算方法如下。

① 按工程类别比重测算：在定额执行范围内，选择有代表性的各类工程，分别以新旧定额对比测算，并按测算的年限以工程所占比例加权，以考察定额的宏观影响程度。

② 单项工程比较测算法：选择典型工程分别以新旧定额对比测算，以考察定额水平的升降及其原因。

5）定稿报批和整理资料阶段

（1）征求意见：定额初稿编制完成后，需要征求各方面的意见、组织讨论、反馈意见。

（2）修改、整理、报批：修改、整理后，形成报批稿。

（3）撰写编制说明。

（4）立档、成卷。

4. 预算定额的编制方法

1）确定预算定额的计量单位

预算定额的计量单位是根据分部分项工程和结构构件的形体特征及其变化确定的，一般按如下方法确定。

（1）结构构件的长度、宽度、高（厚）度都变化时，可按体积以"m^3"为计量单位，如土方、混凝土构件等。

（2）结构构件的厚（高）度有一定规格，长度、宽度不定时，可按面积以"m^2"为计量单位，如道路路面、人行道板等。

（3）结构构件的横断面有一定形状和大小，长度不定时，可按长度以"延长米"为计量单位，如管道、桥梁栏杆等。

（4）结构构件构造比较复杂时，可以"个""台""座""套"为计量单位。

（5）工程量主要取决于设备或材料的质量时，可以"t"为计量单位。

预算定额中人工按工日计算，材料按自然计算单位确定，机械按台班计算。

为了减少小数点后的位数、提高预算定额的准确性，通常采取扩大单位的办法，即预算定额通常采用"1000m³""100m³""100m²""10m""10t"等计量单位。

2）按典型设计图纸和资料计算工程量

通过计算典型设计图纸所包含的施工过程的工程量，有可能利用施工定额的人工、材料、机械台班消耗量指标确定预算定额所包含的各工序的消耗量。

3）确定预算定额各分项工程人工、材料、机械台班消耗量指标

（1）人工消耗量的确定。

预算定额的人工消耗量有两种确定方法：一是以劳动消耗定额为基础确定，由分项工程所综合的各个工序劳动消耗定额包括的基本用工、其他用工两部分组成；二是遇劳动消耗定额缺项时，采用现场工作日写实等测时方法测定和计算定额的人工消耗量。

预算定额中的人工消耗量是指在正常施工条件下，完成定额单位分项工程所必须消耗的人工工日数量，由基本用工、其他用工两部分组成。

① 基本用工。

基本用工是指完成单位分项工程所必须消耗的技术工种用工，一般按综合取定的工程量和相应的劳动消耗定额计算。

$$基本用工 = \sum（综合取定的工程量 \times 劳动消耗定额） \tag{3-15}$$

② 其他用工。

其他用工包括辅助用工、超运距用工、人工幅度差。

a. 辅助用工，是指在技术工种劳动消耗定额内不包括而在预算定额内必须考虑的用工，如机械土方工程配合用工、材料加工用工、电焊点火用工等。

b. 超运距用工，是指预算定额所考虑的现场材料、半成品堆放地点到操作地点的平均水平运距超过劳动消耗定额中已包括的场内水平运距部分的用工。

$$超运距 = 预算定额取定的运距 - 劳动消耗定额已包括的运距$$
$$超运距用工 = \sum（超运距材料数量 \times 劳动消耗定额） \tag{3-16}$$

实际工程现场运距超过预算定额取定的运距时，可另行计算现场二次搬运费。

c. 人工幅度差，是指劳动消耗定额中未包括而在正常施工情况下不可避免但又很难准确计量的用工和各种工时损失。人工幅度差包括：各工种间的工序搭接及交叉作业相互配合或影响所发生的停歇用工；施工机械在单位工程之间转移及临时水电线路移动所造成的停工；质量检查和隐蔽工程验收工作的影响；场内班组操作地点的转移用工；工序交接时对前一工序不可避免的修整用工；施工中不可避免的其他零星用工。

$$人工幅度差 = （基本用工 + 辅助用工 + 超运距用工） \times 人工幅度差系数 \tag{3-17}$$

按国家规定，预算定额的人工幅度差系数一般为 10% ～ 15%。

$$人工消耗量 = 基本用工 + 辅助用工 + 超运距用工 + 人工幅度差 \qquad (3\text{-}18)$$
$$= （基本用工 + 辅助用工 + 超运距用工）×（1+ 人工幅度差系数）$$

（2）材料消耗量的确定。

预算定额中的材料消耗量是指在正常施工条件下，完成定额单位分项工程所必须消耗的材料、成品、半成品、构配件及周转性材料的数量。

预算定额中材料按用途划分为 4 类。

① 主要材料：指直接构成工程实体的材料，其中也包括半成品、成品，如混凝土等。

② 辅助材料：指直接构成工程实体，但用量较小的材料，如铁钉、铅丝等。

③ 周转材料：指多次使用，但不构成工程实体的材料，如脚手架、模板等。

④ 其他材料：指用量小、价值小的零星材料，如棉纱等。

预算定额的材料消耗量由材料的净用量和损耗量构成，预算定额中材料消耗量的确定方法与施工定额中材料消耗量的确定方法一样。

（3）机械台班消耗量的确定。

预算定额中的机械台班消耗量是指在正常施工条件下，完成定额单位分项工程所必须消耗的某种型号施工机械的台班数量，一般按施工定额中的机械耗用台班并考虑一定的机械幅度差进行计算。

$$机械台班消耗量 = 施工定额机械耗用台班 ×（1+ 机械幅度差系数） \qquad (3\text{-}19)$$

预算定额中的机械幅度差包括：施工技术原因引起的中断及合理的停歇时间；因供电供水故障及水电线路移动检修而发生的中断及合理的停歇时间；因气候原因或机械本身故障引起的中断时间；施工机械在单位工程之间转移所造成的机械中断时间；各工种间的工序搭接及交叉作业相互配合或影响所发生的机械停歇时间；质量检查和隐蔽工程验收工作引起的机械中断时间；施工中不可避免的其他零星的施工机械中断或停歇时间。

4）预算定额基价的确定

预算定额基价由人工费、材料费、机械费组成。

5）编制定额项目表、拟定有关说明

定额项目表的一般格式是：横向排列各分项工程的项目名称，竖向排列分项工程的人工、材料、机械台班的消耗量。有的项目表下方还有附注，说明设计有特殊要求时，如何调整换算定额。

3.3.3　预算定额的组成及基本内容

1. 预算定额的组成

《浙江省市政工程预算定额》（2018 版）共计九册：第一册《通用项目》、第二册《道路工程》、第三册《桥涵工程》、第四册《隧道工程》、第五册《给水工程》、第六册《排水工程》、第七册《燃气与集中供热工程》、第八册《路灯工程》、第九册《生活垃圾处理工程》。

《浙江省市
政工程预算
定额》
（2018 版）
简介

2. 预算定额的基本内容

预算定额一般由目录，总说明，册、章说明，分部分项工程表头说明，定额项目表，附录组成。

1）目录

目录主要用于查找，将总说明、各类工程的分部分项定额按顺序列出并注明页数。

2）总说明

总说明综合说明了定额的编制原则、编制依据、适用范围及定额的作用，定额中人工、材料、机械台班用量的编制方法，定额采用的材料规格指标与允许换算的原则，使用定额时必须遵守的规则，定额在编制时已经考虑和没有考虑的因素和有关规定、使用方法。

在使用定额前，应先了解并熟悉这部分内容。

3）册、章说明

册、章说明是对各册、章各分部工程的重点说明，包括定额中允许换算的界限和增减系数的规定等。

4）分部分项工程表头说明

分部分项工程表头说明列于定额项目表的上方，说明该分项工程所包含的主要工序和工作内容。

5）定额项目表

定额项目表是预算定额最重要的部分，每个定额项目表都列有分项工程的名称、类别、规格、定额的计量单位、定额编号、定额基价，以及人工、材料、机械台班等的消耗量指标及单价。有些定额项目表下列有附注，说明设计与定额不符时如何调整，以及其他有关事项的说明。

6）附录

附录是定额的有机组成部分，包括各种砂浆、混凝土的配合比及单价，单独计算的台班费用，以及人工、材料（半成品）、机械台班单价取定表等，供编制预算与材料换算用。

预算定额的内容组成如图 3.2 所示。

3.3.4 预算定额的应用

1. 预算定额项目的划分

预算定额的项目根据工程种类、构造性质、施工方法划分为不同的分部工程、分项工程。例如市政工程预算定额分为道路工程、桥涵工程、排水工程等单位工程，道路工程又分为路基处理、道路基层、道路面层、人行道及其他、交通管理设施等分部分项工程，道路面层中的沥青混凝土路面又分为粗粒式、中粒式、细粒式及不同厚度的沥青混凝土路面定额项目（定额子目）。

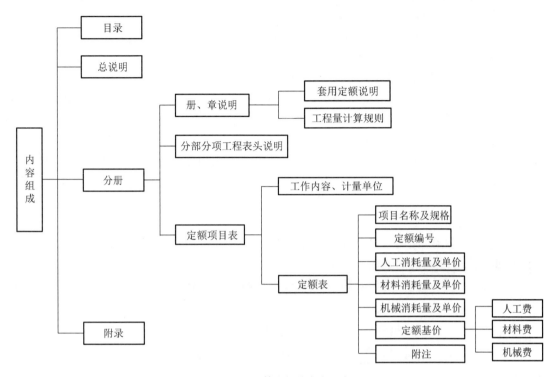

图 3.2　预算定额的内容组成

2. 预算定额的定额项目表

预算定额的定额项目表中列有：工作内容、计量单位、项目名称及规格、定额编号、人材机消耗量及单价、定额基价、附注等内容。

1）工作内容

工作内容是说明完成本节定额的主要施工过程。

2）计量单位

每一分项工程都有一定的计量单位，预算定额的计量单位是根据分项工程的形体特征、变化规律或结构组合等情况选择确定的。一般来说，当产品的长度、宽度、高度 3 个度量都发生变化时，以 "m³" 或 "t" 为计量单位；当长、宽两个度量不固定时，以 "m²" 为计量单位；当产品的截面大小基本固定时，则以 "m" 为计量单位；当产品采用上述 3 种计量单位都不适宜时，则分别以 "个" "座" 等为计量单位。为了避免出现过多的小数位数，定额常采用扩大计量单位，如 "10m³" "100m³" 等。

3）项目名称及规格

项目名称及规格是按分项工程划分的，常用的和经济价值大的项目划分得细些，一般的项目划分得粗些。

4）定额编号

定额编号是指定额子目在定额中的编号，其目的是便于检查使用定额时，项目套用是否正确合理，起减少差错、提高管理水平的作用。定额手册采用规定的编号方法——

"二符号"编号法编号。第一个号码表示属于定额第几册，第二个号码表示该册中定额子目的序号。两个号码均用阿拉伯数字表示。

　　例如，人工挖一般土方（三类土、深度 4m 以内）　　　定额编号 [1-6]

　　　　　水泥混凝土路面养生（塑料膜养护）　　　　　定额编号 [2-226]

　　5）人材机消耗量及单价

　　消耗量是指完成每一分项产品所需耗用的人工、材料、机械台班消耗的标准。其中人工消耗量定额不分工种、等级，以综合工日表示。材料消耗量定额列有原材料、成品、半成品的消耗量，用量少、价值小的材料合并为其他材料，以其他材料费的形式表示。机械台班消耗量定额有两种表现形式：单种机械和综合机械。单种机械的单价是一种机械的单价，综合机械的单价是几种机械的综合单价。定额中的次要机械用其他机械费表示。

　　6）定额基价

　　定额基价是指定额的基准价格，一般是省的代表性价格，实行全省统一基价，是地区调价和动态管理调价的基数。

$$定额基价 = 人工费 + 材料费 + 机械费 \qquad (3-20)$$

$$人工费 = 人工综合工日 \times 人工单价 \qquad (3-21)$$

$$材料费 = \sum（材料消耗量 \times 材料单价）\qquad (3-22)$$

$$机械费 = \sum（机械台班消耗量 \times 机械台班单价）\qquad (3-23)$$

　　7）附注

　　附注是对某一分项定额的制定依据、使用方法及调整换算等所做的说明和规定。

> **特别提示**
>
> 　　预算定额的定额项目表下方的附注通常与定额的换算套用有关，故需特别注意。

参考定额截图

　　例如，水泥混凝土路面（抗折强度 4.0MPa、厚 20cm）这个定额项目的预算定额项目表如下所示。

　　（1）工作内容：放样、混凝土纵缝涂沥青油、浇筑、捣固、抹光或拉毛。

　　（2）计量单位：100m²。

　　（3）项目名称：20cm 厚道路水泥混凝土路面。

　　（4）定额编号：[2-213]。

　　（5）人材机消耗量及单价：人工消耗量为 3.997 工日（二类人工），二类人工工日单价为 135.00 元。材料消耗量包括非泵送道路混凝土（抗折强度 4.0MPa）、石油沥青、水及其他材料费，其中非泵送道路混凝土消耗量为 20.200m³，混凝土单价为 388.00 元 /m³；石油沥青消耗量为 0.010m³，石油沥青单价为 2672.00 元 /m³；水消耗量为 2.900m³，水单价为 4.27 元 /m³；其他材料费为 40.62 元。机械台班消耗量包括平板式混凝土振捣器、插入式混凝土振捣器、水泥混凝土真空吸水机，其中平板式混凝土振捣器消耗量为 0.660 台班，台班单价 12.54 元；插入式混凝土振捣器消耗量为 1.340 台班，台班单价为 4.65 元；水泥混凝土真空吸水机消耗量为 0.348 台班，台班单价为 16.92 元。

（6）人工费：539.60 元 [3.997 × 135.00 ≈ 539.60（元）]。

（7）材料费：7917.32 元 [20.200 × 388.00+0.010 × 2672.00+2.900 × 4.27+40.62 ≈ 7917.32（元）]。

（8）机械费：20.40 元 [0.660 × 12.54+1.340 × 4.65+0.348 × 16.92 ≈ 20.40（元）]。

（9）定额基价：8477.32 元 [539.60+7917.32+20.40=8477.32（元）]。

> **特别提示**
>
> 　　注意《浙江省市政工程预算定额》（2018 版）的定额项目表中小数点的有效位数。
>
> 　　（1）人工、材料、机械消耗量：小数点后保留 3 位小数。
>
> 　　（2）人工费、材料费、机械费：小数点后保留 2 位小数。
>
> 　　（3）人工、材料、机械单价：小数点后保留 2 位小数。
>
> 　　（4）定额基价：小数点后保留 2 位小数。

3. 预算定额的查阅

（1）按分部→定额节→定额表→项目的顺序找到所需项目名称，并从上向下目视。

（2）在定额表中找出所需人工、材料、机械名称，并自左向右目视。

（3）两视线交点的数值，即为所查数值。

4. 预算定额的具体应用

预算定额的具体应用主要包括预算定额的套用、换算和补充。

1）预算定额的套用

在套用预算定额时，应根据施工图或标准图及相关设计说明，选择预算定额项目；对每个分项工程的工作内容、技术特征、施工方法等进行核对，确定与之相对应的预算定额项目。

预算定额的套用方式主要有：直接套用、合并套用、换算套用。

（1）直接套用。

当分项工程的设计内容与预算定额的项目工作内容完全一致时，可以直接套用定额。当分项工程的设计内容与预算定额的项目工作内容不一致时，如定额规定不允许换算和调整的，也应直接套用定额。

预算定额
套用的基本
方法

【例 3-3】人工挖一般土方 1000m³（一、二类土，深度 2m 以内），试确定套用的定额编号、定额基价、人工消耗量及所需人工工日的数量。

【解】人工挖一般土方（一、二类土，深度 2m 以内）套用的定额编号：[1-1]

定额基价 =642.00 元 /100m³

人工消耗量 =5.136 工日 /100m³

工程数量 =1000/100=10（100m³）

所需人工工日数量 =10×5.136=51.36（工日）

（2）合并套用。

当分项工程的设计内容与预算定额的两个及两个以上项目的总工作内容完全一致时，可以合并套用定额。

【例3-4】人工运土方，运距40m，试确定套用的定额编号、定额基价及人工消耗量。

【解】套用的定额编号：[1–37]+[1–38]

$$定额基价 =999.00+216.00=1215.00（元 /100m^3）$$

$$人工消耗量 =7.992+1.728=9.720（工日 /100m^3）$$

（3）换算套用。

当分项工程的设计内容与预算定额的项目工作内容不完全一致时，不能直接套用定额，而定额规定允许换算和调整时，可以按照预算定额规定的范围、内容、方法进行调整换算。

经过换算的定额项目，应在其定额编号后加注"换"或加注"H"，以示区别。

2）预算定额的换算

预算定额的换算主要有：系数换算、强度换算、材料换算、厚度换算等。

（1）系数换算。

此类换算是根据预算定额的说明（总说明、册说明、章说明等）、定额项目表附注规定，对定额基价或其中的人工消耗量、材料消耗量、机械台班消耗量乘以规定的换算系数，从而得到新的定额基价。

$$换算后的定额基价 = 原定额基价 + \sum 需调整的消耗量 \times$$
$$（调整系数 -1）\times 相应单价 \tag{3-24}$$

或　换算后的定额基价 = 原定额基价 + $\sum$ 需调整的费用 × （调整系数 –1） (3-25)

特别提示

式（3-24）中，需调整的消耗量可能是人工消耗量，也可能是某种或某几种材料消耗量，还可能是某种或某几种机械台班消耗量，具体调整哪个消耗量及调整系数均应根据定额说明或定额项目表附注确定。

同样，式（3-25）中，需调整的费用可能是人工费，也可能是某种或某几种材料费，还可能是某种或某几种机械费，具体调整哪项费用及调整系数均应根据定额说明或定额项目表附注确定。

【例3-5】人工挖沟槽土方，三类湿土，深1.8m。试确定套用的定额编号、定额基价及人工消耗量。

【解】根据《浙江省市政工程预算定额》（2018版）第一册第一章土石方工程的章说明第三条规定：挖运湿土时，人工（消耗量）乘以系数1.18，故定额套用时需进行换算。

人工挖沟槽土方（三类土、湿土、挖深2m内）套用的定额编号：[1–17]H

调整后的人工消耗量 =20.352×1.18≈24.015（工日）

定额基价 =20.352×1.18×125.00≈3001.92（元 /100m³）

或定额基价 =2544.00+20.352×（1.18-1）×125.00≈3001.92（元 /100m³）

或定额基价 =2544.00+2544.00×（1.18-1）≈3001.92（元 /100m³）

（2）强度换算。

当预算定额项目中混凝土或砂浆的强度等级与施工图设计要求不同时，定额规定可以换算。

换算时，先查找两种不同强度等级的混凝土或砂浆的预算单价并计算出其价差，再查找定额中该分项工程的定额基价及混凝土或砂浆的定额消耗量，最后进行调整，计算出换算后的定额基价。

$$换算后的定额基价 = 原定额基价 + （换入单价 - 换出单价） × \\ 混凝土或砂浆的定额消耗量 \quad （3-26）$$

【例 3-6】某道路工程人行道基础，厚度为 10cm，采用 C20 非泵送商品混凝土，试确定套用的定额编号、定额基价。

【解】套用的定额编号：[2-230]H

定额中用 C15 非泵送商品混凝土，而设计要求用 C20 非泵送商品混凝土。

C15 非泵送商品混凝土单价 =399.00 元 /m³

C20 非泵送商品混凝土单价 =412.00 元 /m³（该单价可以查阅《浙江省市政工程预算定额》（2018 版）第一册《通用项目》的附录）

C15 非泵送商品混凝土的定额消耗量 =10.100m³

定额基价 =4277.46+（412.00-399.00）×10.100≈4408.76（元 /100m³）

（3）材料换算。

当预算定额项目中材料规格、品种与施工图设计要求不同时，定额规定可以换算。

换算时，先查找两种不同规格、品种的材料单价并计算出其价差，再查找定额中该分项工程的定额基价及该材料的定额消耗量，最后进行调整，计算出换算后的定额基价。

$$换算后的定额基价 = 原定额基价 + （换入单价 - 换出单价） × \\ 材料的定额消耗量 \quad （3-27）$$

【例 3-7】某道路工程采用 250mm×250mm×250mm 彩色人行道板，下铺 2cm 厚 M7.5 砂浆垫层（采用干混砂浆），人行道板的单价为 96.00 元 / m²，试确定人行道板安砌套用的定额编号、定额基价。

【解】套用的定额编号：[2-232]H

定额中采用的人行道砖单价为 39.91 元 / m²

人行道砖的定额消耗量 =103.000m²

定额基价 =6487.52+（96.00-39.91）×103.000≈12264.79（元 /100m²）

（4）厚度换算。

当预算定额项目中的厚度与施工图设计要求不同时，可以依据预算定额的说明或定额项目表附注进行调整换算，并计算出换算后的定额基价。

【例3-8】某道路工程采用200mm×100mm×60mm的预制人行道砖，下铺3cm厚M7.5砂浆垫层（采用干混砂浆），试确定人行道板安砌套用的定额编号、定额基价。

【解】套用的定额编号：[2-232]H

定额中采用2cm厚M7.5砂浆垫层，设计采用3cm厚M7.5砂浆垫层。

根据《浙江省市政工程预算定额》（2018版）第二册第四章人行道及其他的章说明第三条：当各类垫层厚度与设计不同时，材料、搅拌机械的消耗量应进行调整（按厚度比例），人工消耗量不变，定额套用时需进行换算。

$$定额中砂浆的消耗量=2.120\text{m}^3$$

$$调整后砂浆的消耗量=2.120\times\frac{3}{2}=3.180（\text{m}^3）$$

$$定额中干混砂浆罐式搅拌机的消耗量=0.075台班$$

$$调整后干混砂浆罐式搅拌机的消耗量=0.075\times\frac{3}{2}\approx0.113（台班）$$

$$定额基价=6487.52+（3.180-2.120）\times413.73+（0.113-0.075）\times193.83$$
$$\approx6933.44（元/100\text{m}^2）$$

> **特别提示**
>
> 当预算定额项目中的厚度与施工图设计要求不同时，也可以根据定额说明利用每增（减）子目进行定额基价的调整换算，也就是合并套用。例如，当道路基层、面层定额项目的厚度与施工图设计要求不同时，可以用"每增（减）1cm"的子目进行调整。

（5）其他换算。

除了上述几种换算外，当施工方法与预算定额中分项工程的常规施工方法不一致时，也需要进行调整换算。如《浙江省市政工程预算定额》（2018版）总说明第十一条、第十二条规定：本定额中混凝土项目按运至施工现场的商品混凝土编制，商品混凝土定额已按结构部位取泵送或非泵送混凝土的材料价格，当定额所列混凝土形式与实际不同时，除混凝土单价换算外，人工消耗量调整如下：泵送商品混凝土调整为非泵送商品混凝土，定额人工乘以系数1.35；非泵送商品混凝土调整为泵送商品混凝土，定额人工乘以系数0.75。

【例3-9】某桥梁工程现浇承台，混凝土强度等级为C20，施工时采用非泵送商品混凝土，试确定套用的定额编号、定额基价。

【解】套用的定额编号：[3-191]H

定额中采用C20泵送商品混凝土，施工时采用C20非泵送商品混凝土。

$$C20泵送商品混凝土的单价=431.00元/\text{m}^3$$

C20非泵送商品混凝土的单价=412.00元/m³[该单价可以查阅《浙江省市政工程预算定额》（2018版）第一册《通用项目》的附录]

C20 泵送商品混凝土的定额消耗量 =10.100m³

定额的人工消耗量 =2.120 工日，定额人工乘以系数 1.35

定额基价 =4671.33+（412.00−431.00）×10.100+2.120×（1.35−1）×135.00

　　　≈4579.60（元 /10m³）

3）预算定额的补充

当分项工程的设计要求与定额条件完全不相符时，或者由于设计采用新结构、新材料及新工艺施工方法，在预算定额中没有这类项目，属于定额缺项时，可编制补充预算定额。

3.4　概 算 定 额

概算定额
截图

概算定额是在预算定额的基础上编制的定额，又称扩大结构定额。

3.4.1　概算定额与预算定额的区别与联系

（1）概算定额是预算定额的综合与扩大。概算定额将预算定额中有一定联系的若干分项工程定额子目进行合并、扩大，综合为一个概算定额子目。

现浇钢筋混凝土柱概算定额图片

如"现浇钢筋混凝土柱"概算项目，除了包括柱的混凝土浇筑这个预算定额的分项工程内容外，还包括柱模板的制作、安装、拆除，钢筋的制作安装及抹灰、砂浆等预算定额的分项工程内容。

（2）概算定额与预算定额在编排次序、内容形式、基本使用方法上是相近的。

两者都是以建（构）筑物的结构部分和分部分项工程为单位表示的，内容都包括人工、材料、机械台班消耗量 3 个基本部分。

3.4.2　概算定额的作用

（1）概算定额是初步设计阶段编制设计概算、技术设计阶段编制修正设计概算的主要依据。

（2）概算定额是对设计项目进行技术经济分析比较的基础资料之一。

（3）概算定额是建设工程项目编制主要材料计划的依据。

（4）概算定额是编制概算指标的依据。

3.4.3　概算定额的编制原则

（1）应贯彻社会平均水平的原则，应符合价值规律、反映现阶段的社会生产力平均水平。概算定额水平与预算定额水平之间应保留必要的幅度差，幅度差一般在 5% 以内，以使设计概算能真正地起到控制施工图预算的作用。

（2）应有一定的深度且简明适用。概算定额的项目划分应简明、齐全、便于计算，概算定额的结构形式务必简化、准确、适用。

（3）应保证其严密性、准确性。概算定额的内容和深度是以预算定额为基础的综合和扩大，在合并中不得遗漏或增减项目，以保证其严密性和准确性。

3.4.4 概算定额的编制步骤

概算定额的编制一般分 3 个阶段进行。

（1）准备阶段：主要工作是确定编制机构和人员组成；进行调查研究，了解现行概算定额执行情况和存在的问题；明确编制的目的；制订编制方案；确定概算定额的项目。

（2）编制初稿阶段：主要工作是根据已经确定的编制方案和概算定额的项目，收集和整理各种编制依据，对各种资料进行深入细致的测算和分析，确定人工、材料、机械台班的消耗量指标，编制概算定额初稿。

（3）审查定稿阶段：主要工作是测算概算定额的水平，包括测算现编概算定额与原概算定额以及现行预算定额之间的定额水平差，概算定额水平与预算定额水平之间应有不超过 5% 的幅度差。

测算时既要分项进行测算，又要以单位工程为对象进行测算。概算定额经测算比较后，可报送国家授权机关审批。

3.4.5 概算定额的组成内容

概算定额的内容基本上由文字说明、定额项目表和附录 3 部分组成。

（1）文字说明：包括总说明和分部工程说明。总说明主要阐述概算定额的编制依据、使用范围、包括的内容和作用、应遵守的规则等；分部工程说明主要阐述分部工程包括的综合工作内容及分部工程的工程量计算规则等。

（2）定额项目表：由若干分节定额组成，是概算定额的主要内容。各节定额由工程内容、定额表、附注说明组成。定额表中列有定额编号，计量单位，概算价格，人工、材料、机械台班的消耗量指标。

（3）附录：包括各种附表，如土类分级表等。

3.5 企 业 定 额

企业定额是建筑安装企业生产力水平的反映，只限于本企业内部使用，是供企业内部进行经营管理、成本核算和投标报价的企业内部文件。

3.5.1 企业定额的作用

（1）企业定额是企业进行工程投标、编制工程投标报价的依据。

（2）企业定额是企业编制施工预算、加强企业成本管理的基础。

（3）企业定额是企业计划管理和编制施工组织设计的依据。

（4）企业定额是企业计算劳动报酬、实行按劳分配的依据，也是企业激励员工的条件。

（5）企业定额是企业推广先进技术的必要手段。

（6）企业定额是企业编制预算定额和补充单位估价表的基础。

3.5.2　企业定额的编制原则

1. 平均先进原则

企业应以平均先进水平为基准编制企业定额。

平均先进水平是在正常的施工条件下，经过努力可以达到或超出的平均水平。平均先进原则考虑了先进企业、先进生产者达到的水平，特别是实践证明行之有效的改革施工工艺、改革操作方法、合理配备劳动组织等方面所取得的技术成果，以及综合确定的平均先进数值。

2. 简明适用原则

企业定额结构要合理，定额步距大小要适当，文字要通俗易懂，计算方法要简便，易于掌握运用，具有广泛的适应性，能在较大范围内满足各种需要。

3. 独立自主编制原则

企业应自主确定定额水平，自主划分定额项目，根据需要自主确定新增定额项目，同时要注意对国家、地区及有关部门编制的定额的继承性。

4. 动态管理原则

企业定额是一定时期内企业生产力水平的反映，在一段时间内是相对稳定的，但这种稳定有时效性，当其不再适应市场竞争时，就需要重新修订。

3.5.3　企业定额的编制步骤

1. 制订《企业定额编制计划书》

《企业定额编制计划书》一般包含以下内容。

1）企业定额编制的目的

企业定额编制的目的一定要明确，因为编制目的决定了企业定额的适用性，同时也决定了企业定额的表现形式。例如，企业定额的编制如果是为了控制工耗和计算工人劳动报酬，则应采取劳动消耗定额的形式；如果是为了企业进行工程成本核算，以及为企业走向市场、参与投标报价提供依据，则应采用施工定额或企业定额估价表的形式。

2）企业定额水平的确定原则

企业定额水平的确定，是企业定额能否实现编制目的的关键。如果定额水平过高，背离企业现有水平，使定额在实施过程中，企业内多数施工队、班组及工人通过努力仍然达不到定额水平，不仅不利于定额在本企业内推行，还会影响管理者和劳动者双方的积极性；如果定额水平过低，不但起不到鼓励先进和督促落后的作用，而且也不利于对项目成本进行核算和企业参与市场竞争。因此，在编制《企业定额编制计划书》时，必须合理确定定额水平。

3）企业定额的编制方法和定额形式

定额的编制方法很多，不同形式的定额其编制方法也不同。例如，劳动消耗定额的编制方法有技术测定法、统计分析法、类比推算法、经验估算法等；材料消耗定额的编制方法有观察法、试验法、统计法等。因此，定额编制究竟采取哪种方法应根据具体情况而定。企业定额编制通常采用的方法有两种，即定额测算法和方案测算法。

4）企业定额的编制机构

企业定额的编制工作是一个系统工程，需要一批高素质的专业人才在一个高效率的组织机构统一指挥下协调工作。因此，在定额编制工作开始时，必须设置一个专门的编制机构，配置一批专业人员。

5）应收集的数据和资料

定额在编制时需要搜集大量的基础数据和各种法律、法规、标准、规程、规范文件、规定等，这些资料都是定额编制的依据。所以，在编制《企业定额编制计划书》时，要制定一份按门类划分的资料明细表。在明细表中，除一些必须采用的法律、法规、标准、规程、规范资料外，还应根据企业自身的特点，选择一些能够适合本企业使用的基础性数据资料。

6）企业定额的编制期限和进度计划

定额是有时效性的，所以应确定一个合理的编制期限和进度计划，既有利于编制工作的开展，又能保证编制工作的效率。

2. 搜集资料，进行分析、测算和研究

搜集的资料应包括以下几个方面。

（1）现行定额，包括基础定额和预算定额。

（2）国家现行的法律、法规、经济政策和劳动制度等与工程建设有关的各种文件。

（3）有关建筑安装工程的设计规范、施工及验收规范、工程质量检验评定标准和安全操作规程。

（4）现行的全国通用建筑标准设计图集、安装工程标准安装图集、定型设计图纸、有代表性的设计图纸、地方建筑配件通用图集和地方结构构件通用图集，并根据上述资料计算工程量，作为编制企业定额的依据。

（5）有关建筑安装工程的科学试验、技术测定和经济分析数据。

（6）高新技术、新型结构、新研制的建筑材料和新的施工方法等。

（7）现行人工工资标准和地方材料预算价格。

（8）现行机械效率、寿命周期和价格，以及机械台班租赁价格行情。

（9）本企业近几年各工程项目的财务报表、公司财务总报表，以及历年收集的各类经济数据。

（10）本企业近几年各工程项目的施工组织设计、施工方案，以及工程结算资料。

（11）本企业近几年发布的合理化建议和技术成果。

（12）本企业目前拥有的机械设备状况和材料库存状况。

（13）本企业目前工人技术素质、构成比例、家庭状况和收入水平。

资料收集后，要对上述资料进行分类整理、分析、对比、研究和综合测算，提取可供使用的各种技术数据。其内容包括：企业整体水平与定额水平的差异，现行法律、法规、规范、规程对定额水平的影响，新技术、新材料对定额水平的影响等。

3. 拟定编制企业定额的工作方案与计划

（1）根据编制目的，确定企业定额的内容及专业划分。

（2）确定企业定额的册、章、节的划分和内容框架。

（3）确定企业定额的结构形式及步距划分原则。

（4）具体参编人员的工作内容、职责、要求。

4. 企业定额初稿的编制

1）企业定额项目及其内容的编制

企业定额项目及其内容的编制就是根据定额的编制目的及企业自身的特点，本着内容简明适用、形式结构合理、步距划分合理的原则，首先将一个单位工程按工程性质划分为若干个分部工程，如市政道路工程可分为路基处理、道路基层、道路面层、人行道及其他等分部工程；其次将分部工程划分为若干个分项工程，如道路基层又分为石灰粉煤灰土基层、石灰粉煤灰碎石基层、粉煤灰三渣基层、水泥稳定碎石基层、塘渣底层、碎石底层等分项工程；最后确定分项工程的步距，根据步距将分项工程进一步详细划分为具体项目。步距参数的设定一定要合理，既不宜过粗，也不宜过细。同时应对分项工程的工作内容进行简明扼要的说明。

2）定额计量单位的确定

定额分项工程计量单位的确定一定要合理，应根据分项工程的特点，本着准确、贴切、方便计量的原则设置。

3）企业定额指标的确定

企业定额指标的确定是企业定额编制的重点和难点。企业定额指标应根据企业采用的施工方法、新材料的替代以及机械设备的装备和管理模式，结合搜集整理的各类基础资料进行确定。确定企业定额指标包括确定人工消耗指标、材料消耗指标、机械台班消耗指标等。

4）定额项目表的编制

定额项目表是企业定额的主体部分，由表头、人工栏、材料栏和机械栏组成。表头部分用于表述各分项工程的结构形式、材料规格、施工做法等；人工栏是以工种表示的消耗工日数及合计；材料栏是按消耗的主要材料和辅助材料依主次顺序分列出的消耗量；机械栏是按机械种类和规格型号分列出的机械台班消耗量。

5）企业定额项目的编排

定额项目表中大部分是以分部工程为章，把单位工程中性质相近、材料大致相同的施工对象编排在一起。每章再根据工程内容、施工方法和使用的材料类别的不同，分成若干节（即分项工程）。在每节中，根据施工要求、材料类别和机械设备型号的不同，再细分成不同子目。

6）企业定额相关项目说明的编制

企业定额相关项目的说明包括：前言、总说明、目录、分部（或分章）说明、工程量计算规则、分项工程工作内容等。

7）企业定额估价表的编制

企业根据投标报价工作的需要，可以编制企业定额估价表。企业定额估价表是在企业定额的人工、材料、机械台班3项消耗量的基础上，用货币形式表达每个分项工程及其子目的定额单位估价计算表格。

企业定额估价表的人工、材料、机械台班单价是通过市场调查，结合国家有关法律、法规文件及规定，按照企业自身的特点来确定的。

5. 评审、修正及组织实施企业定额

通过对比分析、专家论证等方法，对定额的水平、适用范围、结构及内容的合理性以及存在的缺陷进行综合评估，并根据评审结果对定额进行修正，最后定稿、刊发及组织实施。

思考题与习题

1. 什么是定额？

2. 按反映的生产因素分类，建设工程定额可以分为哪几种？

3. 按编制程序和用途分类，建设工程定额可以分为哪几种？

4. 什么是施工定额？什么是劳动消耗定额？劳动消耗定额的表现形式可以分为哪两种？

5. 什么是预算定额？预算定额与施工定额有什么区别？

6. 预算定额中的人工消耗量由哪两部分组成？什么是基本用工？其他用工包括什么？什么是人工幅度差？

7. 预算定额的材料消耗量包括哪两部分？预算定额中的材料分成哪4类？

8. 预算定额中的机械幅度差包括哪些内容？

9. 预算定额有哪些组成内容？

10. 预算定额项目表有哪些内容？

11. 根据《浙江省市政工程预算定额》（2018 版），试确定定额编号 [1–518] 中人工工日消耗量，轻型井点井管 $\phi40$、橡胶管 $D50$ 的消耗量，污水泵 100mm 的消耗量。

12. 预算定额项目表中的"人工费"是如何计算的？"材料费"是如何计算的？"机械费"是如何计算的？

13. 预算定额项目表中的"定额基价"是如何计算的？

14. 预算定额的套用有哪几种基本方式？

15. 什么是概算定额？概算定额与预算定额有什么区别？

16. 什么是企业定额？企业定额与预算定额有什么不同？

第4章 工程量清单与清单计价的基本知识

思维导图

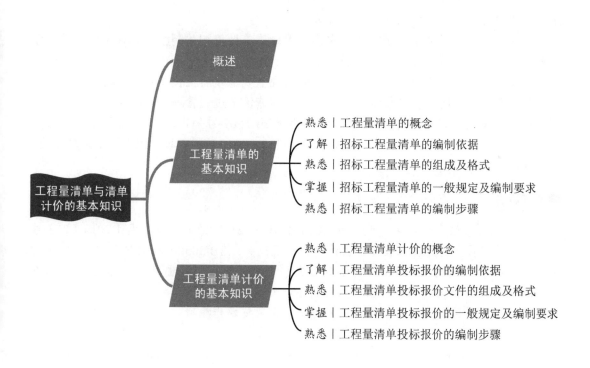

引例

　　某公司参加一个工程的招投标活动，该工程采用清单计价模式。招标单位向其发放了工程施工图纸、招标文件及招标工程量清单。该公司按照招标文件的要求进行了工程量清单计价，编制了商务标，并编制了技术标、资信标。什么是招标工程量清单？什么是工程量清单计价？它们的格式是怎样的？有什么不同？编制招标工程量清单、编制工程量清单计价文件有什么要求？

4.1　概　　述

　　从 2003 年开始，我国开始推行工程量清单计价模式，工程造价的计价模式由传统的定额计价模式向国际通行的工程量清单计价模式转变。2003 年 7 月 1 日起实施《建设工程工程量清单计价规范》（GB 50500—2003），2008 年 12 月 1 日起实施《建设工程工程量清单计价规范》（GB 50500—2008）。

　　全面推行工程量清单计价模式，完善工程量清单计价相关制度，有利于促进政府职能转变，充分发挥市场在工程建设资源配置中的作用，促进建设市场公开、公正、公平秩序的建立，提高投资效益。为了进一步从宏观上规范政府工程造价管理行为，从微观上规范承发包双方的工程造价计价行为，为工程造价全过程管理、精细化管理提供标准和依据，中华人民共和国住房和城乡建设部发布第 1567 号公告，于 2013 年 7 月 1 日起实施《建设工程工程量清单计价规范》（GB 50500—2013）、《市政工程工程量计算规范》（GB 50857—2013）。

知识链接

　　根据浙江省住房和城乡建设厅于 2013 年 10 月 21 日发布的建建发〔2013〕273 号文——《关于贯彻〈建设工程工程量清单计价规范〉（GB 50500—2013）等国家标准的通知》，规定浙江省自 2014 年 1 月 1 日起实施《建设工程工程量清单计价规范》（GB 50500—2013）。同时，通知做出了以下调整。

　　（1）措施项目清单按浙江省计价规则分为施工技术措施项目清单、施工组织措施项目清单。

　　（2）施工技术措施项目清单按《市政工程工程量计算规范》（GB 50857—2013）进行编制。

　　（3）施工组织措施项目清单按浙江省计价依据编制。

　　使用国有资金投资的建设工程，必须采用工程量清单计价。国有资金是指国家财政性的预算内或预算外资金，国家机关、国有企事业单位或社会团体的自有资金及借贷资金，国家通过对内发行政府债券或向外国政府及国际金融机构举借主权外债所筹集的资金。

知识链接

国有资金投资项目包括全部使用国有资金（含国家融资资金）投资或以国有资金投资为主的工程建设项目。以国有资金投资为主的工程建设项目是指国有资金占投资总额50% 以上，或虽不足 50% 但国有投资者实质上拥有控股权的工程建设项目。

国有资金投资的工程建设项目包括：①使用各级财政预算资金的项目；②使用纳入财政管理的各种政府性专项建设资金的项目；③使用国有企事业单位自有资金，并且国有资产投资者实际拥有控制权的项目。

国家融资资金投资的工程建设项目包括：①使用国家发行债券所筹资金的项目；②使用国家对外借款或者担保所筹资金的项目；③使用国家政策性贷款的项目；④国家授权投资主体融资的项目；⑤国家特许的融资项目。

工程量清单应采用综合单价计价。国有资金投资的建设工程招标，招标人必须编制招标控制价。招标控制价是指招标人根据国家或省级、行业建设主管部门颁发的有关计价依据和办法，以及拟定的招标文件和招标工程量清单，结合工程具体情况编制的招标工程的最高投标限价。

非国有资金投资的建设工程发承包，宜采用工程量清单计价。

4.2 工程量清单的基本知识

4.2.1 工程量清单的概念

工程量清单是载明建设工程的分部分项工程项目、措施项目、其他项目名称和相应数量，以及规费、税金项目内容的明细清单。

知识链接

工程量清单分为招标工程量清单、已标价工程量清单。

招标工程量清单是招标人依据国家标准、招标文件、设计文件以及施工现场实际情况编制的、随招标文件发布供投标报价的工程量清单，包括其说明和表格。

已标价工程量清单是构成合同文件组成部分的投标文件中已标明价格，经算术性错误修正（如有）且承包人已确认的工程量清单，包括其说明和表格。

4.2.2 招标工程量清单的编制依据

（1）《建设工程工程量清单计价规范》（GB 50500—2013）、《市政工程工程量计算规范》（GB 50857—2013）。

（2）国家或省级、行业建设主管部门颁发的计价定额和办法。

（3）建设工程设计文件及相关资料。

（4）与建设工程有关的标准、规范、技术资料。

（5）拟定的招标文件。

（6）施工现场情况、水文地质勘查资料、工程特点及常规施工方案。

招标工程量
清单的格式

4.2.3　招标工程量清单的组成及格式

招标工程量清单由以下内容组成：封面、扉页、总说明、分部分项工程项目清单、措施项目清单、其他项目清单及相关明细表。

招标工程量清单采用统一格式，各组成内容的具体格式可扫二维码查阅。

4.2.4　招标工程量清单的一般规定及编制要求

1. 一般规定

（1）招标工程量清单应由具有编制能力的招标人或受其委托、具有相应资质的工程造价咨询人编制。

具有编制能力的招标人是指招标人应具有与招标项目规模和复杂程度相适应的工程技术、管理、造价方面的专业技术人员，且必须是招标人的专职人员，造价工程师的注册单位应与招标人一致。

工程量清单
基础知识

（2）招标工程量清单必须作为招标文件的组成部分，其准确性和完整性由招标人负责。

（3）当拟建工程无须发生其他项目时，其他项目清单与计价汇总表及相关明细表仍由招标人以空白表格形式放入招标工程量清单中。

（4）编制工程量清单若出现《市政工程工程量计算规范》（GB 50857—2013）附录中未包括的清单项目，编制人应做补充，并报省级或行业工程造价管理机构备案，省级或行业工程造价管理机构应汇总报住房和城乡建设部标准定额研究所。

市政工程补充清单项目的编码由代码 04 与 B 和三位阿拉伯数字组成，并应从 04B001 起顺序编制。补充的工程量清单项目，需附有补充项目的名称、项目特征、计量单位、工程量计算规则、工作内容。不能计量的措施项目，需附有补充项目的名称、工作内容及包含范围。

（5）同一招标工程的项目不得重码。

2. 招标工程量清单的编制要求

1）封面、扉页

应按统一格式规定的内容填写、签字、盖章。工程量清单应有负责编制、审核的造价工程师的签字、盖章。委托编制的工程量清单，应有造价工程师的签字、盖章及工程造价咨询人的盖章。

2）清单编制说明

清单编制说明应包括以下内容。

（1）工程概况：包括建设规模、工程特征（结构形式、基础类型等）、计划工期、施工现场情况、交通运输情况、自然地理条件、环境保护要求等。

（2）工程招标和专业工程分包范围。

（3）工程量清单编制依据。

（4）工程质量、材料、施工等的特殊要求。

（5）招标人自行采购材料（工程设备）的名称、规格型号、数量等。

（6）其他项目清单中的暂列金额、材料及设备或专业工程暂估价等。

（7）其他需要说明的问题。

3）分部分项工程量清单

分部分项工程量清单应根据《市政工程工程量计算规范》（GB 50857—2013）附录规定的项目编码、项目名称、项目特征、计量单位和工程量计算规则进行编制。

分部分项工程量清单编制采用规范规定的、统一的项目编码、项目名称、计量单位和工程量计算规则，这是分部分项工程量清单编制的"四统一"原则。

> **特别提示**
>
> 分部分项工程量清单是不可调整清单（闭口清单），投标人应对招标文件中所提供的分部分项工程量清单逐一计价，对清单所列内容不允许做任何更改。投标人如认为清单内容有不妥或遗漏，只能通过质疑的方式由招标人做统一的修正，并将修正后的工程量清单发给所有投标人。

分部分项工程量清单编制程序如图 4.1 所示。

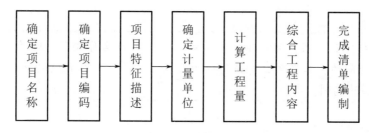

图 4.1　分部分项工程量清单编制程序

（1）项目名称。

项目名称应按《市政工程工程量计算规范》（GB 50857—2013）附录中的项目名称结合拟建工程的实际确定。

（2）项目编码。

分部分项工程量清单的项目编码应采用 12 位阿拉伯数字，1～9 位应按《市政工程工程量计算规范》（GB 50857—2013）附录的规定设置，10～12 位应根据拟建工程的工程量清单项目名称和项目特征设置，同一招标工程的项目编码不得有重码。

12 位项目编码按 5 级编码设置如下。

① 第一级编码：1～2 位，为专业工程代码。建筑工程为 01，装饰装修工程为 02，安装工程为 03，市政工程为 04，园林绿化工程为 05。

② 第二级编码：3～4 位，为《市政工程工程量计算规范》（GB 50857—2013）附录分类顺序码，附录 A 土石方工程为 01，附录 B 道路工程为 02，附录 C 桥梁工程为 03，依次类推。

③ 第三级编码：5～6 位，为《市政工程工程量计算规范》（GB 50857—2013）附录中的分部工程顺序码。

④ 第四级编码：7～9 位，为《市政工程工程量计算规范》（GB 50857—2013）附录分部工程中的分项工程项目顺序码。

⑤ 第五级编码：10～12 位，为具体清单项目顺序码，由 001 开始由清单编制人按顺序编制。

其中，第一、二、三、四级编码须按《市政工程工程量计算规范》（GB 50857—2013）附录统一编制，第五级编码需根据附录中的项目名称和项目特征设置，结合拟建工程的实际情况进行编制，由工程量清单编制人自行编制，由 001 开始按顺序编制。

以 040203007001 为例，各级项目编码划分、含义如下所示。

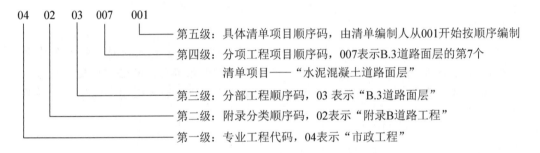

特别提示

　　同一招标项目的项目编码不得有重码。如果项目名称相同，则第一、二、三、四级编码是相同的；如果项目特征有一项及以上不同，则第五级编码应不同，应从 001 开始按顺序编制。

（3）项目特征。

在编制工程量清单时，必须对项目特征进行准确和全面的描述。项目特征应按《市政工程工程量计算规范》（GB 50857—2013）附录中规定的项目特征，结合拟建工程项目的实际予以描述，应能满足确定综合单价的需要。

工程量清单项目特征描述时应注意以下内容。

① 涉及正确计量的内容必须描述，如道路塘渣是放坡铺设还是垂直铺设，放坡的话坡度是多大等，这直接关系到工程量的计算。

② 涉及正确计价的内容必须描述，如混凝土的强度等级、砂浆的强度等级及种类、管道的管材及直径、管道接口的连接方式等，均与工程量清单计价有着直接关系。例如，C20、C30 混凝土的强度等级不同，单价不同；M7.5、M10 砂浆的强度等级不同，水泥砂浆与干混砂浆的种类不同，单价不同；$D400$ 混凝土管与 $DN400$ HDPE 管不同，单价不同；$D800$ 混凝土管采用橡胶圈接口与采用水泥砂浆接口，单价不同。

③ 对计量、计价没有实质性影响的可以不描述，如桥梁承台的长、宽、高可以不描述，因为桥梁承台混凝土是按"m³"计算的。

④ 应由投标人根据施工方案确定的可以不描述，如泥浆护壁成孔灌注桩的成孔方法，可由投标人在施工方案中确定，自主报价。

⑤ 无法准确描述的可不详细描述，如由于地质条件变化比较大，清单编制人无法准确描述土壤类别的话，可注明由投标人根据地质勘探资料自行确定土壤类别，自主报价。

⑥ 如土石方工程中的取土运距、弃土运距等，可不详细描述，但在项目特征中应注明由投标人自行确定。

⑦ 如施工图纸或标准图集能够满足项目特征描述的要求，可直接描述为详见 ×× 图号或 ×× 图集 ×× 页号。

⑧《市政工程工程量计算规范》（GB 50857—2013）中有多个计量单位时，清单编制人可以根据具体情况选择。如"泥浆护壁成孔灌注桩"计量单位有"m""m³""根"，清单编制人可以选择其中之一作为计量单位。《市政工程工程量计算规范》（GB 50857—2013）附录中"泥浆护壁成孔灌注桩"有 5 个项目特征：地层情况、空桩长度及桩长、桩径、成孔方法、混凝土种类及强度等级，若以"m"为计量单位，项目特征描述时可以不描述桩长，但必须描述桩径；若以"m³"为计量单位，项目特征描述时可以不描述桩长、桩径；若以"根"为计量单位，项目特征描述时桩长、桩径都必须描述。

【例 4-1】某市政道路工程，道路面层自上而下采用 3cm 厚细粒式沥青混凝土、5cm 厚中粒式沥青混凝土、7cm 厚粗粒式沥青混凝土，确定该道路面层清单项目名称及项目编码。

【解】该工程道路面层分为 3 层，均采用沥青混凝土，《市政工程工程量计算规范》（GB 50857—2013）中的项目名称均为"沥青混凝土"，但 3 层道路面层的 2 个项目特征"厚度、石料粒径"不同，所以 3 层道路面层具体的清单项目码不同，应该有 3 个具体的清单项目。清单项目名称分别为"3cm 细粒式沥青混凝土""5cm 中粒式沥青混凝土""7cm 粗粒式沥青混凝土"。这 3 个清单项目的前 4 级编码相同，但 3 个清单项目的项目特征不同，所以这 3 个清单项目的第五级编码不同，应从 001 开始按顺序编制。

该道路面层清单项目名称及项目编码如下。

项目名称	项目特征	项目编码
沥青混凝土道路面层	3cm，细粒式	040203006001
沥青混凝土道路面层	5cm，中粒式	040203006002
沥青混凝土道路面层	7cm，粗粒式	040203006003

（4）计量单位。

计量单位应按《市政工程工程量计算规范》（GB 50857—2013）中规定的计量单位确定。除专业有特殊规定以外，按以下单位计量。

① 以质量计算的项目：吨（t）或千克（kg）。

② 以体积计算的项目：立方米（m³）。

③ 以面积计算的项目：平方米（m²）。

④ 以长度计算的项目：米（m）。

⑤ 以自然计量单位计算的项目：个、块、套、台等。

（5）工程量。

工程量应按《市政工程工程量计算规范》（GB 50857—2013）规定的工程量计算规则计算。

知识链接

浙建站计〔2013〕63号

　　根据浙建站计〔2013〕63号——《关于印发建设工程工程量计算规范（2013）浙江省补充规定的通知》，在清单项目列项、计算清单工程量时，应特别注意以下内容。

　　（1）将挖沟槽、基坑、一般土石方因工作面和放坡所增加的工程量并入各土石方工程量中计算。如各专业工程清单提供的工作面宽度和放坡系数与浙江省现行预算定额不一致，则按定额有关规定执行。

　　（2）对于施工技术措施项目清单，工程量可以计算或有专项设计的，必须按设计有关内容计算并提供工程量；否则，对可由施工单位自行编制施工组织设计方案，且无须组织专家论证的，按以下原则处理。

① 其工程量在编制工程量清单时可为暂估量，并在编制说明中注明。办理结算时，按批准的施工组织设计方案计算。

② 以"项"增补计量单位，由投标人根据施工组织设计方案自行报价。

（3）对于混凝土的模板清单项目编制及报价，要按照浙建站计〔2013〕63号规定的原则执行。

4）措施项目清单

措施项目包括施工技术措施项目、施工组织措施项目。

措施项目设置，首先应参考拟建工程的施工组织设计，以确定安全文明施工、材料的二次搬运等项目。其次参阅工程施工技术方案，以确定夜间施工，大型机械进出场及安拆，脚手架，混凝土模板与支架，施工排水、降水等项目。另外，还可参阅相关的施工规范及施工验收规范，以确定施工技术方案中没有表述，但为了达到施工规范及施工验收规范要求而必须发生的技术措施。措施项目还包括招标文件中提出的某些必须通过一定的技术措施才能实现的要求，以及设计文件中一些不足以写进技术方案但是需通过一定的技术措施才能实现的内容。市政工程常见的措施项目详见表4-1。

表4-1　市政工程常见的措施项目

类　别	序　号	措施项目名称
施工组织措施项目	1	安全文明施工（基本费）
	2	冬雨季施工
	3	二次搬运
	4	行车、行人干扰
	5	提前竣工措施
	6	创标化工地增加措施
	7	优质工程增加措施
	8	其他施工组织措施

续表

类　别	序　号	措施项目名称
施工技术措施项目	9	大型机械设备进出场及安拆
	10	施工排水、降水
	11	围堰
	12	便道、便桥
	13	混凝土模板及支架
	14	脚手架
	15	洞内临时设施
	16	处理、监测、监控

特别提示

　　措施项目清单为可调整清单（开口清单）。对招标文件中所列的措施项目，投标人可根据企业自身特点做适当的变更增减。投标人要对拟建工程可能发生的措施项目和措施费用整体考虑，清单计价一经报出，即被认为包括了所有应该发生的措施项目的全部费用。如果报出的清单中没有列项，而施工中又必须发生的项目，招标人有权认为其已综合在分部分项工程量清单的综合单价中。将来措施项目发生时，投标人不得以任何借口提出索赔或调整。

　　5）其他项目清单及相关明细表

　　其他项目清单中的项目应根据拟建工程的具体情况列项。

　　（1）暂列金额：应根据工程特点按有关计价规定估算。

　　（2）材料（工程设备）暂估价：应根据工程造价信息或参照市场价格估算。

知识链接

　　工程造价信息是工程造价管理机构根据调查和测算发布的建设工程人工、材料、工程设备、施工机械台班的价格信息，以及各类工程的造价指数、指标。

　　工程造价指数是反映一定时期的工程造价相对于某一固定时期的工程造价变化程度的比值或比率，包括按单位或单项工程划分的造价指数，按工程造价构成要素划分的人工、材料、机械等价格指数。

　　（3）专业工程暂估价：应分不同专业，按有关计价规定估算。

　　（4）计日工：应列出项目名称、计量单位和暂估数量。

　　（5）总承包服务费：应列出服务项目及其内容。

招标工程量清单的编制步骤

（1）按《建设工程工程量清单计价规范》（GB 50500—2013）的规定，根据拟定的招标文件、建设工程设计文件及相关资料，根据施工现场情况、地勘水文资料、工程特点及常规施工方案，依据《市政工程工程量计算规范》（GB 50857—2013）列出分部分项清单项目，并确定清单项目的项目特征，明确清单项目编码。

（2）按照《市政工程工程量计算规范》（GB 50857—2013）规定的计算规则、计量单位计算分部分项清单项目的工程量。

（3）按分部分项工程量清单与计价表的统一格式，编制该清单。

（4）结合工程的实际情况，根据常规施工方案，依据《市政工程工程量计算规范》（GB 50857—2013）列出施工技术措施项目清单，并确定清单项目的项目特征，明确清单项目编码。

（5）按照《市政工程工程量计算规范》（GB 50857—2013）规定的计算规则、计量单位计算施工技术措施项目清单的工程量。

（6）按施工技术措施项目清单与计价表的统一格式，编制该清单。

（7）结合工程的实际情况，根据相关的施工规范及有关规定，列出施工组织措施项目清单，并确定清单项目编码。

（8）按施工组织措施项目清单与计价表的统一格式，编制该清单。

（9）按照拟定的招标文件要求，明确暂列金额、材料（工程设备）或专业工程暂估价、计日工的项目及数量、总承包服务的内容等，并按统一格式编制其他项目清单与计价汇总表及相关的明细表。

（10）编制招标工程量清单说明、扉页、封面。

4.3　工程量清单计价的基本知识

工程量清单计价的概念

工程量清单计价是指计算完成工程量清单所需的全部费用，包括分部分项工程项目费、措施项目费、其他项目费、规费、税金。

建设工程工程量清单计价涵盖了建设工程发承包及实施阶段从招投标活动开始到工程竣工结算办理为止的全过程，包括：工程量清单招标控制价的编制、工程量清单投标报价的编制、工程合同价款的确定、工程计量与价款支付、工程价款的调整、合同价款中期支付、工程竣工结算及支付、合同解除的价款结算及支付、合同价款争议的解决等。

工程量清单投标报价的编制依据

投标报价是指投标人投标时响应招标文件要求所报出的对已标价工程量清单汇总后标明的总价。工程量清单投标报价的编制依据如下。

（1）现行工程计量、计价规范。

（2）国家或省级、行业建设主管部门颁发的计价办法。

（3）企业定额，国家或省级、行业建设主管部门颁发的计价定额。

（4）招标文件、招标工程量清单及其补充通知、答疑纪要。

（5）建设工程设计文件及相关资料。

（6）施工现场情况、工程特点及投标时拟定的施工组织设计或施工方案。

（7）与建设项目相关的标准、规范等技术资料。

（8）市场价格信息或工程造价管理机构发布的工程造价信息。

（9）其他的相关资料。

4.3.3 工程量清单投标报价文件的组成及格式

工程量清单投标报价文件应采用统一格式，由下列内容组成：封面、扉页、说明、工程项目投标报价汇总表、单项工程投标报价汇总表、单位工程投标报价费用表 / 计算表、分部分项工程量清单与计价表、工程量清单综合单价计算表 / 工料机分析表、施工技术措施项目清单与计价表、施工组织措施项目清单与计价表、措施项目清单综合单价计算表 / 工料机分析表、其他项目清单与计价汇总表、暂列金额明细表、材料暂估价表、专业工程暂估价表、计日工表、总承包服务费计表、主要工日价格表、主要材料价格表、主要机械台班价格表。

工程量清单投标报价文件的格式

工程量清单投标报价文件各组成内容的具体格式可扫二维码查阅。

特别提示

编制招标工程量清单、工程量清单投标报价时，"分部分项工程量清单与计价表"的格式是相同的，但编制的内容是不同的。在编制招标工程量清单时，只需编制清单项目编码、项目名称、项目特征、计量单位、工程量；在编制工程量清单投标报价时，需计算清单项目综合单价、项目合价以及其中的人工费和机械费。

4.3.4 工程量清单投标报价的一般规定及编制要求

1. 工程量清单投标报价的一般规定

（1）投标报价应由投标人或受其委托具有相应资质的工程造价咨询人编制。

工程量清单计价的基础知识

（2）投标人应根据规范的规定自主确定投标报价。

（3）投标报价不得低于成本价。

（4）投标人必须按招标工程量清单填报价格，项目编码、项目名称、项目特征、计量单位、工程量必须与招标工程量清单一致。

（5）投标人的投标报价高于招标控制价的应予废标。

（6）招标工程量清单与计价表中列明的所有需要填写单价和合价的项目，投标人均应填写且只允许填写一个报价。未填写单价和合价的项目，可视为此项费用已包含在已标价工程量清单中其他项目的单价和合价中。

（7）投标总价应当与分部分项工程费、措施项目费、其他项目费、规费、税金的合计金额一致。

知识链接

招标控制价是招标人根据国家或省级、行业建设行政主管部门颁发的计价依据、计价方法以及拟定的招标文件和招标工程量清单，结合工程具体情况编制的招标工程的最高投标限价。

招标控制价编制的一般规定如下。

（1）国有资金投资的建设工程招标，招标人必须编制招标控制价。

（2）招标控制价应由具有编制能力的招标人或受其委托具有相应资质的工程造价咨询人编制和复核。

（3）工程造价咨询人接受招标人委托编制招标控制价，不得再就同一工程接受投标人委托编制投标报价。

（4）招标控制价应依据国家或省级、行业建设行政主管部门颁发的计价定额、计价方法、工程造价管理机构发布的工程造价信息（当工程造价信息没有发布时，参照市场价格）、建设工程设计文件及相关资料、拟建项目的招标文件及招标工程量清单、与拟建项目相关的标准规范及技术资料、施工现场情况、工程特点及常规施工方案等编制，不得上调或下浮。

（5）当招标控制价超过批准的概算时，招标人应将其报原概算审批部门审核。

（6）招标人应当在发布招标文件时公布招标控制价，同时应将招标控制价及有关资料报送工程所在地或有该工程管辖权的行业管理部门工程造价管理机构备查。

2. 工程量清单投标报价的编制要求

1）封面、扉页

应按统一格式规定的内容填写、签字、盖章，除承包人自行编制的投标报价外，受委托编制的投标报价，应有负责编制、审核的造价工程师的签字、盖章以及工程造价咨询人的盖章。

投标总价金额分别按小写、大写格式填写。工程名称按招标文件中招标项目的名称填写。

2）说明

投标报价编制说明应包括下列内容。

（1）投标报价包括的工程内容。

（2）编制依据，并明确各项费率及人工、材料、机械价格的取定等。

（3）工程质量等级、投标工期、环境保护要求等。

（4）拟定的主要施工方案，优越于招标文件中技术标准的备选方案的说明。

（5）其他需说明的问题。

3）工程项目投标报价汇总表

（1）表头的工程名称按招标文件的招标项目名称填写。

（2）表中的单项/单位工程名称应按单项/单位工程投标报价汇总表表头的工程名称填写。

（3）表中的金额按单项/单位工程投标报价汇总表的合计金额填写。

4）单位工程投标报价费用表/计算表

（1）表头的工程名称为单位工程名称。

（2）表中的金额分别按分部分项工程量清单与计价表、措施项目清单与计价表、其他项目清单与计价汇总表的合计金额填写，规费、税金按《浙江省建设工程计价规则》（2018 版）规定程序计算的金额填写。

5）分部分项工程量清单与计价表

（1）分部分项工程项目应根据招标文件和招标工程量清单项目中的特征描述确定综合单价计算。

（2）综合单价中应包括招标文件中划分的应由投标人承担的风险范围及其费用，招标文件中没有明确的，应提请招标人明确。

（3）招标工程量清单中提供了暂估单价的材料或工程设备，按暂估的单价计入综合单价。

（4）表中的综合单价应与工程量清单综合单价计算表/工料机分析表中相应项目的综合单价一致。

（5）表中的合价 = 清单项目工程量 × 相应的综合单价。

6）工程量清单综合单价计算表/工料机分析表

清单项目的项目名称、项目编码、计量单位、工程量应与招标工程量清单一致，并根据招标工程量清单中的项目特征确定清单项目的组合工作内容，并按规范要求计算综合单价。

知识链接

综合单价的计算步骤如下。

（1）根据工程量清单项目名称和项目特征，结合拟建工程的具体情况及施工方案或施工组织设计，根据套用的预算定额或企业定额，分析确定清单项目所包括的全部的组合工作内容，并确定各项组合工作内容套用的定额子目。

（2）计算清单项目各项组合工作内容工程量，按套用的预算定额或企业定额的工程量计算规则进行计算。

（3）根据套用的预算定额或企业定额，确定各项组合工作内容人工、材料、施工机械台班的消耗量。

（4）依据市场价格或参照省、市工程造价管理机构发布的价格信息，结合工程实际分析确定人工、材料、施工机械台班的单价。

（5）计算各组合工作内容 1 个定额计量单位的人工费、材料费、机械费。

（6）根据《浙江省建设工程计价规则》（2018 版），并结合工程实际情况、市场竞争情况，确定企业管理费、利润、风险的费率，计算各组合工作内容 1 个定额计量单位的企业管理费、利润、风险费用。

企业管理费、利润、风险费用均按取费基数乘以相应的企业管理费费率、利润费率、风险费率计算。取费基数为"人工费＋机械费"。

（7）合计清单项目各组合工作内容的人工费，除以清单项目的工程量，计算出1个规定计量单位清单项目的人工费。

各组合工作内容的人工费等于该组合工作内容1个定额计量单位的人工费乘以定额工程量。

（8）按同样的方法计算出1个规定计量单位清单项目的材料费、机械费、企业管理费、利润、风险费用。

（9）合计1个规定计量单位清单项目的人工费、材料费、机械费，以及企业管理费、利润、风险费用，即为该清单项目的综合单价。

【例4-2】 某道路工程为城市支路，招标工程量清单中提供的"挖一般土方（三类土、深度2m以内）"清单项目的工程量为8700.00m³，计算该清单项目的综合单价（采用一般计税法）。

【解】 按照综合单价的计算步骤进行计算。

（1）确定施工方案及该清单项目包括的组合工作内容和套用的定额子目。

若某投标单位施工方案考虑主要采用挖掘机挖土并装车，占总方量的95%，余下的5%采用人工开挖。

则该清单项目应该有2项组合工作内容：挖掘机挖土并装车（三类土）、人工挖一般土方（三类土、深度2m以内），其套用的定额子目分别为 [1–72]、[1–5]。

（2）计算各组合工作内容工程量。

$$挖掘机挖土并装车工程量 =8700.00×95\%=8265.00（m³）$$
$$人工挖一般土方工程量 =8700.00×5\%=435.00（m³）$$

（3）确定组合工作内容的人工、材料、机械的消耗量及单价。

该投标单位按《浙江省市政工程预算定额》（2018版）确定人工、材料、机械的消耗量及单价。

（4）计算各组合工作内容1个定额计量单位的人工费、材料费、机械费，见表4-2。

其中，挖掘机挖土并装车（三类土）　定额子目 [1–72] 的计量单位为1000m³

每1000m³　所需的人工费 =360.00 元

所需的材料费 =0.00 元

所需的机械费 =3198.76 元

人工挖一般土方（三类土、深度2m以内）　定额子目 [1–5] 的计量单位为100m³

每100m³　所需的人工费 =1344.25 元

所需的材料费 =0.00 元

所需的机械费 =0.00 元

（5）确定企业管理费、利润、风险的费率，并计算各组合工作内容1个定额计量单位的企业管理费、利润、风险费用。

查《浙江省建设工程计价规则》（2018版）可知：采用一般计税法时，市政道路工程企业管理费费率弹性范围为 12.78%～21.30%，利润费率弹性范围为 7.49%～12.49％。

该投标单位自主确定的企业管理费费率为 20%、利润费率为 10%、风险费率为 0%。

各组合工作内容 1 个定额计量单位的企业管理费、利润、风险费用见表 4-2。

其中，挖掘机挖土并装车（三类土） 定额子目 [1-72] 的计量单位为 1000m³

每 1000m³　　　　企业管理费＝（360.00+3198.76）×20%≈711.75（元）

利润＝（360.00+3198.76）×10%≈355.88（元）

风险费用＝（360.00+3198.76）×0%=0.00（元）

人工挖一般土方（三类土、深度 2m 以内） 定额子目 [1-5] 的计量单位为 100m³

每 100m³　　　　企业管理费＝（1344.25+0.00）×20%=268.85（元）

利润＝（1344.25+0.00）×10%≈134.43（元）

风险费用＝（1344.25+0.00）×0%=0.00（元）

（6）合计清单项目各组合工作内容的人工费，除以清单项目的工程量，计算出 1 个规定计量单位清单项目的人工费，并按同样的方法计算出 1 个规定计量单位清单项目的材料费、机械费、企业管理费、利润、风险费用，具体见表 4-2。

① 该清单项目合计的人工费 $=360.00 \times \dfrac{8265.00}{1000} +1344.25 \times \dfrac{435.00}{100} \approx 8822.89$（元）

挖一般土方 1m³ 的人工费 $= \dfrac{8822.89}{8700} \approx 1.01$（元）

② 该清单项目合计的材料费 =0.00 元

挖一般土方 1m³ 的材料费 =0.00 元

③ 该清单项目合计的机械费 $=3198.76 \times \dfrac{8265.00}{1000} +0.00 \times \dfrac{435.00}{100} \approx 26437.75$（元）

挖一般土方 1m³ 的机械费 $= \dfrac{26437.75}{8700} \approx 3.04$（元）

④ 该清单项目合计的企业管理费 $=711.75 \times \dfrac{8265.00}{1000} +268.85 \times \dfrac{435.00}{100} \approx 7052.11$（元）

挖一般土方 1m³ 的企业管理费 $= \dfrac{7052.11}{8700} \approx 0.81$（元）

或　　 挖一般土方 1m³ 的企业管理费 =（1.01+3.04）×20%=0.81（元）

⑤ 该清单项目合计的利润 $=355.88 \times \dfrac{8265.00}{1000} +134.43 \times \dfrac{435.00}{100} \approx 3526.12$（元）

挖一般土方 1m³ 的利润 $= \dfrac{3526.12}{8700} \approx 0.41$（元）

或　　　 挖一般土方 1m³ 的利润 =（1.01+3.04）×10%≈0.41（元）

⑥ 该清单项目合计的风险费用 =0.00 元

挖一般土方 1m³ 的风险费用 =0.00 元

（7）合计 1 个规定计量单位清单项目的人工费、材料费、机械费、企业管理费、利润、风险费用，即为该清单项目的综合单价，见表 4-2。

挖一般土方清单项目的综合单价 =1.01+0.00+3.04+0.81+0.41+0.00=5.27（元）

表 4-2　工程量清单综合单价计算表

单位（专业）工程名称：某城市支路工程　　　　　　　　　　　　　　　　　　　　第 1 页　共 1 页

序号	编号	名称	计量单位	数量	综合单价 / 元						
					人工费	材料费	机械费	企业管理费	利润	风险费用	小计
1	040101001001	挖一般土方	m³	8700.00	1.01	0.00	3.04	0.81	0.41	0.00	5.27
	[1-72]	挖掘机挖土并装车（三类土）	1000m³	8.265	360.00	0.00	3198.76	711.75	355.88	0.00	4626.39
	[1-5]	人工挖一般土方（三类土、深度 2m 以内）	100m³	4.35	1344.25	0.00	0.00	268.85	134.43	0.00	1747.53

7）施工技术措施项目清单与计价表、施工组织措施项目清单与计价表

招标工程量清单中招标人提出的措施项目清单是根据一般情况确定的，而各投标人的施工技术水平、采用的施工方法、拥有的施工装备等有所差异，投标人投标时应根据自身编制的投标施工组织设计或施工方案计算确定施工技术措施及施工组织措施费用，不发生的措施项目，金额以 0.00 计。对于招标工程量清单中提供工程量（包括暂估工程量）的施工技术措施清单项目，需确定其综合单价及合价；对于招标工程量清单中以"项"计量的施工技术措施清单项目，由投标人根据施工组织设计计算确定施工技术措施项目的工程量，并确定其综合单价及合价。

（1）施工技术措施项目应根据招标文件和招标工程量清单项目中的特征描述确定综合单价计算。其综合单价的计算方法与分部分项清单项目综合单价的计算方法相同。

（2）施工组织措施项目金额应根据招标文件及投标施工组织设计或施工方案，按规范规定自主确定。

8）措施项目清单综合单价计算表 / 工料机分析表

编制要求与工程量清单综合单价计算表 / 工料机分析表相同。

9）其他项目清单与计价汇总表及相关明细表

（1）暂列金额应按招标工程量清单中列出的金额填写。

（2）材料（工程设备）暂估价应按招标工程量清单中列出的单价计入综合单价。

（3）专业工程暂估价按招标工程量清单中列出的金额填写。

（4）计日工应按招标工程量清单中列出的项目和数量，自主确定综合单价并计算计日工金额。

（5）总承包服务费应根据招标工程量清单中列出的内容和提出的要求自主确定。

4.3.5　工程量清单投标报价的编制步骤

工程量清单投标报价编制的主要步骤为：分部分项工程量清单计价→施工技术措施

项目清单计价→施工组织措施项目清单计价→其他项目清单计价→合计工程造价。

1. 分部分项工程量清单计价

分部分项工程量清单计价应根据招标工程量清单进行。由于分部分项工程量清单是不可调整的闭口清单，分部分项工程量清单与计价表中各清单项目的项目名称、项目编码、工程数量等必须与招标工程量清单中的分部分项工程量清单完全一致。

分部分项工程量清单计价的关键是确定分部分项工程量清单项目综合单价。

分部分项工程量清单项目综合单价的计算步骤如 4.3.4 节中"知识链接"所述。计算完成后可形成分部分项工程量清单项目综合单价计算表。

特别提示

> 清单项目的工程量是按清单的计算规则计算的，清单项目组合工作内容的工程量是按定额的计算规则计算的，两者要注意区别。另外，清单工程量与定额（报价）工程量的计量单位有可能是不同的，也要注意区别。

分部分项工程量清单项目综合单价计算完成后，可进行分部分项工程量清单费用的计算，以形成分部分项工程量清单与计价表。

$$\text{分部分项工程量清单项目费} = \sum \text{分部分项工程量清单项目合价}$$
$$= \sum (\text{分部分项工程量清单项目的工程量} \times \text{综合单价}) \quad (4\text{-}1)$$

2. 措施项目清单计价

措施项目清单计价应根据招标文件提供的措施项目清单进行。由于措施项目清单是可调整的清单，所以在措施项目清单计价时，企业可根据工程实际情况、施工方案等增列措施项目；不发生的措施项目，金额以 0.00 计。

措施项目清单计价分为施工技术措施项目清单计价和施工组织措施项目清单计价。

1）施工技术措施项目清单计价

施工技术措施项目清单的工程量计算及其综合单价的计算确定，是施工技术措施项目清单计价的关键。

施工技术措施项目清单计价的步骤如下。

（1）参照措施项目清单，根据工程实际情况及施工方案，确定施工技术措施清单项目。

如某水泥混凝土路面工程施工方案考虑道路挖方主要采用挖掘机开挖、人工辅助开挖，填方采用压路机碾压密实，水泥混凝土路面浇筑时采用钢模板。那么，该道路工程施工时，施工技术措施清单项目有挖掘机、压路机等大型机械进出场及安拆、混凝土路面钢模板。

（2）根据《市政工程工程量计算规范》（GB 50857—2013），结合施工方案，确定施工技术措施清单项目所包含的工程内容及其对应的定额子目，按定额计算规则计算施工技术措施项目所包含的工程内容的定额工程量（报价工程量）。

如某水泥混凝土路面工程按施工方案考虑计取挖掘机、压路机进出场各 1 个台次，混凝土路面模板工程量按定额计算规则计算模板与路面混凝土的接触面积。

（3）确定人工、材料、机械单价。

人工、材料、机械单价可由企业参照市场价、信息价自主确定。

（4）确定企业管理费、利润费率，并考虑风险费用。

根据《浙江省建设工程计价规则》（2018版）由投标单位自行确定企业管理费、利润费率，并根据企业自身情况考虑风险费用。

（5）计算施工技术措施清单项目综合单价。

施工技术措施清单项目综合单价计算方法与分部分项工程量清单项目综合单价计算方法相同。

计算完成后形成施工技术措施项目清单综合单价计算表。

（6）合计施工技术措施清单项目的费用。

$$施工技术措施项目清单费 = \sum 施工技术措施项目清单合价$$
$$= \sum (施工技术措施清单项目的工程量 \times 综合单价) \quad (4\text{-}2)$$

计算完成后形成施工技术措施项目清单与计价表。

2）施工组织措施项目清单计价

施工组织措施项目费用按取费基数乘以相应费率计算。

（1）计算取费基数。

取费基数 = 分部分项工程量清单项目费中的人工费 + 分部分项工程量清单项目费中的机械费 + 施工技术措施项目清单费中的人工费 + 施工技术措施项目清单费中的机械费。

（2）根据工程实际情况和《浙江省建设工程计价规则》（2018版），投标单位自行确定各项施工组织措施费费率。

特别提示

> 编制投标报价时，各项施工组织措施费费率是由投标单位自行确定的，但必须遵守相关的计价规则、计价规定。如安全文明施工费必须计取且不得低于《浙江省建设工程计价规则》（2018版）的下限报价。编制招标控制价时，各项施工组织措施费费率按《浙江省建设工程计价规则》（2018版）的中值计取。

（3）计算各项施工组织措施费用并合计。

$$施工组织措施项目清单费 = \sum 各项施工组织措施费$$
$$= \sum (取费基数 \times 各项施工组织措施费费率) \quad (4\text{-}3)$$

计算完成后，形成施工组织措施项目清单与计价表。

合计施工技术措施项目清单费用、施工组织措施项目清单费用，形成措施项目清单计价表。

3. 其他项目清单计价

其他项目清单与计价汇总表中各项费用按如下计算或填写。

（1）表中的暂列金额应按招标人提供的暂列金额明细表的数额填写。

（2）表中的专业工程暂估价金额应按招标人提供的专业工程暂估价表的数额填写。

（3）表中的总承包服务费金额应按总承包服务费计价表中的合计金额填写。

（4）表中的计日工金额应按计日工表中的合计金额填写。

（5）总承包服务费计价表。

根据分包专业工程或分包人供应材料的服务内容，确定相应的费率，并计算相应的费用金额。

（6）计日工表。

① 表头的工程名称以及表中的序号、名称、计量单位、数量应按业主提供的计日工表的相应内容填写。

② 表中的综合单价参照分部分项工程量清单项目综合单价的计算方法确定。

③ 表中合价 = 数量 × 综合单价。

计算完成后，形成其他项目清单与计价汇总表及相关明细表。

4. 合计工程造价

按《浙江省建设工程计价规则》（2018 版）规定的费用计算程序计算规费、税金，并合计工程造价。

（1）规费。

$$规费 = 取费基数 × 费率 \tag{4-4}$$

规费的取费基数与施工组织措施费的取费基数相同。

规费费率按照《浙江省建设工程计价规则》（2018 版）规定计取。

（2）税金。

$$\begin{aligned}税金 = （&分部分项工程量清单项目费 + 措施项目清单费 + \\ &其他项目清单费 + 规费） × 税率\end{aligned} \tag{4-5}$$

税率根据《浙江省建设工程计价规则》（2018 版）规定计取。

（3）工程造价。

$$\begin{aligned}工程造价 = &分部分项工程量清单项目费 + 措施项目清单费 + \\ &其他项目清单费 + 规费 + 税金\end{aligned} \tag{4-6}$$

计算完成后，形成单位（专业）工程投标报价计算表、工程项目投标报价汇总表。

5. 编制投标报价总说明

略。

6. 编制投标报价封面、扉页

按规定格式编制投标报价封面、扉页，完成投标报价文件的编制。

❀❀❀ 思考题与习题 ❀❀❀

一、简答题

1. 什么是工程量清单？

2. 什么是招标工程量清单？什么是已标价工程量清单？两者有何区别？

3. 招标工程量清单由哪几部分组成？

4. 清单项目的项目编码由几位数字组成？可分为几级编码？

5. 进行清单项目编码时，应注意什么？

6. 清单项目的项目特征重要吗？描述项目特征时应注意什么？

7. 措施项目清单分为哪两类？这两类措施项目清单在编制招标工程量清单时，要求一样吗？

8. 简述招标工程量清单编制的基本步骤。

9. 招标工程量清单的编制说明应包括哪些内容？

10. 什么是工程量清单计价？

11. 什么是投标报价？什么是招标控制价？

12. 工程量清单投标报价文件由哪几部分组成？

13. 工程量清单投标报价时，是否可以根据工程实际情况调整招标文件中的分部分项工程量清单与计价表？

14. 工程量清单投标报价时，是否可以根据工程实际情况调整招标文件中的措施项目清单与计价表？

15. 工程量清单投标报价时，如何计算清单项目的综合单价？

16. 工程量清单投标报价文件的编制说明应包括哪些内容？

二、计算题

某城市次干路工程，采用 200mm×100mm×60mm 人行道板、2cm 厚 M7.5 干混砂浆垫层，下设 10cm 厚 C15 人行道混凝土基础，施工时采用非泵送商品混凝土。"人行道块料铺设"清单项目的编码、工程量见表 4-3，它的两项组合工作内容：人行道板安砌、人行道基础的工程量、套用的定额子目见表 4-3，按表 4-3 计算该清单项目的综合单价。

人工、材料、机械的单价均按预算定额的单价计取，企业管理费费率、利润费率按弹性费率范围的中值计取，风险费率为 0.5%。

表 4-3　工程量清单综合单价计算表

单位（专业）工程名称：某城市次干路工程　　　　　　　　　　　　　　　　　　　　第 1 页　共 1 页

序号	编号	名称	计量单位	数量	综合单价 / 元						
					人工费	材料费	机械费	企业管理费	利润	风险费用	小计
1	040204 002001	人行道块料铺设	m²	2000							
	[2-232]	200mm×100mm×60mm 人行道板安砌、2cm 厚 M7.5 砂浆垫层	100m²	20.00							
	[2-230]	10cm 厚人行道混凝土基础（C15 非泵送商品混凝土）	100m²	20.00							

第二篇

市政工程定额计量与计价

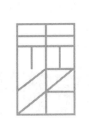

第 5 章 《通用项目》定额计量与计价

思维导图

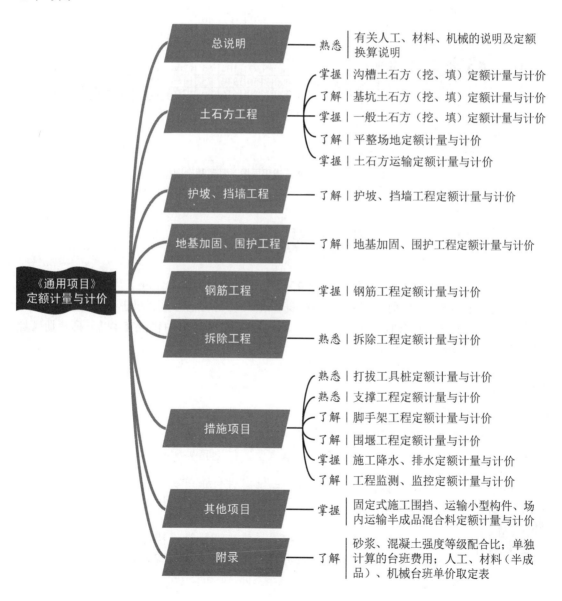

《通用项目》定额计量与计价

- 总说明 —— 熟悉 | 有关人工、材料、机械的说明及定额换算说明
- 土石方工程
  - 掌握 | 沟槽土石方（挖、填）定额计量与计价
  - 了解 | 基坑土石方（挖、填）定额计量与计价
  - 掌握 | 一般土石方（挖、填）定额计量与计价
  - 了解 | 平整场地定额计量与计价
  - 掌握 | 土石方运输定额计量与计价
- 护坡、挡墙工程 —— 了解 | 护坡、挡墙工程定额计量与计价
- 地基加固、围护工程 —— 了解 | 地基加固、围护工程定额计量与计价
- 钢筋工程 —— 掌握 | 钢筋工程定额计量与计价
- 拆除工程 —— 熟悉 | 拆除工程定额计量与计价
- 措施项目
  - 熟悉 | 打拔工具桩定额计量与计价
  - 熟悉 | 支撑工程定额计量与计价
  - 了解 | 脚手架工程定额计量与计价
  - 了解 | 围堰工程定额计量与计价
  - 掌握 | 施工降水、排水定额计量与计价
  - 了解 | 工程监测、监控定额计量与计价
- 其他项目 —— 掌握 | 固定式施工围挡、运输小型构件、场内运输半成品混合料定额计量与计价
- 附录 —— 了解 | 砂浆、混凝土强度等级配合比；单独计算的台班费用；人工、材料（半成品）、机械台班单价取定表

引例

某工程雨水管道平面图、管道基础图如图 5.1 所示，管道采用承插式钢筋混凝土管，基础采用钢筋混凝土条形基础。管道沟槽开挖采用挖掘机在沟槽边挖土，土质为三类土。计算这段管道沟槽开挖的总土方量，并确定套用的定额子目及定额基价（以下简称基价）。在管道沟槽开挖土方工程量计算时应注意什么？定额套用时要注意什么？

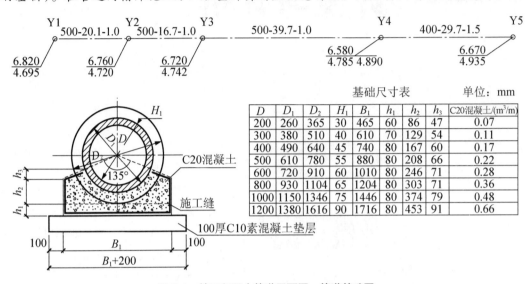

图 5.1　某工程雨水管道平面图、管道基础图

5.1　总　说　明

（1）《浙江省市政工程预算定额》（2018 版）（以下简称本定额）共分 9 册，包括第一册《通用项目》、第二册《道路工程》、第三册《桥涵工程》、第四册《隧道工程》、第五册《给水工程》、第六册《排水工程》、第七册《燃气与集中供热工程》、第八册《路灯工程》、第九册《生活垃圾处理工程》。

拓展讨论

《浙江省市政工程预算定额》（2018版）总说明

党的二十大报告提出，坚持人民城市人民建、人民城市为人民，提高城市规划、建设、治理水平，加快转变超大特大城市发展方式，实施城市更新行动，加强城市基础设施建设，打造宜居、韧性、智慧城市。

思考并讨论：城市基础设施建设项目中有哪些项目属于市政工程专业范畴？

（2）本定额是指导设计概算、施工图预算、招标控制价的编审，以及工程合同价约定、竣工结算办理、工程计价纠纷调解处理、工程造价鉴定等的依据。

（3）本定额人工按定额用工的技术含量综合为一类人工和二类人工，其内容包括基本用工、超运距用工、人工幅度差和辅助用工。其中土石方工程人工为一类人工，单价为 125 元 / 工日；其余为二类人工，单价为 135 元 / 工日。

（4）本定额中的材料包括主要材料、辅助材料。材料消耗量包括净用量和损耗量。损耗量包括：从工地仓库、现场集中堆放地点或现场加工地点到操作或安装地点的现场施工场内运输损耗、施工操作损耗、施工现场堆放损耗等。规范（设计文件）规定的预留量、搭接量不在损耗量中考虑。

本定额中的周转性材料已按规定的材料周转次数摊销计入定额内。

用量少、价值小的材料合并为其他材料，以其他材料费的形式表示。

材料单价按《浙江省建筑安装材料基期价格》（2018 版）取定。

（5）本定额中的施工机械台班消耗量已包括机械幅度差内容。机械台班单价按《浙江省建设工程施工机械台班费用定额》（2018 版）取定。

（6）本定额中混凝土、沥青混凝土、厂拌三渣等均按商品价考虑，其单价除产品出厂价外，还包括了至施工现场的运输、装卸费用。采用泵送混凝土的，其单价包括泵送费用。

（7）本定额中混凝土项目按运至施工现场的商品混凝土编制。若实际采用现拌混凝土浇捣的，人工和机械消耗量调整如下。

① 人工增加 0.392 工日 /m³。

② 增加 500L（双锥反转出料）混凝土搅拌机 0.03 台班 /m³。

特别提示

现拌混凝土与商品混凝土的材料单价不同，在定额换算时应注意混凝土单价的调整。

【例 5-1】某现浇混凝土挡墙，施工时采用 C30 现浇现拌混凝土（碎石最大粒径为 40mm），确定该挡墙现浇混凝土套用的定额子目及基价。

【解】套用的定额子目：[1-188]H

该定额子目中采用 C30 泵送商品混凝土，商品混凝土单价为 461.00 元 /m³

实际采用 C30 现浇现拌混凝土，现拌混凝土单价为 305.80 元 /m³

人工需增加人工工日数量为 0.392 × 10.100，人工工日单价为 135.00 元

500L（双锥反转出料）混凝土搅拌机需增加台班数量为 0.03 × 10.100

500L（双锥反转出料）混凝土搅拌机的单价为 215.37 元 / 台班

基价 =4970.84+（305.80−461.00）× 10.100+0.392 × 10.100 × 135.00+0.03 × 10.100 × 215.37 ≈ 4003.07（元 /10m³）

（8）本定额中混凝土项目已按结构部位取定泵送商品混凝土或非泵送商品混凝土，若实际施工时与定额所列混凝土形式不同，除混凝土单价换算外，人工消耗量调整如下。

① 泵送商品混凝土调整为非泵送商品混凝土：定额人工乘以系数 1.35。

② 非泵送商品混凝土调整为泵送商品混凝土：定额人工乘以系数 0.75。

市政工程计量与计价（第四版）

特别提示

　　泵送商品混凝土、非泵送商品混凝土的材料单价不同，在定额换算时应注意混凝土单价的调整。

　　【例 5-2】 某现浇混凝土挡墙，施工时采用 C30 非泵送商品混凝土，确定该挡墙现浇混凝土套用的定额子目及基价。

　　【解】 套用的定额子目：[1–188]H

　　该定额子目中采用 C30 泵送商品混凝土，混凝土单价为 461.00 元 /m³

　　实际采用 C30 非泵送商品混凝土，混凝土单价为 438.00 元 /m³

　　该定额子目人工消耗量需乘以系数 1.35

　　　　基价 =4970.84+（438.00−461.00）×10.100+296.46×（1.35−1）

　　　　　　≈4842.30（元 /10m³）

　　（9）本定额中所使用的砂浆按干混预拌砂浆编制，若实际使用现拌砂浆或湿拌预拌砂浆，按以下方法调整。

　　① 实际使用现拌砂浆的，除将定额中的干混砂浆调换为现拌砂浆外，另按相应定额中每立方米砂浆增加人工 0.382 工日、200L 灰浆搅拌机 0.167 台班，同时扣除原定额中干混砂浆罐式搅拌机台班数量。

　　② 实际使用湿拌预拌砂浆的，除将定额中的干混砂浆调换为湿拌预拌砂浆外，另按相应定额中每立方米砂浆扣除人工 0.20 工日，同时扣除原定额中干混砂浆罐式搅拌机台班数量。

　　【例 5-3】 某浆砌块石挡墙，施工时采用 M10 湿拌预拌砂浆进行砌筑，确定该浆砌块石挡墙套用的定额子目及基价。

　　【解】 套用的定额子目：[1–185]H

　　该定额子目中采用 M7.5 干混砌筑砂浆，单价为 413.73 元 /m³

　　实际采用 M10 湿拌预拌砌筑砂浆，单价为 409.00 元 /m³

　　该定额子目中砂浆消耗量为 3.670m³，故人工需扣除工日数量为 3.670×0.20

　　该定额子目中需扣除的干混砂浆罐式搅拌机台班数量为 0.113

　　基价 =3900.09+（409.00−413.73）×3.670−3.670×0.20×135.00−0.113×193.83

　　　　≈3758.44（元 /10m³）

　　（10）本定额中混凝土养护已根据不同定额子目综合考虑养护材料。若定额按塑料薄膜考虑，实际使用土工布养护时，土工布消耗量按塑料薄膜定额用量乘以系数 0.4，其他不变；若定额按土工布考虑，实际使用塑料薄膜养护时，塑料薄膜消耗量按土工布定额用量乘以系数 2.5，其他不变。

特别提示

　　塑料薄膜与土工布的单价不同，在定额换算时要注意材料单价的调整。

【例5-4】某现浇混凝土挡墙，施工时采用C30泵送商品混凝土，挡墙浇筑后采用塑料薄膜养护，确定该挡墙现浇混凝土套用的定额子目及基价。

【解】套用的定额子目：[1-188]H

该定额子目中采用土工布养护，土工布的定额用量（消耗量）为 0.328m²

实际采用塑料薄膜养护，塑料薄膜的消耗量为 0.328m² × 2.5

土工布的材料单价为 8.62 元 /m²，塑料薄膜的材料单价为 0.86 元 /m²

基价 =4970.84+0.328 × 2.5 × 0.86−0.328 × 8.62 ≈ 4968.72（元 /10m³）

（11）本定额中混凝土及钢筋混凝土预制桩、小型预制构件等制作的工程量计算，应按施工图构件净用量另加 1.5% 损耗率。

（12）本定额中，钢模板（含钢支撑）的回库维修费已按其材料单价的 8% 计入消耗量；钢模板（含钢支撑）、木模、脚手架的场外运费已按机械台班形式计入定额子目，不另单独计算。

（13）本定额中用括号"（ ）"表示的消耗量，均未计入基价。

（14）本定额中注有"××以内"或"××以下"的均包括"××"本身；注有"××以外"或"××以上"的均不包括"××"本身。

5.2 通用项目

《通用项目》是《浙江省市政工程预算定额》（2018 版）的第一册（以下简称本册定额），包含土石方工程，护坡、挡墙工程，地基加固、围护工程，钢筋工程，拆除工程，措施项目，其他项目，共七章；还包括附录。

5.2.1 土石方工程

土方工程定额包括人工挖一般土方，人工挖沟槽、基坑土方，人工清理土堤基础，人工挖土堤台阶，人工装、运土方，人工挖运淤泥、流砂，人工平整场地、填土夯实、原土夯实，推土机推土，挖掘机挖土，长臂挖掘机挖土，大型支撑基坑土方，装载机装松散土，装载机装运土方，自卸汽车运土，抓铲挖掘机挖淤泥、流砂，反铲挖掘机挖淤泥、流砂，河道水冲法清淤，船运淤泥、流砂，机械平整场地，填土夯实、原土夯实等相应子目。石方工程定额包括风镐凿石，液压岩石破碎机破碎岩石，切割机切割石方，机械打眼爆破石方，静力爆破石方，微差控制爆破石方，明挖石渣运输，推土机推石渣，挖掘机挖石渣，自卸汽车运石渣等相应子目。

1. 土壤及岩石分类

土石方工程定额中，土壤按一、二类土，三类土，四类土分类。从一类土到四类土，土壤的紧固系数越来越大。粉土、砂土（粉砂、细砂、中砂、粗砂、砾砂）、粉质黏土、弱中盐渍土、软土（淤泥质土、泥炭、泥炭质土）、软塑红黏土、冲填土为一、二类土；黏土、碎石土（圆砾、角砾）、混合土、可塑红黏土、硬塑红黏土、强盐渍土、素填土、压实填土

土石方工程
定额应用的
基础知识

为三类土；碎石土（卵石、碎石、漂石、块石）、坚硬红黏土、超盐渍土、杂填土为四类土。

单排井点降水沟槽开挖示意图

岩石按软质岩（极软岩、软岩、较软岩）、硬质岩（较坚硬岩、坚硬岩）分类，从极软岩到坚硬岩，岩石的单轴饱和抗压强度越来越大。

2. 干、湿土的划分及换算说明

（1）干、湿土的划分首先以地质勘探资料为准，含水率≥25%为湿土；或以地下常水位为准，常水位以上为干土，以下为湿土。

（2）挖运湿土时，人工和机械乘以系数1.18（机械运湿土除外），干、湿土工程量分别计算。采用井点降水的土方应按干土计算。

> **特别提示**
>
> 机械或人工挖湿土，套用定额时需换算；人工运湿土，套用定额时也需换算；机械运湿土时，套用定额不需要换算。采用井点降水时，由于是先把地下水位降到沟槽（基坑）底以下一定的安全距离后再开挖土方，所以采用井点降水的土方应按干土计算。

【例5-5】人工挖沟槽湿土（土质类别为三类土），挖深2.5m，确定套用的定额子目及基价。

【解】套用的定额子目：[1-18]H

$$换算后的人工消耗量 =25.428×1.18≈30.005（工日）$$

$$基价 =30.005×125≈3750.63（元 /100 \ m^3）$$

或　　　　基价 =3178.50+3178.50×（1.18-1）=3750.63（元 /100m³）

3. 土石方的不同体积及换算

（1）（挖、运）土石方体积均以天然密实体积（自然方）计算，回填土按碾压夯实后的体积（实方）计算。

（2）土石方体积换算见表5-1。

表5-1　土石方体积换算表

名　称	虚方体积	天然密实体积	夯实后体积	松填体积
土方	1.00	0.77	0.67	0.83
	1.20	0.92	0.80	1.00
	1.30	1.00	0.87	1.08
	1.50	1.15	1.00	1.25
石方	1.54	1.00	—	1.31

知识链接

虚方体积是指挖出以后或回填以前松散的土石方体积。松填体积是指用于回填，但未经夯实、自然堆放的土石方体积。

【例5-6】某道路工程，挖土方量为5000m³，填土方量为2000m³，挖、填土方考虑现场平衡，试计算其土方外运量。

【解】挖、运土方体积均以自然方计算，填土方体积以实方计算，故需把本例中的填土方体积转换为自然方。

查表5-1土石方体积换算表可知，实方∶自然方=1∶1.15

本例填土所需自然方=2000×1.15=2300（m³）

则 土方外运量=5000-2300=2700（m³）

4. 沟槽土石方、基坑土石方、一般土石方、平整场地的划分

（1）开挖底宽≤7m，且底长大于3倍底宽，按挖沟槽土石方计算。

（2）开挖底长≤3倍底宽，且底面积≤150m²，按挖基坑土石方计算。

（3）厚度≤30cm的就地挖、填土按平整场地计算。

（4）超出上述范围的土石方，按挖一般土石方计算。

> **特别提示**
>
> 常见的市政工程中，管道工程的土石方开挖通常按挖沟槽土石方计算；道路工程的土石方开挖通常按挖一般土石方或平整场地计算；桥梁工程的土石方开挖通常按挖基坑土石方计算。

5. 沟槽土石方（挖、填）

挖、填沟槽土石方工程量计算

1）沟槽挖方

（1）工程量计算规则及计算方法。

① 除有特殊工艺要求的管道节点开挖土石方工程量按实计算外，其他管道接口作业坑和沿线各种井室所需增加开挖的土方工程量，按沟槽全部土石方量的2.5%计算。

根据上述工程量计算规则，管道沟槽挖方工程量可按下式计算。

$$V_{挖}=S×L×（1+2.5\%）\tag{5-1}$$

式中 $V_{挖}$——沟槽挖方量，m³；

S——某管段沟槽开挖平均断面积，m²；

L——沟槽开挖长度，即管段的长度，m。

> **知识链接**

某管段的沟槽开挖断面示意图如图5.2所示，计算该管段沟槽开挖平均断面积，需首先确定沟槽开挖的断面尺寸，包括：沟槽底宽（$B+2b$）、沟槽边坡（$1∶m$）、管段的沟槽平均挖深H。

图5.2中，B为管道结构宽，b为管沟底部每侧工作面宽度。图示管道沟槽挖方量可按式（5-2）计算。

$$V_{挖}=（B+2b+mH）×H×L×（1+2.5\%）\tag{5-2}$$

注意：式（5-2）中，沟槽平均挖深根据施工图纸进行计算；管道结构宽依据施工

图纸、结合定额规定确定；管沟底部每侧工作面宽度及沟槽边坡依据施工方案或施工图纸确定，如果施工方案或施工图纸没有明确，可按定额规定确定。

$$有湿土时：V_湿=(B+2b+mH_湿)×H_湿×L×(1+2.5\%) \qquad (5-3)$$
$$V_干=V-V_湿 \qquad (5-4)$$

式中　$V_湿$——挖湿土的方量，m^3；

　　　　$V_干$——挖干土的方量，m^3；

　　　　$H_湿$——湿土的深度，m。

沟槽放坡开挖现场施工图片

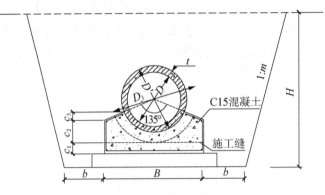

图 5.2　某管段的沟槽开挖断面示意图

钢筋混凝土条形基础

② 管道结构宽的确定。

根据管道基础结构图，结合施工方法按以下规则确定管道结构宽。

a. 管道无管座时，管道结构宽按管道外径计算。

b. 管道有管座时，管道结构宽按管道基础外缘（不包括各类垫层）计算。

c. 构筑物结构宽按基础外缘计算。

d. 开挖时如设挡土板，结构宽每侧加 100mm。

> **特别提示**
>
> 管道采用钢筋混凝土条形基础时，基础外缘的宽度就是平基的宽度。
> 沟槽开挖如设挡土板支撑，则沟槽底宽每侧增加 100mm。

③ 管沟底部每侧工作面宽度的确定。

a. 按施工方案（施工组织设计）确定的管沟底部每侧工作面宽度计算。

b. 如施工方案（施工组织设计）未明确的，可按表 5-2 计算。

表 5-2　管沟底部每侧工作面宽度　　　　　　　　　　　单位：mm

管道结构宽	混凝土管道基础（管座）中心角的角度≤90°	混凝土管道基础（管座）中心角的角度 >90°	金属管道	构筑物	
				无防潮层	有防潮层
500 以内	400	400	300	400	600
1000 以内	500	500	400		
2500 以内	600	500	400		
2500 以上	700	600	500		

知识链接

UPVC、HDPE 等塑料管沟槽开挖底宽的确定。

（1）设计中有规定的，按设计规定的底宽计算。

（2）设计未明确的，根据沟槽有无支撑，分别按以下规则确定。

① 沟槽无支撑：沟槽底宽按管道结构宽每侧加 30cm 工作面计算。

② 沟槽有支撑：根据管径、挖深确定沟槽底宽（表 5-3）。

表 5-3　有支撑沟槽开挖底宽（适用于塑料管道）　　　　　单位：mm

深度 h/m	管径 /mm							
	DN150	DN225	DN300	DN400	DN500	DN600	DN800	DN1000
h≤3.00	800	900	1000	1100	1200	1300	1500	1700
3.00<h≤4.00	—	1100	1200	1300	1400	1500	1700	1900
h>4.00	—	—	—	1400	1500	1600	1800	2000

④ 沟槽边坡的确定。

a. 按施工方案（施工组织设计）确定的沟槽边坡计算。

b. 如施工方案（施工组织设计）未明确的，可按表 5-4 的挖土放坡系数计算。

表 5-4　挖土放坡系数表

土壤类别	放坡起点深度 /m	机械开挖			人工开挖
		沟槽、坑内作业	沟槽、坑边作业	顺沟槽方向坑上作业	
一、二类土	1.20	1：0.33	1：0.75	1：0.50	1：0.50
三类土	1.50	1：0.25	1：0.67	1：0.33	1：0.33
四类土	2.00	1：0.10	1：0.33	1：0.25	1：0.25

特别提示

如在同一断面内遇有数类土壤，其放坡系数可按各类土占全部深度的百分比加权计算。

【例 5-7】某沟槽采用人工开挖，沟槽开挖断面如图 5.3 所示，试计算确定沟槽开挖的放坡系数。

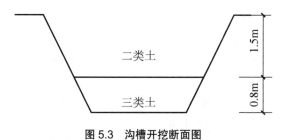

图 5.3　沟槽开挖断面图

【解】放坡系数 $m=\dfrac{1.5}{2.3}\times0.5+\dfrac{0.8}{2.3}\times0.33\approx0.44$

⑤ 管道十字或斜向交叉时，沟槽挖土交接处产生的重复工程量不扣除。

管道走向相同，在施工过程中采用联合槽开挖时，沟槽挖土交接处产生的重复工程量应扣除，如图 5.4 所示。

挖、填土石方工程定额计价1

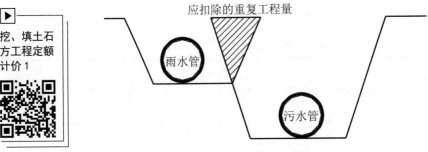

图 5.4　联合槽开挖断面示意图

⑥ 修建机械上下坡的便道土方量并入土方工程量内。

⑦ 石方采用爆破开挖时，开挖坡面每侧允许超挖量：极软岩、软岩为 20cm，较软岩、硬质岩为 15cm。工作面宽度与石方超挖量不得重复计算，石方超挖仅计算坡面超挖，底部超挖不计。

（2）定额套用及换算说明。

① 除大型支撑基坑土方开挖定额子目外，机械挖沟槽、基坑土方中如需人工辅助开挖（包括切边、修整底边），机械挖土土方量按实挖土方量计算，人工挖土土方量按实挖土方量套用相应定额乘以系数 1.25，挖土深度按沟槽、基坑总深确定，但垂直深度不再折合水平运输距离。

知识链接

大型支撑基坑土方开挖

大型支撑基坑土方开挖定额适用于地下连续墙、混凝土板桩、钢板桩等围护并带有大型横向支撑的深基坑开挖。

按照《给水排水管道工程施工及验收规范》（GB 50268—2008）的规定，管道在沟槽开挖时，严禁扰动槽底原状土。在采用挖掘机开挖沟槽时，为防止扰动槽底原状土，槽底应预留 20～30cm 土层，用人工辅助开挖。

【例 5-8】某排水工程 W1、W2 管段沟槽放坡开挖，采用挖掘机在槽边作业（挖土并装车）、人工辅助清底。土壤类别为三类土，沟槽内均为干土。该管段原地面平均标高为 3.80m，沟槽底平均标高为 1.60m，施工方案确定沟槽底宽（含工作面）为 1.80m，沟槽（管段）长度为 30m，挖掘机挖土挖至沟槽底标高以上 20cm 处，其下采用人工辅助开挖。试分别计算挖掘机挖土及人工挖土工程量，并确定套用的定额子目及基价。

【解】沟槽平均开挖深度 =3.80–1.60=2.20（m）

土壤类别为三类土，需放坡，查表 5-4 确定放坡系数为 0.67

沟槽挖方总量 $V_总$ =（1.80+0.67×2.2）×2.2×30×1.025≈221.49（m³）

（1）人工辅助开挖方量 $V_{人工}$ =（1.80+0.67×0.2）×0.2×30×1.025≈11.89（m³）

套用的定额子目：[1–18]H

基价 =3178.50×1.25≈3973.13（元/100m³）

（2）机械挖方量 $V_{机械}$ =221.49–11.89=209.60（m³）

套用的定额子目：[1–72]

基价 =3558.76 元/1000m³

② 除大型支撑基坑土方开挖定额子目外，在支撑下挖土，按实挖体积人工乘以系数 1.43，机械乘以系数 1.20。先开挖后支撑的不属于支撑下挖土。

知识链接

雨、污水管道沟槽开挖时常用的支撑形式主要有钢板桩支撑、竖撑（竖板横撑）、横撑（横板竖撑）。钢板桩支撑施工时先将钢板桩打入沟槽底以下一定的深度，再进行沟槽开挖。竖撑、横撑施工时，先开挖部分土方，随挖随支，逐步设置支撑到沟槽底。

挖、填土石方工程定额计价 2

【例 5-9】某管段采用挖掘机挖沟槽土方（干土），土壤类别为一、二类土，不装车，沟槽采用钢板桩支撑，确定套用的定额子目及基价。

【解】套用的定额子目：[1–68]H

基价 =2012.59+360.00×（1.43–1）+1652.59×（1.20–1）=2497.91（元/1000m³）

③ 挖土机在垫板上作业，人工和机械乘以系数 1.25，搭拆垫板的人工、材料和辅机摊销费按每 1000m³ 增加 340 元计算。

沟槽常见的支撑形式

【例 5-10】挖掘机在垫板上挖三类土、不装车，确定套用的定额子目及基价。

【解】套用的定额子目：[1–69]H

基价 =2297.84+360.00×（1.25–1）+1937.84×（1.25–1）+340
=3212.30（元/1000m³）

或　　　　基价 =2297.84×1.25+340=3212.30（元/1000m³）

④ 人工挖沟槽、基坑土方，一侧弃土时，定额乘以系数 1.13。

【例 5-11】人工挖沟槽土方（湿土），土壤类别为三类土，挖深 3m，一侧弃土，确定套用的定额子目及基价。

【解】套用的定额子目：[1–18]H

基价 =3178.50×1.18×1.13≈4238.21（元/100m³）

⑤ 人工挖沟槽或基坑内的淤泥、流砂，按"人工挖运淤泥、流砂"套用定额，挖深超过 1.5m 时，超过部分的工程量按垂直深度每 1m 折合成水平距离 7m 增加人工工

日，以计算垂直运输的费用，深度按全高（总深）计算。

【例 5-12】人工挖沟槽淤泥，挖深 4.5m，确定套用的定额子目及基价。

【解】（1）挖深不超过 1.5m 的部分。

套用的定额子目：[1-44]

$$基价 =4743.00\ 元 /100m^3$$

（2）挖深超过 1.5m 的部分。

总垂直挖深 4.5m 折合成水平运距 =4.5×7=31.5（m）（人工运淤泥）

套用的定额子目：[1-44] + [1-45] + [1-46]

$$基价 =4743.00+1864.50+901.50=7509.00（元 /100m^3）$$

⑥ 挖密实的钢渣，按挖四类土人工乘以系数 2.50，机械乘以系数 1.50。

⑦ 风镐凿沟槽、基坑石方按"风镐凿石"相应定额乘以系数 1.30。

⑧ 大型支撑基坑土方定额中已包括湿土排水，若需要井点降水，井点降水费用另计（按措施项目计算），并扣除定额中湿土排水的污水泵消耗量及费用。大型支撑基坑土方开挖由于场地狭小，只能单面停机施工时，定额中的起重机按表 5-5 调整。

表 5-5　大型支撑基坑土方开挖起重机调整表

宽度	两边停机施工	单边停机施工
基坑宽 15m 以内	履带式起重机 15t	履带式起重机 25t
基坑宽 15m 以外	履带式起重机 25t	履带式起重机 40t

【例 5-13】某大型支撑基坑土方开挖工程，宽度为 12m，深度为 14m，基坑开挖时采用井点降水，由于现场场地狭小只能单面施工，确定土方开挖套用的定额子目及基价。

【解】套用的定额子目：[1-80]H

定额子目中污水泵消耗量为 2.267 台班，需扣除其费用

定额子目中的履带式起重机 15t 需调整为履带式起重机 25t

履带式起重机 25t 的台班单价为：757.92 元 / 台班

基价 =3197.65-2.267×112.87-1.756×702.00+1.756×757.92 ≈ 3039.97（元 /100m³）

2）沟槽回填方

（1）工程量计算规则及计算方法。

管沟回填土应扣除各种管道、基础、垫层和构筑物（主要是沿线检查井）所占的体积。

沟槽回填工程量按下式计算。

$$V_{回填}=V_{挖}-V_{应扣} \tag{5-5}$$

式中　　$V_{挖}$——管道沟槽的挖方量（包括沿线检查井），m³；

$V_{应扣}$——管道、基础、垫层与构筑物所占的体积之和，m³。

（2）定额套用及换算说明。

① 槽、坑一侧填土时，乘以系数 1.13。

② 定额中所有填土（包括松填、夯填、碾压）均是按就近 5m 以内取土考虑的，超过 5m 按以下办法计算：就地取多余松土或堆积土回填的，除按填方定额执行外，另按运土方定额计算土方运输费用；外购土方的，应按实计算土方外购及运输费用。

6. 基坑土石方（挖、填）

1）基坑挖方

（1）工程量计算规则及计算方法。

基坑挖方工程量按体积计算，可按以下通用公式计算。

$$V_{挖} = (S_上 + S_下 + 4S_中)/6 \times H \tag{5-6}$$

式中　$S_上$、$S_下$、$S_中$——基坑上顶面、下顶面、中截面的面积，m^2；

H——基坑挖深，m。

矩形、圆形基坑挖方工程量按以下公式计算。

$$（方形）V_{挖} = (B+2b+mH) \times (L+2b+mH) \times H + \frac{m^2H^3}{3} \tag{5-7}$$

$$（圆形）V_{挖} = \frac{\pi H}{3}\left[(R+b)^2 + (R+b) \times (R+b+mH) + (R+b+mH)^2\right] \tag{5-8}$$

式中　$V_{挖}$——挖土体积，m^3；

B——结构宽度，即矩形基坑内构筑物的基础宽度，m；

L——结构长度，即矩形基坑内构筑物的基础长度，m；

R——结构半径，即圆形基坑内构筑物的基础半径，m；

m——放坡系数；

b——每侧工作面宽度，m（定额规定：构筑物底部设有防潮层时，每侧工作面宽度取 0.6m；不设防潮层时，每侧工作面宽度取 0.4m）；

H——基坑挖深，m。

（2）定额套用及换算说明。

基坑挖方定额的套用方法与沟槽挖方基本相同。

2）基坑回填方

（1）工程量计算规则及计算方法。

基坑回填工程量应扣除基坑内构筑物、基础、垫层所占的体积。

基坑回填工程量的计算与沟槽回填土工程量的计算方法相同。

（2）定额套用及换算说明。

基坑回填定额的套用方法与沟槽回填基本相同。

7. 一般土石方（挖、填）

1）工程量计算规则及计算方法

一般土石方工程挖方、填方工程量按体积计算，通常采用横截面法或方格网法计算。

（1）横截面法计算。

常见的市政道路工程路基横截面形式有填方路基、挖方路基、半填半挖路基和不填不挖路基，如图 5.5 所示。

挖、填一般土石方工程定额计量

根据道路工程逐桩横断面图或施工横断面图，可以计算每个横断面（截面）处的挖方/填方面积，取两个相邻断面挖方/填方面积的平均值乘以相邻断面之间的中心线长度，计算得到相邻两个断面间的挖方/填方工程量，合计可得整条道路的挖方/填方工程量。

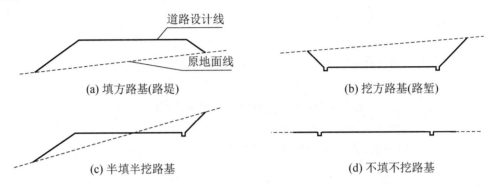

图 5.5　路基横截面形式

横截面法计算公式如下。

$$V = \frac{(F_1 + F_2)}{2} \times L \qquad (5\text{-}9)$$

式中　　　V——相邻两个横断面间的挖方量或填方量，m³；

　　　F_1、F_2——相邻两个横断面的挖方或填方面积，m²；

　　　L——相邻两横断面的距离，m。

知识链接

　　市政道路工程的挖方、填方通常为一般土石方工程，计算工程量时，可以依据道路工程施工图中的逐桩横断面图/施工横断面图或土方计算表进行。

【例 5-14】某道路工程，土方量计算表见表 5-6，计算 K0+000～K0+050 段填方量、挖方量。

表 5-6　土方量计算表

桩号	土方面积 /m²		平均面积 /m²		距离 /m	土方量 /m³	
	挖方	填方	挖方	填方		挖方	填方
K0+000	11.5	3.2	13.15	1.60	50	657.5	80
K0+050	14.8	0.0	11.50	3.05	40	460	122
K0+090	8.2	6.1	10.80	3.05	45	486	137.25
K0+135	13.4	0.0					
合　计						1603.5	339.25

【解】
$$V_{挖} = \frac{(11.5+14.8)}{2} \times 50 = 657.5 （m^3）$$

$$V_{填} = \frac{(3.2+0)}{2} \times 50 = 80 （m^3）$$

特别提示

　　在城市市政道路下，均铺设了排水管道，如原地面标高高于设计道路土路基标高，如图 5.6 所示，挖方不能重复计算。

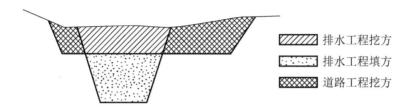

　　　排水工程挖方
　　　排水工程填方
　　　道路工程挖方

图 5.6　排水工程与道路工程挖、填方工程量示意图

（2）方格网法计算。

大面积挖填方可采用方格网法计算，方格网法计算挖填方量的步骤如下。

① 根据场地大小，将场地划分为 10m×10m 或 20m×20m 的方格网。根据地形起伏情况或精度要求，可选择适当尺寸的方格网，有 5m×5m、10m×10m、20m×20m、50m×50m、100m×100m 的方格。方格越小，计算的准确性就越高。

将各方格网加以编号，可标注在方格网中间。将每个方格网的 4 个角点均加以编号，可标注在角点左下方。

② 确定每个方格网的 4 个角点的原地面标高、设计路基标高，计算出各个角点的施工高度。

在方格网各角点右上方标注原地面标高、在方格网各角点右下方标注设计路基标高，然后计算方格网各角点的施工高度，并将其标注在角点左上方。

　　　　　施工高度 h= 原地面标高 – 设计路基（开挖线）标高　　　　　（5-10）

施工高度为正数需挖方，施工高度为负数需填方。

③ 计算确定每个方格网各条边上零点的位置，并将同一方格网内的零点连接得到零线。零点即施工高度为零的点，即方格网边上不填不挖的点。零线将方格网划分为挖方区域、填方区域。

如图 5.7 所示，方格网边长为 a，图中标示其中一条边的两个角点的施工高度为 h_1、h_2（h_1、h_2 一个为正值、一个为负值），则该边上零点位置的计算公式如下。

$$x = \frac{|h_1|}{|h_1|+|h_2|} \times a \qquad （5-11）$$

式中　　　x——角点至零点的距离，m；

　　h_1，h_2——相邻两角点的施工高度，m；

　　a——方格网的边长，m。

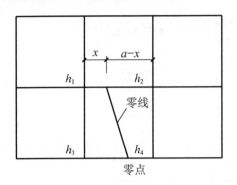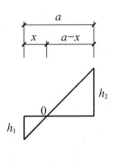

图 5.7　零点位置计算示意图

知识链接

　　当方格网某一边线上的 2 个角点施工高度同为正值或同为负值时，则在该边线上不存在零点；当方格网某一边线上的 2 个角点施工高度一个为正值、另一个为负值时，则在该边线上肯定存在零点。

　　方格网的 4 个角点的施工高度可能存在不同情况，零线将方格网划分成挖方区域、填方区域也存在以下不同的情况：①四点挖；②一点填、三点挖；③两点填、两点挖；④三点填、一点挖；⑤四点填。各种情况分别如图 5.8（a）、（b）、（c）、（d）、（e）所示。

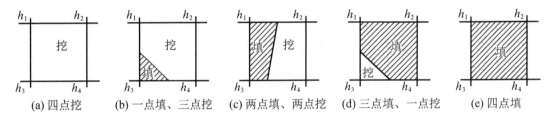

图 5.8　方格网挖方区域、填方区域划分示意图

　　④ 计算各方格网挖方或填方的体积。

$$V=F \times H \tag{5-12}$$

式中　V——各方格网挖方或填方的体积，m³；
　　　F——各方格网挖方或填方区域的底面积，m²；
　　　H——各方格网挖方或填方区域的平均挖深或平均填高，m。
　　⑤ 合计各方格网挖方或填方的体积，可得到整个场地的挖方或填方工程量。
　　2）定额套用及换算说明
　　人工挖一般土方，按土壤类别及挖土深度确定套用的定额子目。

　　【例 5-15】某工程场地方格网如图 5.9 所示，方格网边长 20m，计算其挖方、填方的工程量。

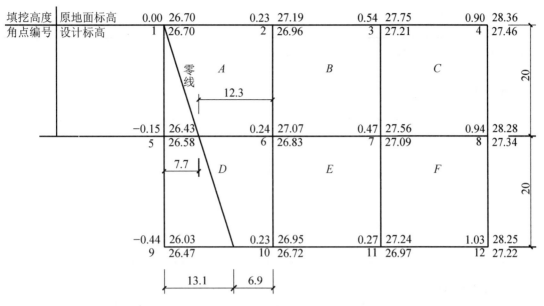

图 5.9　某工程场地方格网示意图（单位：m）

【解】（1）计算零点位置。

方格 A：角点 5 至角点 6 这条边上有零点，$h_1=-0.15\text{m}$，$h_2=0.24\text{m}$，$a=20\text{m}$

代入式（5-11）得：

$$x=\frac{20\times|-0.15|}{|-0.15|+|0.24|}\approx7.7\text{（m）}$$

$$a-x=20-7.7=12.3\text{（m）}$$

方格 D：角点 9 至角点 10 这条边上也有零点，$h_1=-0.44$，$h_2=0.23$，$a=20\text{m}$

$$x=\frac{20\times|-0.44|}{|-0.44|+|0.23|}=13.1\text{（m）}$$

$$a-x=20-13.1=6.9\text{（m）}$$

方格 B、C、E、F 的各边均无零点。

将各零点标示到图上，并将零点连成线，如图 5.9 所示。

（2）计算各方格网的挖方量、填方量，并合计。方格网土方量计算表见表 5-7。

表 5-7　方格网土方量计算表

方格编号	底面图形及位置	挖方 $/\text{m}^3$	填方 $/\text{m}^3$
A	三角形（填） 梯形（挖）	$\dfrac{20+12.3}{2}\times20\times\dfrac{0.23+0.24}{4}\approx37.95$	$\dfrac{0.15}{3}\times\dfrac{20\times7.7}{2}=3.85$
B	正方形（挖）	$20^2\times\dfrac{(0.23+0.24+0.47+0.54)}{4}=148$	
C	正方形（挖）	$20^2\times\dfrac{(0.54+0.47+0.90+0.94)}{4}=285$	

续表

方格编号	底面图形及位置	挖方 /m³	填方 /m³
D	梯形（左填、右挖）	$\dfrac{12.3+6.9}{2} \times 20 \times \dfrac{0.23+0.24}{4}=22.56$	$\dfrac{7.7+13.1}{2} \times 20 \times \dfrac{0.15+0.44}{4}=30.68$
E	正方形（挖）	$20^2 \times \dfrac{(0.23+0.24+0.47+0.27)}{4}=121$	
F	正方形（挖）	$20^2 \times \dfrac{(0.47+0.27+0.94+1.03)}{4}=271$	
小　计		885.51	34.53

8. 平整场地

1）工程量计算规则及计算方法

按平整场地的面积计算。

2）定额套用

按人工平整场地或机械平整场地不同的施工方式套用定额。

9. 土石方运输

1）工程量计算规则及计算方法

土石方运输的工程量按体积计算，按挖方体积减填方体积计算。

$$V_运 = V_挖 - V_填 \times 1.15 \tag{5-13}$$

$V_运$ 的值为正，则有多余土方需外运；$V_运$ 的值为负，则需从场外运入土方用于回填。

运土石方工程定额计量与计价

2）定额套用及换算说明

（1）土石方运距应以挖土重心至填土重心或弃土重心最近距离计算，挖土重心、填土重心、弃土重心按施工组织设计确定，如遇下列情况应增加运距。

① 当人力及人力车运土石方上坡坡度在 15% 以上，推土机、铲运车重车上坡坡度大于 5% 时，斜道运距按斜道长度乘以表 5-8 所示坡度系数计算。

表 5-8　推土机、人力及人力车运土石方坡度系数表

项　目	推土机				人力及人力车
坡度 /%	5～10	10～15	15～20	20～25	15 以上
系数	1.75	2.00	2.25	2.50	5.00

> **特别提示**
>
> 按表 5-8 调整后的斜道运距，用于确定运土石方套用的定额子目。

【**例 5-16**】推土机推土上坡，一、二类土，斜道长度为 25m，坡度为 11%，确定套用的定额子目及基价。

【**解**】推土机推土上坡，当 10%< 坡度≤15% 时，斜道运距按斜道长度乘以系数 2.00

斜道运距 =25×2.00=50（m）

套用的定额子目：[1–62]

基价 =3833.90 元 /1000m³

【**例 5-17**】人力车（双轮翻斗车）运土，一、二类土，斜道长度为 56m，坡度为 20%，确定套用的定额子目及基价。

【**解**】人力车运土上坡，当坡度 >15% 时，斜道运距按斜道长度乘以系数 5.00

斜道运距 =56×5.00=280（m）

套用的定额子目：[1–39]+ [1–40]×5

基价 =872.50 +171.00×5=1727.50（元 /100m³）

② 采用人力垂直运输土石方时，垂直深度按每米折合水平运距 7m 计算。

【**例 5-18**】人力垂直运输土方，深度 3m，另加水平距离 10m，试计算其运距。

【**解**】　　　　人力运土（水平）运距 =3×7+10=31（m）

（2）自卸汽车运土、运石渣的运距与定额不一致时，可按每增 1km 定额子目进行调整换算。

【**例 5-19**】某道路工程需土方外运，运距是 7km，采用 15t 自卸汽车运输，试确定自卸汽车运土的定额子目及基价。

【**解**】套用的定额子目：[1–94]+ [1–95] ×6

基价 =5564.89+1556.61×6=14904.55（元 /1000m³）

（3）人工装土汽车运土时，汽车运土 1km 以内定额中自卸汽车含量乘以系数 1.10。

【**例 5-20**】某道路工程需土方外运，运距是 7km，用人工将土方装到 15t 自卸汽车上后外运，试确定自卸汽车运土的定额子目及基价。

【**解**】套用的定额子目：[1–94]H+ [1–95] ×6

基价 =5564.89+7.007×（1.10–1）×794.19+1556.61×6

≈15461.04（元 /1000m³）

或　　基价 =7.007×1.10×794.19+1556.61×6=15461.04（元 /1000m³）

（4）推土机推土的平均土层厚度小于 30cm 时，其推土机台班乘以系数 1.25。

10. 其他

（1）人工挖土堤台阶工程量，按挖前的堤坡斜面积计算，运土应另行计算。

（2）夯实土堤按设计断面计算。人工清理土堤基础按设计规定以水平投影面积计算，清理厚度为 30cm 以内，废土运距按 30m 以内考虑。

（3）人工夯实土堤执行人工填土夯实平地子目，机械夯实土堤执行机械填土夯实平地子目。

（4）本节定额不包括现场障碍物清理，障碍物清理费用另行计算。

5.2.2 护坡、挡墙工程

护坡、挡墙工程包括抛石、石笼，滤层、泄水孔，护坡、台阶，基础，护底，压顶，挡墙，勾缝，伸缩缝等相应子目。

护坡、挡墙

1. 工程量计算规则

（1）抛石工程量按设计断面以"m³"为单位计算。

（2）滤沟、滤层按设计尺寸以"m³"为单位计算。

（3）台阶以设计断面的实砌体积计算。

（4）块石护脚砌筑高度超过 1.2m 需搭设脚手架时，可按脚手架工程相应项目计算，块石护脚在自然地面以下砌筑时，不计算脚手架费用。

（5）护坡、基础、护底、压顶、挡墙的砌体工程量按设计砌体尺寸以"m³"为单位计算，嵌入砌体中的钢管、沉降缝、伸缩缝以及单孔面积在 0.3m² 以内的预留孔所占体积不予扣除。

（6）勾缝工程量按砌体表面积计算。

（7）伸缩缝工程量按缝宽根据实际铺设的面积以"m²"为单位计算。

> **特别提示**
>
> 伸缩缝工程量按实际铺设高度 × 铺设宽度以面积计算，铺设高度按护坡、挡墙的基础底到压顶顶部的全高计算，不包括基础下方的垫层的高度（厚度）。

2. 定额套用及换算说明

（1）适用于市政工程道路、城市内河及砌筑高度在 8m 以内的桥涵护坡、挡墙工程。

（2）石笼以钢笼和铁丝制作，每个体积按 0.5m³ 计算，设计的石笼体积或制作材料不同时，可按实调整。

（3）挡墙工程需搭脚手架时，执行本册定额第六章"措施项目"中的脚手架定额。

（4）块石如需冲洗时（利用旧料），每立方米块石增加人工 0.12 工日、水 0.5m³。

（5）护坡、挡墙的钢筋，执行本册定额第四章"钢筋工程"中相应定额子目。

【例 5-21】某道路两侧挡墙结构如图 5.10 所示，挡墙设置位置、高度等基本数据见表 5-9、表 5-10，浆砌块石墙身外露侧面用水泥砂浆勾缝，该挡墙每 15m 设一条沉降缝，计算挡墙各部分结构的工程量。

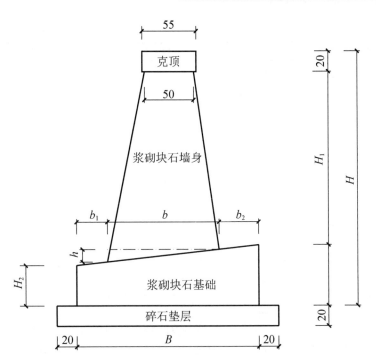

图 5.10 挡墙结构图

表 5-9 挡墙基本数据 1　　　　　　　　　　　　　　　　　　单位：cm

H	100	150	200	250
b_1	0	15	20	30
b_2	6	13	17	21
b	77	89	106	127
B	83	117	143	173
H_1	63	90	130	167
H_2	0	25	30	48
H_3	17	40	50	63

表 5-10 挡墙基本数据 2

位置	挡墙设置桩号	墙高 H/m	平均墙高 /m	间距 L/m	断面积 A/m²
北侧	K3+224	1.5	1.5	16	1.5 × 16=24
	240	1.5	1.25	20	1.25 × 20=25
	260	1.0	1.75	20	1.75 × 20=35
	280	2.5	2.5	20	2.5 × 20=50
	300	2.5	2.5	15	2.5 × 15=37.5
	K3+315	2.5			
	$\sum L$=91m，$\sum A$=171.5m²				

续表

位置	挡墙设置桩号	墙高 H/m	平均墙高 /m	间距 L/m	断面积 A/m²
南侧	K3+319	1.0			
			1.0	21	21
	340	1.0			
			1.5	20	30
	360	2.0			
			1.75	15.79	27.63
	375.79	1.5			
			1.25	23.15	28.94
	398.94	1.0			
			1.0	11.06	11.06
	K3+410	1.0			
	$\sum L=91\text{m}$, $\sum A=118.63\text{m}^2$				

【解】挡墙平均高度 $\overline{H} = \dfrac{\sum A}{\sum L} = \dfrac{171.5+118.63}{91+91} \approx 1.6\,(\text{m})$

挡墙总长 $=91+91=182\,(\text{m})$

根据挡墙平均高度 $\overline{H}=1.6\text{m}$，利用表 5-9 的数据，用插入法可计算挡墙各部分的尺寸数据：$B=\dfrac{160-150}{200-150}\times(143-117)+117\approx122\,(\text{cm})=1.22\,(\text{m})$，$H_1=0.98\text{m}$，$H_2=0.26\text{m}$，$H_3=0.42\text{m}$，$b_1=0.16\text{m}$，$b_2=0.138\text{m}$，$b=92\text{cm}$

（1）碎石垫层工程量 = 垫层体积 = $(1.22+0.4)\times0.2\times182\approx58.97\,(\text{m}^3)$

（2）浆砌块石基础工程量 = 浆砌块石基础体积 = $(0.26+0.42)/2\times1.22\times182\approx75.49\,(\text{m}^3)$

（3）墙身工程量 = 浆砌块石墙身体积 = $[(0.5+0.92)/2\times0.98+0.14]\times182\approx152.12\,(\text{m}^3)$

（4）克顶工程量 = 克顶体积 = $0.55\times0.2\times182=20.02\,(\text{m}^3)$

（5）勾缝工程量 = 外露面的侧面积 = $0.98\times182=178.36\,(\text{m}^2)$

（6）沉降缝工程量 = 实际铺设的面积 = 挡墙断面积（除垫层外）× 沉降缝的数量
每条沉降缝断面积 = $(0.26+0.42)/2\times1.22+(0.5+0.92)/2\times0.98+0.14+0.55\times0.2\approx1.36\,(\text{m}^2)$
每 15m 设一条沉降缝，沉降缝数量 = $(91/15-1)\times2\approx10\,(\text{条})$
沉降缝工程量 $=1.36\times10=13.60\,(\text{m}^2)$

特别提示

例 5-21 既可以按道路两侧的挡墙的平均高度计算挡墙各部分的工程量，也可以按表 5-10 中各段挡墙的高度、长度，逐段进行计算，最后合计得到该工程挡墙各部分的总工程量。

5.2.3 地基加固、围护工程

地基加固、围护工程包括地基注浆、高压旋喷桩、水泥搅拌桩、地下连续墙、渠式切割深层搅拌地下水泥土连续墙（TRD）、咬合灌注桩、振冲碎石桩、钢筋锚杆（索）、土钉、喷射混凝土（护坡）等子目。

1. 工程量计算规则

1）地基注浆

（1）分层注浆。

① 钻孔按设计图纸规定深度以"m"为单位计算。

② 注浆工程量按设计图纸注明体积以"m³"为单位计算。

（2）压密注浆。

① 钻孔按设计图纸规定深度以"m"为单位计算。

② 注浆工程量按以下规定计算：设计图纸明确加固土体体积的，按设计图纸注明的体积计算；设计图纸以布点形式图示土体加固范围的，则按两孔间距的一半作为扩散半径，以布点边线各加扩散半径，形成计算平面，计算注浆体积；如设计图纸注浆点在钻孔灌注桩之间，按两注浆孔距的一半作为每孔的扩散半径，以此圆柱体积计算注浆体积。

2）高压旋喷桩

（1）钻孔按原地面至设计桩底底面的距离以"延长米"为单位计算。

（2）喷浆按设计加固桩截面积乘以设计桩长以"m³"为单位计算，不扣除桩与桩之间的搭接。

3）水泥搅拌桩

（1）深层水泥搅拌桩工程量不分单轴、双轴和三轴，均按设计图示单个圆形截面积乘以桩长（包括加灌长度）以"m³"为单位计算，不扣除重叠部分的面积。加灌长度，设计有规定时，按设计要求计算；设计无规定时，加灌长度按0.5m计算，若设计桩顶标高至打桩前的原地面高差小于0.5m时，加灌长度按实际计算。

（2）空搅部分的长度按原地面至设计桩顶面的长度减去加灌长度计算。

（3）采用SMW工法围护桩施工时，水泥搅拌桩中的插、拔型钢工程量按设计图示型钢质量以"t"为单位计算。

（4）钉型水泥土双向搅拌桩按单个桩截面积乘以桩长计算，不扣除重叠部分的面积。

4）地下连续墙

（1）导墙开挖按设计长度乘以开挖宽度及深度以"m³"为单位计算，浇捣混凝土按设计图示尺寸以"m³"为单位计算。

（2）成槽工程量按设计长度乘以墙厚及成槽深度（自然地坪至连续墙底深度）以"m³"为单位计算。泥浆池建拆、泥浆外运工程量按成槽工程量乘以系数0.2计算。入岩增加费按设计长度乘以墙厚及入岩深度以"m³"为单位计算。

（3）工字钢封口制作工程量按设计图示尺寸及施工规范以"t"为单位计算。

（4）连续墙混凝土浇筑工程量按设计长度乘以墙厚及墙深另加加灌高度以"m³"为单位计算。设计有规定时，加灌高度按设计要求计算；设计无规定时，加灌高度按0.5m计算；当设计墙顶标高至原地面高差小于0.5m时，加灌高度按实际计算。

地下连续墙施工现场

（5）接头管、接头箱及清底置换按设计图示连续墙的单元以"段"（即槽壁单元槽段）为单位计算，接头管、接头箱吊拔按连续墙段数计算。定额中已包括接头管、接头箱的摊销费用。

5）渠式切割深层搅拌地下水泥土连续墙（TRD）

工程量按成槽设计长度乘以墙厚及成槽深度另加加灌高度以"m³"为单位计算。设计有规定时，加灌高度按设计要求计算；设计无规定时，加灌高度按 0.5m 计算；当设计墙顶标高至原地面高差小于 0.5m 时，加灌高度按实际计算。

6）咬合灌注桩

工程量按设计图示单个圆形截面积乘以桩长以"m³"为单位计算，不扣除重叠部分的面积。

7）振冲碎石桩

工程量按设计桩长另加加灌长度乘以设计桩径截面积以"m³"为单位计算。设计有规定时，加灌长度按设计要求计算；设计无规定时，加灌长度按 0.5m 计算；当设计桩顶标高至原地面高差小于 0.5m 时，加灌长度按实际计算。

8）钢筋锚杆（索）

（1）锚杆（索）钻孔、注浆工程量分不同孔径按设计图示入土长度以"延长米"为单位计算。

（2）锚杆制作、安装工程量按设计图示质量以"t"为单位计算。

（3）锚墩、承压板制作、安装按设计图示以"个"为单位计算。

9）土钉

砂浆土钉、钢管护坡土钉工程量按设计图示长度以"m"为单位计算。

10）喷射混凝土（护坡）

喷射混凝土（护坡）按设计图示尺寸以"m²"为单位计算；挂网按设计用钢量以"t"为单位计算。

2. 定额套用及换算说明

管网和喷射混凝土（护坡）施工图片

（1）本节定额按软土地层建筑地下构筑物时采用的地基加固方法、围护工艺进行编制。地基加固是控制地表沉降，提高土体承载力，降低土体渗透系数的一个手段，适用于深基坑底部稳定、基坑与边坡支护、隧道暗挖法施工、路基和其他建筑物基础加固等。

（2）地基注浆所用的浆体材料（水泥、外加剂等）用量应按设计含量调整。

（3）高压旋喷桩。

① 定额已综合考虑接头处的复喷工料。高压旋喷桩的设计水泥用量与定额不同时，可根据设计要求进行调整。

② 施工产生涌土、浮浆的清除外运，按成桩工程量乘以系数 0.25 计算，套用本册定额第一章"土石方工程"中土方外运的定额子目。

③ 单位工程打桩工程量少于 100m³ 时，打桩定额人工和机械乘以系数 1.25。

（4）水泥搅拌桩。

① 单、双轴深层水泥搅拌桩定额的水泥掺入量按加固土重（1800kg/m³）的 13%

考虑，三轴水泥搅拌桩、钉型水泥土双向搅拌桩定额的水泥掺入量分别按加固土重（1800kg/m³）的 18% 和 13% 考虑，如设计水泥掺入量不同时按每增减 1% 定额计算。

②单、双轴水泥搅拌桩定额已综合考虑了正常施工工艺所需的重复喷浆（粉）和搅拌。

③三轴水泥搅拌桩定额按二搅二喷施工工艺考虑，设计不同时，每增一搅一喷按相应定额的人工消耗量和机械消耗量乘以系数 0.4 增加相应费用；每减一搅一喷按相应定额的人工消耗量和机械消耗量乘以系数 0.4 扣减相应费用。

④三轴水泥搅拌桩设计要求全断面套打时，相应定额的人工和机械乘以系数 1.5，其余不变。

⑤水泥搅拌桩空搅部分费用按相应定额人工和搅拌桩机台班乘以系数 0.5 计算，其余不计。

⑥插、拔型钢定额中已综合考虑了正常施工条件下的型钢施工损耗，型钢的租赁使用费另行计取。当遇设计或场地原因要求只插不拔时，每吨工程量扣除人工 0.26 工日、50t 履带式起重机 0.042 台班以及立式油压千斤顶、液压机的所有台班消耗量，并增加型钢消耗量 950kg。

⑦水泥搅拌桩桩顶凿除执行本定额第三册《桥涵工程》第九章"临时工程"中的凿除灌注桩的定额子目，并乘以系数 0.1 计算。

⑧深层水泥搅拌桩施工产生涌土、浮浆的清除外运，按成桩工程量乘以系数 0.2 计算，套用本册定额第一章"土石方工程"中土方外运的定额子目。

⑨定额按不掺添加剂编制，如设计有要求，另按设计要求增加添加剂材料费。

⑩单位工程打桩工程量少于 100m³ 时，打桩定额人工和机械乘以系数 1.25。

（5）地下连续墙。

①挖土成槽的护壁泥浆按普通泥浆编制，若需要采用重晶石泥浆可进行调整。

②导墙开挖、挖土成槽土方的运输、回填，套用本册定额第一章"土石方工程"相应定额。成槽产生的泥浆按成槽工程量乘以系数 0.2 计算。泥浆池搭拆、废浆处理及外运套用本定额第三册《桥涵工程》相应定额。

③地下连续墙墙顶凿除执行本定额第三册《桥涵工程》第九章"临时工程"中的凿除灌注桩的定额子目。

④地下连续墙钢筋笼、钢筋网片、预埋铁件以及导墙钢筋制作、安装执行本册定额第四章"钢筋工程"相应定额子目。

⑤地下连续墙在软岩与极软岩中施工时，不计入岩增加费。

⑥地下连续墙墙底注浆管埋设及注浆执行本定额第三册《桥涵工程》第二章"钻孔灌注桩工程"中的相应定额。

（6）渠式切割深层搅拌地下水泥土连续墙（TRD）、咬合灌注桩。

①渠式切割深层搅拌地下水泥土连续墙（TRD）、咬合灌注桩的导墙执行地下连续墙导墙的相应定额子目。

②渠式切割深层搅拌地下水泥土连续墙（TRD）施工产生涌土、浮浆的清除外运，按成桩工程量乘以系数 0.25 计算，套用本册定额第一章"土石方工程"中土方外运的定额子目。

③渠式切割深层搅拌地下水泥土连续墙（TRD）墙顶凿除执行本定额第三册《桥涵工程》第九章"临时工程"中的凿除灌注桩的定额子目，并乘以系数 0.1 计算。

（7）振冲碎石桩。

①空打部分按相应定额的人工和机械乘以系数 0.5 计算，其余不计。

②振冲碎石桩泥浆池搭拆、废浆外运工程量按成桩工程量乘以系数 0.2 计算，套用本定额第三册《桥涵工程》相应定额。

③单位工程打桩工程量少于 100m³ 时，打桩定额人工和机械乘以系数 1.25。

（8）钢筋锚杆（索）。

①锚杆定额按水平施工编制，当设计为垂直锚杆（≥75°）时，钻孔定额人工和机械消耗量乘以系数 0.85，其他不变。

②锚杆、锚索注浆定额中，注浆材料按水泥砂浆编制，当设计不同时，材料价格进行换算，其他不变。

③锚索制作、安装定额未包括钢绞线锚索回收，发生时另行计算回收费用。

5.2.4　钢筋工程

管道基础钢筋定额计量与计价

钢筋工程包括普通钢筋、预应力钢筋、预应力钢绞线、钢筋场内运输、地下连续墙钢筋笼安放等定额子目。

1. 工程量计算规则

1）普通钢筋

（1）普通钢筋制作、安装工程量应区分不同钢筋种类及规格，以"t"为单位计算。

$$钢筋质量\ G = 0.00617 \times d^2 \times L \qquad (5\text{-}14)$$

式中　G——钢筋质量，kg；

　　　d——钢筋直径，mm；

　　　L——钢筋长度，m。

> **特别提示**
>
> 　　设计图示的钢筋长度为安装成型后的长度，计算钢筋质量时，钢筋长度需考虑增加钢筋搭接长度。钢筋的搭接数量应按设计图示及规范要求计算；设计图示及规范要求未标明的，直径 10mm 以上的长钢筋按每 9m 计算一个搭接，通常每个搭接长度为 35d（d 为钢筋直径）。
>
> 　　地下连续墙钢筋笼制作按"普通钢筋"相应定额计算。地下连续墙钢筋笼安放工程量区分深度按钢筋笼质量以"t"为单位计算。

（2）钢筋连接采用套筒冷压、直/锥螺纹套筒、焊接（电渣压力焊/气压焊）接头的，工程量按设计图示及规范要求以"个"为单位计算。

（3）铁件、拉杆、传力杆制作安装工程量按设计图示尺寸以"t"为单位计算。

特别提示

铁件包括市政工程混凝土施工时的预埋铁件、止水螺杆及 T 形梁连接板。

拉杆适用于桥梁工程中的钢筋拉杆，道路混凝土路面板块中的钢筋拉杆套用普通钢筋相应子目。

传力杆适用于道路混凝土路面传力杆。

2）预应力钢筋、钢绞线

（1）预应力钢筋、钢绞线的制作、安装工程量应区分不同钢筋种类及规格，以"t"为单位计算。

铁件、拉杆、传力杆

钢筋质量计算公式同式（5-14）。要注意先张法与后张法的预应力钢筋长度确定不同。

① 先张法预应力钢筋长度 = 构件外形长度。

② 后张法预应力钢筋按设计图示的预应力钢筋孔道长度，并区别不同锚具类型，分别按下列规定计算。

a. 低合金钢筋两端采用螺杆锚具时，预应力钢筋长度按孔道长度减 0.35m，螺杆另计。

b. 低合金钢筋一端采用墩头插片，另一端采用螺杆锚具时，预应力钢筋长度按孔道长度计算，螺杆另计。

c. 低合金钢筋一端采用墩头插片，另一端采用帮条锚具时，预应力钢筋长度按孔道长度增加 0.15m 计算。

d. 低合金钢筋两端采用帮条锚具时，预应力钢筋长度按孔道长度增加 0.30m 计算。

e. 低合金钢筋采用后张混凝土自锚时，预应力钢筋按孔道长度增加 0.35m 计算。

f. 钢绞线采用 JM、XM、OVM、QM 型锚具，孔道长度在 20m 以内时，预应力钢筋长度按孔道长度增加 1m；孔道长度在 20m 以上时，预应力钢筋长度按孔道长度增加 1.8m。

（2）预应力压浆管道安装工程量按设计图示孔道长度以"m"为单位计算。

（3）预应力管道压浆工程量按设计图示张拉孔道断面积乘以压浆管道长度以"m³"为单位计算，不扣除预应力钢筋的体积。

（4）先张法张拉台座、冷拉台座工程量按台座数量以"座"为单位计算。

3）钢筋场内运输

钢筋场内运输分为水平运输、垂直运输。

钢筋水平运输工程量区分运距按钢筋质量以"t"为单位计算。

特别提示

钢筋制作安装定额中已包含150m的钢筋水平运距，当现场钢筋的水平运距超过150m时，超运距的费用另行套用钢筋水平运输的定额计算。

钢筋垂直运输工程量区分提升高度按钢筋质量以"t"为单位计算。

特别提示

以设计地坪为界，±3.00m 以内的构筑物不计钢筋垂直运输费。超过 +3.00m 时，±0.00m 以上部分的全部钢筋计算垂直运输工程量及费用；低于 −3.00m 时，±0.00m 以下部分的全部钢筋计算垂直运输工程量及费用。

2. 定额套用及换算说明

1）普通钢筋

（1）普通钢筋按光圆钢筋及带肋钢筋分列，光圆钢筋采用 HPB300，带肋钢筋采用 HRB400，因设计要求采用钢材与定额不符时，可以换算调整。

（2）普通钢筋未包括冷拉、冷拔，如设计要求冷拉、冷拔时，费用另行计算。

（3）地下连续墙钢筋笼制作套用普通钢筋相应定额子目。

（4）隧道洞内工程使用"钢筋工程"定额子目时，人工和机械消耗量应乘以系数 1.20。

（5）传力杆按 φ22 编制，当实际不同时，人工和机械消耗量应按表 5-11 的系数调整。

表 5-11　传力杆人工和机械消耗量调整系数表

传力杆直径	调整系数
φ28	0.62
φ25	0.78
φ22	1.00
φ20	1.21
φ18	1.49
φ16	1.89

2）预应力钢筋、钢绞线

（1）预应力钢筋项目已包括锚具安装的人工费，但未包括锚具数量（材料费），锚具材料费另行计算。锚具为外购成品，包括锚头、锚杯、夹片、锚垫板和螺旋筋，锚具数量按设计用量计算。

（2）预应力钢筋项目未包括时效处理，设计要求时效处理时，费用另行计算。

（3）先张法预应力钢筋、钢绞线制作及安装定额中未考虑张拉、冷拉台座，发生时按本章先张法预应力钢筋张拉台座、冷拉台座定额另行计算。

（4）后张法预应力张拉定额中未包括张拉脚手架，实际发生时另行计算。

（5）预应力钢绞线定额按两端张拉考虑，如设计采用单端张拉，人工消耗量和机械消耗量乘以系数 0.8 计算。

单端张拉或双端张拉应按设计规定确定，如果设计未规定，可按以下规则执行：直线 20m 以内的按单端张拉执行，直线 20m 以上的和曲线预应力筋均按双端张拉执行。

（6）预应力钢绞线智能张拉定额已包括制作安装压浆管道、压浆等相关内容。定额中已计入波纹管定位钢筋的消耗量，并已考虑了不同结构形式，定位钢筋固定预应力钢束设置原则为：直线段每 80cm，平、纵弯曲范围内每 50cm。当定位钢筋的设计消耗量与定额消耗量不同时，可以按设计量进行调整。定额中波纹管按塑料波纹管考虑，当设计采用金属波纹管或管材直径不同时，可根据设计规格进行调整。

（7）横向预应力钢绞线张拉，按两端设置锚具、双端张拉编制。如设计采用单端张拉，人工消耗量和机械消耗量乘以系数 0.8 计算。

【例 5-22】某道路工程采用水泥混凝土面层，横向胀缝结构如图 5.11 所示，共设 4 条横向胀缝。胀缝宽 2cm，上部 4cm 嵌填沥青玛琋脂、下部 20cm 嵌填油浸木屑板，并设置 Φ28 传力杆，单根长度为 45cm，每条横向胀缝共设 44 根传力杆。计算传力杆钢筋工程量并确定套用的定额子目及基价。

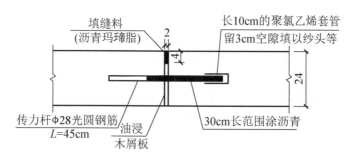

图 5.11　横向胀缝结构图（单位：cm）

【解】　传力杆质量 $=0.45 \times 44 \times 4 \times 0.00617 \times 28^2 \approx 383$（kg）$=0.383$（t）

套用的定额子目：[1-284]H

　　基价 $=5672.87+814.05 \times$（$0.62-1$）$+19.48 \times$（$0.62-1$）≈ 5356.13（元/t）

【例 5-23】某桥梁工程采用钻孔灌注桩基础，其配筋如图 8.16 灌注桩配筋图所示，已知全桥共计 48 根灌注桩，计算该桥梁工程灌注桩钢筋笼制作安装的工程量，并确定套用的定额子目。

【解】根据图 8.16 中一根桩材料数量表可知：①、②、③号钢筋采用 Φ20 带肋钢筋，⑥号钢筋采用 Φ12 带肋钢筋，④、⑤号钢筋采用 Φ8 光圆钢筋。

表中可以读取：一根钻孔灌注桩带肋钢筋的工程量 $=1712.1+33.9=1746.0$（kg）

表中钢筋质量是按图示钢筋成型长度计算的，未考虑钢筋搭接长度。

直径 10mm 以上直钢筋每 9m 考虑一个搭接，搭接长度为 35d。

①号钢筋成型长度为 37.18m，每根①号钢筋需考虑 4 个搭接，①号钢筋共 10 根。

②号钢筋成型长度为 27.17m，每根②号钢筋需考虑 3 个搭接，②号钢筋共 10 根。

所以一根钻孔灌注桩带肋钢筋的工程量 $=1746.0+$（$4 \times 35 \times 0.02 \times 10+3 \times 35 \times 0.02 \times 10$）$\times 0.00617 \times 20^2 \approx 1866.932$（kg）

合计灌注桩钢筋笼带肋钢筋的工程量 $=1866.932 \times 48=89612.736$（kg）$\approx 89.613$（t）

套用的定额子目：[1-273]

表中可以读取：一根钻孔灌注桩光圆钢筋的工程量 $=214.9$kg

④号钢筋、⑤号钢筋采用 Φ8 光圆钢筋，不考虑搭接长度。

合计灌注桩钢筋笼光圆钢筋的工程量 $=214.9 \times 48=10315.2$（kg）≈ 10.315（t）

套用的定额子目：[1-272]

5.2.5　拆除工程

拆除工程定额计量与计价

树蔸

拆除工程包括拆除旧路，拆除人行道，拆除侧、平石，拆除混凝土管道，拆除金属管道，拆除镀锌管，拆除砖石构筑物，拆除混凝土障碍物，伐树、挖树蔸，路面凿毛，水泥混凝土路面碎石化等相应子目。

1. 工程量计算规则

（1）拆除旧路及人行道工程量按实际拆除面积以"m²"为单位计算。

（2）拆除侧、平石及各类管道工程量按长度以"m"为单位计算。

（3）拆除砖石构筑物及混凝土障碍物工程量按其实体体积以"m³"为单位计算。

（4）伐树、挖树蔸工程量按实挖数以"棵"为单位计算。

> **知识链接**
>
> 树蔸是指树伐掉主干后，留下的树根和少量树干的部分。

（5）路面凿毛、路面铣刨工程量按施工组织设计的面积以"m²"为单位计算。铣刨路面厚度大于5cm时须分层铣刨。

（6）水泥混凝土路面碎石化工程量按设计顶面的面积以"m²"为单位计算。

> **特别提示**
>
> 在市区建成区，结合给水、排水、燃气等管道施工需要翻挖道路面层、基层时，计算翻挖（拆除）沟槽范围内的道路面层和基层后，沟槽挖方计算应扣除道路结构层所占体积，而不得重复计算，沟槽深度按沟槽底至道路路面减原有道路结构层厚度计算。

路面碎石化、路面铣刨施工图片

2. 定额套用及换算说明

（1）拆除工程定额均不包括挖土方，挖土方按本册定额第一章"土石方工程"有关定额子目执行。

（2）风镐拆除项目中包括人工配合作业。

（3）拆除后的废料应整理干净就近堆放整齐，其清理外运费用可套用本册定额第一章"土石方工程"相应定额子目。如需运至指定地点回收利用，则应扣除回收价值。

（4）管道拆除要求拆除后的旧管保持基本完好，破坏性拆除不得套用本节定额。

（5）拆除混凝土管道未包括拆除基础及垫层。基础及垫层拆除按拆除砖石构筑物、拆除混凝土障碍物相应定额执行，其清理外运费用可套用本册定额第一章"土石方工程"相应定额子目另行计算。

（6）拆除工程定额中未考虑地下水因素，若发生则另行计算。

（7）人工拆除各种稳定层套用人工拆除有骨料多合土定额子目。

（8）人工拆除石灰土、二渣、三渣、二灰结石基层应根据材料组成情况套用拆除无骨料多合土基层或拆除有骨料多合土基层定额子目。

（9）风镐拆除石灰土执行风镐拆除无筋混凝土面层定额乘以系数 0.70。

（10）风镐拆除二渣、三渣、二灰结石及水泥稳定层等半刚性基层执行风镐拆除无筋混凝土面层定额乘以系数 0.80。

（11）岩石破碎机拆除道路沥青混凝土面层及二渣、三渣、二灰结石和水泥稳定层等半刚性基层或底层，按岩石破碎机拆除无筋混凝土面层定额乘以系数 0.80。

（12）岩石破碎机拆除坑、槽混凝土及钢筋混凝土，按岩石破碎机拆除无筋及有筋混凝土障碍物定额乘以系数 1.30。

（13）拆除井深在 4m 以外的检查井时，人工乘以系数 1.31；拆除石砌检查井时，按拆除砖砌检查井定额套用，人工乘以系数 1.10；拆除石砌构筑物时，按拆除砖砌构筑物定额套用，人工乘以系数 1.17。

【例 5-24】某原有沥青混凝土路面 7cm 厚粗粒式沥青混凝土面层，采用铣刨机刨除，确定其套用的定额子目及基价。

【解】7cm 厚粗粒式沥青混凝土面层需分成 2 层：一层 3cm、一层 4cm

套用的定额子目：[1–351]×2+ [1–352]

基价 =3846.49×2+237.83=7930.81（元 /1000m²）

【例 5-25】某改建工程，拆除原有石砌检查井，井深为 4.6m，确定其套用的定额子目及基价。

【解】套用的定额子目：[1–394]H

基价 =1467.72×1.31×1.10≈2114.98（元 /10m³）

【例 5-26】某改建工程，用岩石破碎机拆除原有的 20cm 厚三渣道路基层，确定其套用的定额子目及基价。

【解】套用的定额子目：[1–347]H+[1–387]H×5

基价 =1346.08×0.8+80.36×0.8×5≈1398.30（元 /1 00m²）

5.2.6 措施项目

1. 打拔工具桩

打拔工具桩定额包括陆上挖掘机打拔圆木桩，陆上挖掘机打拔槽型钢板桩，陆上挖掘机打拔拉森钢板桩，陆上柴油打桩机打圆木桩，陆上柴油打桩机打槽型钢板桩，水上柴油打桩机打圆木桩，水上柴油打桩机打槽型钢板桩，水上挖掘机打拔拉森钢板桩等子目。

打钢板桩施工图片

特别提示

要注意工具桩与基础桩的区别。

打拔工具桩定额计量与计价

1）工程量计算规则

（1）打拔圆木桩：按设计桩长 L（检尺长）和圆木桩小头直径 D（检尺径）查《木材·立木材积速算表》，计算圆木桩体积。

（2）打拔钢板桩：按设计桩长（m）×钢板桩理论质量（t/m）×钢板桩根数，计算钢板桩质量。

（3）凡打断、打弯的桩，均需拔除重打，但不重复计算工程量。

2）定额套用及换算说明

（1）打拔工具桩定额中所指的水上作业，是以距岸线 1.5m 以外或者水深在 2m 以上的打拔桩。距岸线 1.5m 以内时，水深在 1m 以内的，按陆上作业考虑；如水深在 1m 以上 2m 以内的，其工程量则按水上、陆上作业各 50% 计算。

知识链接

岸线是施工期间最高水位时，水面与河岸的相交线。

（2）水上打拔工具桩按两艘驳船捆扎成船台作业，驳船捆扎和拆除费用按本定额第三册《桥涵工程》相应定额执行。

（3）打拔工具桩均以直桩为准，如遇打斜桩（包括俯打和仰打，斜度≤1∶6），按相应定额人工和机械乘以系数 1.35。

【例 5-27】水上柴油打桩机打圆木桩（斜桩）；一、二类土，桩长 4m，确定套用的定额子目及基价。

【解】套用的定额子目：[1-449]H

基价 =3615.84+（1602.59+950.95）×（1.35-1）≈4509.58（元 /10m³）

（4）竖、拆柴油打桩机架的费用另行计算（按本册定额附录二"单独计算的机械台班费用"计算）。

（5）打拔工具桩定额中圆木桩按疏打计算，钢板桩按密打计算。如钢板桩需疏打时，按相应定额人工乘以系数 1.05。

【例 5-28】陆上挖掘机打槽型钢板桩（斜桩、疏打），桩长 5m，三类土，确定套用的定额子目及基价。

【解】套用的定额子目：[1-426]H

基价 =2711.58+562.95×（1.35×1.05-1）+1027.63×（1.35-1）
　　　≈ 3306.28（元 /10t）

（6）打拔桩架 90° 调面及超运距移动已综合考虑。

（7）钢板桩和木桩的防腐费用等，已包括在其他材料费用中。

（8）导桩及导桩夹木的制作、安装、拆除，已包括在相应定额子目中。

（9）打拔槽型钢板桩定额按钢板桩周转摊销方式考虑。如使用租赁的槽型钢板桩，则按租赁费计算，并扣除定额中的钢板桩摊销数量。

槽型钢板桩租赁使用费按式（5-15）计算。

$$槽型钢板桩租赁使用费 =[槽型钢板桩使用量 \times（1+ 损耗率）] \times$$
$$使用天数 \times 槽型钢板桩使用费标准 \qquad （5\text{-}15）$$

其中：槽型钢板桩使用量的单位为"t"；槽型钢板桩使用费标准的单位为"元／(t·天)"。

（10）打拔拉森钢板桩定额按拉森钢板桩市场租赁方式考虑。

2. 支撑工程

支撑工程包括木挡土板，竹挡土板，钢制挡土板，钢制桩挡土板支撑安拆，混凝土支撑制作，大型基坑钢支撑安装、拆除等相应子目。

1）工程量计算规则

支撑工程按施工组织设计确定的支撑面积以"m²"为单位计算。

（1）木挡土板、竹挡土板、钢制挡土板、钢制桩挡土板支撑安拆工程量按施工组织设计确定的支撑面积以"m²"为单位计算。

定额中挡土板支撑按槽坑两侧同时支撑挡土板考虑，支撑面积为两侧挡土板的面积之和。

放坡开挖不得再计算挡土板，如遇上层放坡、下层支撑，则按实际支撑面积计算。

> **特别提示**
>
> 钢制桩挡土板支撑安拆指的是木支撑（木撑杆）或钢支撑（钢撑杆）的安装、拆除，不包括钢制桩（槽钢）的打拔；钢制桩挡土板的打入、拔出按"打拔工具桩"计算工程量，并执行相应定额子目。

（2）混凝土支撑制作工程量按混凝土支撑的体积以"m³"为单位计算。

混凝土支撑模板工程量按模板与支撑混凝土接触的面积以"m²"为单位计算。

> **特别提示**
>
> 混凝土支撑的拆除按"拆除工程"中拆除混凝土障碍物计算工程量，并执行相应定额子目。

（3）大型基坑钢支撑安装及拆除工程量按钢支撑设计质量以"t"为单位计算。

大型基坑混凝土支撑施工图片

大型基坑钢支撑施工图片

【例5-29】某管道工程沟槽开挖时，采用密木挡土板支撑，横向撑杆采用木支撑，木挡土板高度为3.0m，沟槽长度为40m，计算支撑工程量并确定套用的定额子目。

【解】支撑工程量=3.0×40×2=240（m²）

套用的定额子目：[1-471]

2）定额套用及换算说明

（1）支撑工程定额适用于沟槽、基坑、工作坑、检查井及大型基坑的支撑。

支撑工程定额计量与计价

 横板竖撑、竖板横撑示意图

（2）挡土板间距不同时，不做调整。

（3）除槽钢挡土板外，本节定额均按横板竖撑计算，如采用竖板横撑时，其人工工日乘以系数1.2。

（4）定额中挡土板支撑按槽坑两侧同时支撑挡土板考虑，支撑面积为两侧挡土板面积之和，槽坑支撑宽度为4.1m以内。如槽坑宽度超过4.1m时，其两侧均按一侧支挡土板考虑。按槽坑一侧支撑挡土板面积计算时，人工工日乘以系数1.33，除挡土板外，其他材料乘以系数2.00。

【例5-30】某管道工程沟槽开挖，宽4.5m，采用木挡土板（密撑、木支撑）竖板横撑，确定套用的定额子目及基价。

【解】套用的定额子目：[1-471]H

基价 =2505.34+1299.24×（1.2×1.33−1）+1185.06×（2−1）−0.395×1789.00

≈3758.09（元/100m²）

（5）如采用井字支撑，按疏撑乘以系数0.61。

【例5-31】某井字支撑采用木挡土板、钢支撑，确定套用的定额子目及基价。

【解】套用的定额子目：[1-474]H

基价 =1640.89×0.61≈1000.94（元/100m²）

（6）大型基坑钢支撑安装及拆除定额按钢支撑周转摊销方式考虑。

3. 脚手架工程

脚手架工程包括钢管脚手架、浇混凝土用仓面脚手架等相应子目。

1）工程量计算规则

（1）脚手架工程量按墙面水平边线长度乘以墙面砌筑高度以"m²"为单位计算。

（2）柱形砌体脚手架工程量按图示柱结构外围周长另加3.6m乘以砌筑高度以"m²"为单位计算。

（3）浇筑混凝土工程量用仓面脚手架按仓面的水平面积以"m²"为单位计算。

2）定额套用及换算说明

（1）砌筑物高度超过1.2m可计算脚手架搭拆费用。

（2）脚手架定额中钢管脚手架已包括斜道及拐弯平台的搭设。

（3）仓面脚手架不包括斜道，若发生则另按《浙江省房屋建筑和装饰工程预算定额》（2018版）中脚手架斜道计算；但采用井字架或吊扒杆转运施工材料时，不再计算斜道费用。对无筋或单层布筋的基础和垫层不计算仓面脚手费用。

特别提示

注意区分脚手架和支架。桥梁支架套用本定额第三册《桥涵工程》第九章"临时工程"中的相应定额子目。

【例 5-32】某柱形砌体砌筑高度为 3m，截面尺寸为 0.9m×0.6m，砌筑时采用单排钢管脚手架，试计算脚手架工程量，并确定套用定额子目。

【解】脚手架工程量 =[（0.9+0.6）×2+3.6]×3=19.8（m²）

套用的定额子目：[1-491]

4. 围堰工程

围堰工程包括土草围堰、土石混合围堰、圆木桩围堰、钢桩围堰、钢板桩围堰、双层竹笼围堰、筑岛填心等相应子目。

围堰施工图片

1）工程量计算规则

（1）土草围堰、土石混合围堰：工程量按围堰的施工断面乘以围堰中心线的长度计算。

（2）圆木桩围堰、钢桩围堰、钢板桩围堰、双层竹笼围堰：工程量按围堰中心线的长度计算。

特别提示

圆木桩围堰、钢桩围堰、钢板桩围堰不包括圆木桩、钢桩、钢板桩的打入和拔出，圆木桩、钢桩、钢板桩的打入和拔出按"打拔工具桩"计算工程量并套用相应的定额子目。

（3）筑岛填心：工程量按填筑体积计算。

知识链接

筑岛填心是指在围堰围成的区域内填土、砂及砂砾石等。

（4）围堰高度按施工期内的最高临水面加 0.5m 计算。

例如，某河道横断面如图 5.12 所示，围堰高度计算如下。

$$H_1=5.00-2.00+0.5=3.50（m）$$

如果河底有淤泥，厚 0.5m，则围堰高度应为

$$H_2=3.5+0.5=4.00（m）$$

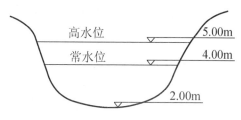

高水位　5.00m
常水位　4.00m
2.00m

图 5.12　河道横断面示意图

（5）围堰的尺寸按有关设计施工规范、施工组织设计的规定确定；未规定时，按定额尺寸取定。

①土草围堰的堰顶宽为 1～2m，围堰高度为 4m 以内。

② 土石混合围堰的堰顶宽为 2m，围堰高度为 6m 以内。

③ 圆木桩围堰的堰顶宽为 2～2.5m，围堰高度为 5m 以内。

④ 钢桩围堰的堰顶宽为 2.5～3m，围堰高度为 6m 以内。

⑤ 钢板桩围堰的堰顶宽为 2.5～3m，围堰高度为 6m 以内。

⑥ 双层竹笼围堰竹笼间黏土填心的宽度为 2～2.5m，围堰高度为 5m 以内。

⑦ 堰内坡脚至堰内基坑边缘距离根据河床土质及基坑深度而定，但不得小于 1m。

2）定额套用及换算说明

（1）围堰工程考虑 50m 范围以内就地取土、砂、砂砾，均不计土方和砂、砂砾的材料价格。

（2）若取 50m 范围以外的土方、砂、砂砾，应计算土方、砂、砂砾材料的挖运或外购费用，但应扣除定额中土方现场挖运的人工 20 工日 /100m³ 黏土。

【例 5-33】某工程采用编织袋围堰（围堰所需黏土外购，单价为 37.00 元 /m³），确定套用的定额子目及基价。

【解】套用的定额子目：[1-497]H

$$基价 =9819.63+93 \times 37.00 - \frac{93}{100} \times 20 \times 135.00 \approx 10749.63（元 /100m^3）$$

（3）定额括号中所列黏土数量取自然方数量，结算时可按取土的实际情况进行调整。

（4）编织袋围堰定额中如使用麻袋装土围筑，应按麻袋的规格、单价换算，但人工、机械和其他材料消耗量应按定额规定执行。

（5）围堰施工中若未使用驳船，而采用搭设栈桥，则应扣除定额中驳船费用并套用相应的脚手架子目。

（6）围堰定额未包括施工期间发生潮汛冲刷后所需的养护工料。潮汛养护工料费用可根据当地有关规定另计。如遇特大潮汛发生人力不可抗拒的损失，应根据实际情况另行处理。

（7）双层竹笼围堰竹笼间黏土填心的宽度超过 2.5m 时，超出部分执行筑岛填心子目。

（8）围堰定额中的各种圆木桩、钢桩（打入、拔出）均按"打拔工具桩"的相应定额子目执行，数量按实计算。定额括号中所列打拔工具桩数量仅供参考。

5. 施工降水、排水

施工降水、排水包括轻型井点，喷射井点，大口径井点，深井井点（真空深井降水、直流深井降水、承压井降水），湿土排水、抽水等相应子目。

1）工程量计算规则

（1）湿土排水工程量按所挖湿方量以"m³"为单位计算。

（2）抽水工程量按实际的排水量以"m³"为单位计算。

井点降水施工图片

施工排水、降水及其他项目定额计量与计价

（3）井点降水（施工降水）。

① 轻型井点、喷射井点、大口径井点、深井井点的采用由施工组织设计确定。

一般情况下，降水深度在 6m 以内采用轻型井点，降水深度在 6m 以上 30m 以内采用相应的喷射井点，特殊情况下可选用大口径井点及深井井点。

② 井点间距根据地质和降水要求由施工组织设计确定。

一般轻型井点管间距为 1.2m，喷射井点管间距为 2.5m，大口径井点管间距为 10m。

③ 井点使用时间（天数）按施工组织设计确定。

知识链接

轻型井点降水使用周期在编制招标控制价时可参考表 5-12 计算。

表 5-12　排水管道采用轻型井点降水使用周期

管径 /mm	开槽埋管 /（天 / 套）	管径 /mm	开槽埋管 /（天 / 套）
≤600	10	≤1500	16
≤800	12	≤1800	18
≤1000	13	≤2000	20
≤1200	14	—	—

注：本表适用于混凝土管道；塑料管开槽埋管，可按本表所示使用量乘以系数 0.7 计算。

④ 轻型井点、喷射井点、大口径井点的工程量均包括井点安装、井点拆除、井点使用的工程量。

a. 井点安装工程量按井点管的数量以"根"为单位计算。

b. 井点拆除工程量按井点管的数量以"根"为单位计算。

c. 井点使用工程量按井点的套数、井点使用的时间以"套·天"为单位计算。一天按 24 小时计算。

轻型井点 50 根为 1 套，尾数 25 根以内的按 0.5 套计算，超过 25 根的按 1 套计算。

喷射井点 30 根为 1 套，累计根数不足一套者按 1 套计算。

大口径井点 10 根为 1 套，累计根数不足 1 套者按 1 套计算。

⑤ 深井井点（真空深井降水、直流深井降水、承压井降水）的工程量均包括井点安拆、井点使用工程量。

a. 井点安拆工程量按深井的数量以"座"为单位计算。

b. 井点使用工程量按深井的数量、井点使用的时间以"座·天"为单位计算。

2）定额套用及换算说明

（1）抽水定额适用于池塘、河道、围堰等排水项目。

（2）井点降水项目适用于地下水位较高的粉砂土、砂质粉土、黏质粉土或淤泥质夹薄层砂性土的地层。

（3）喷射井点定额包括两根观察孔制作。喷射井管包括了内管和外管。

市政工程计量与计价（第四版）

（4）井点材料使用摊销量中已包括井点拆除时的材料损耗量。

（5）井点降水过程中，如需提供资料，则水位监测和资料整理费用另计。

（6）井点降水成孔过程中产生的泥水处理及挖沟排水工作应另行计算。遇有天然水源可用时，不计水费。

（7）井点降水必须保证连续供电，在电源无保证的情况下，使用备用电源的费用另计。

【例 5-34】某管道工程 Y1 ～ Y4 管道平面图如图 5.13 所示，采用钢筋混凝土管。管道开槽施工时，轻型井点布设在沟槽一侧（即采用单排井点降水），井点布设长度超出沟槽两端各 10m，井点管的间距为 1.2m。施工时，Y1 ～ Y3 两段管道一起开挖，计算 Y1 ～ Y3 管道开挖时轻型井点的工程量，并确定套用的定额子目。

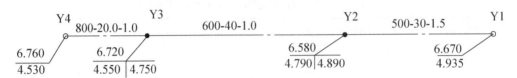

图 5.13　某管道工程 Y1 ～ Y4 管道平面图

【解】轻型井点在沟槽一侧的布设总长 =30+40+10×2=90（m）

轻型井点管根数：90÷1.2+1=76（根）

轻型井点安装工程量 =76（根），套用的定额子目：[1-518]

轻型井点拆除工程量 =76（根），套用的定额子目：[1-519]

轻型井点 76 根，为 2 套

查表 5-12 确定：$D \leqslant 600$mm 钢筋混凝土管，轻型井点使用天数为 10 天 / 套

轻型井点使用工程量 =2×10=20（套·天）

套用的定额子目：[1-520]

6. 工程监测、监控

工程监测、监控包括地表监测孔布置、地下监测孔布置、监控测试等相应子目。工程监测、监控是地下构筑物建造时，反映施工对周围建筑群影响程度的测试手段。

1）工程量计算规则

工程监测、监控工程量由施工组织设计确定。

监控测试以一个施工区域内监控的测定项目划分为三项以内、六项以内、六项以外，以"组日"为计量单位，监测时间由施工组织设计确定。

2）定额套用及换算说明

（1）工程监测、监控定额适用于建设单位确认需监测的工程项目，不适用于对特殊房屋及建筑物的特殊监测。监测单位应及时提供可靠的测试数据，工程结束后监测数据立案成册。

（2）地表监测孔深度与定额不同时，可内插计算。

5.2.7 其他项目

1. 固定式施工围挡

固定式施工围挡包括混凝土基础、模板、砖砌体、围挡板等相应子目。

固定式施工围挡图片

1）工程量计算规则

（1）围挡板工程量按其垂直投影面积以"m²"计算。

（2）混凝土基础和砖砌体基础工程量按实体积以"m³"计算。

（3）（混凝土基础）模板工程量按混凝土与模板的接触面积以"m²"计算。

（4）砖砌体基础抹灰工程量按抹灰面积以"m²"计算。

2）定额套用及换算说明

砖砌体基础抹灰套用 [3-529] 定额子目。

2. 运输小型构件、场内运输半成品混合料

1）工程量计算规则

小型构件、半成品混合料场内运输的工程量均按其体积以"m³"为单位计算。

2）定额套用及换算说明

（1）小型构件是指单件体积在 0.1m³ 以内的构件。

（2）小型构件、半成品混合料运输距离按预制、加工场地取料中心至施工现场堆放使用中心的距离计算。

5.2.8 附录

附录分为三部分。

"附录一"为砂浆、混凝土强度等级配合比，包括砂浆、普通混凝土、防水材料、垫层及保温材料、耐酸材料、干混砂浆的配合比。

"附录二"为单独计算的台班费用，包括塔式起重机、施工电梯基础费用，特、大型机械安拆费用，特、大型机械场外运输费用。

"附录三"为人工、材料（半成品）、机械台班单价取定表。

思考题与习题

一、简答题

1. 在套用定额时，如何区分沟槽、基坑、平整场地、一般土石方？

2. 挖、运湿土应该如何套用定额？

3. 施工时先挖土再设支撑，能否按支撑下挖土进行定额的换算套用？

4. 采用井点降水的土方是按干土计算，还是按湿土计算？

5. 土石方工程定额中把土壤分成哪几类？把岩石分成哪几类？

6. 打拔工具桩时，水上作业与陆上作业是如何区分的？

7. 某管道沟槽开挖时采用钢板桩支撑，挖土方时应该如何套用定额子目？

8. 如槽坑宽度超过 4.1m，其挡土板支撑如何套用定额子目？

9. 木挡土板支撑采用竖板、横撑的形式时，如何套用定额子目？

10. 人工拆除三渣基层套用什么定额子目？机械拆除三渣基层套用什么定额子目？

11. 用风镐拆除 15cm 厚的钢筋混凝土面层套用什么定额子目？用岩石破碎机拆除 15cm 厚的钢筋混凝土面层套用什么定额子目？

12. 什么是混凝土小型构件？

13. 某基坑挖土时采用轻型井点降水，其工程量包括哪些内容？如何计算？

14. 固定式施工围挡工程量包括哪些内容？如何计算？

15. 浇混凝土用的仓面脚手架工程量如何计算？

16. 护坡、挡墙砌筑高度超过多少时，可以考虑脚手架费用？

17. 某挡墙设二毡三油伸缩缝，套用什么定额子目？

18. 大型支撑基坑开挖定额适用条件是什么？

19. 地下连续墙工程成槽工程量计算时，如何确定成槽深度？连续墙混凝土浇筑工程量如何计算？

20. 单轴水泥搅拌桩设计水泥掺入量与定额不同时，如何进行定额的换算套用？

21. 三轴水泥搅拌桩施工工艺与定额不同时，如何进行定额的换算套用？

22. 水泥搅拌桩空搅部分的长度如何计算？费用如何套用定额计算？

二、计算题

1. 某排水管道混凝土垫层现场浇筑施工时，采用现拌混凝土，混凝土强度等级为 C10，确定该管道混凝土垫层套用的定额子目及基价。

2. 某桥梁工程承台现场浇筑时，采用非泵送商品混凝土，混凝土强度等级为 C20，确定承台混凝土套用的定额子目及基价。

3. 某工程 Y1 ～ Y3 段雨水管道长 70m，采用 D600 钢筋混凝土管道、135° C15 钢筋混凝土条形基础。已知原地面平均标高为 4.300m，沟槽底平均标高为 1.200m，地下常水位标高为 3.300m，沟槽开挖时采用明沟排水（集水井排水），条形基础宽度为 0.88m，土质为三类土，采用挖掘机在沟槽边作业，距离槽底 30cm 用人工辅助清底，试计算该管道沟槽开挖的工程量，并确定套用的定额子目及基价。

4. 某道路路基工程，已知挖土 2500m³，其中可利用 2000m³，需填土用 4000m³，现场挖填平衡。试计算余土外运量和填土缺方量。

5. 已知某桥梁承台长 10m、宽 4m，原地面标高为 6.800m，承台底标高为 2.800m，拟采用垂直开挖、钢板桩支撑。试计算承台施工时的挖方量。

6. 某土方工程采用 90kW 履带式推土机推土上坡，已知斜道坡度为 8%，斜道长度为 50m，推土厚度为 0.5m、宽度为 40m，土质为二类土，确定推土机推土套用的定额子目及基价。

7. 双轮翻斗车运土上坡，坡度为 17%，斜道长度为 80m，确定套用的定额子目及基价。

8. 某工程有 500m³ 多余土方需外运 5km，用人工将土方装至自卸汽车上，再用自卸车外运，试确定该工程土方外运套用的定额子目及基价，并计算直接工程费（人工费＋

机械费 + 材料费）。

9. 某土方工程采用方格网法计算挖填方工程量，方格网的边长为 20m，某方格网 4 个角点（顺时针方向）的施工高度分别为：0.5m、–1.2m、–0.6m、0.8m，计算该方格网的挖方量和填方量。

10. 人工挖基坑流砂，挖深 5m，确定挖深超过 1.5m 部分套用的定额子目及基价。

11. 某地下连续墙工程，其钢筋笼中光圆钢筋共计 16.890t、带肋钢筋共计 37.560t，确定其钢筋笼钢筋套用的定额子目及基价。

12. 某工程采用挖掘机拔 4m 长圆木桩，距现有河岸线 1.3m，水深 0.9m，三类土，确定套用的定额子目及基价。

13. 陆上柴油打桩机打 10m 长槽形钢板桩，斜桩，一、二类土，确定套用的定额子目及基价。

14. 某桥梁承台施工时采用编织袋围堰，围堰所需黏土外购，单价为 36 元 /m³，确定套用的定额子目及基价。

15. 某管道沟槽开挖时采用木挡土板竖板、横撑（密挡土板、木支撑），已知沟槽长 30m、宽 2.6m，挖深为 3m。确定套用的定额子目及基价，并计算该支撑工程人工、木挡土板的总用量。

16. 拆除井深 4.5m 的原有石砌检查井，确定套用的定额子目及基价。

17. 用沥青铣刨机铣刨原有 6cm 厚中粒式沥青混凝土面层，确定套用的定额子目及基价。

18. 某柱形砌体，截面尺寸为 1.0m × 0.8m，砌筑高度为 2.8m，砌筑时采用单排钢管脚手架。计算脚手架工程量，并确定套用的定额子目及基价。

19. W1 ～ W3 污水管道采用开槽埋管，已知 W1 ～ W3 管径为 D500，管长 50m，管道采用钢筋混凝土管、135° 钢筋混凝土条形基础，沟槽开挖时采用单排轻型井点降水。试计算该段管道施工时轻型井点的安装、拆除及使用的工程量。

20. 大型支撑基坑开挖时，由于场地狭小只能单面开挖，开挖宽度为 12m、挖深为 6m，确定基坑开挖套用的定额子目及基价。

21. 某工程三轴水泥搅拌桩施工采用三搅三喷，搅拌桩的工程量为 89m³，确定套用的定额子目及基价。

第6章 《道路工程》定额计量与计价

思维导图

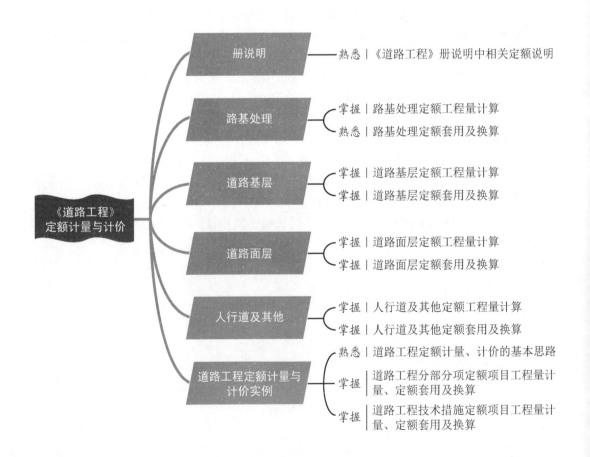

《道路工程》定额计量与计价

- 册说明 —— 熟悉｜《道路工程》册说明中相关定额说明

- 路基处理 —— 掌握｜路基处理定额工程量计算
  熟悉｜路基处理定额套用及换算

- 道路基层 —— 掌握｜道路基层定额工程量计算
  掌握｜道路基层定额套用及换算

- 道路面层 —— 掌握｜道路面层定额工程量计算
  掌握｜道路面层定额套用及换算

- 人行道及其他 —— 掌握｜人行道及其他定额工程量计算
  掌握｜人行道及其他定额套用及换算

- 道路工程定额计量与计价实例
  熟悉｜道路工程定额计量、计价的基本思路
  掌握｜道路工程分部分项定额项目工程量计量、定额套用及换算
  掌握｜道路工程技术措施定额项目工程量计量、定额套用及换算

引例

某道路工程，长200m，道路横断面为4m人行道+18m车行道+4m人行道，车行道采用水泥混凝土路面，其平面图、路面结构图、板块划分示意图、伸缩缝结构图等如图6.1所示，如何计算水泥混凝土路面的相关工程量？有哪些项目要计算？如何计算？

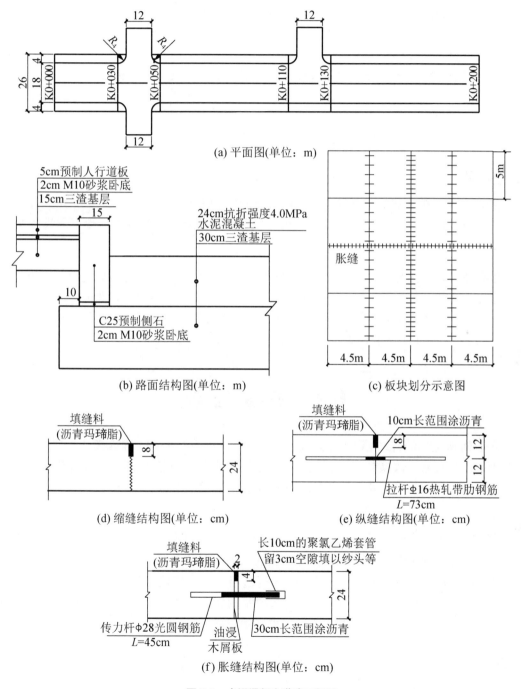

(a) 平面图(单位：m)

(b) 路面结构图(单位：m)

(c) 板块划分示意图

(d) 缩缝结构图(单位：cm)

(e) 纵缝结构图(单位：cm)

(f) 胀缝结构图(单位：cm)

图6.1 水泥混凝土道路工程图

6.1 册 说 明

《浙江省市政工程预算定额》（2018 版）（以下简称本定额）的第二册《道路工程》（以下简称本册定额），包括路基处理、道路基层、道路面层、人行道及其他、交通管理设施，共 5 章，适用于城镇范围内新建、改建、扩建的市政道路工程。

（1）本册定额中的工序、人工、机械、材料等均系综合取定。

（2）道路基层及面层的铺筑厚度均为压实厚度。

（3）本册定额的多合土项目按现场机拌考虑，部分基层项目考虑了厂拌。

（4）道路工程中的排水项目，执行本定额第六册《排水工程》的相应定额项目。

（5）本册定额凡使用石灰的子目，均不包括消解石灰的工作内容。编制预算时，应先计算出石灰总用量，然后套用消解石灰定额子目。

拓展讨论

党的二十大报告提出，深入贯彻以人民为中心的发展思想，在住有所居上持续用力，改造棚户区住房四千二百多万套，改造农村危房二千四百多万户，城乡居民住房条件明显改善。

思考并讨论：在改建、新建住房，改善居民住房条件的同时，还需要进行哪些配套基础设施的改建或新建？是否需要进行居住小区内的道路改建、新建，以及道路下的自来水管、燃气管、污水管等公用管线的改建、新建？道路及地下公用管线工程是否属于市政专业范畴？道路及地下公用管线工程造价的计算确定是否需要用到市政工程预算定额？

6.2 路 基 处 理

路基处理包括路床（槽）整形、路基盲沟、弹软土基处理 [堆载预压，真空预压，强夯地基，掺石灰、改换片石，石灰砂桩，水泥粉煤灰碎石桩（CFG），袋装砂井，塑料排水板，土工合成材料，水泥稳定土，路基填筑] 等相应子目。

6.2.1 工程量计算规则

（1）路床（槽）碾压宽度应按设计道路底层宽度加上加宽值计算，加宽值在设计无明确规定时按底层两侧各加 25cm 计算，人行道碾压加宽值按一侧计算。

路床（槽）碾压检验工程量 =（车行道结构层底宽 + 加宽值）× 碾压长度　（6-1）

人行道整形碾压工程量 =（人行道结构层底宽 + 加宽值）× 碾压长度　　（6-2）

知识链接

路床（槽）碾压检验指车行道部位土路基的整形、碾压；人行道整形碾压指人行道部位土路基的整形、碾压。

> **特别提示**
>
> 　　车行道结构层底宽根据车行道宽度、车行道的道路结构计算确定。施工图中图示沥青混凝土路面车行道宽度通常包括路面两侧的平石宽度；施工图中图示水泥混凝土路面车行道宽度通常不包括路面两侧的侧石宽度。
>
> 　　人行道结构层底宽根据人行道宽度、人行道的道路结构计算确定。施工图中图示人行道宽度通常包括人行道一侧或两侧的侧石宽度。

【例6-1】某道路长300m，采用沥青混凝土面层，道路横断面示意图如图6.2所示，计算该道路工程路床（槽）整形的工程量，并确定套用的定额子目。

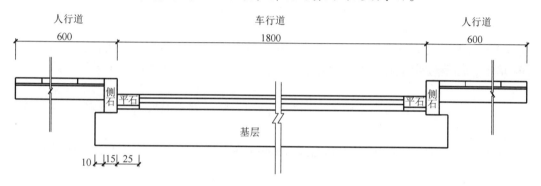

图6.2　道路横断面示意图（单位：cm）

【解】车行道部位：结构层底宽 =18.00+（0.15+0.1）×2=18.50（m）

路床（槽）碾压检验工程量 =（18.50+0.25×2）×300=5700（m²）

套用的定额子目：[2-1]

人行道部位：结构层底宽 =6.00（m）

人行道整形碾压工程量 =（6+0.25）×300×2=3750（m²）

套用的定额子目：[2-2]

（2）路基盲沟工程量按盲沟长度以"m"为单位计算。

（3）土边沟成型工程量按边沟所挖土方以"m³"为单位计算。

（4）堆载预压、真空预压工程量按设计图示尺寸加固预压底面积以"m²"为单位计算。

（5）强夯地基工程量分满夯、点夯，区分不同的夯击能量，按设计图示尺寸的夯击范围以"m²"为单位计算。设计无规定时，按每边超出基础外缘的宽度3m计算。

（6）掺石灰、改换片石工程量按设计图示尺寸以"m³"为单位计算。

（7）石灰砂桩工程量按设计桩断面乘以设计桩长以"m³"为单位计算。

堆载预压图片

路基处理定额计量与计价

强夯（点夯）施工图片

（8）水泥粉煤灰碎石桩（CFG）工程量按设计图示桩长（包括桩尖）以"m"为单位计算。弃土外运工程量按成孔体积以"m³"为单位计算。

（9）袋装砂井及塑料排水板工程量按设计深度以"m"为单位计算。

（10）铺设土工合成材料（土工布、土工格栅）工程量按设计图示尺寸以"m²"为单位计算。

（11）路基填筑工程量按填筑体积以"m³"为单位计算。如遇到塘渣等路基填筑，设计明确沉降深度的，沉降工程量按设计另计；设计未明确的，沉降深度由发承包双方依据工程实际协商确定。

袋装砂井、塑料排水板施工图片

6.2.2 定额套用及换算说明

（1）路床（槽）整形项目的内容包括平均厚度10cm以内的人工挖高填低、整平路床，使之形成设计要求的纵横坡度，并应经压路机碾压密实。

（2）土边沟成型项目综合考虑了边沟挖土的土类和边沟两侧边坡培整面积所需的挖土、培土、修整边坡及余土抛出沟外的全过程所需人工，边坡所出余土外运至路基50m以外。

（3）混凝土滤管盲沟定额中不含滤管外滤层材料，发生时执行本定额第六册《排水工程》相应子目。

（4）砂石盲沟定额断面按400mm×400mm确定，设计断面不同时，定额消耗量按比例换算。

土工布针缝施工图片

（5）铺设土工合成材料定额中未考虑块石、钢筋锚固等因素，如实际发生可按实际计算有关费用。

定额中土工布按300g/m²取定，如实际规格为150g/m²、200g/m²、400g/m²时，定额人工分别乘以系数0.7、0.8、1.2。

定额中土工布按针缝计算，如采用搭接，土工布乘以系数1.05。

（6）袋装砂井直径按7cm计算，当设计砂井直径不同时，可按砂井截面积比率调整黄砂用量，其他消耗量不变。袋装砂井、塑料排水板定额，其材料消耗量已包括砂袋、塑料排水板的预留长度。

【例6-2】某道路工程路基采用土工布加筋处理，土工布采用斜铺，搭接连接，土工布规格为200g/m²，试确定套用的定额子目及基价。

【解】套用的定额子目：[2-59]H

基价 =671.21+202.50×（0.8-1）+107.500×（1.05-1）×4.31

≈653.88（元/100m²）

【例6-3】某道路工程路基采用袋装砂井处理，砂井直径为8cm，施工时采用带门架袋装砂井机，试确定套用的定额子目及基价。

【解】套用的定额子目：[2-54]H

基价 $=4356.20+4.560\times\dfrac{\pi\times4^2}{\pi\times3.5^2}\times87.38\approx4876.63$（元/1000m）

（7）堆载预压工作内容包括了堆载四周的放坡和修筑坡道，未包括堆载材料的运输，发生时费用另行计算。

（8）真空预压砂垫层的厚度按 70cm 考虑，当设计材料、厚度不同时，应做调整。

（9）路基填筑泡沫混凝土按干密度级别为 500kg/m³ 的配合比编制，如设计干密度级别不同，可按设计调整相应的材料消耗量。

6.3 道 路 基 层

道路基层包括石灰、粉煤灰、土基层，石灰、粉煤灰、碎石基层，石灰、土、碎石基层，粉煤灰三渣基层，砂砾石底层（天然级配），卵石底层，碎石底层，块石底层，矿渣底层，塘渣底层，砂底层，石屑底层，沥青稳定碎石，水泥稳定碎石基层，水泥稳定碎石砂基层，顶层多合土养生，消解石灰等相应子目。

6.3.1 工程量计算规则

（1）道路基层工程量按设计道路基层图示尺寸以"m²"为单位计算。

道路基层定额计量与计价

知识链接

道路基层工程量计算公式为：

$$道路基层工程量 = 图示基层宽度 \times 基层长度 \qquad (6-3)$$

特别提示

道路基层工程量计算时，不扣除各种井所占的面积。放坡铺设的道路基层，工程量按其截面平均宽度（中截面的宽度）计算面积。

（2）道路工程多合土养生面积计算，按设计基层的顶层面积以"m²"为单位计算。

（3）石灰消解工程量按石灰的质量以"t"为单位计算。

6.3.2 定额套用及换算说明

（1）混合料基层多层次铺筑时，其顶层需进行养生，养生期按 7 天考虑，其用水量已综合在顶层多合土养生定额内，使用时不得重复计算用水量。

（2）各种底、基层材料消耗中如作为面层封顶时不包括水的使用量，当作为面层封顶时如需加水碾压，加水量可另行计算。

（3）基层混合料中的石灰均为生石灰的消耗量。

（4）本节定额中未包括搅拌点到施工点的半成品运输，发生时套用本定额第一册《通用项目》相应的半成品运输定额。

（5）多合土基层中各种材料是按常用的配合比编制的，当设计配合比与定额不符时，有关的材料消耗量可以调整，但人工和机械台班的消耗量不得调整。

知识链接

多合土基层配合比与定额不同时，有关的材料消耗量调整的计算公式如下。

$$C_i = C_d L_i / L_d \qquad (6\text{-}4)$$

式中　C_i——按设计配合比调整后的材料用量；

　　　C_d——定额配合比中的材料用量；

　　　L_i——设计配合比中该材料的百分率；

　　　L_d——定额配合比中该材料的百分率。

【例6-4】某道路工程采用机拌石灰、粉煤灰、碎石基层，厚20cm，设计配合比为生石灰：粉煤灰：碎石 =8：18：74，试确定该基层套用的定额子目及基价。

【解】套用的定额子目：[2-83]H

定额配合比为生石灰：粉煤灰：碎石 =10：20：70

按设计配合比调整的生石灰、粉煤灰、碎石的消耗量如下。

$$生石灰消耗量 = 3.960 \times \frac{8\%}{10\%} = 3.168（t）$$

$$粉煤灰消耗量 = 9.820 \times \frac{18\%}{20\%} = 8.838（t）$$

$$碎石消耗量 = 25.718 \times \frac{74\%}{70\%} \approx 27.188（t）$$

基价 =6368.02+（3.168-3.960）×305.00+（8.838-9.820）×
136.00+（27.188-25.718）×102.00≈6142.85（元 /100m²）

（6）水泥稳定碎石基层分机拌人铺、机拌沥青摊铺机摊铺、厂拌人铺、厂拌沥青摊铺机摊铺，发生时分别套用相应定额子目。其他基层如采用沥青摊铺机摊铺，可套用厂拌粉煤灰三渣基层（沥青混凝土摊铺机摊铺）相应定额子目，材料换算，其他不变。

【例6-5】某道路工程采用厂拌6% 水泥稳定碎石基层，厚18cm，采用沥青摊铺机摊铺，厂拌6% 水泥稳定碎石的单价为 226.00 元 /m³，确定套用的定额子目及基价。

【解】套用的定额子目为：[2-137]H-[2-138]H×2
基价 =4253.99+（226.00-200.00）×20.200-[209.19+（226.00-
200.00）×1.010]×2≈4308.29（元 /100m²）

（7）本节定额中设有"每增减 1cm"的子目，适用于压实厚度 20cm 以内；压实厚度在 20cm 以上的，按规范应按两层结构层铺筑；以此类推。

【例6-6】某道路工程采用机拌粉煤灰三渣基层，人工摊铺，厚度为38cm，试确定套用的定额子目及基价。

【解】根据道路施工相关规范，基层（压实）厚度在 20cm 以上的应按两层结构层（20cm+18cm 或 19cm+19cm）铺筑。

套用的定额子目：[2-89]×2- [2-90]×2
基价 =4500.62×2-212.31×2=8576.62（元 /100m²）

（8）现拌水泥稳定碎石基层定额中水泥掺入量按 5% 和 6% 分别编制，如设计水泥掺入量不同，按设计调整换算。

6.4 道 路 面 层

道路面层包括简易路面（易耗层），沥青表面处治，沥青贯入式路面，透层、黏层、封层，橡胶沥青应力吸收层（SAMI），黑色碎石路面，粗粒式沥青混凝土路面，中粒式沥青混凝土路面，细粒式沥青混凝土路面，透水沥青混凝土路面，水泥混凝土路面，伸缩缝，水泥混凝土路面防滑条，水泥混凝土路面养生，块料路面，土工布贴缝等相应子目。

6.4.1　工程量计算规则

（1）沥青混凝土、水泥混凝土及其他类型路面工程量按设计图示尺寸以"m²"为单位计算。

① 带平石的面层应扣除平石面积。

> **特别提示**
>
> 沥青混凝土路面工程，施工图图示车行道的宽度包括两侧平石的宽度，在计算沥青混凝土路面面积时应扣除平石面积。

② 不扣除各类井所占面积。

③ 应包括交叉口转角增加的面积。

道路面层工程量 = 设计长度 × 设计宽度 + 交叉口转角增加面积　　（6-5）

▶ 沥青混凝土及其他道路面层定额计量与计价

知识链接

交叉口转角增加面积如图 6.3 阴影所示，计算公式如下。

（1）道路正交时。

$$每个转角的路口面积 = 0.2146R^2　　（6-6）$$

（2）道路斜交时。

$$每个转角的路口面积 = R^2\left(\tan\frac{\alpha}{2} - 0.00873\alpha\right)　　（6-7）$$

式中　R——转角半径；

　　　α——转角对应的中心角，以角度计。

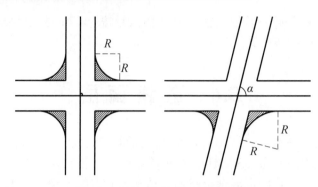

图6.3 交叉口转角增加面积示意图

（2）透层、黏层、封层工程量按实际喷洒沥青油料的面积以"m²"为单位计算。

水泥混凝土
路面施工
图片

透层油一般喷洒在基层顶面，让油料渗入基层后方可铺筑沥青混凝土面层，使基层与沥青面层之间良好黏结。

黏层油一般喷洒在双层式或三层式热拌沥青混合料路面的沥青面层之间，使沥青面层与面层之间粘成整体，提高道路的整体强度。

封层油一般用于路面结构层的连接与防护，如喷洒在需要开放交通的基层上，或在旧路上喷洒进行路面修复，使道路表面密封，防止雨水侵入道路、保护路面结构层、防止表面磨耗层损坏。

水泥混凝土
路面定额计
量与计价1

（3）土工布贴缝工程量按混凝土路面缝长乘以设计宽度以"m²"为单位计算（纵横相交处面积不扣除）。

（4）水泥混凝土路面模板、伸缩缝、水泥混凝土路面防滑条、水泥混凝土路面养生工程量计算规则。

① 水泥混凝土路面模板工程量根据施工实际情况，按模板与混凝土接触面积以"m²"为单位计算。

② 伸缩缝嵌缝工程量按设计缝长乘以设计缝深以"m²"为单位计算。

③ 缩缝锯缝机切缝、填灌缝工程量按设计图示尺寸以"延长米"为单位计算，即按缝长计算。

水泥混凝土
路面定额计
量与计价2

④ 水泥混凝土路面防滑条工程量按设计图示尺寸以"m²"为单位计算。

⑤ 水泥混凝土路面养生工程量按设计图示尺寸以"m²"为单位计算。

【例6-7】某水泥混凝土道路工程如图6.1所示，胀缝设置4道，水泥混凝土路面采用非泵送商品混凝土，分4幅浇筑、每幅宽度4.5m，纵缝如图6.1（e）所示上部锯切槽口，切槽深度为8cm，填缝料采用沥青玛琋脂，水泥混凝土路面采用养护液养护，计算主路水泥混凝土路面相关的工程量（交叉口范围暂不计算），并确定套用的定额子目及基价。

【解】（1）路面基础数据。

主路直线段面积 =200×18=3600（m²）

（2）水泥混凝土路面工程量 =3600m²。

套用的定额子目：[2–213]+ [2–214]×4

基价 =8477.32+401.54×4=10083.48（元 /100m²）

（3）水泥混凝土路面养生工程量 =3600m²。

套用的定额子目：[2–225]

基价 =318.86 元 /100m²

（4）水泥混凝土路面刻防滑条工程量 =3600m²。

套用的定额子目：[2–223]

基价 =386.60 元 /100m²

（5）水泥混凝土路面宽 18m，分为 4 块板，每块板浇筑混凝土路面时需支立侧模，共需支立 5 条侧模，每条侧模长 200m。

水泥混凝土路面模板工程量 =0.24×200×5=240（m²）

套用的定额子目：[2–215]

基价 =4863.10 元 /100m²

（6）水泥混凝土路面钢筋工程量。

① 纵缝拉杆：采用 Φ16 带肋钢筋，单根长度 0.73m；每 5m 范围内，左右两侧纵缝设拉杆各 5 根，中央纵缝设拉杆 9 根。

钢筋质量 =0.73×（5×2+9）×200/5×0.00617×16²≈0.876（t）

套用的定额子目：[1–269]

基价 =4716.01 元 /t

② 胀缝传力杆：采用 Φ28 光圆钢筋，单根长度 0.45m；每块板（板宽 4.5m）的每条胀缝设传力杆 11 根，胀缝共 4 条；水泥混凝土路面宽 18m，分为 4 块板。

钢筋质量 =11×4×4×0.45×0.00617×28²≈0.383（t）

套用的定额子目为：[1–284]H

基价 =5672.87+814.05×（0.62–1）+19.48×（0.62–1）=5356.13（元 /t）

特别提示

混凝土道路传力杆定额按 Φ22 编制，当实际不同时，人工和机械消耗量应调整，具体见表 5-11。

（7）水泥混凝土路面锯缝机切缝工程量。

① 缩缝。

锯缝机切缝工程量 =（200/5–1–4）×18=630（m）

② 纵缝。

锯缝机切缝工程量 =200×3=600（m）

合计锯缝机切缝工程量 =630+600=1230（m）

套用的定额子目：[2–219]+[2–220]×3

基价 =293.25+42.57×3=420.96（元 /100m）

（8）缩缝填灌缝工程量。

$$缩缝填灌缝工程量 =630（m）$$

套用的定额子目：[2-221]+[2-222]×3

$$基价 =1156.81+231.36×3=1850.89（元 /100m）$$

（9）伸缝嵌缝工程量。

① 伸缝（胀缝）嵌油浸木屑板工程量 =（0.24-0.04）×18×4=14.4（m²）

套用的定额子目：[2-216]

$$基价 =980.15 元 /10m²$$

② 伸缝（胀缝）嵌填沥青玛瑞脂工程量 =0.04×18×4=2.88（m²）

伸缝（纵缝）嵌填沥青玛瑞脂工程量 =600×0.08=48（m²）

合计伸缝嵌填沥青玛瑞脂工程量 =2.88+48=50.88（m²）

套用的定额子目：[2-217]

$$基价 =1074.42 元 /10m²$$

6.4.2　定额套用及换算说明

橡胶应力吸收层示意图

（1）喷洒沥青油料定额中，透层、黏层、封层分别列有石油沥青和乳化沥青两种油料，应根据设计材质套用相应子目。如果设计喷油量不同，沥青油料消耗量应按设计调整。

（2）摊铺彩色沥青混凝土面层时，套用细粒式沥青混凝土路面定额，主材换算，柴油消耗量乘以系数 1.2。

（3）橡胶沥青应力吸收层（SAMI）橡胶沥青喷油量按 2.5kg/m² 编制，如果设计喷油量不同，应按设计调整。

【例6-8】某沥青混凝土路面工程，其道路结构如图 6.4 所示，沥青混凝土面层均采用沥青摊铺机摊铺，确定沥青混凝土面层、黏层油、透层油套用的定额子目及基价。

【解】（1）3cm 细粒式沥青混凝土面层。

套用的定额子目：[2-208]

$$基价 =2920.98 元 /100m²$$

（2）5cm 中粒式沥青混凝土面层。

套用的定额子目：[2-201]

$$基价 =4035.92 元 /100m²$$

（3）7cm 粗粒式沥青混凝土面层。

套用的定额子目：[2-192]+[2-193]

$$基价 =4732.65+788.40=5521.05（元 /100m²）$$

（4）乳化沥青黏层油。

套用的定额子目：[2-165]H

定额喷油量为 0.50L/m²

$$按设计喷油量调整后的乳化沥青消耗量 = \frac{0.52}{0.50}×49.980 ≈ 51.979（kg）$$

基价 =206.81+（51.979–49.980）×4.00 ≈ 214.81（元 /100m²）

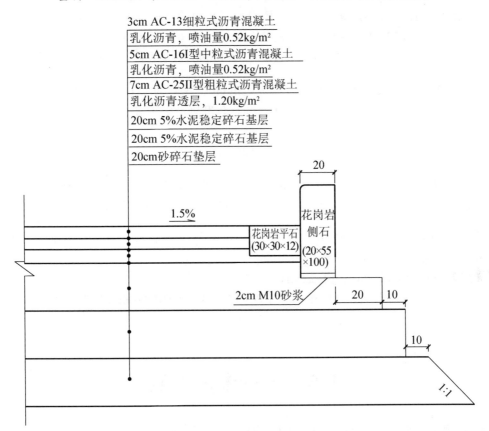

图 6.4 某沥青混凝土道路结构图

（5）乳化沥青透层油。

套用的定额子目：[2–163]H

定额喷油量为 1.10L/m²

$$按设计喷油量调整后的乳化沥青消耗量 = \frac{1.20}{1.10} \times 109.956 \approx 119.952（kg）$$

$$基价 =457.69+（119.952-109.956）×4.00 ≈ 497.67（元 /100m²）$$

（4）水泥混凝土路面综合考虑了有筋、无筋等不同所影响的工效。水泥混凝土路面的传力杆、边缘（角隅）加固筋、纵向拉杆，套用本定额第一册《通用项目》第四章"钢筋工程"相应定额子目。

（5）水泥混凝土路面定额按商品混凝土考虑。

（6）水泥混凝土路面以平口为准，当设计为企口时，按相应定额执行，其中的人工消耗量乘以系数 1.01，模板消耗量乘以系数 1.05。

【例 6-9】现浇水泥混凝土路面，厚度 20cm，采用现拌混凝土，混凝土抗折强度 4.5MPa，确定水泥混凝土路面套用的定额子目及基价。

【解】套用的定额子目：[2–213]H

141

定额中采用抗折强度 4.0MPa 非泵送商品混凝土，单价为 388.00 元 /m³

抗折强度 4.5MPa 现拌路面混凝土单价为 328.04 元 /m³

基价 =8477.32+（328.04–388.00）×20.200+0.392×20.2×135+0.03×

20.2×215.37≈8465.63（元 /100m²）

【例 6-10】现浇水泥混凝土路面，厚度 20cm，设计为企口，采用抗折强度 4.0MPa 非泵送商品道路混凝土，确定水泥混凝土路面套用的定额子目及基价。

【解】套用的定额子目：[2–213]H

基价 =8477.32+539.60×（1.01–1）≈8482.72（元 /100m²）

（7）块料路面定额石材厚度按 8cm 厚编制，如设计厚度不同，则主材进行换算；同时石材厚度每增加 1cm，相应定额人工消耗量每 100m² 增加 1 工日。

【例 6-11】某工程块料路面采用厚度为 10cm 的花岗岩板，花岗岩板单价为 181.00 元 /m²，确定路面套用的定额子目及基价。

【解】套用的定额子目：[2–228]H

基价 =20344.40+（181.00–159.00）×101.00+2×135

=22836.40（元 /100m²）

6.5　人行道及其他

人行道及其他包括人行道基础，人行道板安砌，铺草坪砖，花岗岩面层安砌，广场砖铺设，现浇人行道面层，侧、平石垫层，侧、平石安砌，现浇侧、平石，砌筑树池等相应子目。

6.5.1　工程量计算规则

人行道工程定额计量与计价

（1）人行道板、草坪砖、（人行道、广场）花岗岩板面层安砌、广场砖铺设工程量按设计图示尺寸以"m²"为单位计算，应扣除侧石、树池及单个面积大于 0.3m² 的矩形盖板等所占的面积。当单个面积大于 0.3m² 的矩形盖板表面镶嵌花岗岩等其他材质面层时，其工程量应计入相应的人行道铺设面积内。

特别提示

施工图图示人行道的宽度包括人行道一侧或两侧的侧石宽度，计算人行道板安砌（铺设）工程量时，应扣除侧石所占的面积。

人行道板安砌工程量 = 人行道长度 ×（图示人行道宽度 –

侧石宽度）– 树池面积　　　　　（6-8）

知识链接

计算交叉口转弯处人行道长度时，按人行道内外两侧转弯半径的平均值计算。

$$交叉口转弯处人行道的长度\ L=\frac{R_1+R_2}{2}\times\frac{\alpha}{180}\pi \qquad (6\text{-}9)$$

式中　L——人行道的长度，m；

　　　R_1——人行道内侧半径，m；

　　　R_2——人行道外侧半径，m；

　　　α——交叉口转弯处转角对应的中心角，以角度计。

【例 6-12】某道路丁字路口示意图如图 6.5 所示，已知人行道宽 5m，人行道内侧侧石宽 15cm、人行道外侧无侧石，计算该交叉口左侧转弯处人行道板安砌的工程量。

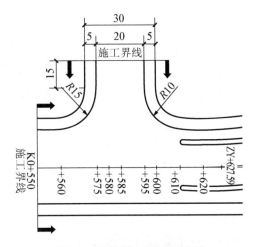

图 6.5　某道路丁字路口示意图

【解】该处人行道内侧转弯半径 =15m

该处人行道外侧转弯半径 =10m

$$该处人行道长度=\frac{15+10}{2}\times\frac{90}{180}\pi\approx19.63\ (m)$$

$$该处人行道板安砌工程量=19.63\times(5\text{-}0.15)\approx95.21\ (m^2)$$

（2）侧平石安砌、砌筑树池工程量按设计长度以"m"为单位计算。

（3）现浇混凝土侧平石工程量按现浇混凝土体积以"m³"为单位计算；现浇混凝土侧平石模板工程量按混凝土与模板的接触面积以"m²"为单位计算。

（4）侧平石垫层工程量按垫层体积以"m³"为单位计算。

（5）花坛、台阶花岗岩面层安砌工程量按设计图示尺寸展开面积以"m²"为单位计算。

侧平石及其他定额计量与计价

6.5.2　定额套用及换算说明

（1）本节定额采用的人行道板、侧平石、花岗岩等铺砌材料与设计不同时，应进行调整换算，除定额另有说明外，人工和机械消耗量不变。

（2）各类垫层材料配合比与设计不同时，材料应进行调整，人工和机械消耗量不变。

（3）各类垫层厚度与设计不同时，材料和搅拌机械消耗量应进行调整，人工消耗量不变。

【例 6-13】某道路工程人行道采用 200mm × 100mm × 60mm 人行道砖，下设 3cm 厚 M7.5 水泥砂浆垫层，施工时采用干混砂浆，确定人行道板安砌套用的定额子目及基价。

【解】套用的定额子目：[2–232]H

定额子目中砂浆垫层厚度为 2cm，按设计厚度调整水泥砂浆、干混砂浆罐式搅拌机消耗量。

$$水泥砂浆消耗量 = \frac{3}{2} \times 2.120 = 3.180（m^3）$$

$$干混砂浆罐式搅拌机消耗量 = \frac{3}{2} \times 0.075 \approx 0.113（台班）$$

$$基价 = 6487.52 + （3.180 - 2.120）\times 413.73 + （0.113 - 0.075）\times 193.83$$
$$\approx 6933.44（元 /100m^2）$$

（4）人行道板安砌定额中，人行道板如采用异型板，其人工消耗量乘以系数 1.1，材料消耗量不变。人行道砖人字纹铺设按异型板考虑。

【例 6-14】某工程人行道采用彩色人行道板、人字纹铺设，人行道板单价为 59.00 元 /m²，人行道板下设 2cm 厚 M7.5 水泥砂浆垫层，施工时采用干混砂浆，确定人行道板安砌的定额子目及基价。

【解】套用的定额子目：[2–232]H

定额子目中人行道板的单价为 39.91 元 /m²

人字纹铺设按异型板考虑，其定额人工消耗量乘以系数 1.1。

$$基价 = 6487.52 + 1447.88 \times （1.1 - 1）+ （59.00 - 39.91）\times 103.00$$
$$= 8598.58（元 /100m^2）$$

（5）现浇人行道面层按本色水泥编制，如设计配色与上光应另行增加颜料和上光费用。

（6）高度大于 40cm 的侧石按高侧石定额套用。

（7）预制成品侧石安砌中，如其弧形转弯处为现场浇筑，则套用现浇侧石子目。

（8）现场预制侧平石制作定额套用本定额第三册《桥涵工程》相应定额子目。

（9）花岗岩面层安砌定额中石材厚度按 4cm 编制，如设计厚度不同，石材应换算，同时石材厚度每增加 1cm，相应定额人工消耗量每 100m² 增加 0.5 工日。

（10）广场砖铺贴定额中的"拼图案"指铺贴不同颜色或规格的广场砖形成环形、菱形等图案，如图 6.6 所示；分色线性铺贴按"不拼图案"定额套用，如图 6.7 所示。

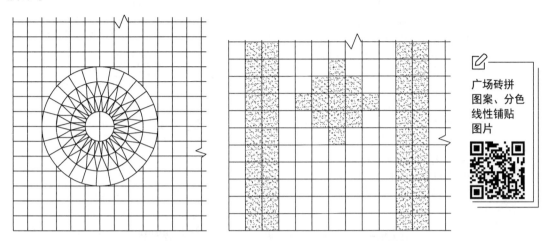

图 6.6　广场砖拼图案铺贴　　　　　图 6.7　广场砖分色线性铺贴

6.6　道路工程定额计量与计价实例

【例 6-15】某市风华路道路工程，为城市次干道。风华路起止桩号为 K0+560～K0+800，于桩号 K0+630 处与风情路正交，风情路实施至交叉口切点外 20m。风华路施工横断面如图 6.8 所示（风情路土石方工程不计），土质类别为三类土。风华路路幅宽 34m，风情路路幅宽 26m，详见图 6.9 和图 6.10。风华路道路结构层采用沥青混凝土面层、粉煤灰三渣基层、塘渣垫层，详见图 6.11；风情路道路结构同风华路。

要求进行该道路工程定额的计量与计价，即计算该道路工程相关的定额工程量并确定套用的定额子目及基价。

知识链接

道路工程定额计量与计价的基本思路。

1.确定工程的施工方案（施工方案不同，计算的项目可能不同，套用的定额子目也不同）。

2.根据施工图纸，结合预算定额和施工方案，确定道路工程施工时需发生的分部分项项目，按定额的计算规则计算分部分项工程量，并确定套用的定额子目。

3.根据施工图纸、施工方案，结合工程的实际情况，确定道路工程施工时需发生的施工技术措施项目，按定额的计算规则计算工程量，并确定套用的定额子目。

4.确定人工、材料、机械单价，依据定额换算说明，确定定额子目基价。

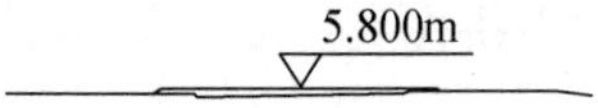

5.800m

桩号：K0+660.000

路中心挖方高度=0.700m
左宽=12.765m，右宽=12.293m
填方面积=0.550m²，挖方面积=9.591m²

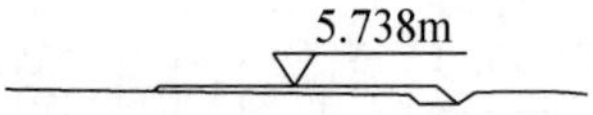

5.738m

桩号：K0+640.000

路中心挖方高度=0.032m
左宽=12.635m，右宽=14.127m
填方面积=4.335m²，挖方面积=2.083m²

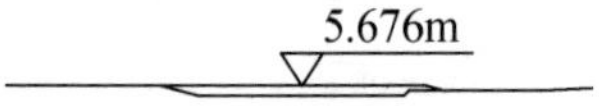

5.676m

桩号：K0+620.000

路中心挖方高度=0.375m
左宽=12.243m，右宽=12.405m
填方面积=0.070m²，挖方面积=10.026m²

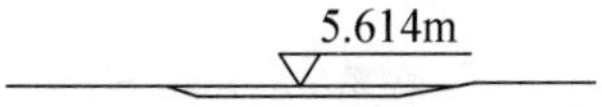

5.614m

桩号：K0+600.000

路中心挖方高度=0.315m
左宽=12.053m，右宽=12.125m
填方面积=0.006m²，挖方面积=9.835m²

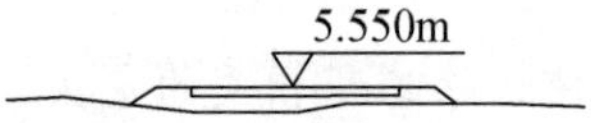

5.550m

桩号：K0+580.000

路中心填方高度=1.450m
左宽=14.085m，右宽=14.052m
填方面积=30.149m²，挖方面积=0.000m²

5.490m

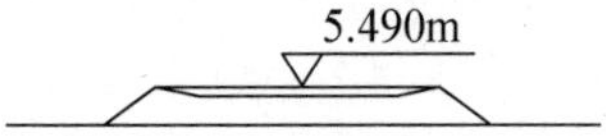

桩号：K0+560.000

路中心填方高度=2.412m
左宽=16.589m，右宽=16.659m
填方面积=72.313m²，挖方面积=0.000m²

6.234m

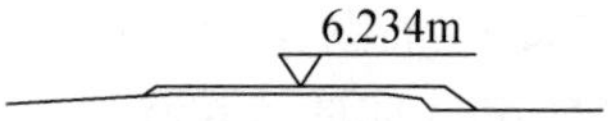

桩号：K0+800.000

路中心挖方高度=0.030m
左宽=13.324m，右宽=14.773m
填方面积=8.631m²，挖方面积=0.215m²

6.172m

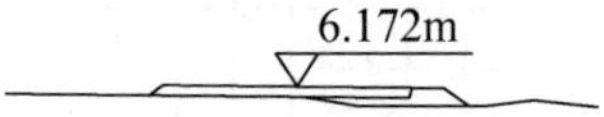

桩号：K0+780.000

路中心填方高度=0.365m
左宽=13.218m，右宽=14.153m
填方面积=14.000m²，挖方面积=0.000m²

6.110m

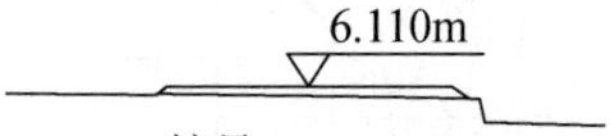

桩号：K0+760.000

路中心填方高度=0.165m
左宽=12.908m，右宽=13.774m
填方面积=8.138m²，挖方面积=0.000m²

6.048m

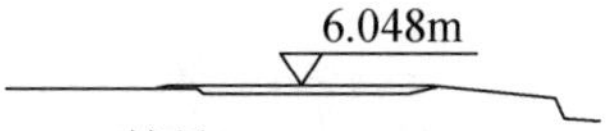

桩号：K0+740.000

路中心挖方高度=0.215m
左宽=12.671m，右宽=12.488m
填方面积=0.735m²，挖方面积=5.169m²

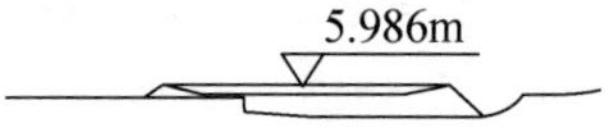

5.986m

桩号：K0+720.000

路中心填方高度=1.775m
左宽=13.510m，右宽=15.374m
填方面积=38.464m²，挖方面积=0.000m²

5.924m

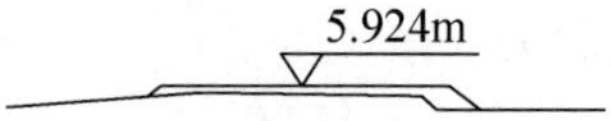

桩号：K0+700.000

路中心挖方高度=0.030m
左宽=13.324m，右宽=14.773m
填方面积=8.631m²，挖方面积=0.215m²

5.862m

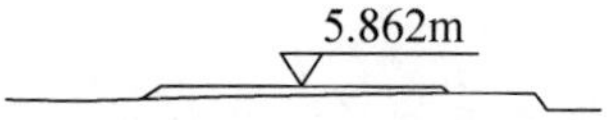

桩号：K0+680.000

路中心挖方高度=0.076m
左宽=13.682m，右宽=12.766m
填方面积=4.071m²，挖方面积=1.539m²

图6.8　某市风华路施工横断面图

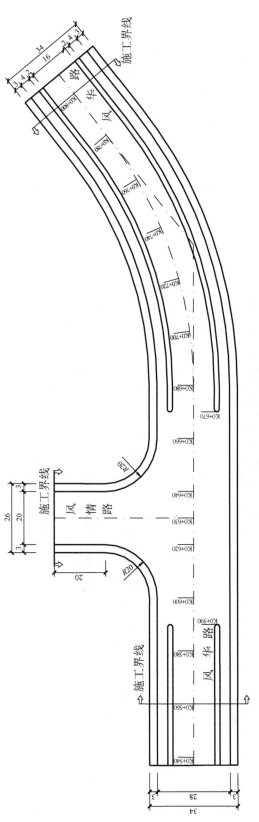

图 6.9　某市风华路道路平面图（单位：m）

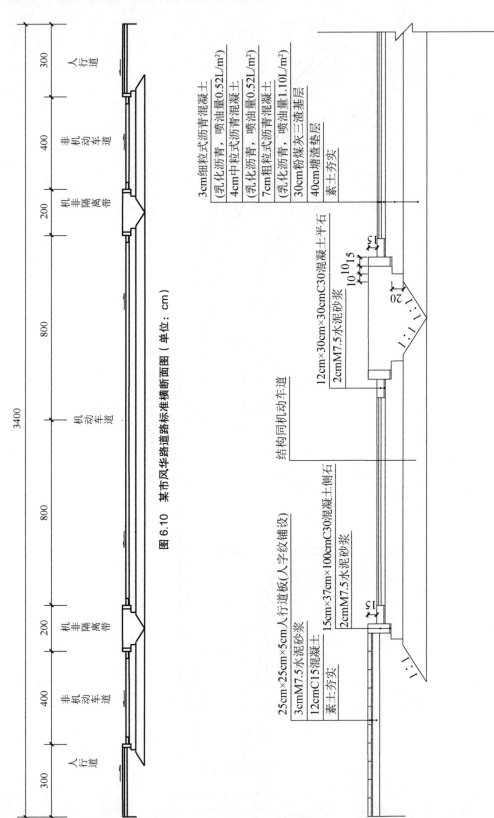

图 6.10　某市风华路道路标准横断面图（单位：cm）

图 6.11　某市风华路道路道路结构图（单位：cm）

【解】1.确定本道路工程的施工方案

（1）挖方采用挖掘机进行，场内平衡的土方用机动翻斗车运至需回填的路段用于回填，缺方所需土方用自卸汽车运至施工现场，运距6km。填方用内燃压路机碾压密实。

（2）塘渣垫层采用人机配合铺筑。

（3）粉煤灰三渣基层施工时两侧支立钢模板，顶面采用洒水车洒水养护。施工时，采用厂拌粉煤灰三渣，人工摊铺。

（4）人行道基础混凝土采用现场拌和，拌和机设在桩号K0+700处，拌制后混凝土采用机动翻斗车运至施工点，混凝土浇筑时支立钢模板。

（5）人行道板、平石、侧石下方的水泥砂浆垫层均采用干混砂浆。

（6）沥青混凝土、人行道板、平石、侧石均采用成品。

（7）沥青混凝土采用沥青混凝土摊铺机摊铺。

（8）配备以下大型机械：1m³以内履带式挖掘机1台、90kW以内履带式推土机1台、压路机2台、沥青摊铺机1台。

2.确定本道路工程的分部分项定额项目，并计算定额工程量

可以依据道路工程施工程序确定各道工序相应的分部分项定额项目。

本道路工程的总体施工程序：土方工程（包括挖方、填方及土方运输）→路床（槽）整形碾压[包括车行道路床（槽）碾压检验、人行道整形碾压]→塘渣垫层→粉煤灰三渣基层→侧、平石安砌（包括砂浆垫层）→喷洒透层油→粗粒式沥青混凝土面层→喷洒黏层油→中粒式沥青混凝土面层→喷洒黏层油→细粒式沥青混凝土路面→人行道混凝土基础→人行道板安砌。

（1）土方工程。

挖方量、填方量根据图6.8，采用横截面法计算。

桩号K0+560～K0+580段：

$$V_{挖}=\frac{(0+0)}{2}\times20=0（m^3）$$

$$V_{填}=\frac{(72.313+30.149)}{2}\times20=1024.62（m^3）$$

桩号K0+580～K0+600段：

$$V_{挖}=\frac{(0+9.835)}{2}\times20=98.35（m^3）$$

$$V_{填}=\frac{(30.149+0.006)}{2}\times20=301.55（m^3）$$

同样的方法计算出K0+600～K0+800段的挖方量、填方量，并合计得到：总的挖方量为771.31m³、总的填方量为2992.42m³。

本工程挖方量比填方量少，考虑土方平衡，现场所挖土方均用于回填，根据施工方案用机动翻斗车运至需回填的路段，运距在200m以内；缺方所需土方用自卸汽车运至施工现场。土方工程分部分项定额项目有：挖掘机挖土不装车（三类土）、机动翻斗车运土方（运距200m以内）、自卸汽车运土方（运距6km）、填土碾压（内燃压路机）。

土方工程相应的分部分项定额项目名称、工程量及计算式见表 6-1。

（2）道路工程。

依据道路工程施工程序、图纸并结合施工方案，确定道路工程分部分项定额项目有：路床（槽）碾压检验、40cm 厚塘渣垫层（人机配合铺筑）、30cm 粉煤灰三渣基层（沥青摊铺机摊铺）、粉煤灰三渣基层顶面养护（洒水车洒水）、透层油（乳化沥青，1.10L/m²）、7cm 粗粒式沥青混凝土面层（机械摊铺）、黏层油（乳化沥青，0.52L/m²）、4cm 中粒式沥青混凝土面层（机械摊铺）、3cm 细粒式沥青混凝土面层（机械摊铺）、人行道整形碾压、人行道 12cm 厚 C15 现拌混凝土基础、机动翻斗车运输混凝土（运距 200m 以内）、250mm×250mm×50mm 人行道板人字纹铺设（3cm 厚 M7.5 干混砂浆）、150mm×370mm×1000mm C30 混凝土侧石安砌、300mm×300mm×120mm C30 混凝土平石安砌、侧平石垫层（2cm M7.5 干混砂浆）。

知识链接

道路工程分部分项定额项目工程量的计算思路。

1. 计算道路工程相关的基础数据，如人行道内 / 外侧的侧平石长度、机非隔离带 / 中央分隔带的侧平石长度、车行道路面面积、人行道面积等。

2. 根据施工图纸，按照定额计算规则，利用基础数据计算相关的分部分项定额项目的工程量。例如，根据图纸确定图示车行道结构底层每侧比路面宽出的宽度、加上定额规定的路床（槽）碾压检验加宽值，乘以道路一侧侧石的长度（道路的长度），再加上车行道路面面积，就等于路床（槽）碾压检验的面积（也就是工程量）。

（1）计算本道路工程的基础数据。

根据道路标准横断面图可以确定，本工程人行道内侧有一条侧石和平石，人行道外侧不设侧石和平石；机非隔离带的两侧各有一条侧石和平石。侧石和平石的长度相同。

① 人行道（内侧）侧（平）石长度。

$$L_{人行道}=240+240-60+\frac{2\pi\times20}{4}\times2+20\times2\approx522.80（m）$$

② 机非隔离带侧（平）石长度。

$$L_{隔离带}=（30-1）\times4+2\times\pi\times1+（130-1）\times4+2\times\pi\times1\approx644.56（m）$$

合计：侧（平）石长度 $L=L_{人行道}+L_{隔离带}=522.80+644.56=1167.36（m）$

③ 人行道面积（含侧石）。

$$S_{人行道（含侧石）}=240\times3+40\times3+140\times3+20\times3\times2+\frac{2\pi\times\frac{20+17}{2}}{4}\times3\times2\approx1554.27（m^2）$$

④ 车行道面积（含平石）。

a. 主路直线总面积（含机非隔离带）。

$$S_{主路总}=28\times240=6720（m^2）$$

b. 支路及交叉口转角增加面积。

$$S_{支路及交叉口转角增加面积}=20\times（20+20）+0.2146\times20^2\times2=971.68（m^2）$$

c. 机非隔离带面积。

$$S_{隔离带}=（30-1）×2×2+（130-1）×2×2+π×1^2×2≈638.28（m^2）$$

合计：车行道面积（含平石）$S_{含平石}$=6720+971.68-638.28=7053.40（m²）

（2）计算道路工程分部分项定额项目工程量。

① 路床（槽）碾压检验。

路床（槽）整形定额计量与计价实例

路床（槽）碾压检验工程量 = 车行道面积（含平石）$S_{含平石}$ +

（车行道结构底层每侧比路面宽出的宽度 +

0.25）× 侧（平）石长度 L

依据图 6.11 可以确定：

车行道结构底层每侧比路面宽出的宽度 =0.15+0.1+0.1+0.4=0.75（m）

② 道路基层（塘渣垫层、粉煤灰三渣基层）。

基层工程量 = 车行道面积（含平石）$S_{含平石}$ + 基层每侧比路面宽出的宽度 ×

侧（平）石长度 L

注意：本实例塘渣垫层为放坡（1∶1）铺设，按其平均截面（中截面）宽度计算面积。

本实例塘渣垫层中截面每侧比路面宽出的宽度 =0.15+0.1+0.1+0.2=0.55（m）

③ 沥青混凝土面层、透层油、黏层油。

沥青混凝土面层工程量 = 车行道面积（含平石）$S_{含平石}$ - 平石宽度 ×

侧（平）石长度 L 透层油 / 黏层油工程量

= 沥青混凝土面层工程量

④ 人行道整形碾压。

人行道整形碾压工程量 = 人行道面积（含侧石）$S_{人行道（含侧石）}$ +

人行道（内侧）侧石长度 $L_{人行道}$ ×0.25

⑤ 人行道板安砌。

人行道板安砌工程量 = 人行道面积（含侧石）$S_{人行道（含侧石）}$ -

人行道（内侧）侧石长度 $L_{人行道}$ × 侧石宽度

⑥ 人行道基础。

人行道基础工程量 = 人行道板安砌工程量

人行道基础混凝土场内运输工程量 = 人行道基础工程量 × 基础厚度

⑦ 侧石和平石安砌。

侧石和平石安砌工程量 = 侧（平）石长度 $L = L_{人行道} + L_{隔离带}$

⑧ 侧石和平石砂浆垫层。

侧石和平石砂浆垫层工程量 = 侧石长度 L× 侧石宽度 × 砂浆厚度 +

平石长度 L× 平石宽度 × 砂浆厚度

道路工程相应的分部分项定额项目名称、工程量及计算式见表 6-1。

（3）根据图纸，结合施工方案以及人工、材料、机械的单价，确定分部分项定额项目套用的定额子目，并确定定额子目的基价。

本例，厂拌粉煤灰三渣基层单价为 150.00 元 /m³，250mm×250mm×50mm 人行道板单价为 45.00 元 /m²，300mm×300mm×120mm C30 混凝土平石单价为 26.00 元 /m，其他材料以及人工、机械按《浙江省市政工程预算定额》（2018 版）计取。

分部分项定额项目套用的定额子目及基价见表 6-1。

表 6-1　分部分项定额项目工程量计算及定额套用表

序号	分部分项项目名称	单位	计算式	数量	定额子目	基价
1	挖掘机挖土不装车（三类土）	m³	根据施工横断面图采用横截面法计算	771.31	[1-69]	2297.84 元/1000m³
2	机动翻斗车运土（运距 200m 以内）	m³	等于挖方量	771.31	[1-41]	2254.91 元/100m³
3	填土碾压（内燃压路机）	m³	根据施工横断面图采用横截面法计算	2992.42	[1-111]	2613.71 元/1000m³
4	自卸车运土方（运距 6km）	m³	2992.42×1.15−771.31	2669.97	[1-94]+[1-95]×5	13347.94 元/1000m³
5	路床（槽）碾压检验	m²	7053.40+1167.36×（0.15+0.1+0.1+0.4+0.25）	8220.76	[2-1]	128.92 元/100m²
6	40cm 厚塘渣垫层（人机配合铺筑）	m²	7053.40+1167.36×（0.15+0.1+0.1+0.2）	7695.45	[2-117]×2	3295.14 元/100m²
7	30cm 粉煤灰三渣基层（沥青摊铺机摊铺）	m²	$7053.40+1167.36×（0.15+0.1）×\dfrac{20}{30}$	7247.96	[2-91]H×2-[2-92]H×10	5586.86/100m²
8	粉煤灰三渣基层顶面养护（洒水车洒水）	m²	等于车行道面积（含平石）	7053.40	[2-143]	27.40 元/100m²
9	透层油（乳化沥青，1.10L/m²）	m²	7053.40−1167.36×0.3	6703.19	[2-163]	457.69 元/100m²
10	7cm 粗粒式沥青混凝土面层（机械摊铺）	m²	同透层油面积	6703.19	[2-192]+[2-193]	5521.05 元/100m²
11	黏层油（乳化沥青，0.52L/m²）	m²	6703.19×2	13406.38	[2-165]H	214.81 元/100m²
12	4cm 中粒式沥青混凝土面层（机械摊铺）	m²	同透层油面积	6703.19	[2-200]	3236.24 元/100m²
13	3cm 细粒式沥青混凝土面层（机械摊铺）	m²	同透层油面积	6703.19	[2-208]	2920.98 元/100m²
14	人行道整形碾压	m²	1554.27+522.80×0.25	1684.97	[2-2]	139.21 元/100m²
15	人行道 12cm 厚 C15 现拌混凝土基础	m²	1554.27−522.80×0.15	1475.85	[2-230]H+[2-231]H×2	4351.01 元/100m²
16	机动翻斗车运输混凝土（运距 200m 以内）	m³	1475.85×0.12	177.10	[1-604]	217.29 元/10m³

续表

序号	分部分项目名称	单位	计算式	数量	定额子目	基价
17	250mm×250mm×50mm 人行道板人字纹铺设（3cm 厚 M7.5 干混砂浆）	m²	1554.27−522.80×0.15	1475.85	[2-232]H	7602.40 元/100m²
18	150mm×370mm×1000mm C30 混凝土侧石安砌	m	522.80+644.56	1167.36	[2-249]	4299.32 元/100m
19	300mm×300mm×120mm C30 混凝土平石安砌	m	522.80+644.56	1167.36	[2-251]H	3001.46 元/100m²
20	侧平石垫层（2cm M7.5 干混砂浆）	m³	1167.36×0.15×0.02+1167.36×0.3×0.02	10.51	[2-248]	556.96 元/m³

（4）根据图纸、结合施工方案，确定技术措施项目，并计算工程量、确定套用的定额子目及基价，具体见表 6-2。

表 6-2 技术措施项目工程量计算及定额套用表

序号	技术措施项目名称	单位	计算式	数量	定额子目	基价
1	粉煤灰三渣基层模板	m²	1167.36×0.3	350.21	[2-215]	4863.10 元/100m²
2	人行道基础混凝土模板	m²	$（240+240-60+\frac{2\pi×17}{4}×2+20×2）×0.12$	61.61	[2-215]	4863.10 元/100m²
3	1m³ 以内履带式挖掘机场外运输费用	台班	根据施工方案确定	1	[3001]	3249.84 元/台次
4	90kW 以内履带式推土机场外运输费用	台班	根据施工方案确定	1	[3003]	2805.96 元/台次
5	压路机场外运输费用	台班	根据施工方案确定	2	[3010]	2773.74 元/台次
6	沥青混凝土摊铺机场外运输费用	台班	根据施工方案确定	1	[3012]	4266.14 元/台次

✶✶✶ 思考题与习题 ✶✶✶

一、简答题

1. 计算道路工程路床（槽）碾压检验工程量时，碾压宽度如何确定？计算人行道整形碾压工程量时，碾压宽度如何确定？

2. 土工布规格与定额不同时，如何进行定额的换算套用？

3. 多合土基层中，各种材料的设计配合比与定额配合比不同时，如何换算定额？

4. 道路基层厚度超过 20cm 时，如何套用定额？

5. 水泥混凝土路面施工时，需考虑计算哪些分项工程的工程量和费用？

6. 水泥混凝土路面伸缩缝工程量如何计算？模板工程量如何计算？

7. 透层油、黏层油、封层油有什么不同？

8. 如果设计采用的人行道板、侧平石的垫层强度等级、厚度与定额不同时，如何套用定额？

9. 人行道板安砌工程量计算时，应考虑扣除哪些面积？

10. 现浇侧平石的模板工程量如何计算？

二、计算题

1. 某道路工程长 1km，设计车行道宽度为 18m，设计要求路床（槽）碾压宽度按设计车行道宽度每侧加宽 40cm 计，以利于路基的压实。计算该工程路床（槽）碾压检验的工程量，并计算该工程的直接工程费（人工费 + 机械费 + 材料费）。

2. 某道路工程采用机拌的石灰、粉煤灰、碎石基层，厚 20cm，设计配合比为石灰：粉煤灰：碎石 =9：18：73，已知道路长 800m，基层宽 26m，该段道路范围内各类井的面积为 100m²。试计算石灰、粉煤灰、碎石基层的工程量，并确定该基层套用的定额子目及基价。

3. 某道路工程采用 35cm 厚粉煤灰三渣基层，采用厂拌三渣、沥青摊铺机摊铺，确定套用的定额子目及基价。

4. 某道路工程采用 38cm 厚塘渣底层，采用人机配合铺筑，确定套用的定额子目及基价。

5. 某道路工程水泥混凝土路面采用抗折强度为 4.0MPa 的混凝土，采用非泵送道路商品混凝土，设计为企口，确定套用的定额子目及基价。

6. 某道路水泥混凝土路面工程中，胀缝传力杆钢筋（φ26 光圆钢筋）总质量为 190kg，纵缝拉杆钢筋（Φ18 带肋钢筋）总质量为 870kg，确定水泥混凝土路面钢筋套用的定额子目及基价。

7. 某道路路面工程，在中粒式沥青混凝土施工后，在其上喷洒乳化沥青，喷油量为 0.55L/m²，再施工细粒式沥青混凝土，确定喷洒乳化沥青套用的定额子目及基价。

8. 某道路工程人字纹铺设人行道板，采用 200mm × 100mm × 60mm 人行道板，下设 3cm 厚 M7.5 水泥砂浆垫层（采用干混砂浆），确定人行道板安砌套用的定额子目与基价。

第 7 章 《排水工程》定额计量与计价

思维导图

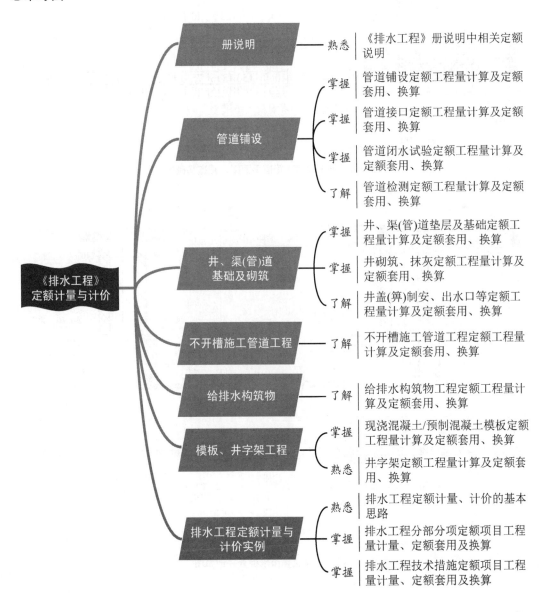

《排水工程》定额计量与计价

- 册说明 — 熟悉 — 《排水工程》册说明中相关定额说明
- 管道铺设
  - 掌握 — 管道铺设定额工程量计算及定额套用、换算
  - 掌握 — 管道接口定额工程量计算及定额套用、换算
  - 掌握 — 管道闭水试验定额工程量计算及定额套用、换算
  - 了解 — 管道检测定额工程量计算及定额套用、换算
- 井、渠(管)道基础及砌筑
  - 掌握 — 井、渠(管)道垫层及基础定额工程量计算及定额套用、换算
  - 掌握 — 井砌筑、抹灰定额工程量计算及定额套用、换算
  - 了解 — 井盖(箅)制安、出水口等定额工程量计算及定额套用、换算
- 不开槽施工管道工程 — 了解 — 不开槽施工管道工程定额工程量计算及定额套用、换算
- 给排水构筑物 — 了解 — 给排水构筑物工程定额工程量计算及定额套用、换算
- 模板、井字架工程
  - 掌握 — 现浇混凝土/预制混凝土模板定额工程量计算及定额套用、换算
  - 熟悉 — 井字架定额工程量计算及定额套用、换算
- 排水工程定额计量与计价实例
  - 熟悉 — 排水工程定额计量、计价的基本思路
  - 掌握 — 排水工程分部分项定额项目工程量计量、定额套用及换算
  - 掌握 — 排水工程技术措施定额项目工程量计量、定额套用及换算

引例

某工程雨水管道平面图、管道基础图如图 7.1 所示，管道采用钢筋混凝土管，基础采用钢筋混凝土条形基础，雨水检查井采用砖砌，雨水检查井剖面图如图 7.2 所示。计算这段管道垫层和基础相关的工程量，并计算该段管道雨水检查井相关的工程量。有哪些项目需要计算？如何进行计算？

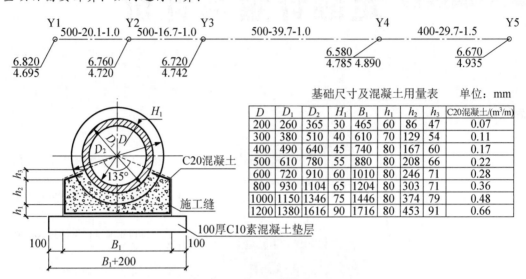

基础尺寸及混凝土用量表　单位：mm

D	D_1	D_2	H_1	B_1	h_1	h_2	h_3	C20混凝土/(m³/m)
200	260	365	30	465	60	86	47	0.07
300	380	510	40	610	70	129	54	0.11
400	490	640	45	740	80	167	60	0.17
500	610	780	55	880	80	208	66	0.22
600	720	910	60	1010	80	246	71	0.28
800	930	1104	65	1204	80	303	71	0.36
1000	1150	1346	75	1446	80	374	79	0.48
1200	1380	1616	90	1716	80	453	91	0.66

图 7.1　某工程雨水管道平面图、管道基础图

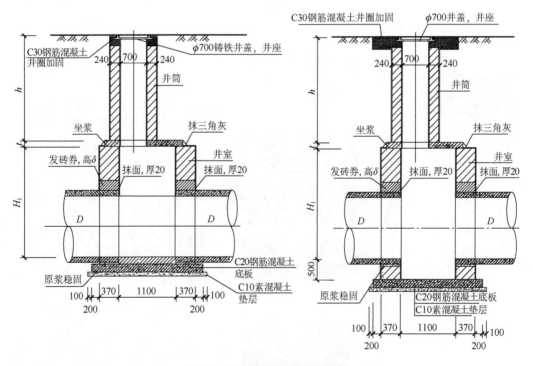

图 7.2　某工程雨水检查井剖面图

7.1 册 说 明

《浙江省市政工程预算定额》（2018 版）（以下简称本定额）的第六册《排水工程》（以下简称本册定额），包括管道铺设，井、渠（管）道基础及砌筑，不开槽施工管道工程，给排水构筑物，给排水机械设备安装，模板、井字架工程，共 6 章。

1. 本册定额适用范围

（1）本册定额适用于城镇范围内新建、改建和扩建的市政排水管渠工程。

（2）本册定额定向钻进适用于污水及雨水管道穿越，不适用于给水及燃气管道施工，也不适用于排水工程的日常修理及维护工程。

2. 本册定额与建筑、安装定额的界限划分及执行范围

（1）管道接口、检查井、给排水构筑物需要做防腐处理的，执行《浙江省房屋建筑与装饰工程预算定额》（2018 版）和《浙江省通用安装工程预算定额》（2018 版）的有关子目。

（2）给排水构筑物工程中的泵站上部建筑工程以及本册定额中未包括的建筑工程，执行《浙江省房屋建筑与装饰工程预算定额》（2018 版）的有关子目。

（3）给排水机械设备安装中的通用机械应执行《浙江省通用安装工程预算定额》（2018 版）的有关子目。

3. 本册定额其他说明

（1）本册定额中所称混凝土管管径均指内径，钢管、塑料管指公称直径。如实际管径、长度与定额取定不同时，可进行调整换算。

（2）本册定额各项目中的混凝土强度等级和砂浆标号与设计要求不同时，可进行换算，但数量不变。

（3）本册定额各章所需的模板、井字架执行本册定额第六章的相应项目。

（4）本册定额所涉及的土石方、脚手架、支撑、围堰、打拔桩、降（排）水、拆除、钢筋等工程，除各章节另有说明外，应执行本定额第一册《通用项目》的相应定额。

（5）本册定额是按无地下水考虑的，如有地下水，需降（排）水、湿土排水时执行本定额第一册《通用项目》的相应定额；需设排水盲沟时执行本定额第二册《道路工程》的相应定额。

7.2 管 道 铺 设

管道铺设包括混凝土管道铺设、塑料排水管铺设、排水管道接口、管道闭水试验、管道检测等相应子目。

7.2.1 工程量计算规则

（1）管道铺设按井中至井中的中心长度扣除检查井长度，以"延长米"为单位计算工程量。

管道接入检查井的图片

① 每座矩形检查井扣除长度按管线方向井室内径计算。

② 每座圆形检查井扣除长度按管线方向井室内径每侧减 15cm 计算。

③ 雨水口所占长度不予扣除。

知识链接

排水管道接入检查井时，管口通常与井室内壁齐平。

特别提示

矩形检查井井室内尺寸有管线方向和垂直于管线方向两个尺寸，扣除检查井长度时取管线方向的井室内尺寸计算。

【例 7-1】某段管线工程，J1 为 1000mm×1750mm 矩形检查井，主管为 DN1200，支管为 DN500，单侧布置，其工程图如图 7.3 所示，确定该管道铺设工程量计算时该检查井应扣除的长度。

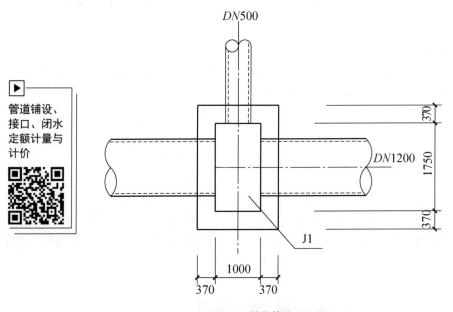

管道铺设、接口、闭水定额计量与计价

图 7.3　某段管线工程图 1

【解】DN1200 管道铺设工程量计算时，J1 井应扣除长度为 1m

DN500 管道铺设工程量计算时，J1 井应扣除长度为 1.75/2=0.875（m）

【例 7-2】某段管线工程，J2 为 ϕ1800 圆形检查井，主管为 DN1200，支管为 DN500，单侧布设，其工程图如图 7.4 所示，确定该管道铺设工程量计算时该检查井应扣除的长度。

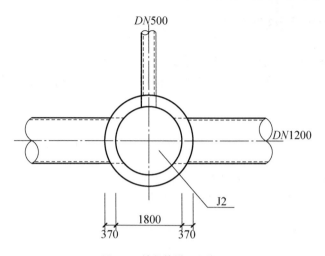

DN500

DN1200

J2

1800

370 370

图 7.4 某段管线工程图 2

【解】DN1200 管道铺设工程量计算时，J2 井应扣除长度为 1.8−0.15×2=1.5（m）
DN500 管道铺设工程量计算时，J2 井应扣除长度为 1.8/2−0.15=0.75（m）

【例 7-3】某管道平面图如图 7.5 所示，已知 Y1 ～ Y4 均为圆形检查井，Y1、Y2 井内径为 1.1m，Y3、Y4 井内径为 1.3m。试计算各管段管道铺设的工程量。

Y1　800-20.1-1.0　Y2　800-16.7-1.0　Y3　1000-39.7-1.0　Y4

图 7.5 某管道平面图

【解】Y1 ～ Y2 段管道铺设的工程量 =20.1–（1.1/2−0.15）–（1.1/2−0.15）=19.3（m）
Y2 ～ Y3 段管道铺设的工程量 =16.7–（1.1/2−0.15）–（1.3/2−0.15）=15.8（m）
Y3 ～ Y4 段管道铺设的工程量 =39.7–（1.3/2−0.15）–（1.3/2−0.15）=38.7（m）

（2）管道接口区分管径及做法，以实际接口个数计算工程量。

知识链接

$$管道接口数量 = 管节数量 −1 \quad (7-1)$$
$$管节数量 = 管道铺设长度 / 每节管道长度（根据计算结果进 1，取整数） \quad (7-2)$$

每节管道长度按实计算，通常 UPVC、HDPE 等塑料管道每节管长为 6m。当钢筋混凝土管管径≤700mm 时，每节管道长度通常为 3 ～ 4m；当钢筋混凝土管管径≥800mm 时，每节管道长度通常为 2 ～ 3m。

（3）管道闭水试验，以实际闭水长度计算，不扣除各种井所占长度。
（4）管道检测长度按检查井间的中心长度以"100m"计算，当检测长度≤100m 时，按 100m 计算；当检测长度 >100m 时，按实际检测长度计算。

管道断裂

7.2.2　定额套用及换算说明

（1）如在无基础的槽内铺设混凝土管道，其人工和机械乘以系数 1.18。

（2）如遇有特殊情况必须在支撑下串管铺设，其人工和机械乘以系数 1.33。

知识链接

串管铺设：指在沟槽两侧有挡土板且有钢（木）支撑下的管道铺设。

（3）管道铺设采用橡胶圈接口时，如排水管材为成套购置（即管材单价中已包括橡胶圈价格），则橡胶圈接口定额中的橡胶圈费用不再计取。

【例 7-4】某段排水管道，采用 D800 承插式钢筋混凝土管、橡胶圈接口，管材成套购置，确定管道接口套用的定额子目及基价。

【解】套用的定额子目：[6–191]H

$$基价 = 365.57 – 10.150 \times 18.97 \approx 173.02（元 /10 个口）$$

（4）排水管道接口定额中，企口管膨胀水泥砂浆接口和石棉水泥接口适于 360°，其他接口均是按管座 120° 和 180° 列项的。如管座角度不同，根据相应材质的接口做法按表 7-1 进行调整。

表 7-1　管道接口调整系数表

序号	项目名称	实做角度	调整基数或材料	调整系数
1	水泥砂浆接口	90°	120° 定额基价	1.330
2	水泥砂浆接口	135°	120° 定额基价	0.890
3	钢丝网水泥砂浆接口	90°	120° 定额基价	1.330
4	钢丝网水泥砂浆接口	135°	120° 定额基价	0.890
5	企口管膨胀水泥砂浆接口	90°	定额中水泥砂浆	0.750
6	企口管膨胀水泥砂浆接口	120°	定额中水泥砂浆	0.670
7	企口管膨胀水泥砂浆接口	135°	定额中水泥砂浆	0.625
8	企口管膨胀水泥砂浆接口	180°	定额中水泥砂浆	0.500
9	企口管石棉水泥接口	90°	定额中水泥砂浆	0.750
10	企口管石棉水泥接口	120°	定额中水泥砂浆	0.670
11	企口管石棉水泥接口	135°	定额中水泥砂浆	0.625
12	企口管石棉水泥接口	180°	定额中水泥砂浆	0.500

注：现浇混凝土外套环、变形缝接口，通用于平口管、企口管。

【例 7-5】某平口式排水管道，管径为 500mm，采用 135°水泥砂浆接口，确定水泥砂浆接口套用的定额子目及基价。

【解】套用的定额子目：[6–62]H

基价 =125.87×0.890 ≈ 112.02（元 /10 个口）

（5）本节定额中的水泥砂浆接口、钢丝网水泥砂浆接口均不包括内抹口。如设计要求内抹口时，按抹口周长每 100 延长米增加水泥砂浆 0.042m³、人工 9.22 工日计算。

> **特别提示**
>
> 设计要求内抹口时，按抹口周长每 100 延长米增加干混抹灰砂浆（DP M20.0）0.042m³。

（6）本节定额各项所需模板、钢筋加工，执行本册定额第六章"模板、井字架管材"的相应定额。钢筋加工执行本定额第一册《通用项目》的相应定额。

（7）管道检测不分新旧管道，已综合考虑。本节定额不包括管道清淤、冲洗、封堵等前期工作费用，发生时按实际另行计算。

7.3 井、渠（管）道基础及砌筑

井、渠（管）道基础及砌筑定额包括井垫层和底板，井砌筑、浇筑、抹灰，井盖（箅）制作、安装，渠（管）道垫层及基础，渠道砌筑，渠道抹灰与勾缝，渠道沉降缝，钢筋混凝土盖板、过梁的预制安装，排水管道出水口，方沟闭水试验等相应子目。

7.3.1 工程量计算规则

1. 井、渠（管）道垫层及基础

（1）井、渠（管）道垫层及基础工程量按设计图示尺寸按实体积以"m³"为单位计算。

（2）沟槽回填塘渣或砂等按沟槽挖方工程量扣除各种管道、基础、垫层及沿线井室等构筑物所占的体积计算。

排水管道垫层及基础的基本知识

钢筋混凝土条形基础施工图片

知识链接

钢筋混凝土管道通常采用钢筋混凝土条形基础，如图 7.6 所示。基础分为两个部位：施工缝（图中虚线）以下为平基、施工缝以上为管座。在管道基础工程量计算时，需分别计算平基、管座的工程量，并分别套用相应的定额子目。

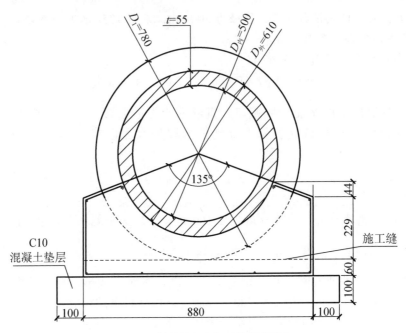

图 7.6　钢筋混凝土条形基础剖面图

特别提示

排水管道接入检查井时，管口通常与井室内壁齐平，所以在计算管道垫层、基础的实体积时，垫层、基础的长度应扣除检查井的长度。

管道垫层及基础定额计量与计价

井垫层及底板定额计量与计价

【例 7-6】某工程雨水管道平面图、管道基础图如图 7.7 所示，管道采用承插式钢筋混凝土管，采用 C20 钢筋混凝土条形基础、100 厚 C10 素混凝土垫层。已知 Y1～Y5 均为 1100mm×1100mm 的砖砌检查井，管道垫层、基础均采用非泵送商品混凝土，C10 非泵送商品混凝土单价为 382.00 元/m³。计算 Y2～Y3 段管道垫层、基础的工程量，并确定其套用的定额子目及基价。

【解】Y2～Y3 段管道管径为 D500，井中到井中长度为 16.7m，查基础尺寸表可知：管道基础宽度 B=880mm、平基厚度 h_1=80mm。

（1）管道垫层。

工程量 =（0.88+0.2）×0.1×（16.7-1.1）≈1.68（m³）

套用的定额子目：[6-292]H

基价 =4406.63+（382.00-399.00）×10.100=4234.93（元/10m³）

（2）管道基础。

① 平基。

工程量 =0.88×0.08×（16.7-1.1）≈1.10（m³）

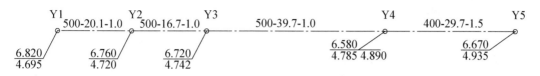

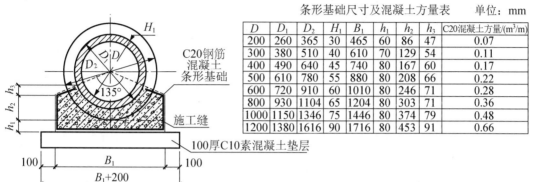

D	D_1	D_2	H_1	B_1	h_1	h_2	h_3	C20混凝土方量/(m³/m)
200	260	365	30	465	60	86	47	0.07
300	380	510	40	610	70	129	54	0.11
400	490	640	45	740	80	167	60	0.17
500	610	780	55	880	80	208	66	0.22
600	720	910	60	1010	80	246	71	0.28
800	930	1104	65	1204	80	303	71	0.36
1000	1150	1346	75	1446	80	374	79	0.48
1200	1380	1616	90	1716	80	453	91	0.66

条形基础尺寸及混凝土方量表　　单位：mm

图 7.7　某工程雨水管道平面图、管道基础图

套用的定额子目：[6-299]H

C20 非泵送商品混凝土的单价为 412.00 元 /m³

　　　基价 =4567.81+（412.00-399.00）×10.100=4708.11（元 /10m³）

② 管座。

查基础尺寸表可知：管径为 $D500$ 时，每米基础 C20 混凝土的基础方量为 0.22m³

每米长管座混凝土方量 = 每米基础混凝土基础方量 - 每米长平基混凝土方量

　　　工程量 =（0.22-0.88×0.08×1）×（16.7-1.1）≈2.33（m³）

套用的定额子目：[6-304]H

C20 非泵送商品混凝土的单价为 412.00 元 /m³

基价 =5067.69+（412.00-447.00）×10.100+370.98×（1.35-1）≈4844.03（元 /10m³）

2. 井、渠（管）道砌筑、浇筑、抹灰及勾缝

（1）各类井的井深按井底基础以上至井盖计算。

知识链接

井深 = 井盖顶标高 - 井基础顶标高　　　　　　　　　（7-3）

井基础顶标高也就是井底板顶标高。

检查井位于路面范围内时，井盖顶与路面齐平，故井盖顶标高等于设计路面标高；检查井位于绿化带等非路面范围时，井盖顶通常高出地面 2 ~ 3cm。

在排水管道施工图纸中，通常不标示井底板顶标高，而标示检查井处的管内底标高，需根据管内底标高计算井底板顶标高。

流槽井剖面如图 7.8（a）所示，落底井剖面如图 7.8（b）所示，井底板顶标高计算公式如下。

排水管道检查井概述

检查井为落底井时：

$$井底板顶标高 = 检查井处管内底标高 - 落底高度\qquad（7-4）$$

检查井为流槽井（不落底井）时：

$$井底板顶标高 = 检查井处管内底标高 - 管壁厚 - 坐浆厚度（通常为0.02m）（7-5）$$

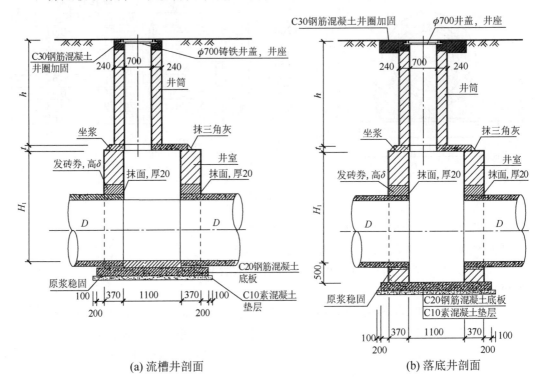

(a) 流槽井剖面　　　　　　　　(b) 落底井剖面

图 7.8　矩形检查井剖面示意图

检查井砌筑定额计量与计价

流槽施工图片

（2）砌筑按体积（不扣除管径500mm以内管道所占体积），以"m³"为单位计算。

（3）井砖砌流槽工程量并入井室砌体工程量内计算。

特别提示

石砌流槽、混凝土流槽工程量另行单独计算，并分别套用相应的定额子目。

（4）抹灰、勾缝按面积以"m²"为单位计算。

（5）浇筑按体积以"m³"为单位计算。

（6）井壁（墙）凿洞按凿除面积以"m²"为单位计算。

特别提示

井砌筑体积计算时，应扣除管径 500mm 以上管道所占体积。

如图 7.8 所示的矩形检查井，下部井室部位为矩形，上部井筒部位为圆形，在井砌筑工程量计算时，应分别计算井室砌筑（矩形）工程量、井筒砌筑（圆形）工程量，并分别套用相应的定额子目。

知识链接

计算常见的砖砌检查井砌筑、抹灰工程量的思路如下。

（1）根据管道平面图/纵断面图、检查井平面图/剖面图及检查井各部尺寸表，确定检查井的平面尺寸及检查井的类型（落底井/流槽井）。

（2）计算井深。

$$落底井的井深 = 井盖顶标高 - 设计管内底标高 + 落底高度 \qquad (7\text{-}6)$$
$$流槽井的井深 = 井盖顶标高 - 设计管内底标高 + 管壁厚度 +$$
$$坐浆厚度（通常为 0.02\text{m}） \qquad (7\text{-}7)$$

（3）计算并确定井室高度、井筒高度及井室砌筑高度、井筒砌筑高度。

通常按检查井各部尺寸表中设计要求的最小高度确定井室高度 H_1，再按下式计算井筒高度 h。

$$流槽井井筒总高度 h = 井深 - 井室盖板厚度 - 井室高度 H_1 - 管壁厚 - 坐浆厚度 \qquad (7\text{-}8)$$
$$落底井井筒总高度 h = 井深 - 井室盖板厚度 - 井室高度 H_1 - 落底高度 \qquad (7\text{-}9)$$
$$井筒砌筑高度 = 井筒总高度 h - 井圈及井盖高度 \qquad (7\text{-}10)$$
$$流槽井井室砌筑高度 = 井室高度 H_1 + 管壁厚 + 坐浆厚度 \qquad (7\text{-}11)$$
$$落底井井室砌筑高度 = 井室高度 H_1 + 落底高度 \qquad (7\text{-}12)$$

（4）计算井室砌筑体积、井筒砌筑体积及井抹灰面积。

3. 井盖（箅）制作、安装

（1）井盖（箅）、井圈、小型构件制作、安装工程量按实体积以"m³"为单位计算。

（2）成套购置的井盖（箅）安装工程量按安装的套数计算。

4. 渠道沉降缝

渠道沉降缝工程量应区分材质按沉降缝铺设长度或嵌缝的断面积计算。

5. 钢筋混凝土盖板、过梁的预制安装

钢筋混凝土盖板、过梁的预制安装工程量按实体积以"m³"为单位计算。

6. 排水管道出水口

排水管道出水口区分型式、材质及管径按其数量以"处"为单位计算。

现场预制钢筋混凝土盖板图片

7. 方沟闭水试验

方沟（包括存水井）闭水试验的工程量，按实际闭水长度的用水量以"m³"为单位计算。

7.3.2 定额套用及换算说明

（1）井、渠（管）道基础及砌筑各项目均不包括脚手架，当井深超过 1.5m 时，执行本册定额第六章"模板、井字架工程"相应定额；砌墙高度超过 1.2m，抹灰高度超过 1.5m 所需脚手架执行本定额第一册《通用项目》相应定额。

（2）各项目所需模板的制作、安装、拆除均执行本册定额第六章"模板、井字架工程"的相应定额。钢筋（铁件）的加工执行本定额第一册《通用项目》相应定额。

（3）本章小型构件是指单件体积在 0.05m³ 以内的构件。凡单件体积大于 0.05m³ 的检查井过梁，执行混凝土过梁制作、安装相应定额。

（4）混凝土枕基和管座不分角度均按相应定额执行。

（5）管道基础伸缩缝执行本定额第一册《通用项目》相应定额。

（6）嵌石混凝土定额中的块石含量按 25% 计算，如与实际不符，应进行调整。

> **特别提示**
>
> 嵌石混凝土块石含量与定额不同时，可参照本册定额第八章"桥涵工程"预算定额应用的表 8-5 进行调整。

（7）石砌体均按块石考虑，如采用片石时，石料与砂浆用量分别乘以系数 1.09 和 1.19，其他不变。

（8）砖砌检查井降低执行本定额第一册《通用项目》拆除构筑物相应定额。

（9）井砌筑中的铁爬梯按实际用量，执行本定额第一册《通用项目》相应定额。

（10）井室不分内外抹灰，均套用井抹灰定额子目。

（11）拱（弧）形混凝土盖板的安装，按相应体积的矩形板定额人工、机械乘以系数 1.15 执行。

（12）干砌、浆砌出水口的平坡、锥坡、翼墙等按本定额第一册《通用项目》的相应项目执行。

（13）本节定额中砖砌和石砌一字式、门字式、八字式排水管道出水口，按《给排水标准图集》（2002）合订本 S2 的设计进行编制。如设计不同，可做换算。

【例 7-7】某工程管道平面图、纵断面图、管道基础结构图、检查井结构设计说明、检查井平剖面图、各部尺寸及工程数量表见图 7.10～图 7.18，管道直径 $D \leq 400mm$ 时，采用 UPVC 管、砂基础；管道直径 $D \geq 500mm$ 时，采用钢筋混凝土管、135° 钢筋混凝土条形基础。检查井底板平、剖面图见图 7.20，检查井顶板（井室盖板）平、剖面图见图 7.21，检查井顶板（井室盖板）钢筋及工程数量表见图 7.22，检查井井座（井圈）平、剖面图见图 7.23。计算 Y5、Y6 检查井砌筑的工程量并确定套用的定额子目（注：检查井砌筑时，采用干混砂浆）。

【解】（1）根据图 7.10、图 7.11 可知：Y6 井为流槽井，接入 Y6 井的最大管径为 D1000，根据图 7.19 查流槽井的各部尺寸表可确定 Y6 井的井室平面尺寸为 1100mm×1500mm。

查图 7.13，确定接入 Y6 井的 D1000 钢筋混凝土管道的壁厚 $=\dfrac{1.150-1.0}{2}=0.075$（mm）

$$Y6 井深 =5.817-2.389+0.075+0.02=3.523（m）$$

根据图 7.19 中的各部尺寸表，取定井室高度 H_1=1.8（m）

$$井室砌筑高度 =1.8+0.075+0.02=1.895（m）$$

则井室砌筑工程量 $=2.47×1.895+0.83-\dfrac{\pi}{4}×1.15^2×0.37×2≈4.74（m^3）$

（注：流槽井砖砌流槽砌筑的工程量并入井室砌筑工程量中。）

查图 7.21，确定井顶板（井室盖板）厚度 =0.12m

$$井筒高度 =3.523-1.895-0.12=1.508（m）$$

查图 7.23，确定井圈高度 =0.25m，井盖高度 =0.04m

$$井筒砌筑高度 =1.508-0.25-0.04=1.218（m）$$
$$则井筒砌筑工程量 =0.71×1.218≈0.86（m^3）$$

（2）根据图 7.10、图 7.11 可知：Y5 井为落底井，接入 Y5 井的最大管径为 D1000，根据图 7.17 查落底井的各部尺寸表可确定 Y5 井的井室平面尺寸为 1100mm×1500mm。

$$Y5 井深 =5.585-2.479+0.5=3.606（m）$$

根据图 7.17 中的各部尺寸表，取定井室高度 H_1=1.8m

$$井室砌筑高度 =1.8+0.5=2.3（m）$$

则井室砌筑工程量 $=2.47×2.3-\dfrac{\pi}{4}×0.93^2×0.37-\dfrac{\pi}{4}×1.15^2×0.37-\dfrac{\pi}{4}×0.72^2×0.37×2$

$$≈4.75（m^3）$$

（注：需扣除 D>500mm 的管道所占的体积。查图 7.13 确定管道外径，查图 7.17 确定井壁厚度。）

$$井筒高度 =3.606-2.3-0.12=1.186（m）$$
$$井筒砌筑高度 =1.186-0.25-0.04=0.896（m）$$
$$则井筒砌筑工程量 =0.71×0.896≈0.64（m^3）$$

合计：井室砌筑工程量 =4.74+4.75=9.49（m³）

套用的定额子目：[6-252]

$$井筒砌筑工程量 =0.86+0.64=1.50（m^3）$$

套用的定额子目：[6-251]

【例 7-8】某石砌圆形检查井，采用 M7.5 砌筑片石，片石单价为 49.17 元 /t，砌筑时采用干混砂浆，确定该检查井砌筑套用的定额子目及基价。

【解】套用的定额子目：[6-253]H

采用片石砌筑，石料与砂浆用量分别乘以系数 1.09 和 1.19，其他不变。

基价 =4712.64+4.643×（1.19-1）×413.73+17.528×1.09×49.17-17.528×77.67

≈4655.64（元 /10m³）

7.4　不开槽施工管道工程

不开槽施工管道工程定额包括人工挖工作坑、交汇坑土方，安拆顶进后座及坑内平台，安拆敞开式顶管设备及附属设施，安拆封闭式顶管设备及附属设施，敞开式管道顶进，封闭式管道顶进，安拆中继间，顶进触变泥浆减阻，压浆孔封拆，钢筋混凝土沉井洞口处理，钢管顶进，铸铁管顶进（挤压式），方（拱）涵顶进，水平定向钻牵引管道等相应子目，适用于雨、污水管（涵）以及外套管的不开槽埋管工程。

7.4.1　工程量计算规则

（1）工作坑土方区分挖土深度，以挖方体积计算。

（2）各种材质管道的顶管工程量，按实际顶进长度，以"延长米"为单位计算。方（拱）涵顶进工程量区分截面积按实际顶进长度计算。

（3）触变泥浆减阻每两井间的工程量，按两井间的净距离以"延长米"为单位计算。

（4）安拆中继间工程量按不同顶管管径以"套"为单位计算。

（5）水平定向钻牵引工程量按井中到井中的中心距离以"延长米"为单位计算，不扣除井所占长度。

水平定向钻牵引施工动画

（6）水平定向钻牵引，清除泥浆工程量按管外径体积乘以0.67计算。

（7）安拆顶进垫枋木后座及坑内平台工程量按数量以"个"为单位计算；安拆顶进钢筋混凝土后座工程量按混凝土体积以"m³"为单位计算。

（8）安拆敞开式/封闭式顶管设备及附属设施工程量按设备套数以"套"为单位计算。

（9）压浆孔封拆工程量按压浆孔数量以"孔"为单位计算。

（10）钢筋混凝土沉井洞口处理工程量区分洞口直径按洞口数量以"个"为单位计算。

7.4.2　定额套用及换算说明

（1）工作坑垫层、基础执行本册定额第二章"井、渠（管）道基础及砌筑"的相应定额，其中人工乘以系数1.10，其他不变。

（2）如果钢管、铸铁管需设置导向装置，方（拱）涵管需设滑板和导向装置，则另行计算。

（3）工作坑人工挖土方按土壤类别综合考虑。工作坑回填土，视其回填的实际做法，执行本定额第一册《通用项目》的相应定额。

（4）工作坑内管（涵）明敷，应根据管径、接口的做法执行本册定额第一章"管道铺设"的相应定额，人工、机械乘以系数1.10，其他不变。

（5）本节定额是按无地下水考虑的，当遇地下水时，排（降）水费用根据实际情况按相应定额另行计算。

（6）顶进施工的方（拱）涵断面大于 4m² 时，按本定额第三册《桥涵工程》箱涵顶进部分有关定额或规定执行。

（7）工作井如设沉井，其制作、下沉等套用本册定额第四章"给排水构筑物"的相应定额。

（8）本节定额未包括土方、泥浆场外运输处理费用，发生时可执行本定额第一册《通用项目》的相应定额或其他有关规定。

（9）单位工程中，管径 φ1650 以内敞开式顶进在 100m 以内、封闭式顶进（不分管径）在 50m 以内时，顶进定额中的人工费与机械费乘以系数 1.30。

【例 7-9】某敞开式顶管工程，管径 φ1200，管道顶进长度 90m，挤压式（出土）顶进，试确定管道顶进套用定额子目及基价。

【解】套用的定额子目：[6–517]H

基价 = 149414.77+（21539.93+15599.16）×（1.30–1）≈ 160556.50（元 /100m）

（10）顶管采用中继间顶进时，各级中继间后面的顶管人工与机械数量乘以表 7-2 所示调整系数分级计算。

表 7-2　中继间顶进人工费、机械费调整系数表

中继间顶进分级	一级顶进	二级顶进	三级顶进	四级顶进	超过四级
人工费、机械费调整系数	1.20	1.45	1.75	2.1	另计

【例 7-10】某 φ1500 封闭式顶管工程，总长度为 200m，采用泥水平衡式顶进，设置四级中继间顶进，如图 7.9 所示，求管道顶进的人工用量和顶管掘进机台班用量。

【解】1 号中继间前面的顶管套用的定额子目：[6–530]

1 号中继间后面的顶管套用的定额子目：[6–530]H

$$顶进人工用量 = (\frac{45}{100}+\frac{34}{100}\times1.2+\frac{30}{100}\times1.45+\frac{56}{100}\times1.75+\frac{35}{100}\times2.1)\times169.301 \approx 509.257（工日）$$

$$顶管掘进机用量 = (\frac{45}{100}+\frac{34}{100}\times1.2+\frac{30}{100}\times1.45+\frac{56}{100}\times1.75+\frac{35}{100}\times2.1)\times16.930 \approx 50.925（台班）$$

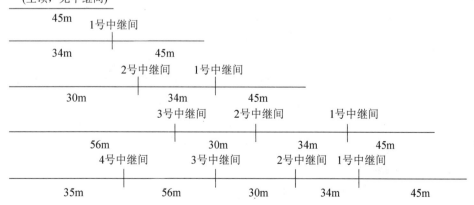

图 7.9　某顶管工程示意图

（11）安拆顶管设备定额中，已包括双向顶进时设备调向的拆除、安装以及拆除后设备转移至另一顶进坑所需的人工和机械台班。

（12）安拆顶管后座及坑内平台定额已综合取定，适用于敞开式和封闭式施工方法，其中钢筋混凝土后座模板制作、安装、拆除执行本册定额第六章"模板、井字架工程"的相应定额。

（13）顶管工程中的材料是按 50m 水平运距、坑边取料考虑的，如因场地等情况取用料水平运距超过 50m，则根据超过距离和相应定额另行计算。

（14）全挤压不出土顶管定额适用于软土地区不出土挤压式施工。

（15）水平定向钻牵引管道定额适用于市政排水工程塑料管（HDPE）牵引项目，如采用其他管材，另行补充。

（16）水平定向钻牵引如使用钢筋辅助管道拖位，钢筋制安执行本定额第一册《通用项目》相应定额。

（17）水平定向钻牵引定额未包括管材接口材料及连接费用，发生时按本册定额第一章"管道铺设"相应定额执行。

7.5 给排水构筑物

给排水构筑物定额包括沉井，现浇钢筋混凝土池，预制混凝土构件，折板、壁板制作、安装，滤料铺设，防水工程，施工缝，井、池渗漏试验等相应子目。

7.5.1 工程量计算规则

沉井施工
图片

1. 沉井

（1）沉井垫木按刃脚底中心线以"延长米"为单位计算。灌砂、垫层按体积以"m³"为单位计算。

（2）沉井制作工程量按混凝土体积以"m³"为单位计算。

① 刃脚的计算高度，从刃脚踏面至井壁外凸（内凹）口计算，如沉井井壁没有外凸（内凹）口时，则从刃脚踏面至底板顶面为准。

② 底板下的地梁并入底板计算。

③ 框架梁的工程量包括切入井壁部分的体积。

④ 井壁、隔墙或底板混凝土中，不扣除单孔面积 0.3m² 以内的孔洞所占体积。

（3）沉井制作的脚手架安拆，不论分几次下沉，其工程量均按井壁中心线周长与隔墙长度之和乘以井高计算。井高按刃脚顶面至井壁顶的高度计算。

（4）沉井下沉的土方工程量，按沉井外壁所围的平面投影面积乘以下沉深度（预制时刃脚底面至下沉后设计刃脚底面的高度），并乘以土方回淤系数 1.03 计算。

2. 现浇钢筋混凝土池

（1）现浇钢筋混凝土池各类构件均按图示尺寸，以混凝土实体积计算，不扣除单孔面积 0.3m² 以内的孔洞体积。

（2）各类池盖中的进人孔、透气孔盖以及与盖相连接的结构，工程量合并在池盖中计算。

（3）平底池的池底体积，应包括池壁下的扩大部分；池底带有斜坡时，斜坡部分应按坡底计算；锥形底应算至壁基梁底面，无壁基梁者算至锥底坡的上口。

（4）池壁计算体积时应区分不同厚度，如上薄下厚的壁，以平均厚度计算。池壁高度应自池底板面算至池盖下面。

（5）无梁盖柱的柱高，应自池底上表面算至池盖的下表面，并包括柱座、柱帽的体积。

（6）无梁盖应包括与池壁相连的扩大部分的体积；肋形盖应包括主、次梁及盖部分的体积；球形盖应自池壁顶面以上，包括边侧梁的体积在内。

（7）沉淀池水槽是指池壁上的环形溢水槽及纵横U形水槽，但不包括与水槽相连接的矩形梁，矩形梁可执行梁的相应项目。

3.预制混凝土构件

（1）预制。

① 预制钢筋混凝土滤板按图示尺寸区分厚度以"m³"为单位计算，不扣除滤头套管所占体积。

② 除钢筋混凝土滤板外，其他预制混凝土构件均按图示尺寸以"m³"为单位计算，不扣除单孔面积 0.3m² 以内的孔洞所占体积。

（2）安装。

① 预制钢筋混凝土滤板、铸铁滤板安装工程量按面积以"m²"为单位计算。

② 其他预制混凝土构件按体积以"m³"为单位计算。

4.折板、壁板制作、安装

（1）折板安装区分材质均按图示尺寸以"m³"为单位计算。

（2）稳流板安装区分材质不分断面均按图示长度以"延长米"为单位计算。

（3）壁板制作安装按图示尺寸以"m²"为单位计算。

5.滤料铺设

各种滤料铺设均按设计要求的铺设平面乘以铺设厚度以"m³"为单位计算，锰砂、铁矿石滤料以"t"为单位计算。

6.防水工程

（1）各种防水层按实铺面积以"m²"为单位计算，不扣除单孔面积 0.3m² 以内的孔洞所占面积。

（2）平面与立面交接处的防水层，其上卷高度超过 500mm 时，按立面防水层计算。

7.施工缝

各种材质的施工缝填缝及盖缝均不分断面按设计缝长以"延长米"计算。

8.井、池渗漏试验

井、池的渗漏试验区分井、池的容量范围，按水容量以"m³"为单位计算。

7.5.2 定额套用及换算说明

1. 沉井

（1）沉井工程系按深度 12m 以内陆上排水沉井考虑的。水中沉井、陆上水冲法沉井以及离河岸边近的沉井，需要采取地基加固等特殊措施者，可执行本定额第一册《通用项目》相应定额。

（2）沉井下沉项目中已考虑了沉井下沉的纠偏因素，但不包括压重助沉措施，若发生可另行计算。

（3）沉井制作不包括外掺剂，当使用外掺剂时，可按当地有关规定执行。

（4）沉井井壁及隔墙的厚度不同，如上薄下厚时，可按平均厚度执行相应定额。

2. 现浇钢筋混凝土池类

（1）池壁遇有附壁柱时，按相应柱定额项目执行，其中人工乘以系数 1.05，其他不变。

（2）池壁挑檐是指在池壁上向外出檐作走道板用，池壁牛腿是指池壁上向内出檐以承托池盖用。

（3）无梁盖柱包括柱帽及柱座。

（4）井字梁、框架梁均执行连续梁相应定额。

（5）混凝土池壁、柱（梁）、池盖是按在设计室外地坪以上 3.6m 以内施工考虑的，如超过 3.6m 则按以下规则计算。

① 采用卷扬机（带塔）施工时，每 10m³ 混凝土增加人工工日和卷扬机（带塔）台班消耗量见表 7-3。

表 7-3 采用卷扬机（带塔）施工人工工日和台班消耗量增加表

序号	项目名称	增加人工工日	增加卷扬机（带塔）台班	序号	项目名称	增加人工工日	增加卷扬机（带塔）台班
1	池壁、隔墙	7.83	0.59	3	池盖	5.49	0.39
2	柱、梁	5.49	0.39	—	—	—	—

② 采用塔式起重机施工时，每 10m³ 混凝土增加塔式起重机台班消耗量见表 7-4。

表 7-4 采用塔式起重机施工台班消耗量增加表

序号	项目名称	增加塔式起重机台班	序号	项目名称	增加塔式起重机台班
1	池壁	0.319	3	柱、梁	0.510
2	隔墙	0.510	4	池盖	0.510

（6）池盖定额项目中不包括进人孔盖板，发生时另行计算。

（7）格型池池壁执行直型池壁相应项目（指厚度）人工乘以系数 1.15，其他不变。

（8）悬空落泥斗按落泥斗相应项目人工乘以系数 1.40，其他不变。

3.预制混凝土构件

（1）预制混凝土滤板中已包括了所设置预埋件 ABS 塑料滤头的套管用工，不得另计。

（2）集水槽若需留孔时，按每 10 个孔增加 0.5 个工日计。

（3）除混凝土滤板、铸铁滤板、支墩安装外，其他预制混凝土构件的安装均执行异型构件安装项目。

4.施工缝

（1）各种材质填缝的断面尺寸取值见表 7-5。

表 7-5   材质填缝断面尺寸表

序号	项目名称	断面尺寸	序号	项目名称	断面尺寸
1	建筑油膏、聚氯乙烯胶泥	3cm×2cm	4	氯丁橡胶止水带	展开宽 30cm
2	油浸木丝板	2.5cm×15cm	5	铁皮盖缝	展开宽：平面 590cm，立面 250cm
3	紫铜板、钢板止水带	展开宽 45cm	6	其他	15cm×3cm

（2）如实际设计的施工缝断面与表 7-5 不同，材料用量可以换算，其他不变。

（3）各项目的工作内容如下。

① 油浸麻丝：熬制沥青、调配沥青麻丝、填塞。

② 油浸木丝板：熬制沥青、浸木丝板、嵌缝。

③ 玛瑞脂：熬制玛瑞脂、灌缝。

④ 建筑油膏、沥青砂浆：熬制油膏沥青，拌和沥青砂浆，嵌缝。

⑤ 紫铜板、钢板止水带：紫铜板、钢板剪裁、焊接成型、铺设。

⑥ 橡胶止水带：橡胶止水带的制作、接头及安装。

⑦ 铁皮盖板：平面埋木砖、钉木条、木条上钉铁皮；立面埋木砖、木砖上钉铁皮。

5.井、池渗漏试验

（1）井、池渗漏试验容量在 500m³ 以内是指井或小型池槽。

（2）井、池渗漏试验注水采用电动单级离心清水泵，定额项目中已包括了泵的安装与拆除用工，不得再另计。

（3）如构筑物池容量较大，需从一个池子向另一个池子注水做渗漏试验，采用潜水泵时，其台班单价可以换算，其他均不变。

6.执行其他册或章节的项目

（1）构筑物的垫层执行本册定额第二章"井、渠（管）道基础及砌筑"相应定额，其中人工乘以系数 0.87，其他不变。如构筑物池底混凝土垫层需要找坡，其中人工不变。

（2）构筑物混凝土项目中的模板项目执行本册定额第六章"模板、井字架工程"相应定额。钢筋加工执行本定额第一册《通用项目》相应定额。

（3）砌筑物高度超过 1.2m 时应计算脚手架搭拆费用，搭拆高度在 8m 以内时，执行本定额第一册《通用项目》相应定额；搭拆高度大于 8m 时，执行本定额第四册《隧道工程》相应定额。

（4）泵站上部工程以及本章中未包括的建筑工程，执行浙江省建筑工程预算定额。

（5）构筑物中的金属构件支座安装，执行安装定额相应子目。

（6）构筑物的防腐、内衬工程金属面，应执行安装工程预算定额相应项目，非金属面应执行建筑工程预算定额相应项目。

（7）沉井预留孔洞砖砌封堵执行本定额第四册《隧道工程》第四章"盾构法掘进"相应定额。

拓展讨论

党的二十大报告提出，深入推进环境污染防治。坚持精准治污、科学治污、依法治污，持续深入打好蓝天、碧水、净土保卫战。

思考并讨论：你身边有哪些与生态环境改善、环境污染防治相关的市政工程？城镇污水厂的新建、扩建是否有利于城镇生态环境改善？城镇污水厂工程是否属于市政工程中的给排水构筑物工程？

7.6　模板、井字架工程

模板、井字架工程定额包括现浇混凝土模板工程、预制混凝土模板工程、钢管井字架等相应子目。

7.6.1　工程量计算规则

检查井钢筋、模板、井字架定额计量与计价

（1）现浇混凝土构件模板按构件与模板的接触面积以"m²"为单位计算，不扣除单孔面积 0.3m² 以内预留孔洞的面积，洞侧壁模板也不另行增加。

（2）现浇小型构件、预制混凝土构件模板，按构件的实体积以"m³"为单位计算。

（3）砖、石拱圈的拱盔和支架均以拱盔与圈弧弧形接触面积计算，并执行本定额第三册《桥涵工程》相应定额。

（4）各种材质的地模、胎模，按施工组织设计的工程量，并应包括操作等必要的宽度以"m²"为单位计算，执行本定额第三册《桥涵工程》相应定额。

（5）钢管井字架区分搭设高度以"架"为单位计算，每座井计算一次。

（6）井底流槽模板按浇筑的混凝土流槽与模板的接触面积计算。

7.6.2 定额套用及换算说明

（1）本节定额中的现浇、预制定额均已包括了钢筋垫块或第一层底浆的工料及嵌模工日，套用时不得重复计算。

（2）预制构件模板中不包括地模、胎模，需设置者，土地模可按本定额第一册《通用项目》平整场地的相应项目执行；水泥砂浆、混凝土、砖地模和胎模按本定额第三册《桥涵工程》的相应项目执行。

（3）模板安拆以槽（坑）深 3m 为准，超过 3m 时，人工增加 8% 的系数，其他不变。

（4）现浇混凝土梁、板、柱、墙的模板，支模高度是按 3.6m 考虑的，超过 3.6m 时，超过部分的工程量另按超高的项目执行。

（5）模板的预留洞，按水平投影面积计算，小于 0.3m² 者：圆形洞每 10 个增加 0.72 工日，方形洞每 10 个增加 0.62 工日。

（6）小型构件是指单件体积在 0.05m³ 以内的构件；地沟盖板项目适用于单块体积在 0.3m³ 以内的矩形板；井盖项目适用于井口盖板，井室盖板按矩形板项目执行，预留口按第（5）条"预留洞"的规定执行。

【例 7-11】某工程雨水管道平面图、管道基础图如图 7.7 所示，管道采用钢筋混凝土管，基础采用钢筋混凝土条形基础。已知 Y1 ～ Y5 均为 1100mm×1100mm 的砖砌检查井，管道垫层、基础施工时均采用非泵送商品混凝土、木模板。计算 Y2 ～ Y3 段管道垫层、基础混凝土施工时模板的工程量，并确定模板套用的定额子目及基价。

【解】（1）C10 素混凝土垫层。

模板工程量 =0.1×（16.7-1.1）×2=3.12（m²）

套用的定额子目：[6-1090]

基价 =2562.66 元 /10m²

（2）管道基础。

① 平基。

模板工程量 =0.08×（16.7-1.1）×2≈2.50（m²）

套用的定额子目：[6-1142]

基价 =4432.01 元 /10m²

② 管座。

模板工程量 =0.208×（16.7-1.1）×2≈6.49（m²）

套用的定额子目：[6-1144]

基价 =5316.60 元 /10m²

【例 7-12】某排水管道工程，有 1100mm×1100mm 的砖砌检查井 10 座，采用 C20 预制混凝土井室盖板、C30 预制混凝土井圈，现场预制，均采用木模板。井室盖板平面尺寸为 1450mm×1400mm、厚 120mm，每块井室盖板混凝土体积为 0.197m³，每块井圈混凝土体积为 0.182m³。计算该工程检查井施工时，井室盖板、井圈模板的工程量，并确定套用的定额子目及基价。

【解】（1）井室盖板模板。

$$模板工程量 =0.197 \times 10=1.97（m^3）$$

套用的定额子目：[6-1158]

$$基价 =1761.91 元 /10m^3$$

（2）井圈模板。

$$模板工程量 =0.182 \times 10=1.82（m^3）$$

套用的定额子目：[6-1168]

$$基价 =4574.21 元 /10m^3$$

7.7　排水工程定额计量与计价实例

【例 7-13】某市中华路排水管道工程，雨水管道实施的起止井号为 Y1～Y3，污水管道实施的起止井号为 W1～W4，均不包括沿线的支管及支管井，也不包括雨水口及连接支管。当管径 $D \leqslant 400mm$ 时，采用承插式 UPVC 管、橡胶圈接口、砂基础；当管径 $D \geqslant 500mm$ 时，采用承插式钢筋混凝土管、橡胶圈接口、钢筋混凝土条形基础。雨污水检查井采用砖砌矩形或方形检查井，详见后附管道平面图、管道纵断面图及相关结构图（图 7.10～图 7.27）。

已知本工程沿线土质为砂性土，地下水位于地表以下 1.3～1.5m。

要求进行该排水管道工程定额计量与计价，即计算该排水管道工程相关的定额工程量并确定套用的定额子目及基价。

知识链接

排水管道工程定额计量与计价的基本思路如下。

1. 确定工程的施工方案（施工方案不同，计算的项目不同，套用的定额子目也不同）。

2. 计算管道基本数据及检查井基本数据（基本数据可用于分部分项项目工程量的计算）。

3. 根据施工图纸，结合预算定额及施工方案，确定排水管道工程施工时需发生的分部分项项目，按定额的计算规则计算分部分项项目工程量，并确定套用的定额子目。

4. 根据施工图纸、施工方案，结合工程的实际情况，确定排水管道工程施工时需发生的施工技术措施项目，按定额的计算规则计算工程量，并确定套用的定额子目。

5. 确定人工、材料、机械单价，依据定额换算说明，确定定额子目基价。

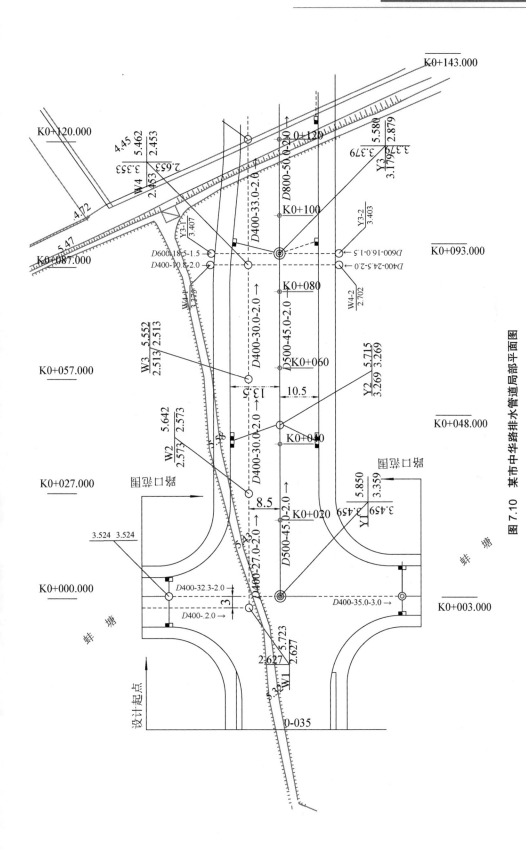

图 7.10 某市中华路排水管道局部平面图

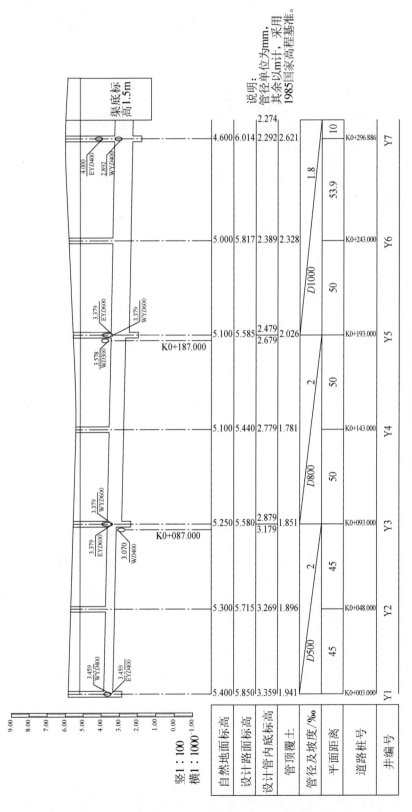

图 7.11　雨水管道纵断面图

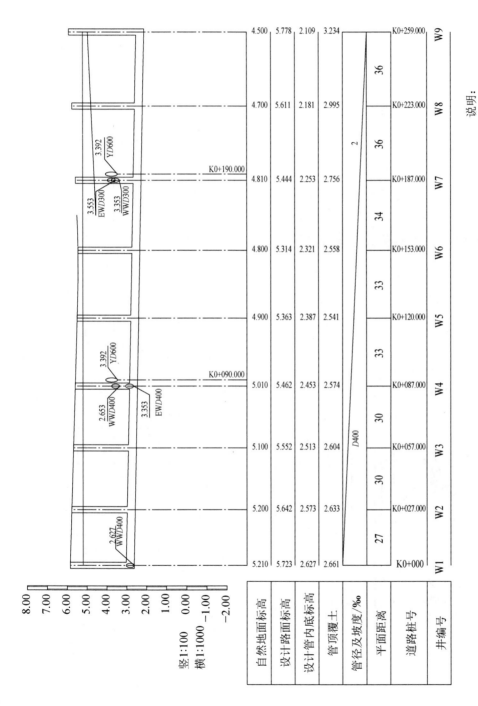

图 7.12 污水管道纵断面图

说明:
管径单位为mm,
其余以m计,采用
1985国家高程基准。

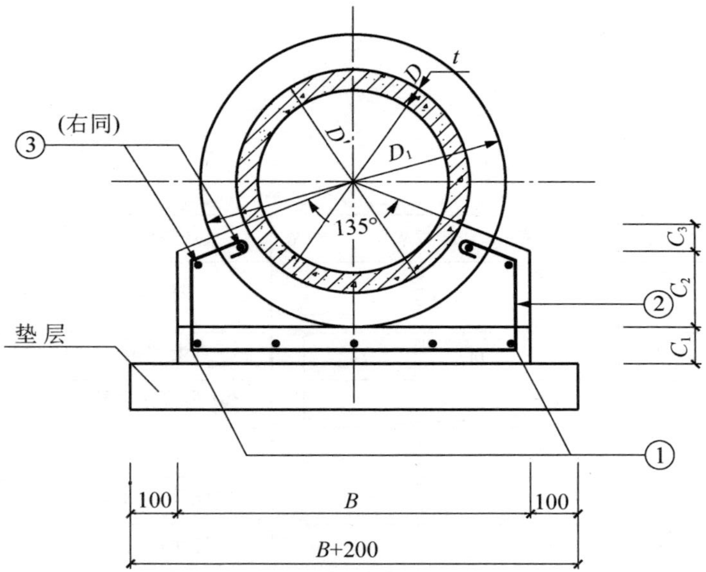

说明：
1. 本图尺寸以mm为单位。
2. 适用条件如下。
  (1) 管顶覆土 D500～D600为 0.7～4.0m，D800～D1500为 0.7～6.0m。
  (2) 开槽埋设的排水管道。
  (3) 地基为原状土。
3. 材料：混凝土为C20，钢筋为HPB300级钢筋。
4. 主筋净保护层：下层为混凝土垫层，其他层为30mm。
5. 垫层：C10素混凝土垫层，厚100mm。
6. 管槽回填土的密实度：管子两侧不低于90%，严禁单侧填高，管顶以上500mm以内，管顶500mm以上按路基要求回填。
7. 管基与管道必须结合良好。
8. 当施工过程中需在C₁层面处留施工缝时，则在继续施工时应将间歇面凿毛刷净，以使整个管基础结合为一体。
9. 管道带形基础每隔15～20m断开20mm，内填闭孔聚乙烯泡沫板。

基础尺寸及材料工程量表

D/mm	D′/mm	D₁/mm	t/mm	B′/mm	C₁/mm	C₂/mm	C₃/mm	①	②	③	C20混凝土/m³	①筋长/m	②筋长/m	③筋长/m
											每米管道基础工程量			
500	610	780	55	880	80	208	66	5Φ10	Φ8@200	4Φ10	0.224	5.00	8.005	4.00
600	720	910	60	1010	80	246	71	6Φ10	Φ8@200	4Φ10	0.282	6.00	9.165	4.00
800	930	1104	65	1204	80	303	71	7Φ10	Φ8@200	4Φ10	0.356	7.00	10.71	4.00
1000	1150	1346	75	1446	80	374	79	8Φ10	Φ8@200	4Φ10	0.483	8.00	12.84	4.00
1200	1380	1616	90	1716	80	453	91	9Φ10	Φ8@200	4Φ10	0.658	9.00	15.29	4.00
1500	1730	2008	115	2200	100	548	124	10Φ10	Φ8@200	4Φ10	1.045	10.00	19.05	8.00

图 7.13 钢筋混凝土管道条形基础结构图

管道基础尺寸及变形参数表　　单位: mm

管道规格 DN		DN200	DN300	DN400	DN500	DN600
沟槽宽度 B	$H_s<3000$	250	335	450	530	630
	$3000 \leqslant H_s<4000$	1000	1100	1200	1300	1400
	$4000 \leqslant H_s<4500$	1200	1300	1400	1500	1600
	$4500 \leqslant H_s<6000$	1300	1400	1500	1600	1000
竖向管道直径初始变形量		6	10	13	16	20
竖向管道直径允许变形量		10	15	20	25	30

注: 无支撑时沟槽宽度 B 可减小 300mm。

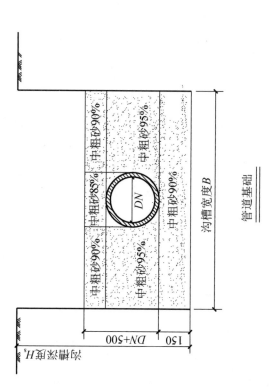

图 7.14　UPVC 管道基础结构图

检查井结构设计说明

1. 检查井图尺寸除说明外单位均为mm。

2. 排水检查井内容。

(1)检查井分为砖砌矩形检查井和砖砌方形检查井。

(2)检查井分落底井和不落底井两种。

(3)雨污交汇井采用落底井，井内雨水管断开，污水管穿过。

3. 适用条件。

(1)设计荷载：城-B。

(2)土容重：干容重为18kN/m³，饱和容重为20kN/m³。

(3)地下水位：地面下1.0m。

(4)检查井筒顶板上覆土厚度：总高度小于或等于2.0m的井筒的顶板及总高度大于2.0m的二级井筒的顶板适用覆土厚度为0.6～2.0m；小于0.6m或大于3.5m的井筒的顶板应另行设计。

(5)地基承载力大于80kPa。

4. 材料。

(1)砖砌检查井用M10水泥砂浆砌筑MU10机制砖，检查井内外表面及抹三角用M20.0抹灰砂浆抹面，厚20mm。

(2)钢筋混凝土构件：预制与现浇均采用C20混凝土，钢筋采用φ—HPB300级钢筋，φ—HRB335级钢筋。

(3)混凝土垫层：C10。

5. 检查井配用φ700的翻盖式铸铁井座及井盖板。

6. 检查井底板均选用钢筋混凝土底板，并与主管的第一节管子或半截长管子基础浇筑成整体。

7. 管子上半圆砌发砖券，当管道D≤800时，券高δ=120mm；当管道D≥1000时，券高δ=240mm。

8. 施工注意事项。

(1)预制或现浇盖板必须保证底面平整光洁，不得有蜂窝、麻面。

(2)安装井座须坐浆，井盖顶板要求与路面平。

9. 除图中已注明外，其余垫层做法与接入主管基础垫层相同。

10. 井筒必须按模数高度设置，若截后砌至顶部在大于20mm小于60mm之间，宜用C30细石混凝土找平，再放置预制井座或直接现浇钢筋混凝土井座。

11. 由于检查井基础大部分位于淤泥质土层上，因此检查井基础地基需进行处理，处理方法同管下软土基础的处理方法。

图7.15 检查井结构设计说明

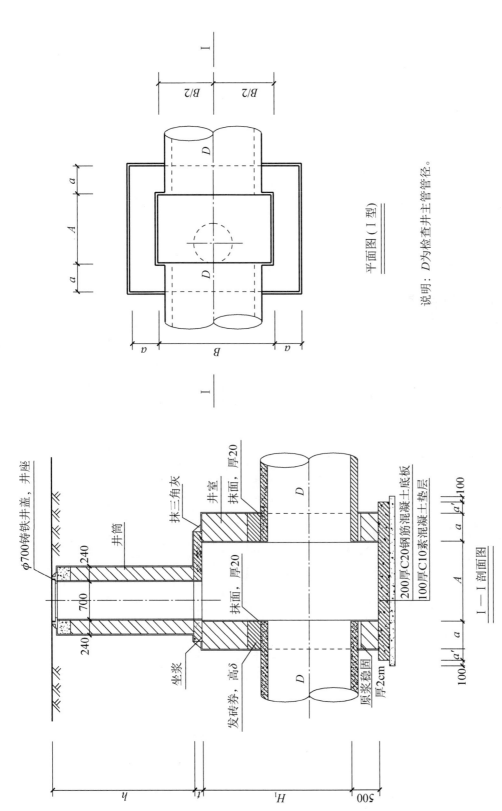

平面图（Ⅰ型）

说明：D为检查井主管管径。

Ⅰ—Ⅰ剖面图

图7.16 矩形检查井（井筒高度小于2m，落底井）平、剖面图

各 部 尺 寸 表

管 径 D/mm	井室平面尺寸 A×B/(mm×mm)	井壁厚度 a/mm	井室高度 H₁/mm	井筒高度 h/mm
≤600	1100×1100	370	1800~1900	600~2000
800	1100×1250	370	1800~1900	600~2000
1000	1100×1500	370	1800~2100	600~2000
1200	1100×1750	370		600~1600
		490	1800~2300	1600~2000

工 程 量 表

管 径 D/mm	井室平面尺寸 A×B/(mm×mm)	井壁厚度 a/mm	井室砖砌体 /(m³/m)	井室砂浆抹面 /(m²/m)	井筒砖砌体 /(m³/m)	井筒砂浆抹面 /(m²/m)	顶板 /块	井盖井座 /套
≤600	1100×1100	370	2.18	11.76	0.71	5.91	1	1
800	1100×1250	370	2.29	12.36			1	1
1000	1100×1500	370	2.47	13.36			1	1
1200	1100×1750	370	2.66	14.36			1	1
		490	3.75	15.32			1	1

图 7.17 矩形检查井（井筒高度小于 2m，落底井）各部尺寸及工程数量表

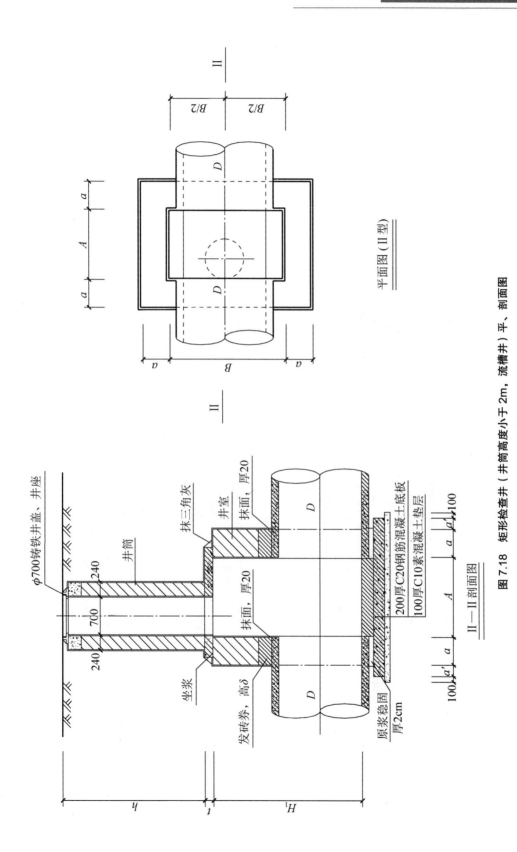

图 7.18 矩形检查井（井筒高度小于 2m，流槽井）平、剖面图

各部尺寸表

管径 D/mm	井室平面尺寸 A×B/(mm×mm)	井壁厚度 a/mm	井室高度 H₁/mm	井筒高度 h/mm
≤600	1100×1100	370	1800~2400	600~2000
800	1100×1250	370	1800~2400	600~2000
1000	1100×1500	370	1800~2600	600~2000
1200	1100×1750	370	1800~2800	600~2000

工 程 数 量 表

管径 D/mm	井室平面尺寸 A×B/(mm×mm)	井壁厚度 a/mm	井室砖砌体 /(m³/m)	井室砂浆抹面 /(m²/m)	流槽砖砌体 /m³	流槽砂浆抹面 /m²	井筒砖砌体 /(m³/m)	井筒砂浆抹面 /(m²/m)	顶板 /块	井盖井座 /套
≤600	1100×1100	370	2.18	11.76	0.35	2.14	0.71	5.91	1	1
800	1100×1250	370	2.29	12.36	0.58	2.76			1	1
1000	1100×1500	370	2.47	13.36	0.83	3.38			1	1
1200	1100×1750	370	2.66	14.36	1.13	4.00			1	1

图 7.19 矩形检查井（井筒高度小于 2m，流槽井）各部尺寸及工程数量表

钢筋及材料表

检查井尺寸 $A \times B$/(mm×mm)	底板尺寸 $A' \times B'$/(mm×mm)	井墙厚 a/mm	井墙厚 b/mm	编号	直径 /mm	简图 /mm	根长 /mm	根数 /根	共长 /m	质量 /kg	每块底板材料 钢筋/kg	每块底板材料 混凝土/m³
1100×1100	2040×2040	370	370	①	Φ10	1980	1980	22	43.56	26.877	53.754	0.832
				②	Φ10	1980	1980	22	43.56	26.877		
1100×1250	2040×2190	370	370	①	Φ10	2130	2130	22	46.86	28.913	58.233	0.894
				②	Φ10	1980	1980	24	47.52	29.320		
1100×1500	2040×2440	370	370	①	Φ10	2380	2380	22	52.36	32.306	64.069	0.894
				②	Φ10	1980	1980	26	51.48	31.763		

说明：
1.本图尺寸以mm为单位。
2.材料：混凝土为C20，Φ为HRB335级钢筋。
3.钢筋净保护层厚30mm。
4.活荷载为：汽-20。
5.底板与检查井两侧第一节管连接，详见连接图。

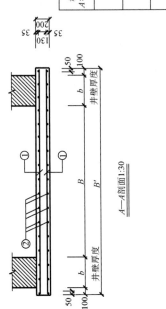

A—A剖面1:30

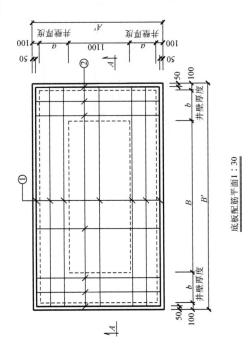

底板配筋平面1：30

图 7.20 检查井底板平、剖面图

市政工程计量与计价(第四版)

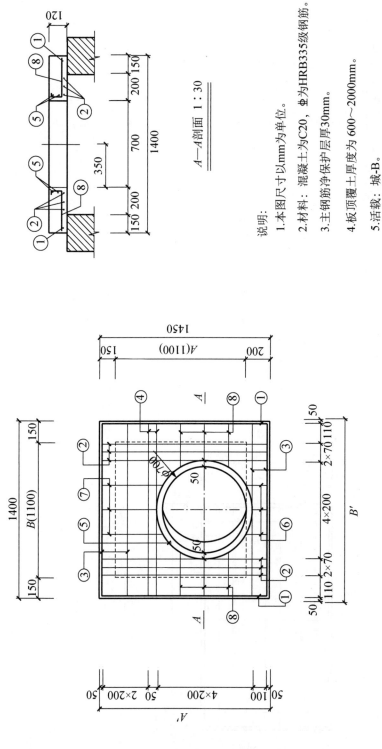

图 7.21　检查井顶板(井室盖板)平、剖面图

188

钢筋及工程数量表

检查井尺寸 $A \times B$ /(mm×mm)	盖板尺寸 $A' \times B'$ /(mm×mm)	编号	直径 /mm	简图 /mm	根长 /mm	根数 /根	共长 /m	质量 /kg	每块顶板材料用量	
									钢筋 /kg	混凝土 /m³
1100×1100	1450×1400	①	Φ10	1390	1390	2	2.780	1.715	23.232	0.197
		②	Φ12	1390	1390	6	8.340	7.406		
		③	Φ10	1340	1340	4	5.360	3.307		
		④	Φ12	1340	1340	2	2.680	2.380		
		⑤	Φ12	搭接42d 3020	3020	2	6.040	5.364		
		⑥	Φ10	50 80 均长140	均长 270	3	0.810	0.500		
		⑦	Φ10	50 80 均长490	均长 620	3	1.860	1.148		
		⑧	Φ10	50 80 均长290	均长 420	6	2.520	1.555		
1100×1250	1450×1550	①	Φ10	1390	1390	2	2.780	1.715	24.290	0.224
		②	Φ12	1390	1390	6	8.340	7.406		
		③	Φ10	1490	1490	4	5.960	3.677		
		④	Φ12	1490	1 490	2	2.980	2.648		
		⑤	Φ12	搭接42d 3020	3020	2	6.040	5.364		
		⑥	Φ10	50 80 均长140	均长 270	3	0.810	0.500		
		⑦	Φ10	50 80 均长490	均长 620	3	1.860	1.148		
		⑧	Φ10	50 80 均长365	均长 495	6	2.970	1.832		
1100×1500	1450×1800	①	Φ10	1390	1390	2	2.780	1.715	25.814	0.267
		②	Φ12	1390	1390	6	8.340	7.406		
		③	Φ10	1740	1740	4	6.960	4.294		
		④	Φ12	1740	1740	2	3.480	3.092		
		⑤	Φ12	搭接42d 3020	3020	2	6.040	5.364		
		⑥	Φ10	50 80 均长140	均长 270	3	0.810	0.500		
		⑦	Φ10	50 80 均长490	均长 620	3	1.860	1.148		
		⑧	Φ10	50 80 均长490	均长 620	6	3.720	2.295		

图 7.22 检查井顶板（井室盖板）钢筋及工程数量表

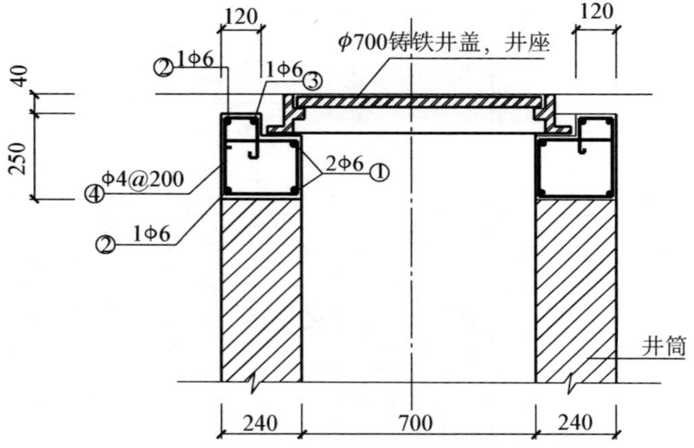

I－I 剖面图

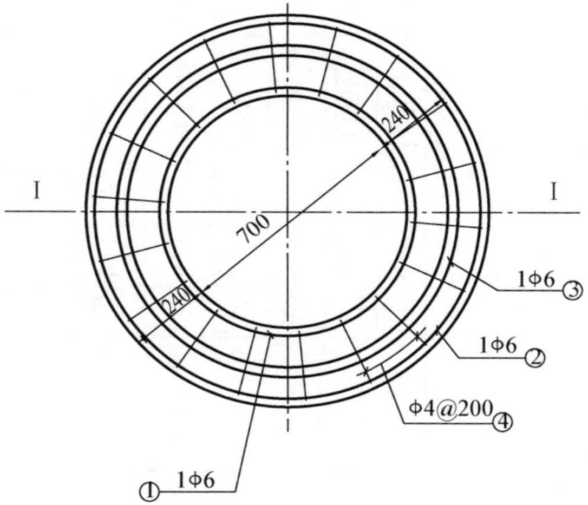

井座平面图

每个井座钢筋与混凝土工程数量表

编号	简　图/mm	直径*d*/mm	根长/mm	根 数/根	共长/m	混凝土/m^3
①	D　*D*=760 搭接300	φ6	2690	2	5.38	0.182
②	D　*D*=1120 搭接300	φ6	3820	2	7.64	
③	D　*D*=1000 搭接300	φ6	3440	1	3.44	
④	230 80 120 160 200	φ4	850	18	15.30	

说明：

1. 井座采用C30混凝土。
2. 采用HPB300级钢筋。
3. 本井座用于新建检查井及已建检查井的改造。
4. 道路面层结构详见道路施工图。
5. 其他配套管线检查井井座加固同排水检查井井座加固。

图 7.23　检查井井座（井圈）平、剖面图

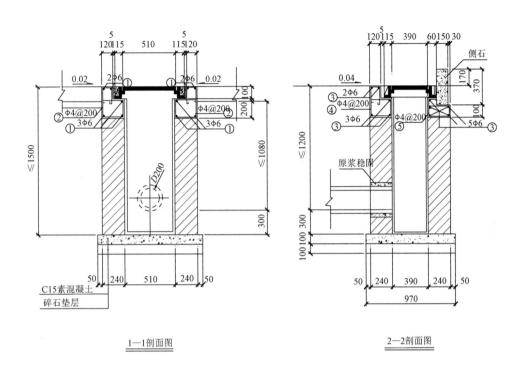

1—1剖面图   2—2剖面图

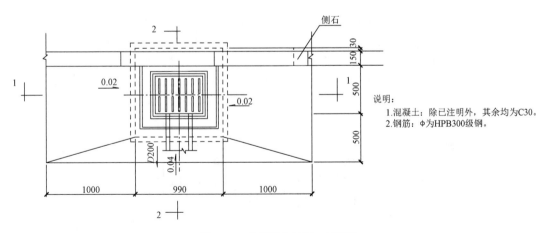

说明：
1.混凝土：除已注明外，其余均为C30。
2.钢筋：Φ为HPB300级钢。

图7.24　单算雨水口平、剖面图

主要工程数量表

序号	材料名称		单位	数量	备注
1	碎石垫层		m³	0.179	—
2	C15混凝土		m³	0.179	—
3	砖砌体		m³/m	1.027	—
4	砂浆抹面	底面	m²	0.5	—
		内侧面	m²/m	3.24	
5	雨水口箅子及底座		套	2	防盗式
6	C20钢筋混凝土		m³	0.326	—

说明：
1.单位：mm。
2.箅子周围应浇筑钢筋混凝土加固，参见单算雨水口加固图。
3.砖砌体用M10水泥砂浆砌筑MU10机砖，井内壁抹面厚20mm。
4.勾缝、坐浆、水口算面均用1：2水泥砂浆。
5.要求雨水口箅面比周围道路低2～3cm，并与路面接顺，以利于排水。
6.安装算座时，下面应坐浆；算座与侧石、平石之间应用砂浆填缝。
7.雨水口管：随接入井方向设置D300，i=0.005。

钢筋明细表

编号	简图	直径/m	根数/根
①	810	Φ6	10
②	260 / 200 / 160 / 150 / 80	Φ4	10
③	810	Φ10	4
④	275 / 150 / 225 / 200	Φ6	5
⑤	1690	Φ6	10
⑥	260 / 200 / 160 / 150 / 85	Φ4	12
⑦	160 / 200 / 60 / 150	Φ4	12

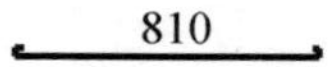

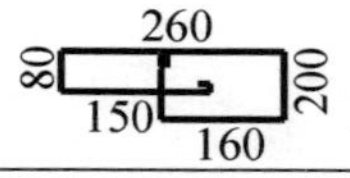

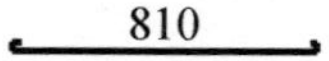

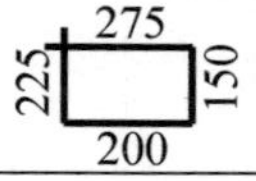

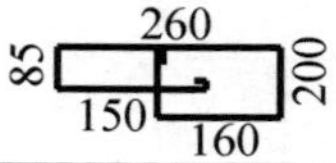

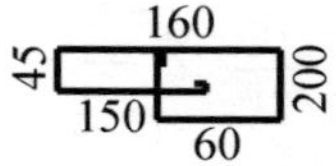

注：①号钢筋遇侧石折弯。

图7.25 单算雨水口钢筋明细表及主要工程数量表

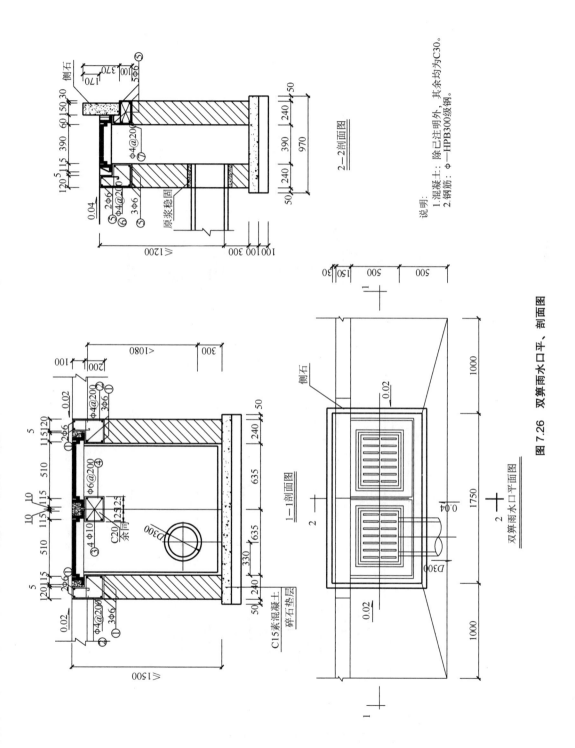

图 7.26 双箅雨水口平、剖面图

钢 筋 明 细 表

编号	简 图	直径/m	根 数/根
①	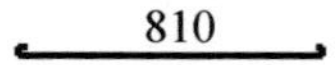 810	Φ6	10
②	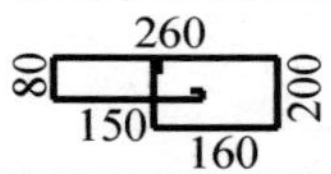 260 / 200 / 160 / 150 / 80	Φ4	10
③	 810	Φ10	4
④	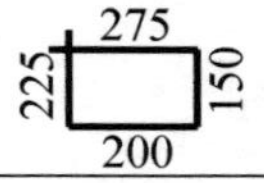 275 / 150 / 225 / 200	Φ6	5
⑤	 1690	Φ6	10
⑥	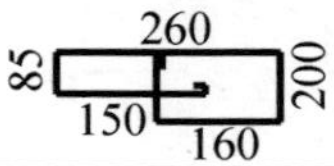 260 / 200 / 160 / 150 / 85	Φ4	12
⑦	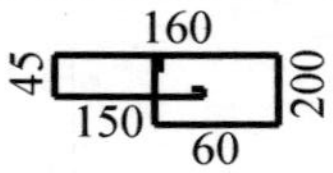 160 / 200 / 60 / 150 / 45	Φ4	12

主 要 工 程 数 量 表

序号	材料名称		单位	数量	备 注
1	碎石垫层		m³	0.179	—
2	C15混凝土		m³	0.179	—
3	砖 砌 体		m³/m	1.027	—
4	砂浆抹面	底面	m²	0.5	—
		内侧面	m²/m	3.24	—
5	雨水口箅子及底座		套	2	防盗式
6	C20钢筋混凝土		m³	0.326	—

说明:
1.单位:mm。
2.箅子周围应浇筑钢筋混凝土加固,参见单算雨水口加固图。
3.砖砌体用M10水泥砂浆砌筑MU10机砖,井内壁抹面厚20mm。
4.勾缝、坐浆和抹面均用1:2水泥砂浆。
5.要求雨水口算顶面比周围道路降低2~3cm,并与路面接顺,以利于排水。
6.安装算座时,下算应坐浆;算座与侧石、平石之间应用砂浆填缝。
7.雨水口管:随接入井方向设置D300,i=0.005。

图 7.27 双算雨水口钢筋明细表及主要工程数量表

【解】1.确定本排水管道工程的施工方案

（1）本工程土质为砂性土即一、二类土，地下水位高于沟槽底标高，考虑采用轻型井点降水，在雨水、污水管道沟槽一侧设置单排井点，井点管间距为1.2m，井点管布设长度超出沟槽两端各10m。

（2）沟槽挖方采用挖掘机在槽边作业、放坡开挖，边坡根据土质情况确定为1∶0.5；距离槽底30cm的土方用人工辅助清底。W1～W4三段管道一起开挖，Y1～Y3两段管道一起开挖，先施工污水管道，再施工雨水管道。

（3）沟槽所挖土方就近用于沟槽回填，多余的土方直接装车用自卸车外运、运距为5km。

（4）管道均采用人工下管。

（5）混凝土采用非泵送商品混凝土。

（6）钢筋混凝土条形基础、井底板混凝土施工时采用钢模，其他部位混凝土施工时采用木模或复合木模。

（7）检查井砌筑砂浆及抹灰砂浆均采用干混砂浆。

（8）检查井施工时均搭设钢管井字架。检查井砌筑、抹灰时不考虑脚手架。

（9）配备1m³以内履带式挖掘机1台。

2.计算本排水管道工程的基础数据

（1）计算管道基础数据，见表7-6。

表7-6 管道基础数据

序号	井间号	平均原地面标高/m	平均管内底标高/m	管内底到槽底的深度/m	沟槽挖深/m	湿土深/m	沟槽底宽/m	管段长度/m	扣井长度/m	胶圈个数/个
1	W1～W2	5.205	2.600	0.175	2.780	—	1.20	27	1.1	4
2	W2～W3	5.150	2.543	0.175	2.782	—	1.20	30	1.1	4
3	W3～W4	5.055	2.483	0.175	2.747	—	1.20	30	1.1	4
4	Y1～Y2	5.350	3.314	0.320	2.356	—	1.88	45	1.1	10
5	Y2～Y3	5.275	3.224	0.320	2.371	—	1.88	45	1.1	10

知识链接

1.沟槽挖深=平均原地面标高－平均管内底标高+管内底到槽底的深度。

2.湿土深=沟槽挖深－（平均原地面标高－平均地下水位标高）。

3.UPVC管：管内底到槽底的深度=砂垫层的厚度+（D_{r0}－DN）/2。其中，D_{r0}为管道外径，DN为管道公称直径。

4.承插式钢筋混凝土管：管内底到槽底的深度=（D_1－D）/2+C_1+垫层厚度。其中D_1为承口外径，D为管道内径，C_1为平基厚度。

如 W1 ～ W2 段为 DN400UPVC 管，采用砂基础，根据图 7.14 UPVC 管道基础结构图可计算确定：

$$管内底到槽底的深度 =0.15+（0.45-0.4）/2=0.175（m）$$
$$沟槽挖深 =5.205-2.600+0.175=2.780（m）$$
$$管道节数 =（27-1.1）/6≈5（节）（DN400UPVC 管每节管长 6m）$$
$$胶圈个数 =5-1=4（个）$$

根据沟槽挖深、管径，查图 7.14 可确定：沟槽底宽 B=1.2m

如 Y1 ～ Y2 段为 D500 承插式钢筋混凝土管，采用钢筋混凝土条形基础，根据图 7.13 钢筋混凝土管道条形基础结构图可计算确定：

$$管内底到槽底的深度 =（0.78-0.5）/2+0.08+0.1=0.32（m）$$
$$沟槽挖深 =5.350-3.314+0.32=2.356（m）$$
$$管道节数 =（45-1.1）/4≈11（节）（D500 钢筋混凝土管每节管长 4m）$$
$$胶圈个数 =11-1=10（个）$$

根据图 7.13 可确定，平基宽度为 0.88m，混凝土管道基础中心角为 135°，查本定额第一册《通用项目》第一章"土石方工程"的"管沟底部每侧工作面宽度计算表"，可确定管沟底部每侧工作面宽度为 0.5m。

$$沟槽底宽 =0.88+0.5×2=1.88（m）$$

（2）计算检查井基础数据，见表 7-7。

表 7-7 检查井基础数据

序号	井号	井径 / (mm×mm)	井类型 /m	设计井盖 平均标高 /m	管内底 标高 /m	井深 /m	井室 砌筑高度 /m	井筒 高度 /m	井筒 砌筑高度 /m
1	W1	1100×1100	流槽井	5.723	2.627	3.141	1.845	1.176	0.886
2	W2	1100×1100		5.642	2.573	3.114	1.845	1.149	0.859
3	W3	1100×1100		5.552	2.513	3.084	1.845	1.119	0.829
4	W4	1100×1100		5.462	2.453	3.054	1.845	1.089	0.799
5	Y1	1100×1100	落底井	5.850	3.359	2.991	2.3	0.571	0.281
6	Y2	1100×1100	流槽井	5.715	3.269	2.521	1.875	0.526	0.236
7	Y3	1100×1250	落底井	5.580	2.879	3.201	2.3	0.781	0.491

如：W1 为 1100mm×1100mm 流槽井，根据图 7.12、图 7.14、图 7.18 可计算确定：

井深 =5.723−2.627+（0.45−0.4）/2+0.02=3.141（m）

井室高度 H_1 取定为设计最小值 1.8m。

井室砌筑高度 =1.8+（0.45−0.4）/2+0.02=1.845（m）

井筒高度 =3.141−1.845−0.12=1.176（m）[查图 7.21 检查井顶板（井室盖板）平、剖面结构图，可知井顶板即井室盖板厚度为 0.12m]

井筒砌筑高度 =1.176−0.25−0.04=0.886（m）[查图 7.23 检查井井座（井圈）平、剖结构图，可知井圈厚 0.25m、井盖及井盖座厚 0.04m]

如：Y1 为 1100mm×1100mm 落底井，根据图 7.11、图 7.16 可计算确定：

井深 =5.850−3.359+0.5=2.991（m）

井室高度 H_1 取定为设计最小值 1.8m。

井室砌筑高度 =1.8+0.5=2.3（m）

井筒高度 =2.991−2.3−0.12=0.571（m）[查图 7.21 检查井顶板（井室盖板）平、剖面结构图，可知井顶板即井室盖板厚度为 0.12m]

井筒砌筑高度 =0.571−0.25−0.04=0.281（m）[查图 7.23 检查井井座（井圈）平、剖结构图，可知井圈厚 0.25m、井盖及井盖座厚 0.04m]

3. 计算分部分项项目的工程量，并确定套用的定额子目及基价

1）土石方工程相关的分部分项项目

（1）计算土石方工程相关分部分项项目的工程量，见表 7-8。

（2）根据图纸，结合施工方案以及人工、材料、机械单价，确定分部分项项目套用的定额子目，并确定定额子目的基价，见表 7-8。

本例，土石方工程相关分部分项项目的人工、材料、机械单价均按《浙江省市政工程预算定额》（2018 版）计取。

2）管道相关的分部分项项目

（1）计算管道相关分部分项项目的工程量，见表 7-9。

（2）根据图纸，结合施工方案以及人工、材料、机械单价，确定分部分项项目套用的定额子目，并确定定额子目的基价，见表 7-9。

本例管道相关分部分项项目的人工、材料、机械单价均按《浙江省市政工程预算定额》（2018 版）计取（C10 非泵送商品混凝土单价为 382.00 元 /m³）。

3）检查井相关的分部分项项目

（1）计算检查井相关分部分项项目的工程量，见表 7-10。

（2）根据图纸，结合施工方案以及人工、材料、机械单价，确定分部分项项目套用的定额子目，并确定定额子目的基价，见表 7-10。

本例检查井相关分部分项项目的人工、材料、机械单价均按《浙江省市政工程预算定额》（2018 版）计取（C10 非泵送商品混凝土单价为 382.00 元 /m³）。

表 7-8　土石方工程相关分部分项目工程量计算及定额套用表

序号	分部分项项目名称		单位	计算式	数量	定额子目	基价
1	人工挖沟槽土方（一、二类土，4m 以内，辅助清底）		m³	W1～W2：$(1.2+0.3×0.5)×0.3×27×1.025≈11.21$ W2～W3：$(1.2+0.3×0.5)×0.3×30×1.025≈12.45$ W3～W4：$(1.2+0.3×0.5)×0.3×30×1.025≈12.45$ Y1～Y2：$(1.88+0.3×0.5)×0.3×45×1.025≈28.09$ Y2～Y3：$(1.88+0.3×0.5)×0.3×45×1.025≈28.09$	92.29	[1-14]H	2690.63 元 /100m³
2	挖掘机挖土（一、二类土）	总机械挖方量	m³	W1～W2：$(1.2+2.780×0.5)×2.780×27×1.025-11.21≈188.06$ W2～W3：$(1.2+2.782×0.5)×2.782×30×1.025-12.45≈209.20$ W3～W4：$(1.2+2.747×0.5)×2.747×30×1.025-12.45≈204.93$ Y1～Y2：$(1.88+2.356×0.5)×2.356×45×1.025-28.09≈304.22$ Y2～Y3：$(1.88+2.371×0.5)×2.371×45×1.025-28.09≈307.16$	1213.57	—	—
		其中　挖掘机挖土不装车	m³	$10245.56×1.15-92.29$	1085.95	[1-68]	2012.59 元 /1000m³
		其中　挖掘机挖土并装车	m³	$1213.57-1085.95$	127.62	[1-71]	3057.45 元 /1000m³
3	（沟槽）填方		m³	W1～W2 段：$V_{扣管道+基础+垫层}=[1.2+0.5×(0.15+0.45+0.5)]×(0.15+0.45+0.5)×(27-1.1)≈49.86$ W2～W3 段：$V_{扣管道+基础+垫层}=[1.2+0.5×(0.15+0.45+0.5)]×(0.15+0.45+0.5)×(30-1.1)≈55.63$ W3～W4 段：$V_{扣管道+基础+垫层}=[1.2+0.5×(0.15+0.45+0.5)]×(0.15+0.45+0.5)×(30-1.1)≈55.63$	1024.56	[1-116]	1051.68 元 /100m³

续表

序号	分部分项项目名称	单位	计算式	数量	定额子目	基价
3	（沟槽）填方	m³	W1～W4段：$V_{扣井}=2.01+3.33+（1.1+2\times0.37）^2 \times 1.845 \times 4+0.79+\dfrac{\pi(0.7+2\times0.24)^2}{4} \times 1.133 \times 4 \approx 36.07$ Y1～Y3段：$V_{扣管道+基础+垫层}=9.48+6.18+13.48+\dfrac{\pi\times0.61^2}{4} \times （45-1.1）\times 2 \approx 54.79$ Y1：$V_{扣井}=0.50+0.83+（1.1+2\times0.37）^2 \times 2.3+0.20+\dfrac{\pi(0.7+2\times0.24)^2}{4} \times 0.571 \approx 9.94$ Y2：$V_{扣井}=0.50+0.83+（1.1+2\times0.37）^2 \times 1.875+0.20+\dfrac{\pi(0.7+2\times0.24)^2}{4} \times 0.526 \approx 8.45$ Y3：$V_{扣井}=0.54+0.89+（1.1+2\times0.37）^2 \times （1.25+2\times0.37）\times 2.3+0.22+\dfrac{\pi(0.7+2\times0.24)^2}{4} \times 0.781 \approx 10.93$ $\sum V_{扣}=49.86+55.63+55.63+36.07+54.79+9.94+8.45+10.93=281.30$ $V_{填}=V_{挖}-\sum V_{扣}=92.29+1213.57-281.30=1024.56$	1024.56	[1-116]	1051.68 元/100m³
4	自卸车运土方（5km）	m³	92.29+1213.57-1024.56×1.15	127.62	[1-94]+ [1-95]×4	11791.33 元/1000m³

注：表中计算扣井的体积时，4口污水井取平均井深计算；3口雨水井逐一进行计算。扣井的体积可按以下公式计算。

$V_{扣井}=V_{井垫层}+V_{井底板}+V_{井室总}+V_{井室盖}+V_{井筒总}$

$V_{井室总}=（井室长+井室壁厚\times2）\times（井室宽+井室壁厚\times2）\times 井室砌筑高度$

$V_{井筒总}=\dfrac{\pi(井筒内径+2\times井筒壁厚)^2}{4}\times 井筒高度\ h$

表 7-9　管道相关分部分项项目工程量计算及定额套用表

序号	分部分项项目名称	单位	计算式	数量	定额子目	基价
1	砂垫层	m³	W1～W2:（1.2+0.5×0.15）×0.15×（27-1.1）≈4.95 W2～W3:（1.2+0.5×0.15）×0.15×（30-1.1）≈5.53 W3～W4:（1.2+0.5×0.15）×0.15×（30-1.1）≈5.53	16.01	[6-290]	1977.19 元/10m³
2	沟槽回填砂	m³	W1～W2: [1.2+0.5×（0.15+0.45+0.5）×（0.15+0.45+0.5）]×（0.15+0.45+0.5）×（27-1.1）-4.95-$\frac{\pi \times 0.45^2}{4}$ ×（27-1.1）≈40.79 W2～W3: [1.2+0.5×（0.15+0.45+0.5）]×（0.15+0.45+0.5）×（30-1.1）-5.53-$\frac{\pi \times 0.45^2}{4}$ ×（30-1.1）≈45.51 W3～W4: 同 W2～W3 段 =45.51	131.81	[6-306]	1837.34 元/10m³
3	DN400UPVC 管道铺设	m	27-1.1+30-1.1+30-1.1	83.7	[6-55]	6918.30 元/100m
4	DN400UPVC 管道接口	个口	4+4+4	12	[6-209]	133.38 元/10个口
5	DN400 管道闭水试验	m	27+30+30	87	[6-226]	259.01 元/100m
6	C10 素混凝土垫层	m³	Y1～Y2:（0.88+2×0.1）×0.1×（45-1.1）≈4.74 Y2～Y3:（0.88+2×0.1）×0.1×（45-1.1）≈4.74	9.48	[6-292]H	4234.93 元/10m³
7	C20 混凝土平基	m³	Y1～Y2: 0.88×0.08×（45-1.1）≈3.09 Y2～Y3: 0.88×0.08×（45-1.1）≈3.09	6.18	[6-299]H	4708.11 元/10m³
8	C20 混凝土管座	m³	Y1～Y2: 0.224×（45-1.1）-3.09≈6.74 Y2～Y3: 0.224×（45-1.1）-3.09≈6.74	13.48	[6-304]H	4844.03 元/10m³
9	D500 混凝土管道铺设	m	45-1.1+45-1.1	87.8	[6-30]	11869.10 元/100m
10	D500 管道接口	个口	10+10	20	[6-188]	198.75 元/10个口
11	D500 管道闭水试验	m	45+45	90	[6-227]	380.77 元/100m

表 7-10 检查井相关分部分项项目工程量计算及定额套用表

序号	分部分项项目名称	单位	计算式	数量	定额子目	基价
一	1100mm×1100mm 污水流槽井 [按平均井深 3.098m 计算，井室砌筑高度=1.845m，井筒砌筑高度 h=3.098-1.845-0.12=1.133（m），井筒砌筑高度=1.133-0.25-0.04=0.843（m）]					
1	C10 井垫层	m³	（2.04+2×0.1）×（2.04+2×0.1）×0.1×4	2.01	[6-249]H	4555.61 元/10m³
2	C20 井底板	m³	2.04×2.04×0.2×4	3.33	[6-250]H	4903.51 元/10m³
3	井室砌筑（矩形，M10 干混砂浆）	m³	2.18×1.845×4+0.35×4	17.49	[6-252]	4061.05 元/10m³
4	井筒砌筑（圆形，M10 干混砂浆）	m³	0.71×0.843×4	2.39	[6-251]	4675.50 元/10m³
5	井壁抹灰	m²	（11.76×1.845+5.91×0.843）×4	106.72	[6-260]	2934.44 元/100m²
6	流槽抹灰	m²	2.14×4	8.56	[6-262]	2633.39 元/100m²
7	C20 井室盖板预制	m³	0.197×4	0.79	[6-354]	5622.20 元/10m³
8	C20 井室盖板安装	m³	0.197×4	0.79	[6-365]	2024.97 元/10m³
9	C30 井圈预制	m³	0.182×4	0.73	[6-272]H	5363.89 元/10m³
10	C30 井圈安装	m³	0.182×4	0.73	[6-370]	2621.87 元/10m³
11	φ700 铸铁井盖、井座安装	套	4	4	[6-275]	6984.11 元/10套
二	1100mm×1100mm 雨水落底井（井深为 2.991m，井室砌筑高度=2.3m，井筒砌筑高度=0.281m）					
12	C10 井垫层	m³	（2.04+2×0.1）×（2.04+2×0.1）×0.1	0.50	[6-249]H	4555.61 元/10m³
13	C20 井底板	m³	2.04×2.04×0.2	0.83	[6-250]H	4903.51 元/10m³
14	井室砌筑（矩形，M10 干混砂浆）	m³	2.18×2.3	5.01	[6-252]	4061.05 元/10m³
15	井筒砌筑（圆形，M10 干混砂浆）	m³	0.71×0.281	0.20	[6-251]	4675.50 元/10m³
16	井壁抹灰	m²	11.76×2.3+5.91×0.281	28.71	[6-260]	2934.44 元/100m²
17	C20 井室盖板预制	m³	0.197×1	0.20	[6-354]	5622.20 元/10m³
18	C20 井室盖板安装	m³	0.197×1	0.20	[6-365]	2024.97 元/10m³
19	C30 井圈预制	m³	0.182×1	0.18	[6-272]H	5363.89 元/10m³
20	C30 井圈安装	m³	0.182×1	0.18	[6-370]	2621.87 元/10m³
21	φ700 铸铁井盖、井座安装	套	1	1	[6-275]	6984.11 元/10套

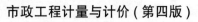

续表

序号	分部分项目名称	单位	计算式	数量	定额子目	基价
三	1100mm×1100mm 雨水流槽井（井深为2.521m，井室砌筑高度=1.875m，井筒砌筑高度=0.236m）					
22	C10井垫层	m³	$(2.04+2×0.1)×(2.04+2×0.1)×0.1$	0.50	[6-249]H	4555.61 元/10m³
23	C20井底板	m³	$2.04×2.04×0.2$	0.83	[6-250]H	4903.51 元/10m³
24	井室砌筑（矩形，M10干混砂浆）	m³	$2.18×1.875+0.35$	4.44	[6-252]	4061.05 元/10m³
25	井筒砌筑（圆形，M10干混砂浆）	m³	$0.71×0.236$	0.17	[6-251]	4675.50 元/10m³
26	井壁抹灰	m²	$11.76×1.875+5.91×0.236$	23.44	[6-260]	2934.44 元/100m²
27	流槽抹灰	m²	$2.14×1$	2.14	[6-262]	2633.39 元/100m²
28	C20井室盖板预制	m³	$0.197×1$	0.20	[6-354]	5622.20 元/10m³
29	C20井室盖板安装	m³	$0.197×1$	0.20	[6-365]	2024.97 元/10m³
30	C30井圈预制	m³	$0.182×1$	0.18	[6-272]H	5363.89 元/10m³
31	C30井圈安装	m³	$0.182×1$	0.18	[6-370]	2621.87 元/10m³
32	φ700铸铁井盖、井座安装	套	1	1	[6-275]	6984.11 元/10套
四	1100mm×1250mm 雨水落底井（井深为3.201m，井室砌筑高度=2.3m，井筒砌筑高度=0.491m）					
33	C10井垫层	m³	$(2.04+2×0.1)×(2.19+2×0.1)×0.1$	0.54	[6-249]H	4555.61 元/10m³
34	C20井底板	m³	$2.04×2.19×0.2$	0.89	[6-250]H	4903.51 元/10m³
35	井室砌筑（矩形，M10干混砂浆）	m³	$2.29×2.3 - \dfrac{\pi×0.93^2}{4}×0.37$	5.02	[6-252]	4061.05 元/10m³
36	井筒砌筑（圆形，M10干混砂浆）	m³	$0.71×0.491$	0.35	[6-251]	4675.50 元/10m³
37	井壁抹灰	m²	$12.36×2.3+5.91×0.491$	31.33	[6-260]	2934.44 元/100m²
38	C20井室盖板预制	m³	$0.224×1$	0.22	[6-354]	5622.20 元/10m³
39	C20井室盖板安装	m³	$0.224×1$	0.22	[6-365]	2024.97 元/10m³
40	C30井圈预制	m³	$0.182×1$	0.18	[6-272]H	5363.89 元/10m³
41	C30井圈安装	m³	$0.182×1$	0.18	[6-370]	2621.87 元/10m³
42	φ700铸铁井盖、井座安装	套	1	1	[6-275]	6984.11 元/10套

4）钢筋工程相关的分部分项项目

（1）计算钢筋工程相关分部分项项目的工程量，见表7-11。

根据图7.13钢筋混凝土管道条形基础结构图，可知Y1～Y3管道条形基础中的钢筋均为光圆钢筋，其中①号筋、③号筋直径为10mm，②号筋直径为8mm。

根据图7.20检查井底板平、剖面结构图，可知井底板中的钢筋均为带肋钢筋。

根据图7.21、图7.22，可知井顶板（井室盖板）中的钢筋均为带肋钢筋。

根据图7.23，可知井座（井圈）中的钢筋均为光圆钢筋，其中①号筋、②号筋、③号筋直径为6mm，④号筋直径为4mm。

（2）根据图纸，结合施工方案以及人工、材料、机械单价，确定分部分项项目套用的定额子目，并确定定额子目的基价，见表7-11。

本例钢筋工程相关分部分项项目的人工、材料、机械单价均按《浙江省市政工程预算定额》（2018版）计取。

表7-11　钢筋工程相关分部分项项目工程量计算及定额套用表

序号	分部分项项目名称	单位	计算式	数量	定额子目	基价
1	光圆钢筋	t	条形基础钢筋：$0.00617 \times 10^2 \times (5+4) \times (45-1.1-2 \times 0.03+4 \times 35 \times 0.01) \times 2+0.00617 \times 8^2 \times 8.005 \times (45-1.1) \times 2 \approx 779.973$（kg） 井圈钢筋：$0.00617 \times 6^2 \times (5.38+7.64+3.44) \times 7+0.00617 \times 4^2 \times 15.30 \times 7 \approx 36.166$（kg）	0.816	[1-268]	5216.14 元/t
2	带肋钢筋	t	井底板钢筋：$53.754 \times 6+58.233 \times 1=380.757$（kg） 井顶板钢筋：$23.232 \times 6+24.290 \times 1=163.682$（kg）	0.544	[1-269]	4716.01 元/t

4.根据图纸，结合施工方案，确定技术措施项目，并计算工程量、确定套用的定额子目及基价

本例技术措施项目及其工程量、套用的定额子目及基价见表7-12。本例技术措施项目的人工、材料、机械单价均按《浙江省市政工程预算定额》（2018版）计取。

表7-12　施工技术措施项目工程量及定额套用计算表

序号	技术措施项目名称	单位	计算式	数量	定额子目	基价
1	轻型井点井点管安装	根	（27+30+30+2×10）÷1.2+（45+45+2×10）÷1.2	181	[1-518]	1188.59 元/10 根
2	轻型井点井点管拆除	根	（27+30+30+2×10）÷1.2+（45+45+2×10）÷1.2	181	[1-519]	780.03 元/10 根
3	轻型井点使用	套·天	2×7+2×10	34	[1-520]	583.58 元/（套·天）
4	钢管井字架（4m内）	座	根据施工方案确定	7	[6-1172]	149.22 元/座

序号	技术措施项目名称	单位	计算式	数量	定额子目	基价
5	1m³ 以内挖掘机场外运输	台班	根据施工方案确定	1	[3001]	3249.84 元/台班
6	现浇管道混凝土垫层模板	m²	0.1×（45-1.1）×2×2	17.56	[6-1090]	2562.66 元/100m²
7	现浇管道平基模板	m²	0.08×（45-1.1）×2×2	14.05	[6-1141]	4074.93 元/100m²
8	现浇管道管座模板	m²	0.208×（45-1.1）×2×2	36.52	[6-1143]	5450.48/元 100m²
9	现浇井垫层模板	m²	污水井：2.24×0.1×4×4≈3.58 雨水井：2.24×0.1×4×2+2.24×0.1×2+2.39×0.1×2≈2.73	6.30	[6-1090]	2562.66 元/100m²
10	现浇井底板模板	m²	污水井：2.04×0.2×4×4≈6.53 雨水井：2.04×0.2×4×2+2.04×0.2×2+2.19×0.2×2≈4.95	11.48	[6-1141]	4074.93 元/100m²
11	预制井室盖板模板	m³	0.197×4+0.197×2+0.224	1.41	[6-1158]	1761.91 元/10m³
12	预制井圈模板	m³	0.182×7	1.27	[6-1168]	4574.21 元/10m³

思考题与习题

一、简答题

1. 排水管道基础、垫层、管道铺设工程量计算时，是否需扣除检查井所占长度？管道闭水试验工程量计算时，是否需扣除检查井所占长度？

2. 管道管座角度如果与定额不同，在套用管道接口定额时，如何换算？

3. 塑料管道铺设定额子目基价是否包括橡胶圈的费用？

4. 某排水管道基础采用钢筋混凝土条形基础，施工时均采用木模，试分别确定管道平基、管座模板套用的定额子目。

5. 某排水检查井，其井室盖板、井口盖板均为预制混凝土，施工时均采用木模，试分别确定井室盖板、井口盖板模板套用的定额子目。

6. 如何计算检查井的井深？如何确定井室的高度及井筒的高度？

7. 井筒的总高度与井筒的砌筑高度相同吗？

8. 流槽井与落底井的计算项目有什么区别？

9. 流槽井的流槽砌筑和流槽抹灰项目如何套用定额子目？

10. 砖砌检查井施工时，通常哪些部位是现浇的？哪些部位是预制的？

11. 现浇混凝土的模板与预制混凝土的模板计算规则有何不同？

12. 钢筋混凝土条形基础管座混凝土的工程量如何计算？

13. 管道顶进工程量如何计算？水平定向钻牵引工程量如何计算？

14. 沉井刃脚高度怎么确定？

15. 沉井井壁厚度上下不同时，如何套用定额？

16. 构筑物池壁挑檐、池壁牛腿有何不同？

17. 构筑物工程预制钢筋混凝土池内壁板安装套用什么定额子目？

二、计算题

1. D1500 钢筋混凝土平口管，采用钢丝网水泥砂浆接口（135°管基），确定套用的定额子目及基价。

2. D1000 钢筋混凝土平口管，采用水泥砂浆接口（135°管基），确定套用的定额子目及基价。

3. 计算图 7.7 中 Y3 ～ Y4 段管道铺设及垫层、基础的工程量，并确定套用的定额子目及基价。

4. 某 ϕ1500 钢管，采用手掘式顶进，总长 150m，设置三级中继间，如图 7.28 所示。计算该顶管工程人工的用量。

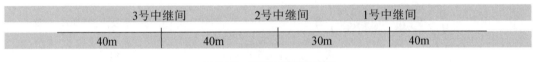

	3号中继间		2号中继间		1号中继间	
40m		40m		30m		40m

图 7.28 三级中继间示意图

5. 某排水构筑物池体底板为锥形池底，池底混凝土施工时采用木模，池底板挖深为 4m，确定池底板模板套用的定额子目及基价。

6. 某管道工程检查井采用预制混凝土井盖板，采用木模板，确定套用的定额子目及基价。

7. 计算图 7.11 中 Y5、Y6 井抹灰的工程量。

第 8 章 《桥涵工程》定额计量与计价

思维导图

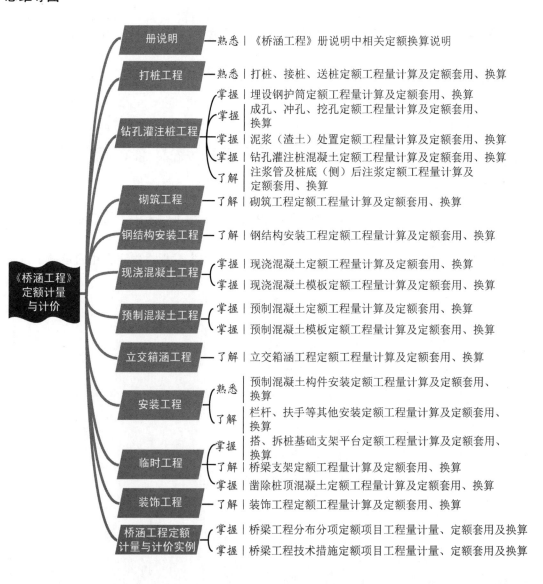

《桥涵工程》定额计量与计价

- 册说明 ── 熟悉 | 《桥涵工程》册说明中相关定额换算说明
- 打桩工程 ── 熟悉 | 打桩、接桩、送桩定额工程量计算及定额套用、换算
- 钻孔灌注桩工程
  - 掌握 | 埋设钢护筒定额工程量计算及定额套用、换算
  - 掌握 | 成孔、冲孔、挖孔定额工程量计算及定额套用、换算
  - 掌握 | 泥浆（渣土）处置定额工程量计算及定额套用、换算
  - 掌握 | 钻孔灌注桩混凝土定额工程量计算及定额套用、换算
  - 了解 | 注浆管及桩底（侧）后注浆定额工程量计算及定额套用、换算
- 砌筑工程 ── 了解 | 砌筑工程定额工程量计算及定额套用、换算
- 钢结构安装工程 ── 了解 | 钢结构安装工程定额工程量计算及定额套用、换算
- 现浇混凝土工程
  - 掌握 | 现浇混凝土定额工程量计算及定额套用、换算
  - 掌握 | 现浇混凝土模板定额工程量计算及定额套用、换算
- 预制混凝土工程
  - 掌握 | 预制混凝土定额工程量计算及定额套用、换算
  - 掌握 | 预制混凝土模板定额工程量计算及定额套用、换算
- 立交箱涵工程 ── 了解 | 立交箱涵工程定额工程量计算及定额套用、换算
- 安装工程
  - 熟悉 | 预制混凝土构件安装定额工程量计算及定额套用、换算
  - 了解 | 栏杆、扶手等其他安装定额工程量计算及定额套用、换算
- 临时工程
  - 掌握 | 搭、拆桩基础支架平台定额工程量计算及定额套用、换算
  - 了解 | 桥梁支架定额工程量计算及定额套用、换算
  - 掌握 | 凿除桩顶混凝土定额工程量计算及定额套用、换算
- 装饰工程 ── 了解 | 装饰工程定额工程量计算及定额套用、换算
- 桥涵工程定额计量与计价实例
  - 掌握 | 桥梁工程分布分项定额项目工程量计量、定额套用及换算
  - 掌握 | 桥梁工程技术措施定额项目工程量计量、定额套用及换算

引例

　　某桥梁工程钻孔灌注桩基础剖面图如图 8.1 所示，桩径为 1.2m，桩顶设计标高为 0.000m，桩底设计标高为 –29.500m，桩底要求入岩 0.5m，桩身采用 C25 钢筋混凝土，计算钻孔灌注桩相关的工程量。有哪些项目需要计算？如何进行计算？

　　计算时要考虑原地面标高、设计桩顶标高、设计桩底标高、混凝土灌注后桩顶标高之间的关系。

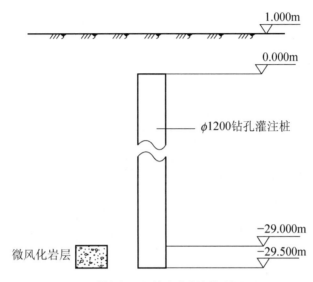

图 8.1　某桥梁工程钻孔灌注桩基础剖面图

8.1　册　说　明

　　《浙江省市政工程预算定额》（2018 版）（以下简称本定额）的第三册《桥涵工程》（以下简称本册定额），包括打桩工程、钻孔灌注桩工程、砌筑工程、钢结构安装工程、现浇混凝土工程、预制混凝土工程、立交箱涵工程、安装工程、临时工程、装饰工程，共 10 章。

　　1. 本册定额适用范围

　　（1）城镇范围内的桥梁工程。

　　（2）单跨 5m 以内的各种板涵、拱涵工程。

　　（3）穿越城市道路及铁路的立交箱涵工程。

　　2. 本册定额套用及相关说明

　　（1）预制混凝土及钢筋混凝土构件均属现场预制，不适用于独立核算、执行产品出厂价格的构件厂所生产的构配件；采用商品构配件编制造价时，按构配件到达工地的价格计算。

　　（2）本册定额中未包括预制构件的场外运输。

《桥涵工程》
册说明

（3）本册定额中均未包括各类操作脚手架，发生时按本定额第一册《通用项目》相应定额执行。

（4）本册定额河道水深取定为 3m。

（5）圆管涵执行本定额第六册《排水工程》的定额，其中管道铺设及基础项目人工、机械费乘以系数 1.25。

（6）本册定额提升高度按原地面标高至梁底标高 8m 为界。若超过 8m，应考虑超高因素（悬浇箱梁除外）。

① 按提升高度不同将全桥划分为若干段，以超高段承台顶面以上模板的工程量，按表 8-1 调整相应定额中的人工消耗量、起重机械的规格及消耗量，且需分段计算。

② 陆上安装钢筋混凝土梁可按表 8-1 调整相应定额中的人工及起重机台班的消耗量，但起重机械的规格不做调整。

表 8-1　模板、陆上安装梁人工及起重机械消耗量系数

提升高度 H/m	模板			陆上安装钢筋混凝土梁	
	人工消耗量系数	5t 履带式电动起重机		人工消耗量系数	起重机械消耗量系数
		消耗量系数	规格调整为		
$H \leq 15$	1.02	1.02	15t 履带式起重机	1.10	1.25
$15 < H \leq 22$	1.05	1.05	25t 履带式起重机	1.25	1.60
$H > 22$	1.10	1.10	40t 履带式起重机	1.50	2.00

【例 8-1】某工程在陆上采用起重机安装 T 形梁，梁长 28m，已知提升高度为 10m，确定套用的定额子目及基价。

【解】套用的定额子目：[3-410]H

提升高度 $H \leq 15$m，查表 8-1 可知：人工消耗量系数为 1.10，起重机械消耗量系数为 1.25。

基价 =1298.95+113.00×（1.10-1）+1185.95×（1.25-1）≈1606.74（元 /10m³）

【例 8-2】某桥梁工程现浇桥墩盖梁，采用 C20 泵送商品混凝土浇筑，已知提升高度为 16m，试确定现浇桥墩盖梁模板套用的定额子目及基价。

【解】套用的定额子目：[3-213]H

15m< 提升高度 $H \leq 22$m，查表 8-1 可知：人工消耗量系数为 1.05，起重机械规格调整为 25t 履带式起重机、起重机械消耗量系数为 1.05。

5t 履带式电动起重机台班单价为 235.09 元 / 台班，25t 履带式起重机台班单价为 757.92 元 / 台班。

基价 =681.10+405.00×（1.05-1）+（0.513×1.05×757.92-0.513×235.09）

　　 ≈989.00（元 /10m²）

拓展讨论

党的二十大报告提出，坚持把发展经济的着力点放在实体经济上，推进新型工业化，加快建设制造强国、质量强国、航天强国、交通强国、网络强国、数字中国。

思考并讨论：交通强国建设要加强哪些工程的建设？在交通强国建设过程中，是否包括市政桥涵工程？市政桥涵工程建设中，通常包括哪些分部分项工程？

8.2 打桩工程

打桩工程包括打基础圆木桩、打钢筋混凝土方桩、打钢筋混凝土板桩、打钢筋混凝土管桩、打钢管桩、接桩、送桩、钢管桩内切割、钢管桩精割盖帽、钢管桩管内钻孔取土、钢管桩填芯等相关子目。

8.2.1 工程量计算规则

1. 打桩

（1）钢筋混凝土方桩、板桩按桩长（包括桩尖长度）乘以桩截面积计算。

（2）钢筋混凝土管桩按桩长（包括桩尖长度）乘以桩截面积，减去空心部分体积计算。

（3）钢管桩按成品桩考虑，以"t"为单位计算。

打桩工程施工图片

知识链接

钢管桩质量的计算公式如下。

$$\omega = (D - \delta) \times \delta \times 0.0246 \times L / 1000 \qquad (8\text{-}1)$$

式中　ω——钢管桩质量，t；

　　　D——钢管桩直径，mm；

　　　δ——钢管桩壁厚，mm；

　　　L——钢管桩长度，m。

打桩工程定额计量与计价

2. 接桩

工程量按接头数量以"个"为单位计算。

3. 送桩

（1）陆上打桩时，以原地面平均标高增加 1m 为界线，界线以下至设计桩顶标高之间的打桩实体积为送桩工程量。

（2）支架上打桩时，以当地施工期间的最高潮水位增加 0.5m 为界线，界线以下至设计桩顶标高之间的打桩实体积为送桩工程量。

（3）船上打桩时，以当地施工期间的平均水位增加 1m 为界线，界线以下至设计桩顶标高之间的打桩实体积为送桩工程量。

知识链接

$$送桩深度 = 界线标高 - 设计桩顶标高 \qquad (8\text{-}2)$$
$$送桩工程量 = 送桩深度 \times 桩截面积 \qquad (8\text{-}3)$$

【例8-3】某桥台基础共设20根C30预制钢筋混凝土方桩，如图8.2所示，原地面标高为0.500m，设计桩顶标高为−0.300m，设计桩长为18m（包括桩尖），每根桩分2段预制，陆上打桩，采用焊接接桩，计算该桥台基础打桩、接桩与送桩的工程量，并确定套用的定额子目及基价。

打桩工程定额计量与计价实例

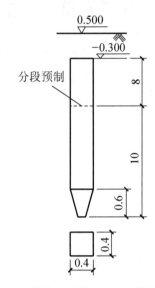

图8.2 预制钢筋混凝土方桩（单位：m）

【解】（1）打桩：V=0.4×0.4×18×20=57.6（m³）

套用的定额子目：[3–13]

$$基价 =1466.74 元 /10m³$$

（2）接桩：n=20 个

套用的定额子目：[3–52]

$$基价 =304.73 元 / 个$$

（3）送桩：V=0.4×0.4×（0.5+1+0.3）×20=5.76（m³）

套用的定额子目：[3–68]

$$基价 =5303.99 元 /10m³$$

4. 钢管桩内切割

工程量按钢管桩内切割的根数计算。

5. 钢管桩精割盖帽

工程量按钢管桩精割、安放及焊接盖帽的数量以"个"为单位计算。

6. 钢管桩管内钻孔取土

工程量按钢管桩内钻孔取土的体积以"m³"为单位计算。

7. 钢管桩填芯

工程量按钢管桩填芯的体积以"m³"为单位计算。

8.2.2　定额套用及换算说明

（1）本节定额均考虑在已搭置的支架平台上操作，但不包括支架平台，其支架平台的搭设与拆除应按本册定额第九章"临时工程"的有关项目计算。

（2）船上打桩定额按两艘船只拼搭、捆绑考虑。

（3）陆上、支架上、船上打桩定额中均未包括运桩。

（4）打桩机械的安拆、场外运输费用按机械台班费用定额有关规定计算。

（5）打钢筋混凝土板桩定额中，均已包括打、拔导向桩内容，不得重复计算。

（6）如设计要求需凿除桩顶时，可执行本册本定额第九章"临时工程"的有关定额子目。

（7）如打基础圆木桩采用挖掘机时，可执行本定额第一册《通用项目》相应定额，圆木桩含量做相应调整。

（8）本节定额均为打直桩，如打斜桩（包括俯打、仰打）斜率在 1：6 以内时，人工乘以系数 1.33，机械乘以系数 1.43。

（9）送桩定额按送 4m 为界，当实际超过 4m 时，按相应定额乘以下列调整系数。

① 送桩 5m 以内乘以系数 1.2。

② 送桩 6m 以内乘以系数 1.5。

③ 送桩 7m 以内乘以系数 2.0。

④ 送桩 7m 以上，以调整后 7m 为基础、每超过 1m 递增系数 0.75。

（10）打钢管桩定额中不包括接桩费用，如果发生接桩，接实际接头数量套用钢管桩接桩定额。

（11）打钢管桩送桩，根据送桩深度，按相应打桩定额的人工、机械台班数量乘以以下系数计算。

① 送桩深度小于或等于 2m，系数为 1.25。

② 送桩深度小于或等于 4m，系数为 1.43。

③ 送桩深度大于 4m，系数为 1.67。

【例 8-4】某工程在支架上打钢筋混凝土方桩（斜桩），桩截面积为 0.09m²，桩长为 10m（包括桩尖），共计 12 根桩。施工期间最高潮水位标高为 1.500m，设计桩顶标高为 −3.500m，计算该工程打桩、送桩的工程量，并确定套用的定额子目及基价。

【解】（1）打桩工程量 =0.09×10×12=10.8（m³）

套用的定额子目：[3–11]H

　基价 =1193.81+596.84×（1.33−1）+515.07×（1.43−1）≈1612.25（元 /10m³）

（2）送桩深度 =1.500+0.500−（−3.500）=5.500（m）

送桩工程量 =5.500×0.09×12=5.94（m³）

套用的定额子目：[3–66]H

　　　　　基价 =4413.62×1.5=6620.43（元 /10m³）

【例 8-5】某工程在陆上打钢管桩，桩径为 609.60mm，桩长 29m，原地面平均标高为 1.000m，设计桩顶标高为 −2.000m，确定该工程送桩套用的定额子目及基价。

【解】套用的定额子目：[3-45]H

送桩深度 =1.000+1.000-（-2.000）=4.000（m）

基价 =4232.72+1060.83 ×（1.43-1）+2995.46 ×（1.43-1）≈ 5976.92（元 /10t）

8.3 钻孔灌注桩工程

钻孔灌注桩工程包括埋设护筒，人工挖孔桩，转盘式钻孔桩基成孔，旋挖桩机成孔，冲孔桩机成孔，泥浆池建造和拆除、泥浆运输，灌注桩混凝土，注浆管埋设及桩底后注浆，声测管制作、安装等相应子目。

8.3.1　工程量计算规则

钻孔灌注桩
定额计量与
计价

旋挖钻机
图片

人工挖孔桩
施工图片

1. 埋设钢护筒

工程量按埋设钢护筒的长度以"m"为单位计算。

2. 成孔、冲孔、挖孔

1）转盘式钻机成孔、旋挖钻机成孔

（1）成孔工程量按成孔长度乘以设计桩截面积以"m³"为单位计算。陆上时，成孔长度为原地面至设计桩底的长度；水上时，成孔长度为水平面至设计桩底的长度减去水深。

（2）入岩增加费工程量按实际入岩数量以"m³"为单位计算，即按实际入岩长度乘以设计桩截面积计算。

（3）设计要求穿越碎（卵）石层按地质资料表明长度乘以设计桩截面积以"m³"为单位计算。

2）冲孔桩机冲抓（击）锥冲孔

冲孔工程量按进入各类土层、岩石层的成孔长度乘以设计桩截面积以"m³"为单位计算。

3）人工挖桩孔

（1）人工挖桩孔工程量按护壁外围截面积乘以孔深以"m³"为单位计算。孔深按自然地坪至设计桩底标高的长度计算。

（2）挖淤泥、流砂、入岩增加费工程量按实际挖、凿数量以"m³"为单位计算。

（3）护壁工程量按图示截面积乘以护壁长度以"m³"为单位计算。护壁长度按打桩前的自然地面标高至设计桩底标高（不含入岩长度）另加0.2m 计算。

知识链接

人工挖孔桩的底部一般要求扩孔，底部一般为球冠，如图 8.3 所示。

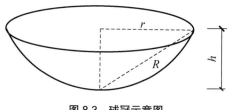

图 8.3 球冠示意图

球冠的体积计算公式为：

$$V = \pi h^2 \left(R - \frac{h}{3} \right) \qquad (8\text{-}4)$$

由于施工图中一般标注 r 值、h 值，而 R 值需要计算。

已知 $r^2 = R^2 - (R - h)^2$

可得：

$$R = \frac{r^2 + h^2}{2h} \qquad (8\text{-}5)$$

【例 8-6】某工程人工挖孔桩剖面图如图 8.4 所示，计算人工挖桩孔（渣土）工程量，并确定套用的定额子目及基价。

【解】本例人工挖孔桩工程量分三部分计算：直桩部分、圆台部分、球冠部分。

① 直桩部分。

$$V = \pi r^2 \times h = 3.14 \times \left(\frac{0.8 + 0.075 \times 2 + 0.1 \times 2}{2} \right)^2 \times 10.90 \approx 11.32 \ (\text{m}^3)$$

② 圆台部分。

$$V = \frac{\pi}{3} h \times (r_1{}^2 + r_2{}^2 + r_1 r_2) = \frac{3.14}{3} \times 1.0 \times \left[\left(\frac{0.8 + 0.075 \times 2 + 0.1 \times 2}{2} \right)^2 + \right.$$

$$\left. \left(\frac{1.2}{2} \right)^2 + \frac{0.8 + 0.075 \times 2 + 0.1 \times 2}{2} \times \frac{1.2}{2} \right] \approx 1.08 \ (\text{m}^3)$$

③ 球冠部分。

$$R = \frac{\left(\dfrac{1.2}{2} \right)^2 + 0.2^2}{2 \times 0.2} = 1.0 \ (\text{m})$$

$$V = 3.14 \times 0.2^2 \times \left(1.0 - \frac{0.2}{3} \right) \approx 0.12 \ (\text{m}^3)$$

合计人工挖桩孔（渣土）工程量 =11.32+1.08+0.12=12.52（m³）

套用的定额子目：[3-113]

基价 =1649.50 元 /10m³

3. 泥浆（渣土）处置

（1）各类成孔灌注桩泥浆（渣土）产生工程量按表 8-2 计算。

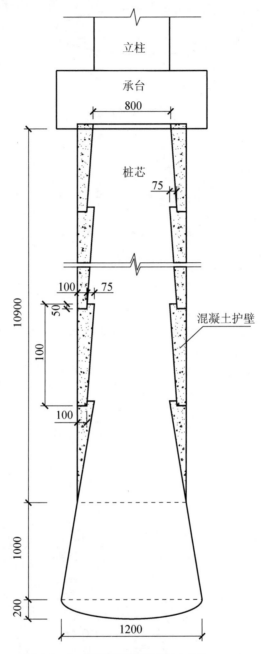

图 8.4　人工挖孔桩剖面示意图（单位：mm）

表 8-2　各类成孔灌注桩泥浆（渣土）产生工程量计算表

桩　型	泥浆（渣土）产生工程量	
	泥浆	渣土
转盘式钻机成孔灌注桩	按成孔工程量	—
旋挖钻机成孔灌注桩	按成孔工程量乘以系数 0.2	按成孔工程量

续表

桩 型	泥浆（渣土）产生工程量	
	泥浆	渣土
冲抓锤成孔灌注桩	按成孔工程量乘以系数 0.2	按成孔工程量
冲击锤成孔灌注桩	按成孔工程量	—
人工挖孔灌注桩	—	按成孔工程量

（2）泥浆池建造和拆除工程量按表 8-2 中的泥浆工程量以 "m³" 为单位计算。

（3）泥浆运输工程量按表 8-2 中的泥浆工程量以 "m³" 为单位计算。

（4）泥浆固化按实际需要固化处理的泥浆工程量以 "m³" 为单位计算。

（5）旋挖钻机成孔灌注桩、冲抓锤成孔灌注桩、人工挖孔灌注桩施工时，渣土工程量按成孔工程量计算。

4. 灌注桩混凝土

灌注桩混凝土工程量按桩长乘以设计桩截面积计算。

桩长 = 设计桩长 + 设计加灌长度。

设计未规定加灌长度时，加灌长度按不同的设计桩长确定：25m 以内按 0.5m 计算，35m 以内按 0.8m 计算，35m 以上按 1.2m 计算。

灌注桩设计要求扩底时，其扩底扩大工程量按设计尺寸以体积计算，并入相应的工程量内。

> **特别提示**
>
> 钻孔灌注桩混凝土定额中混凝土材料消耗量已包含了混凝土灌注充盈量，计算灌注桩混凝土工程量时不需要考虑充盈系数。

5. 钻孔灌注桩钢筋笼、声测管

钻孔灌注桩钢筋笼工程量按设计图纸质量计算，执行本定额第一册《通用项目》相应定额。

钻孔灌注桩需预埋铁件时，执行本定额第一册《通用项目》相应定额。

声测管工程量按设计图纸质量以 "t" 为单位计算。

桥涵工程普通钢筋定额计量与计价

6. 桩孔回填

桩孔回填土工程量按加灌长度顶面至打桩前交付地坪标高的长度乘以桩孔截面积以 "m³" 为单位计算。

7. 工作平台

钻孔灌注桩如需搭设工作平台，按本册定额第九章 "临时工程" 相应定额执行。

8. 凿除桩顶混凝土

钻孔灌注桩如需凿除桩顶混凝土，按本册定额第九章 "临时工程" 相应定额执行。

市政工程计量与计价（第四版）

9. 注浆管及桩底（侧）后注浆

（1）注浆管工程量按打桩前的自然地坪标高至设计桩底标高的长度另加 0.2m 计算。

（2）桩底（侧）后注浆工程量按设计注浆量计算。

8.3.2　定额套用及换算说明

（1）本节定额适用于桥涵工程钻孔灌注桩基础工程。

（2）本节定额中涉及的各类土（岩石）层鉴别标准如下。

① 砂土层：粒径为 2 ～ 20mm 的颗粒质量小于或等于 50% 总质量的土层，包括黏土、粉质黏土、粉土、粉砂、细砂、中砂、粗砂、砾砂。

② 碎（卵）石层：粒径为 2 ～ 20mm 的颗粒质量大于 50% 总质量的土层，包括角砾、圆砾及粒径为 20 ～ 200mm 的碎石、卵石、块石、漂石，此外也包括极软岩、软岩。

③ 岩石层：除极软岩、软岩以外的各类较软岩、较硬岩、坚硬岩。

（3）本节定额中未包括钻机场外运输、截除余桩，其费用可套用相应定额和说明另行计算。

（4）本节定额中不包括在钻孔中遇到障碍必须清除的工作，发生时另行计算。

（5）埋设钢护筒定额中钢护筒按摊销量计算。当在深水作业，钢护筒无法拔出时，可按钢护筒实际用量（当实际用量不能确定时，可参考表 8-3 中质量）减去定额数量一次增列计算。

表 8-3　钢护筒定额每米质量表

桩径 /mm	600	800	1000	1200	1500	2000
每米钢护筒质量 /（kg/m）	120.28	155.37	184.96	286.06	345.09	554.99

（6）转盘式、旋挖钻机成孔定额按砂土层编制，当设计要求进入岩石层时，套用相应定额计算岩石层成孔的入岩增加费。当设计要求穿越碎（卵）石层时，按套用岩石层成孔的入岩增加费子目乘以表 8-4 的系数计算穿越增加费。

表 8-4　穿越碎（卵）石层定额增加系数表

成孔方式	系　数
转盘式钻机成孔	0.35
旋挖钻机成孔	0.25

（7）旋挖钻机成孔定额按湿作业成孔工艺考虑，如实际采用干作业成孔工艺，则相应定额扣除黏土、水用量和泥浆泵台班，并不计泥浆工程量。

（8）套用转盘式钻机成孔、旋挖钻机成孔、冲孔桩机带冲抓锥成孔、冲孔桩机带冲击锥成孔定额时，若工程量小于 150m³，定额的人工和机械乘以系数 1.25。

（9）转盘式钻机成孔、旋挖钻机成孔，水上钻孔时，定额人工和机械乘以系数 1.2。

【例 8-7】某桥梁工程钻孔灌注桩采用转盘式钻机水上钻孔，桩径为 1000mm，确定钻机成孔套用的定额子目及基价。

216

【解】套用的定额：[3-122]H

基价 =2003.87+832.68×（1.2-1）+925.40×（1.2-1）≈2355.49（元 /10m³）

（10）人工挖孔桩挖孔按设计注明的桩芯直径、孔深套用定额；桩孔土方需要外运时，按本定额第一册《通用项目》土方工程相应定额计算；挖孔时若遇到淤泥、流砂、岩石层，可按实际挖、凿的工程量套用相应定额计算挖孔增加费。

护壁不分现浇或预制，均套用安设混凝土护壁定额。

（11）泥浆处置定额分泥浆池建拆、泥浆运输、泥浆固化。定额未考虑泥浆废弃处置费，发生时按工程所在地市场价格计算。

钻孔灌注桩施工产生的渣土和经过固化后的泥浆弃运，按本定额第一册《通用项目》土方运输定额子目计算，其中泥浆固化后的外运工程量按固化前泥浆工程量的 40% 计算。

（12）桩孔空钻部分回填根据施工组织设计要求套用相应定额。填土套用本定额第一册《通用项目》土石方工程松填土定额，填碎石套用本册定额第五章"现浇混凝土工程"碎石垫层定额乘以系数 0.7。

（13）注浆管埋设定额按桩底注浆考虑，如设计采用侧向注浆，则人工和机械乘以系数 1.2。

利用声测管注浆时，不得重复计算。

注浆管埋设如遇材质、规格不同，材料单价应进行换算，其余不变。

【例 8-8】某桥梁工程基础设计采用直径 1000mm 钻孔灌注桩，共 8 根，钻孔灌注桩剖面示意图如图 8.5 所示：自然地坪标高为 -0.500m，设计桩顶标高为 -2.000m，设计桩底标高为 -22.000m，设计要求入岩深度为 2.0m。施工时采用转盘式钻机成孔，陆上作业，钢护筒长度为 1.5m，灌注桩采用 C25 非泵送水下商品混凝土，桩孔设计要求用土回填。计算埋设钢护筒、成孔、入岩增加费、混凝土灌注、泥浆池建拆、泥浆运输（运距 6km）、桩孔回填的工程量，并确定套用的定额子目及基价。

钻孔灌注桩
定额计量与
计价实例

【解】（1）埋设钢护筒工程量：L=1.5 × 8=12（m）

套用的定额子目：[3-101]

基价 =2039.43 元 /10m

（2）成孔工程量：V=1/4 × π × 1.0² ×（-0.500+22.000）× 8 ≈ 135.02（m³）

套用的定额子目：[3-122]H

基价 =2003.87+832.68×（1.25-1）+925.40×（1.25-1）=2443.39（元 /10m³）

（3）入岩增加费工程量：V=1/4 × π × 1.0² × 2.0 × 8 ≈ 12.56（m³）

套用的定额子目：[3-128]

基价 =10825.61 元 /10m³

（4）混凝土灌注工程量：V=1/4 × π × 1.0² ×（-2.000+22.000+0.500）× 8 ≈ 128.74（m³）

套用的定额子目：[3-155]

基价 =5933.21 元 /10m³

（5）泥浆池建拆工程量：V=135.02m³

套用的定额子目：[3-150]

基价 =56.69 元 /10m³

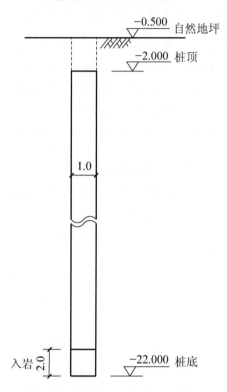

图 8.5　钻孔灌注桩剖面示意图（单位：m）

（6）泥浆外运工程量：V=135.02m³
套用的定额子目：[3-152]+ [3-153]
　　　　　基价 =898.64+48.36=947.00（元 /10m³）
（7）桩孔回填工程量：V=1/4 × π × 1.0² × （-0.500+2.000-0.500）× 8 ≈ 6.28（m³）
套用的定额子目：[1-51]
　　　　　基价 =533.50 元 /100m³

8.4　砌筑工程

砌筑工程定额包括浆砌块石、浆砌料石、浆砌混凝土预制块、砖砌体、拱圈底模等相应子目。

8.4.1　工程量计算规则

（1）砌筑工程量按设计砌体尺寸以"m³"为单位计算，嵌入砌体中的钢管、沉降缝、伸缩缝以及单孔面积在 0.3m² 以内的预留孔所占体积不予扣除。
（2）拱圈底模工程量按模板接触砌体的面积计算。

定额套用及换算说明

（1）本节定额适用于砌筑高度在 8m 以内的桥涵砌筑工程。本章定额未列的砌筑项目，可按本定额第一册《通用项目》相应定额执行。

（2）本节定额中未包括垫层、拱背和台背的填充项目，如发生上述项目，可执行本定额第二册《道路工程》相应定额。

（3）拱圈底模定额中不包括拱盔和支架，可按本册定额第九章"临时工程"相应定额执行。

知识链接

拱盔是拱桥现浇或砌筑所需的起拱线以上的拉梁、柱、斜撑、夹木、托木、拱弦木及模板组合的支架。施工拱桥的拱架包括拱盔和支架两部分，拱盔在上，支架在下。

【例 8-9】某桥梁工程采用 M7.5 干混砂浆砌筑混凝土预制块桥台，试确定桥台砌筑套用的定额子目及基价。

【解】套用的定额子目：[3–170]

$$基价 = 5013.14 \; 元 / 10m^3$$

8.5 钢结构安装工程

钢结构安装工程定额包括钢梁安装、钢管拱安装、钢立柱安装等相应子目。

8.5.1 **工程量计算规则**

（1）钢构件工程量按设计图纸的主材（不包括螺栓）质量以"t"为单位计算。

（2）钢梁质量为钢梁（含横隔板）、桥面板、横肋、横梁及锚筋等结构的质量之和。

（3）钢拱肋的工程量包括拱肋钢管、横撑、腹板、拱脚处外侧钢板、拱脚接头钢板及各种加劲块。

（4）钢立柱上的节点板、加强环、内衬管、牛腿等并入钢立柱工程量内。

8.5.2 **定额套用及换算说明**

（1）本节定额适用于工厂制作、现场吊装的钢结构。构件由制作工厂至安装现场的运输费用计入构件价格内。

（2）钢梁安装定额中未包括临时支撑。

（3）系杆、吊索定额中未包括锚具用量，但已包括锚具安装。

8.6 现浇混凝土工程

现浇混凝土工程定额包括基础，承台，支撑梁及横梁，墩身、台身，拱桥，箱梁，板，板梁，现浇混凝土箱涵，混凝土接头及灌缝，小型构件，防水层，桥面铺装及桥头搭板，钢管拱肋混凝土，复合模板及定型钢模等相应子目。

8.6.1 工程量计算规则

桥涵现浇混凝土工程定额计量与计价

（1）混凝土工程量按设计尺寸以实体积计算，不包括空心板、梁的空心体积，不扣除钢筋、钢丝、铁件、预留压浆孔道和螺栓所占的体积。

（2）模板工程量按模板接触混凝土的面积计算。

（3）现浇混凝土墙、板上单孔面积在 $0.3m^2$ 以内的孔洞体积不予扣除，洞侧壁模板面积亦不再计算；单孔面积在 $0.3m^2$ 以外的孔洞体积，应予扣除，洞侧壁模板面积并入墙、板模板工程量计算。

知识链接

桥梁采用 U 形桥台者较多。一般情况是桥台外侧都是垂直面，而内侧向内放坡，台帽则呈 L 形，如图 8.6 所示。桥台体积可按一个长方体体积减去中间空的一块截头方锥体体积，再减去台帽处长方体的体积计算。

长方体体积：

$$V_1 = ABH \tag{8-6}$$

截头方锥体体积：

$$V_2 = \frac{H}{3}\left[a_1b_1 + a_2b_2 + \sqrt{a_1b_1 \times a_2b_2}\right] \tag{8-7}$$

台帽处长方体体积：

$$V_3 = Ab_3h_1 \tag{8-8}$$

桥台体积：

$$V = V_1 - V_2 - V_3 \tag{8-9}$$

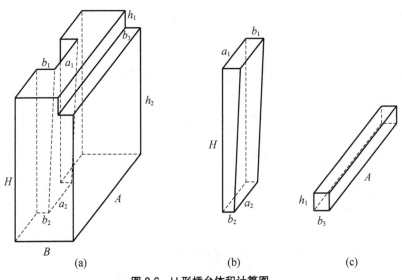

图 8.6 U 形桥台体积计算图

8.6.2 定额套用及换算说明

（1）本节定额适用于桥涵工程各种现浇混凝土构筑物。

（2）板与板梁的划分以跨径 8m 为界，跨径 ≤8m 的为板，跨径 >8m 的为板梁。

（3）本节定额中均未包括预埋铁件，当设计要求预埋铁件时，可按设计用量套用本定额第一册《通用项目》相应定额。

（4）本节定额中混凝土按常用强度等级列出，当设计要求不同时可以换算。

【例 8-10】 某桥梁工程现浇轻型桥台，施工时采用 C20 非泵送商品混凝土，试确定桥台混凝土套用的定额子目及基价。

【解】 套用的定额子目：[3–198]H

> **特别提示**
>
> [3–198] 定额取定为 C20 泵送商品混凝土，实际采用 C20 非泵送商品混凝土，混凝土单价需换算，定额人工乘以 1.35。

C20 非泵送商品混凝土单价为 412.00 元 /10m³，C20 泵送商品混凝土单价为 431.00 元 /10m³。

基价 =4829.64+（412.00–431.00）×10.100+454.68×（1.35–1）≈4796.88（元 /10m³）

（5）本节定额中嵌石混凝土的块石含量按 15% 考虑，当与设计不同时，块石和混凝土消耗量应按表 8-5 进行调整，人工、机械不变。

表 8-5　嵌石混凝土块石、混凝土消耗量调整表

块石含量 /%	10	15	20	25
每立方米块石含量 /t	0.254	0.381	0.610	0.635

注：①块石含量另加损耗率 2%。

　　②混凝土消耗量扣除嵌石含量后，乘以损耗率 1.0%。

【例 8-11】 某桥梁工程混凝土基础采用 C15 毛石混凝土，块石含量为 20%，施工时采用 C15 非泵送商品混凝土，确定混凝土基础套用的定额子目及基价。

【解】 套用的定额子目：[3–188]H

需按表 8-5 调整块石和混凝土的消耗量，计算如下。

调整后块石消耗量 =10×0.610×（1+2%）=6.222（t）

调整后混凝土消耗量 =10×（1–20%）×（1+1.0%）=8.080（m³）

基价 =4165.87+（6.222–3.886）×77.67+（8.080–8.585）×399.00=4145.81（元 /10m³）

（6）本节定额中防撞护栏采用定型钢模，其他模板均按工具式钢模、木模综合取定。另外，结合桥梁实际情况综合了不分部位的复合模板与定型钢模项目。

（7）承台模板分有底模和无底模两种，应视不同的施工方法套用相应定额。

有底模承台指承台脱离地面，需铺设底模施工的承台；无底模承台指承台直接依附

市政工程计量与计价（第四版）

在地面或基础上，不需要铺设底模的承台。

【例 8-12】某桥梁工程 C30 现浇钢筋混凝土承台，无底模，施工时采用 C30 泵送商品混凝土，试确定承台混凝土及其模板套用的定额子目及基价。

【解】（1）承台混凝土。

套用的定额子目：[3-191]H

C30 泵送商品混凝土单价：461.00 元 /m³

基价 =4671.33+（461.00–431.00）×10.100=4974.33（元 /10m³）

（2）承台混凝土模板。

套用的定额子目：[3-192]

基价 =355.20（元 /10m²）

（8）现浇梁、板等模板定额中未包括支架部分，实际发生时可按本册定额第九章"临时工程"相应定额执行。

（9）沥青混凝土桥面铺装及下穿箱涵路面铺装执行本定额第二册《道路工程》相应定额。

（10）伸缩缝混凝土采用钢纤维混凝土，定额中钢纤维用量按 50kg/m³ 考虑，当设计用量与定额用量不同时，应按设计用量调整。

（11）当箱梁内模无法拆除时，按无法拆除的模板工程量每 10m² 增加板材 0.30m³。

【例 8-13】某桥梁工程采用支架上现浇混凝土箱梁，某跨箱梁从两头向中间合龙浇筑，合龙段箱梁内模无法拆除，试确定合龙段箱梁模板套用的定额子目及基价。

【解】套用的定额子目：[3-229]H

基价 =865.94+0.30×1445.00=1299.44（元 /10m²）

8.7　预制混凝土工程

预制混凝土工程定额包括桩、立柱、板、梁、双曲拱构件、桁架拱构件、小型构件、板拱、先张法构件出槽堆放、预制构件场内运输等相应子目。

8.7.1　工程量计算规则

1. 混凝土工程量计算

（1）预制桩工程量按桩长度（包括桩尖长度）乘以桩横截面积计算。

（2）预制空心构件按设计图尺寸扣除空心体积，以实体积计算。空心板梁的堵头板体积不计入工程量内，其消耗量已在定额中考虑。

（3）预制空心板梁，凡采用橡胶囊做内模的，考虑其压缩变形因素，可增加混凝土数量：当梁长在 16m 以内时，可按设计计算体积增加 7%；当梁长大于 16m 时，可按设计计算体积增加 9% 计算。当设计图已注明考虑橡胶囊变形时，不得再增加计算。当采用钢模时，不考虑内模压缩变形因素。

（4）预应力混凝土构件的封锚混凝土数量并入构件混凝土工程量计算。

2. 模板工程量计算

（1）预制构件中预应力混凝土构件及 T 形梁、I 形梁、双曲拱、桁架拱等构件按模板接触混凝土的面积（包括侧模、底模）计算。

（2）灯柱、端柱、栏杆等小型构件按平面投影面积计算。

（3）预制构件中非预应力构件按模板接触混凝土的面积计算，不包括胎模、地模。

（4）空心板梁中空心部分，如定额采用橡胶囊抽拔，其摊销量已包括在定额中，不再计算空心部分模板工程量。当采用钢模板时，模板的工程量按其与混凝土的接触面积计算，并扣除橡胶囊的用量。

（5）空心板中空心部分，可按模板接触混凝土的面积计算工程量。

3. 先张法构件出槽堆放

工程量按构件混凝土体积计算。

4. 预制构件场内运输

工程量按构件混凝土体积计算。

8.7.2　定额套用及换算说明

（1）本节定额适用于桥涵工程现场制作的预制构件。

（2）本节定额不包括地模、胎模费用，需要时可按本册定额第九章"临时工程"相应定额执行。

（3）本节定额中均未包括预埋铁件，当设计要求预埋铁件时，可按设计用量套用本定额第一册《通用项目》相应定额。

（4）预制构件场内的运输定额适用于陆上运输。

（5）平板拖车运输中龙门架装车子目，未列龙门架费用，套用时按具体情况补列。

【**例 8-14**】某工程月牙河桥，上部结构采用预制预应力空心板梁，全桥边板共计 4 块，一块边板 C50 混凝土用量 10.6m³，板梁现场预制，施工时采用非泵送商品混凝土，试计算该桥梁工程边板混凝土的工程量，并确定套用的定额子目及基价。

桥涵工程预应力钢筋定额计量与计价

【**解**】工程量 =10.6×4=42.4（m³）

套用的定额子目：[3–302]H

定额中取定为 C40 非泵送商品混凝土，单价为 455.00 元 /m³

本工程采用 C50 非泵送商品混凝土，单价为 632.00 元 /m³

基价 =5226.10+（632.00−455.00）×10.100=7013.80（元 /10m³）

8.8　立交箱涵工程

立交箱涵工程定额包括透水管铺设，箱涵制作，箱涵外壁及滑板面处理，气垫安

市政工程计量与计价（第四版）

装、拆除及使用，箱涵顶进，箱涵内挖土，箱涵接缝处理，金属顶柱、护套及支架制作等相应子目。

8.8.1　工程量计算规则

（1）透水管铺设工程量按透水管长度计算。

（2）箱涵制作。

① 箱涵混凝土工程量，按混凝土体积计算，不扣除单孔面积 0.3m² 以内的预留孔洞所占体积。箱涵滑板下的肋楞，其工程量并入滑板内计算。

② 模板工程量，按模板接触混凝土的面积计算。

（3）箱涵外壁及滑板面处理按处理的面积计算。

（4）气垫安装、拆除及使用。

① 气垫只考虑在预制箱涵底板上使用，气垫安装、拆除工程量按箱涵底面积计算。

② 气垫使用工程量按其面积乘以使用天数计算。

气垫的使用天数由施工组织设计确定，但采用气垫后再套用顶进定额时应乘以系数0.7。

（5）箱涵顶进。

定额分空顶、无中继间实土顶和有中继间实土顶 3 类，其工程量计算如下。

① 空顶工程量按空顶的单节箱涵质量乘以箱涵位移距离计算。

② 实土顶工程量按被顶箱涵的质量乘以箱涵位移距离分段累计计算。

（6）箱涵内挖土。

箱涵顶进土方按设计图示结构外围尺寸乘以箱涵长度以"m³"为单位计算。

（7）箱涵接缝处理。

① 石棉水泥嵌缝、嵌防水膏工程量按嵌缝长度计算。

② 沥青二度、沥青封口、嵌沥青木丝板按嵌缝断面积计算。

（8）金属顶柱、护套及支架制作。

① 金属顶柱、护套及支架制作工程量按金属构件质量计算。

② 顶柱、中继间护套及挖土支架均属专用周转性金属构件，定额中已按摊销量计算，不得重复计算。

8.8.2　定额套用及换算说明

（1）本节定额适用于穿越城市道路及铁路的立交箱涵顶进工程。

（2）顶进土质按一、二类土考虑，当实际土质与定额不同时，可进行调整。

（3）本节定额中未包括箱涵顶进的后靠背设施等，其发生费用可另行计算。

（4）本节定额中未包括深基坑开挖、支撑及排水的工作内容，可套用有关定额计算。

（5）立交桥引道的结构及路面铺筑工程，根据施工方法套用有关定额计算。

8.9 安 装 工 程

安装工程定额包括安装排架立柱，安装柱式墩、台管节，安装矩形板、空心板、微弯板，安装梁，安装双曲拱构件，安装桁架拱构件，安装板拱，安装小型构件，安装混凝土立柱、盖梁及其他构件，钢管栏杆及扶手安装，安装支座，安装排（泄）水孔，安装伸缩缝，安装沉降缝，隔声屏障等相应子目。

8.9.1 工程量计算规则

（1）安装预制构件工程量均按构件混凝土实体积（不包括空心部分）以"m³"为单位计算。

（2）安装预制立柱及盖梁。

① 砂浆接缝按接触面面积以"m²"为单位计算。

② 连接套筒灌浆按"根"计算。

（3）钢管栏杆及扶手安装。

① 安装钢管栏杆工程量按其长度或质量计算。

② 安装不锈钢栏杆、安装防撞护栏钢管扶手工程量按其长度计算。

（4）安装支座。

① 安装钢支座工程量按其质量计算。

② 安装橡胶支座工程量按其体积计算。

③ 安装油毛毡支座工程量按其面积计算。

④ 安装盆式金属橡胶组合支座工程量按其数量计算。

（5）安装泄水孔工程量按孔道长度计算。

（6）安装伸缩缝工程量按缝长计算。

（7）安装沉降缝工程量按嵌缝断面积计算。安装橡胶止水带工程量按其长度计算。

（8）驳船未包括进出场费，发生时应另行计算。

（9）隔声屏障制作、安装。

隔声屏障制作、安装由金属构件和隔声屏板两部分组成。

① 金属构件工程量按设计图示构件的总质量以"t"为单位计算，当设计采用型钢或组成与定额不符时，可以调整；钢构件的防锈处理、零星配件等已包括在定额中，不得另行计算。

② 隔声屏板工程量按设计图示高度乘以长度以"m²"为单位计算，当隔声屏板设计材料与定额不同时，可以换算。

8.9.2 定额套用及换算说明

（1）本节定额适用于桥涵工程混凝土构件的安装等项目。

（2）安装预制构件应根据施工现场具体情况，采用合理的施工方法，套用相应定额。

（3）安装预制构件定额中，均未包括脚手架。当需要用脚手架时，可套用本定额第一册《通用项目》相应定额项目。

（4）小型构件安装已包括150m场内运输，其他构件均未包括场内运输。小型构件指单件混凝土体积小于或等于0.05m³的构件。

（5）除安装梁分陆上、水上安装外，其他构件安装均未考虑船上吊装，发生时可增加船只费用。

（6）预应力桁架梁安装执行板拱定额，人工、机械乘以系数1.2。

（7）架桥机安装梁定额中不包括架桥机的安装及拆除、预制梁的运输及喂梁。

【例8-15】某桥梁工程采用起重机安装T形梁（梁长26m，陆上安装，提升高度7m），确定套用的定额子目及基价。

【解】套用的定额子目：[3-410]

$$基价 =1298.95 元 /10m³$$

【例8-16】某桥梁工程采用起重机安装T形梁（梁长26m，陆上安装，提升高度10m），确定套用的定额子目及基价。

【解】套用的定额子目：[3-410]H

根据本册定额说明，查表8-1可知：提升高度不超过15m时，人工消耗量乘以系数1.10，起重机械消耗量乘以系数1.25。

$$基价 =1298.95+113.00×（1.10-1）+1185.95×（1.25-1）≈1606.74（元 /10m³）$$

（8）钢管栏杆及扶手定额中钢材材质、数量与设计不符时可以换算。

（9）安装伸缩缝定额中梳形钢板伸缩缝、钢板伸缩缝、橡胶板伸缩缝、毛勒伸缩缝均按成品安装考虑，成品费用另计。

（10）盆式金属橡胶组合支座施工时，预埋钢板套用本定额第一册《通用项目》"钢筋工程"中的预埋铁件定额；支座垫石套用本册定额第五章"现浇混凝土工程"中的支座垫石定额。

（11）安装预制立柱及盖梁。

①砂浆接缝、连接套筒灌浆适用于预制拼装桥墩的构件连接。

②砂浆接缝厚度按2cm考虑，当厚度不同时，可对砂浆用量进行调整。

③连接套筒每根长度为80m，内径为70mm。

④预制立柱、预制盖梁安装未考虑地基处理，发生时套用相应定额。

（12）预制装配式防撞墙中不包括橡胶止水带及伸缩缝安装，发生时套用相应定额。

（13）隔声屏制作与安装定额不包括下部基础顶面的预埋铁件，预埋铁件可套用本定额第一册《通用项目》相应定额项目。

8.10 临 时 工 程

临时工程定额包括搭、拆桩基础支架平台，搭、拆木垛，拱、板涵拱盔支架，桥梁支架，组装、拆卸船排，挂篮及扇形支架的制作、安拆、推移，筑、拆胎、地膜，凿除桩顶混凝土等相应子目。

8.10.1　工程量计算规则

（1）搭、拆打桩工作平台。

搭、拆打桩工作平台工程量按平台面积计算。

打桩工作平台面积，如图8.7所示。

① 桥梁打桩。

$$F = N_1 F_1 + N_2 F_2 \tag{8-10}$$

每座桥台（桥墩）：
$$F_1 = (5.5 + A + 2.5) \times (6.5 + D) \tag{8-11}$$

每条通道：
$$F_2 = 6.5 \times [L - (6.5 + D)] \tag{8-12}$$

② 护岸打桩。

$$F = (L + 6) \times (6.5 + D) \tag{8-13}$$

③ 钻孔灌注桩。

$$F = N_1 F_1 + N_2 F_2 \tag{8-14}$$

每座桥台（桥墩）：
$$F_1 = (A + 6.5) \times (6.5 + D) \tag{8-15}$$

每条通道：
$$F_2 = 6.5 \times [L - (6.5 + D)] \tag{8-16}$$

式中　F——工作平台总面积，m^2；

　　　F_1——每座桥台（桥墩）工作平台面积，m^2；

　　　F_2——桥台至桥墩间或桥墩至桥墩间通道工作平台面积，m^2；

　　　N_1——桥台和桥墩总数量；

　　　N_2——通道总数量；

　　　D——两排桩之间距离，m；

　　　L——桥梁跨径或护岸的第一根桩中心至最后一根桩中心之间的距离，m；

　　　A——桥台（桥墩）每排桩的第一根桩中心至最后一根桩中心之间的距离，m。

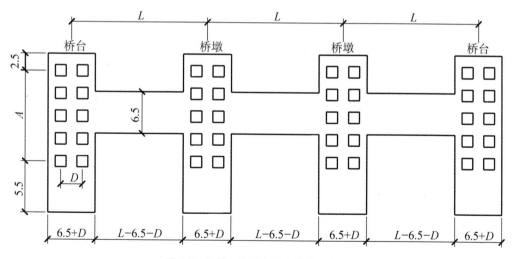

图8.7　打桩工作平台面积计算示意图

注：图中尺寸以"m"为单位，两排桩中心距为D，通道宽6.5m。

市政工程计量与计价（第四版）

（2）凡台与墩或墩与墩之间不能连续施工（如不能断航、断交通或拆迁工作不能配合）时，每个墩、台可计一次组装、拆卸柴油打桩架及设备运输费。

（3）桥涵拱盔、支架。

① 桥涵拱盔体积按起拱线以上弓形侧面积乘以（桥宽 +2m）计算。

② 桥涵支架体积为结构底面至原地面（水上支架为水上支架平台顶面）平均标高乘以纵向距离再乘以（桥宽 +2m）计算。

【例 8-17】某桥涵示意图如图 8.8 所示，计算桥涵拱盔和支架工程量。

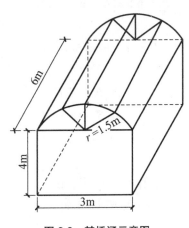

图 8.8　某桥涵示意图

【解】拱盔工程量：$\dfrac{\pi \times 1.5^2}{2} \times (6+2) \approx 28.27 (\text{m}^3)$

支架工程量：$(3+2) \times 4 \times 6 = 120 (\text{m}^3)$

③ 现浇盖梁支架体积按从盖梁底至承台顶面高度乘以长度（盖梁长 +1m）再乘以宽度（盖梁宽 +1m）计算，并扣除立柱所占体积。

④ 预制盖梁安装操作平台按水平投影面积计算。

⑤ 支架堆载预压工程量按施工组织设计要求计算，设计无要求时，按支架承载的梁体设计质量乘以系数 1.1 计算。定额中堆载材料按黄砂考虑，实际材料不同时按实际使用材料调整。

（4）挂篮及扇形支架。

① 定额中的挂篮形式为自锚式无压重轻型钢挂篮，钢挂篮质量按设计要求确定。推移工程量按挂篮质量乘以推移距离以"t·m"为单位计算。

② 0# 块扇形支架安拆工程量按顶面梁宽计算，边跨采用挂篮施工时，其合龙段扇形支架的安拆工程量按梁宽的 50% 计算。

③ 挂篮、扇形支架的制作工程量按安拆定额括号中所列的摊销量计算。

（5）组装、拆卸船排工程量按组装、拆卸的次数计算。

（6）筑、拆胎、地膜。

① 砖地模、土胎模工程量按其与混凝土的接触面积计算。

② 混凝土地模按混凝土体积计算；浇筑混凝土地模的模板工程量按其与混凝土的接触面积计算。

（7）凿除桩顶混凝土工程量按凿除的混凝土体积计算。

8.10.2 定额套用及换算说明

（1）支架平台适用于陆上、支架上打桩及钻孔灌注桩。

（2）支架平台分陆上平台与水上平台两类，其划分范围及结构组成如下。

① 凡河道原有河岸线、向陆地延伸 2.5m 范围内，均可套用水上支架平台。

② 除水上支架平台范围以外的陆地部分，均属陆上支架平台，但不包括坑洼地段。

③ 当坑洼地段平均水深超过 2m 时，可套用水上支架平台；当坑洼地段平均水深在 1～2m 时，按水上支架平台和陆上支架平台各取 50% 计算；当坑洼地段平均水深在 1m 以内时，按陆上支架平台计算。

④ 水上支架采用打圆木桩，在圆木桩上放盖梁、横梁大板，圆木桩固定采用型钢斜撑，桩与盖梁连接采用 U 形箍。如采用钢结构形式水上工作平台应另行计算。

（3）桥涵拱盔、支架均不包括底模及地基加固在内。

（4）组装、拆卸船排定额中未包括压舱费用。压舱材料取定为大石块，并按船排总吨位的 30% 计取（包括装、卸在内 150m 的二次运输费）。

（5）打桩工作平台应根据相应的打桩定额中打桩机的锤重进行选择。钻孔灌注桩工作平台按孔径 $\phi \leq 1000mm$ 套用锤重小于或等于 2500kg 打桩工作平台，$\phi > 1000mm$ 套用锤重小于或等于 4000kg 打桩工作平台。当钻孔桩采用硬地法施工时，陆上工作平台不再计算。

（6）搭、拆水上工作平台定额中，已综合考虑了组装、拆卸船排及组装、拆卸打拔桩架工作内容，不得重复计算。

（7）满堂式钢管支架、门式钢支架、装配式钢支架定额未包含使用费。

① 满堂式钢管支架、门式钢支架定额只含搭拆，其使用费单价（t·d）按当地实际价格确定，工程量按施工组织设计计算；如无明确规定，则分别按每立方米空间体积 50kg 和 40kg 计算（包括扣件等）。

② 装配式钢支架定额只含钢支架摊销费，其使用费单价（t·d）按当地实际价格确定，工程量按施工组织设计计算；如无明确规定，则分别按每立方米空间体积 125kg 计算。

（8）水上安装挂篮需浮吊配合时应另行计算。

（9）挂篮、扇形支架发生场外运输可另行计算。

（10）地模定额中，砖地模厚度为 7.5cm，混凝土地模定额中未包括毛砂垫层，发生时按本定额第六册《排水工程》相应定额执行。

【例 8-18】某两跨简支梁桥，桥跨结构为 13m+16m，均采用 40cm×40cm 钢筋混凝土方桩打入桩基础，桩长 22m。其中 1 号、3 号桥台采用单排桩 11 根，桩距为 1.2m，

2号桥墩采用双排平行桩，每排9根，桩距为1.5m，排距为1.5m，如图8.9所示。施工时搭设水上支架平台，试计算该工程搭拆桩基础工作平台的工程量，并确定套用的定额子目及基价。

【解】（1）1号、3号桥台桩基础工作平台面积。

$$F_{1桥台} = [5.5 + 1.2 \times (11-1) + 2.5] \times (6.5+0) \times 2 = 260 \ (m^2)$$

（2）2号桥墩桩基础工作平台面积。

$$F_{1桥墩} = [5.5 + (9-1) \times 1.5 + 2.5] \times (6.5+1.5) = 160 \ (m^2)$$

（3）通道桩基础工作平台面积。

$$F_2 = 6.5 \times \left(13 - \frac{6.5+0}{2} - \frac{6.5+1.5}{2}\right) + 6.5 \times \left(16 - \frac{6.5+0}{2} - \frac{6.5+1.5}{2}\right) = 94.25 \ (m^2)$$

（4）桩基础工作平台的工程量。

合计桩基础工作平台的面积 = 260 + 160 + 94.25 = 514.25 （m²）

（5）确定套用的定额子目及基价。

支架上打钢筋混凝土方桩，桩长22m套用的定额子目：[3-14]

打桩定额中，打桩机锤重为2500kg

支架平台套用的定额子目：[3-498]

$$基价 = 26172.73 \ 元/100m^2$$

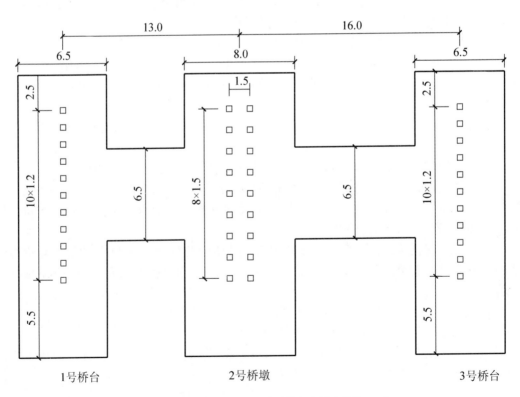

图 8.9 某桥桩基础支架平台计算示意图（单位：m）

【例 8-19】某桥梁工程采用 $\phi1200$ 钻孔灌注桩基础,施工时搭拆水上支架平台,并确定桩基础支架平台套用的定额子目及基价。

【解】$\phi1200$ 钻孔灌注桩基础支架平台套用锤重 4000kg 打桩工作平台

套用的定额子目:[3-499]

$$基价 =37836.80 元 /100m^2$$

8.11 装 饰 工 程

装饰工程定额包括水泥砂浆抹面、剁斧石、拉毛、镶贴面层、水质涂料、油漆等相应子目。

8.11.1 工程量计算规则

除金属面油漆以"t"为单位计算外,其余项目均按装饰面积以"m²"为单位计算。

8.11.2 定额套用及换算说明

(1)本节定额适用于桥、涵构筑物的装饰项目。

(2)镶贴面层定额中,当贴面材料与定额不同时,可以调整换算,但人工与机械台班消耗量不变。

(3)水质涂料不分面层类别,均按本节定额计算,由于涂料种类繁多,当采用其他涂料时,可以调整换算。

(4)水泥白石子浆抹灰定额,均未包括颜料费用,当设计需要颜料调制时,应增加颜料费用。

(5)油漆定额按手工操作计取,当采用喷漆时,应另行计算。当本节定额中的油漆种类与实际不同时,可以调整换算。油漆定额已综合考虑规范要求的油漆厚度,当油漆厚度与定额含量不同时,不做调整。

8.12 桥涵工程定额计量与计价实例

【例 8-20】某工程在 K8+260 处跨越现状月牙河处建设一座桥梁,月牙河桥与道路中线斜交 70°,上部结构采用 20m 跨径的预应力空心板简支梁,下部结构采用重力式桥台,基础采用 $\phi1000$ 钻孔灌注桩;桥面铺装采用 4cm 细粒式沥青混凝土和 8cm 厚 C30 纤维混凝土。桥梁工程施工图如图 8.10 ~ 图 8.31 所示。本工程采用 GJZ100×150 板式橡胶支座,支座总厚度为 21mm。本桥梁工程混凝土模板、桥梁栏杆不在本次计算范围内。已知原地面平均标高为 3.690m,桥台基坑开挖方量(一、二类土)为 2579.90m³,其中人工辅助清底为 257.90m³,其余用挖掘机挖土;基坑回填土方量为 544.90m³,台背回填砂砾石 1387.03m³；承台下方 C10 素混凝土垫层每侧比承台宽 30cm；桥台泄水孔单根长 1.45m。

要求进行该桥梁工程定额计量与计价，即计算该桥梁工程相关的定额工程量并确定套用的定额子目及基价。

【解】1. 确定本桥梁工程的施工方案

（1）钻孔灌注桩。

① 采用转盘式钻机陆上成孔，施工时配置 2 台钻机。

② 钻孔灌注桩钢护筒长 2m。

③ 泥浆外运运距为 10km。

④ 钻孔灌注桩混凝土采用非泵送水下商品混凝土。

（2）板梁。

① 板梁现场预制；预制后用平板拖车运至施工点安装，用起重机装车，运距 1km 以内。

② 板梁采用汽车式起重机（75t）陆上安装。

（3）桥梁人行道板采用现场预制，预制后采用 10t 以内汽车运至施工点，运距 1km 以内。

（4）台身、侧墙、台帽、梁板铰缝混凝土施工时采用泵送商品混凝土，其他部位混凝土均采用非泵送商品混凝土。

（5）施工机械中的履带式挖掘机、履带式推土机、压路机、沥青摊铺机的进出场费在该工程的道路工程预算中考虑，本桥梁工程不计。

（6）桥台施工过程中采用轻型井点降水，共计安装井点管 250 根，使用 12 天。

（7）桥梁施工时设置编织袋围堰，堰顶高于设计水位 0.5m，围堰体积为 550.80m³。

（8）多余土方用自卸车外运，运距 8km。

2. 计算分部分项项目的工程量，并确定套用的定额子目及基价

（1）计算桥梁工程（包括土石方工程）相关分部分项项目的工程量，见表 8-6。

（2）根据图纸，结合施工方案以及人工、材料、机械单价，确定分部分项项目套用的定额子目，并确定定额子目的基价，见表 8-6。

本实例，台背回填级配砂砾单价为 85.66 元/t，片石单价为 83.00 元/t，桥梁工程（包括土石方工程）其他相关分部分项项目的人工、材料、机械单价均按《浙江省市政工程预算定额》（2018 版）计取。

3. 计算技术措施项目的工程量，并确定套用的定额子目及基价

（1）计算桥梁工程技术措施项目的工程量，见表 8-7。

（2）根据图纸，结合施工方案以及人工、材料、机械的单价，确定技术措施项目套用的定额子目，并确定定额子目的基价，见表 8-7。

本实例桥梁工程技术措施项目的人工、材料、机械单价均按《浙江省市政工程预算定额》（2018 版）计取。

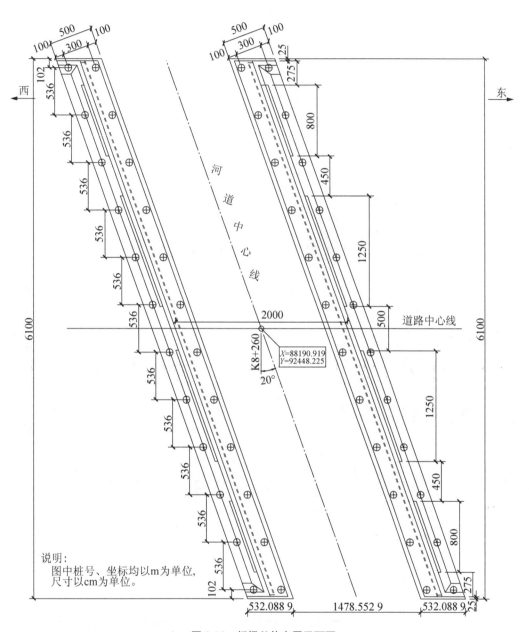

图 8.10 桥梁总体布置平面图

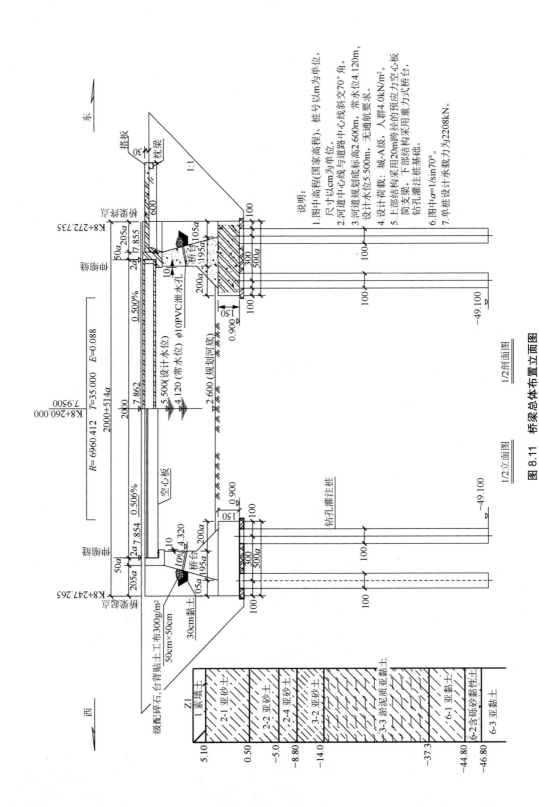

说明：

1. 图中高程（国家高程），桩号以m为单位，尺寸以cm为单位。
2. 河道中心线与道路中心线斜交70°角。
3. 河道规划底高程2.600m，常水位4.120m，设计水位5.500m，无通航要求。
4. 设计荷载：城-A级，人群4.0kN/m²。
5. 上部结构采用20m跨径的预应力空心板简支梁，下部结构采用重力式桥台，钻孔灌注桩基础。
6. 图中α=1/sin70°。
7. 单桩设计承载力为2208kN。

1/2立面图   1/2剖面图

图8.11 桥梁总体布置立面图

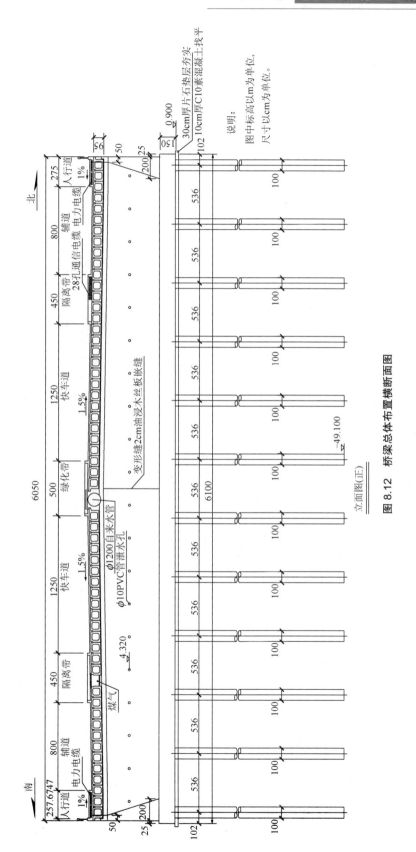

图 8.12 桥梁总体布置横断面图

市政工程计量与计价（第四版）

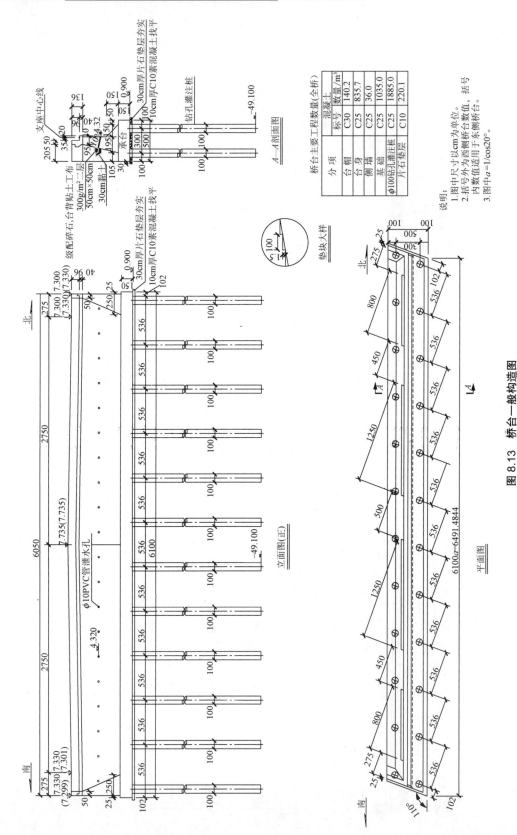

图 8.13 桥台一般构造图

236

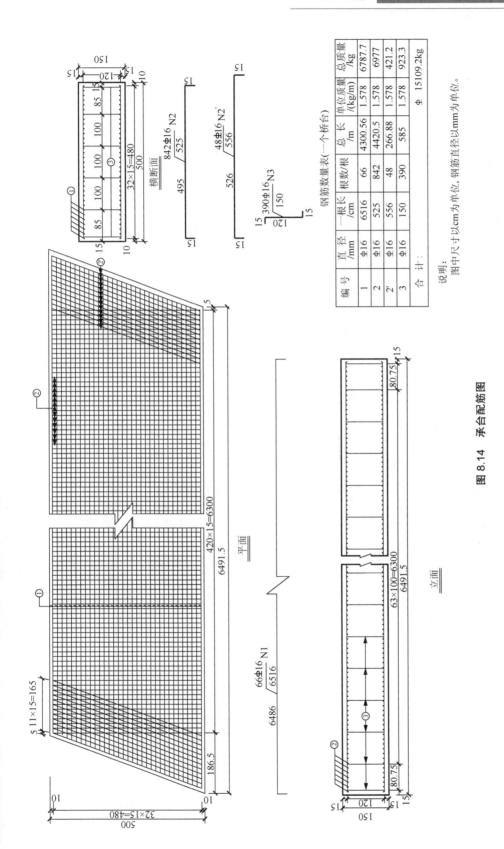

钢筋数量表(一个桥台)

编号	直径/mm	一根长/cm	根数/根	总长/m	单位质量/(kg/m)	总质量/kg
1	Φ16	6516	66	4300.56	1.578	6787.7
2	Φ16	525	842	4420.5	1.578	6977
2'	Φ16	556	48	266.88	1.578	421.2
3	Φ16	150	390	585	1.578	923.3
合 计:						Φ 15109.2kg

说明:
图中尺寸以cm为单位,钢筋直径以mm为单位。

图 8.14 承台配筋图

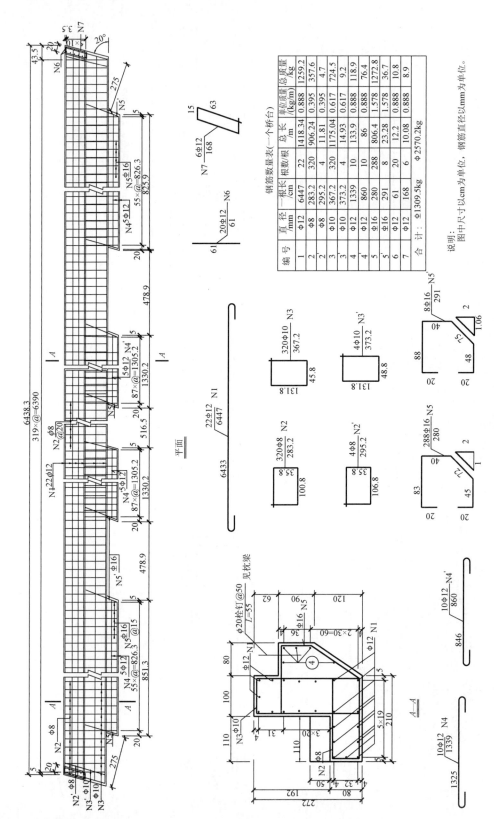

图 8.15 台帽配筋图

钢筋数量表（一个桥台）

编 号	直径 /mm	一根长 /cm	根数/根	总 长 /m	单位质量 /(kg/m)	总质量 /kg
1	Φ12	6447	22	1418.34	0.888	1259.2
2	Φ8	283.2	320	906.24	0.395	357.6
2'	Φ8	295.2	4	11.81	0.395	4.7
3	Φ10	367.2	320	1175.04	0.617	724.5
3'	Φ10	373.2	4	14.93	0.617	9.2
4	Φ12	1339	10	133.9	0.888	118.9
4'	Φ12	860	10	86	0.888	76.4
5	Φ16	280	288	806.4	1.578	1272.8
5'	Φ16	291	8	23.28	1.578	36.7
6	Φ12	61	20	12.2	0.888	10.8
7	Φ12	168	6	10.08	0.888	8.9
合 计：	Φ1309.5kg				Φ2570.2kg	

说明：图中尺寸以cm为单位，钢筋直径以mm为单位。

一根桩材料数量表

编号	直径/mm	长度/cm	根数/根	共长/m	总质量/kg	合计/kg
1	Φ20	3718	10	371.80	918.3	1712.1
2	Φ20	2717	10	271.70	671.1	
3	Φ20	276	18	49.68	122.7	
4	Φ8	52655	1	526.55	208.0	214.9
5	Φ8	1749	1	17.49	6.9	
6	Φ12	53	72	38.16	33.9	33.9
C25混凝土/m³						39.27

说明:
1. 图中尺寸除钢筋直径以mm为单位外,其余均以cm为单位。
2. 加强钢筋绑扎在主筋内侧,其焊接方式采用双面焊。
3. 定位钢筋N6每隔2m设一组,每组4根。
4. 沉淀物厚度不大于15cm。
5. 钻孔桩全桥48根。

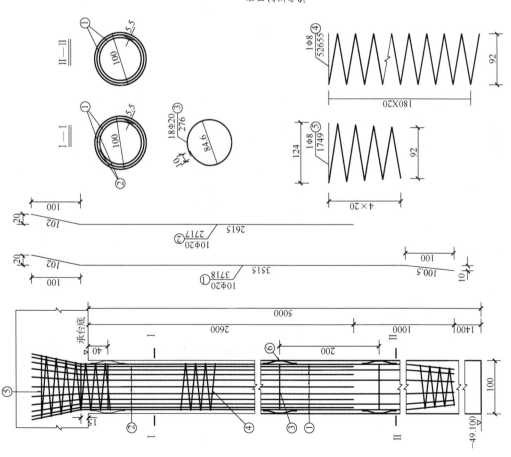

图 8.16 钻孔灌注桩配筋图

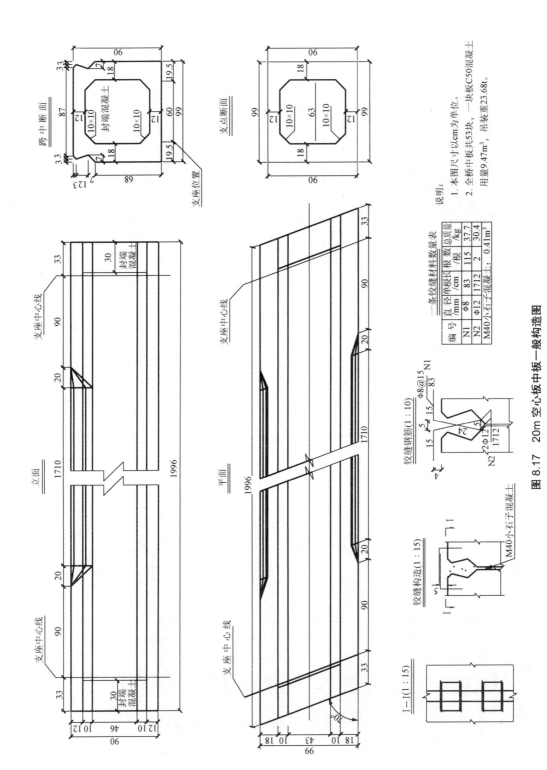

图 8.17　20m 空心板中板一般构造图

说明：

1. 本图尺寸以cm为单位。

2. 全桥中板共53块，一块板C50混凝土用量9.47m³，吊装重23.68t。

一条铰缝材料数量表

编号	直径/mm	单根长/cm	根数/根	总质量/kg
N1	Φ8	83	115	37.7
N2	Φ12	1712	2	30.4
M40小石子混凝土：				0.41m³

铰缝钢筋(1：10)

铰缝构造(1：15)

I—I(1：15)

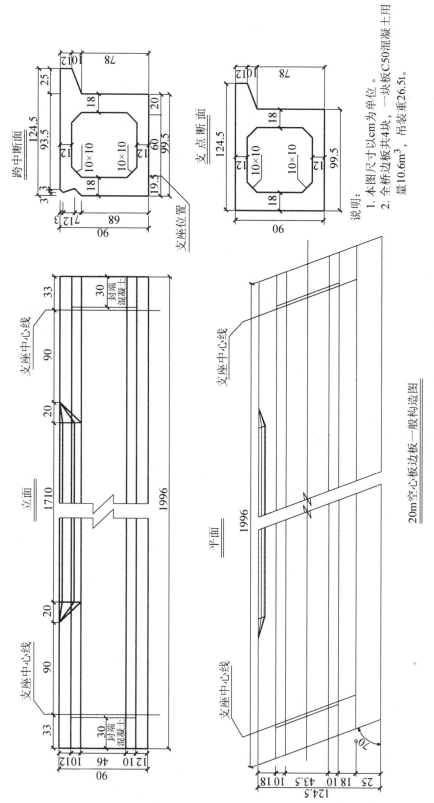

说明：
1. 本图尺寸以cm为单位。
2. 全桥边板共4块，一块板C50混凝土用量10.6m³，吊装重26.5t。

20m空心板边板一般构造图

图 8.18 20m空心板边板一般构造图

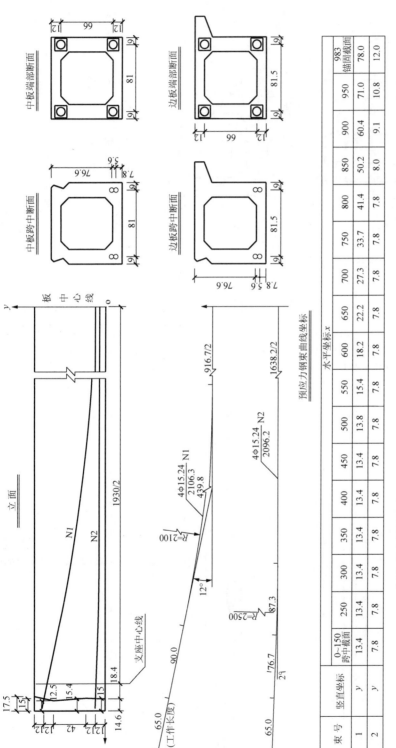

图 8.19 20m 空心板预应力钢束构造图

说明：
1. 本图尺寸除钢绞线直径以 mm 为单位外，其余均以 cm 为单位，比例为 1:25。
2. 预应力钢束曲线竖向坐标值为钢束重心至梁底距离。
3. 钢绞线孔道采用直径为 56mm 的预埋波纹管，锚具采用 YM15—4 锚具。
4. 设计采用标准强度 R_y=1860MPa 的高强低松弛钢绞线，4Φ15.24—束，两端张拉，每束钢绞线的张拉控制力为 781.2kN。

预应力钢束曲线坐标

水平坐标 x

束号	竖直坐标	0~150 跨中截面	250	300	350	400	450	500	550	600	650	700	750	800	850	900	950	983 锚固截面
1	y	13.4	13.4	13.4	13.4	13.4	13.4	13.8	15.4	18.2	22.2	27.3	33.7	41.4	50.2	60.4	71.0	78.0
2	y	7.8	7.8	7.8	7.8	7.8	7.8	7.8	7.8	7.8	7.8	7.8	7.8	7.8	8.0	9.1	10.8	12.0

一块板钢绞线材料数量表

束号	直径 /mm	每根长度 /cm	根数/根	共长 /m	单位质量 /(kg/m)	总质量 /kg	Φ56 波纹管长度 /m
1	Φ15.24	2106.3	8	168.50	1.102	370.49	78.84
2	Φ15.24	2096.2	8	167.70			

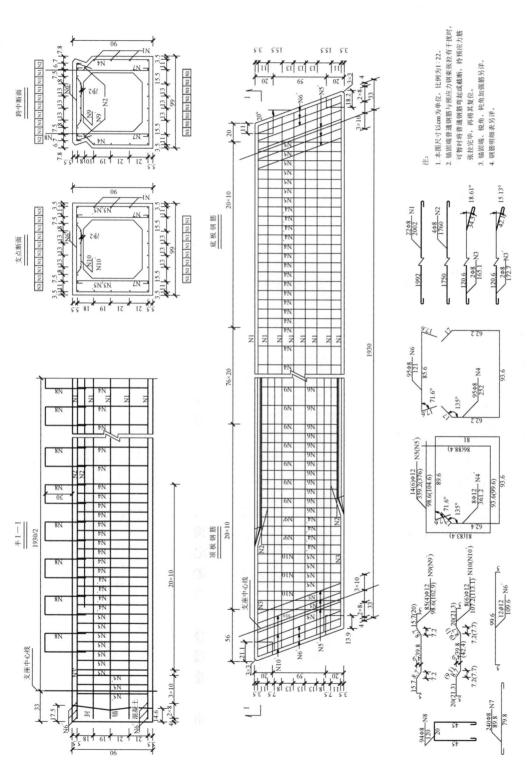

图 8.20 20m 空心板中板普通钢筋配筋图

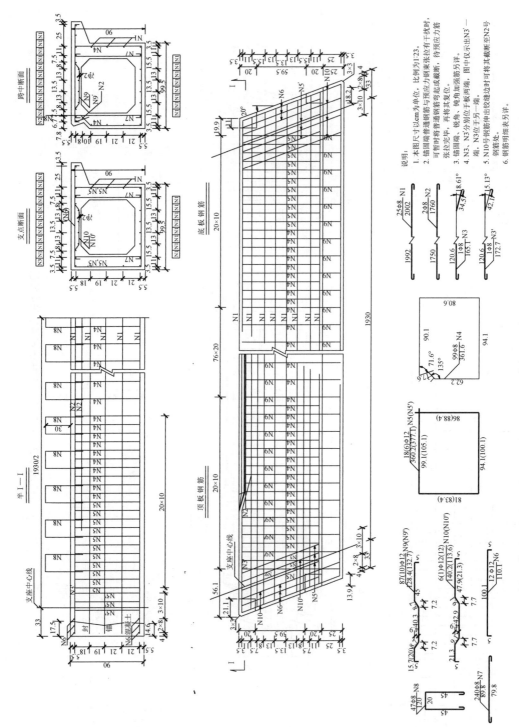

图 8.21　20m 空心板边板普通钢筋配筋图

一块空心板普通钢筋明细表

类别	编号	直径/mm	长度/cm	根数/根	共长/m	总质量/kg	合 计
			斜交角20°	挑臂25cm	变截面		
中板	1	Φ8	2002.0	22	440.44	174.0	钢筋(kg) Φ8：474.1 Φ12：193.8 混凝土(m³) C50：9.47 C20：0.24
	2	Φ8	1760.0	4	70.40	27.8	
	3	Φ8	165.1	2	3.30	1.3	
	3′	Φ8	172.7	2	3.45	1.4	
	4	Φ8	252.0	95	239.40	94.6	
	4′	Φ12	361.2	8	28.90	25.7	
	5	Φ12	359.2	14	50.29	44.7	
	5′	Φ12	376.0	6	22.56	20.0	
	6	Φ8	121.0	95	114.95	45.4	
	6′	Φ12	109.6	12	13.15	11.7	
	7	Φ8	89.8	240	215.52	85.1	
	8	Φ8	120.0	94	112.80	44.6	
	9	Φ12	98.6	85	83.83	74.4	
	9′	Φ12	102.9	4	4.12	3.7	
	10	Φ12	107.2	8	8.58	7.6	
	10′	Φ12	113.1	6	6.79	6.0	
边板	1	Φ8	2002.0	25	500.5	197.7	钢筋(kg) Φ8：461.7 Φ12：208.9 混凝土(m³) C50：10.60 C20：0.24
	2	Φ8	1760.0	2	35.20	13.9	
	3	Φ8	165.1	1	1.65	0.7	
	3′	Φ8	172.7	1	1.73	0.7	
	4	Φ8	361.6	99	357.98	141.4	
	5	Φ12	360.2	18	64.84	57.6	
	5′	Φ12	377.1	6	22.62	20.1	
	6	Φ12	110.1	12	13.22	11.7	
	7	Φ8	89.8	240	215.52	85.1	
	8	Φ8	120.0	47	56.40	22.3	
	9	Φ12	128.4	87	111.72	99.2	
	9′	Φ12	132.7	10	13.27	11.8	
	10	Φ12	140.2	6	8.41	7.5	
	10′	Φ12	113.6	1	1.14	1.0	

注：C20混凝土为空心板封端混凝土。

图 8.22 20m 空心板普通钢筋材料表

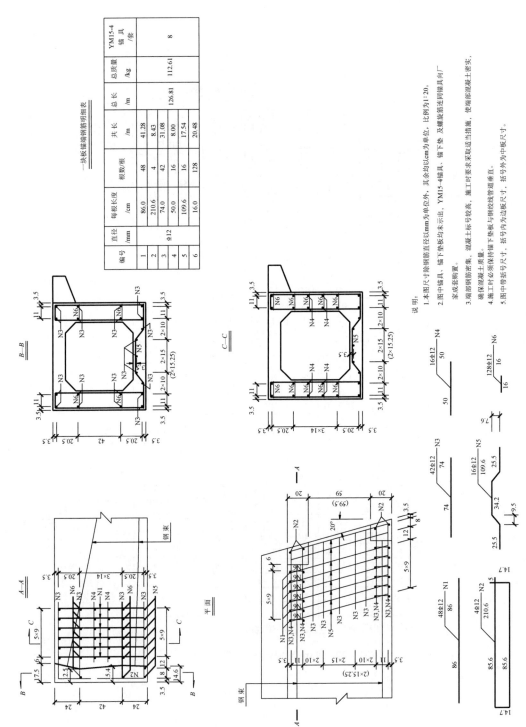

一块板锚端钢筋明细表

编号	直径/mm	每根长度/cm	根数/根	共长/m	总长/m	总质量/kg	YM15-4锚具/套
1	Φ12	86.0	48	41.28			
2		210.6	4	8.43			
3		74.0	42	31.08	126.81	112.61	8
4		50.0	16	8.00			
5		109.6	16	17.54			
6		16.0	128	20.48			

说明：
1. 本图尺寸除钢筋直径以mm为单位外，其余均以cm为单位，比例为1:20。
2. 图中锚具、锚下垫板均未示出，YM15-4锚具、锚下垫及螺旋筋连同锚具向厂家成套购置。
3. 端部钢筋密集，混凝土时标号较高，施工时要求采取适当措施，使端部混凝土密实，确保混凝土质量。
4. 施工时必须保持锚下垫板与钢绞线管道垂直。
5. 图中带括号尺寸，括号内为边板尺寸，括号外为中板尺寸。

图8.23 20m空心板锚端钢筋构造图

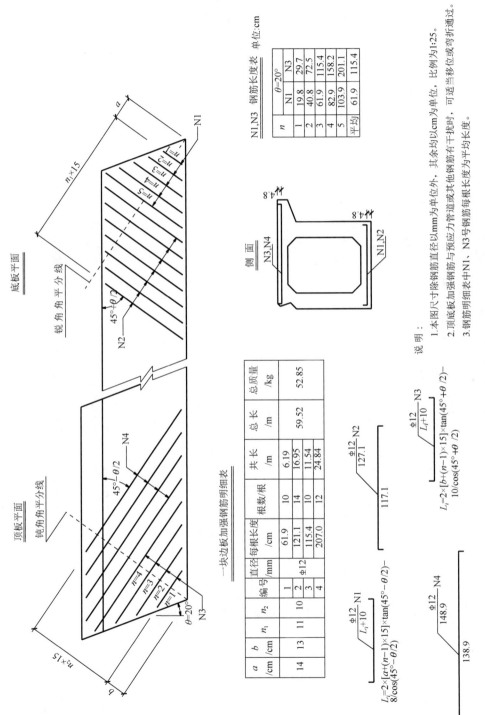

图 8.24 跨径 20m 空心板边板锐角、钝角加强筋构造图

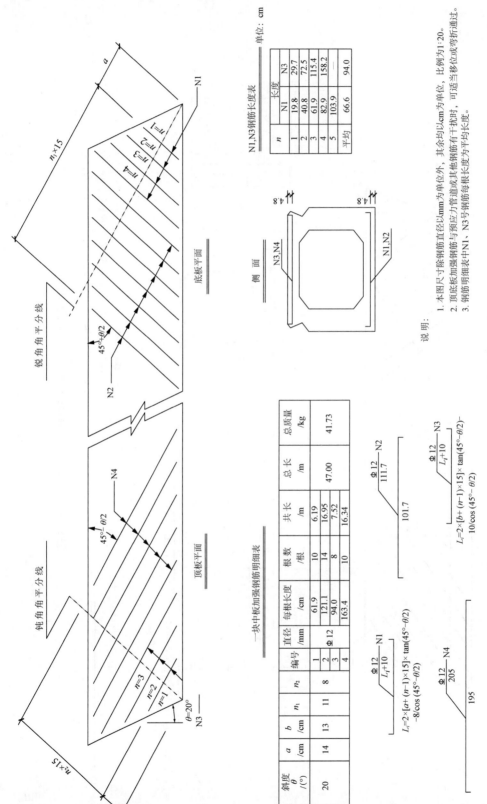

图 8.25 跨径 20m 空心板中板锐角、钝角加强筋构造图

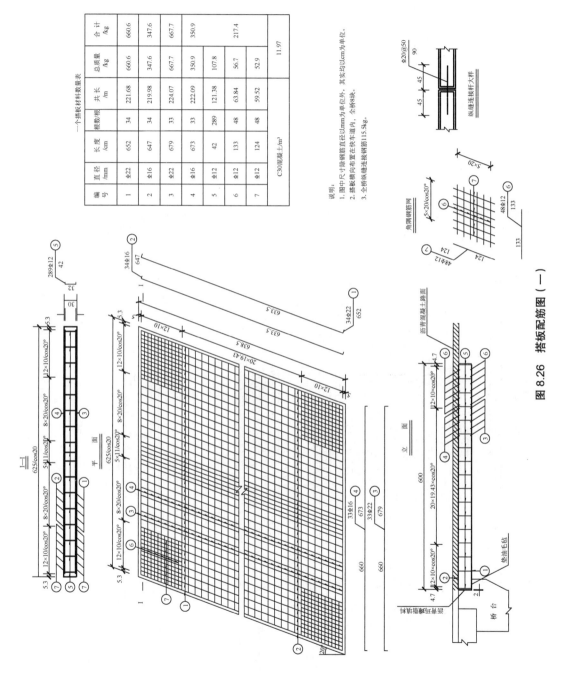

图 8.26　搭板配筋图（一）

一个搭板材料数量表

编号	直径/mm	长度/cm	根数/根	共长/m	总质量/kg	合计/kg
1	Φ22	652	34	221.68	660.6	660.6
2	Φ16	647	34	219.98	347.6	347.6
3	Φ22	679	33	224.07	667.7	667.7
4	Φ16	673	33	222.09	350.9	350.9
5	Φ12	42	289	121.38	107.8	
6	Φ12	133	48	63.84	56.7	217.4
7	Φ12	124	48	59.52	52.9	
C30混凝土/m³						11.97

说明：
1. 图中尺寸除钢筋直径以mm为单位外，其实均以cm为单位。
2. 搭板横向布置在快车道内，全桥2块。
3. 全桥纵缝连接钢筋115.5kg。

市政工程计量与计价（第四版）

一个搭板材料数量表

编号	直径 /mm	长度 /cm	根数 /根	共长 /m	总质量 /kg	合计 /kg
1	Φ22	652	42	273.84	816.0	816.0
2	Φ16	647	42	271.74	429.3	429.3
3	Φ22	865	33	285.45	850.6	850.6
4	Φ16	859	33	283.47	447.9	447.9
5	Φ12	42	357	149.94	133.1	
6	Φ12	154	48	73.92	65.6	260.4
7	Φ12	124	56	69.44	61.7	
C30 混凝土 /m³					15.32	

说明：
1. 图中尺寸除钢筋直径以mm为单位外，其余均以cm为单位。
2. 搭板横向布置在辅道内，全桥4块。

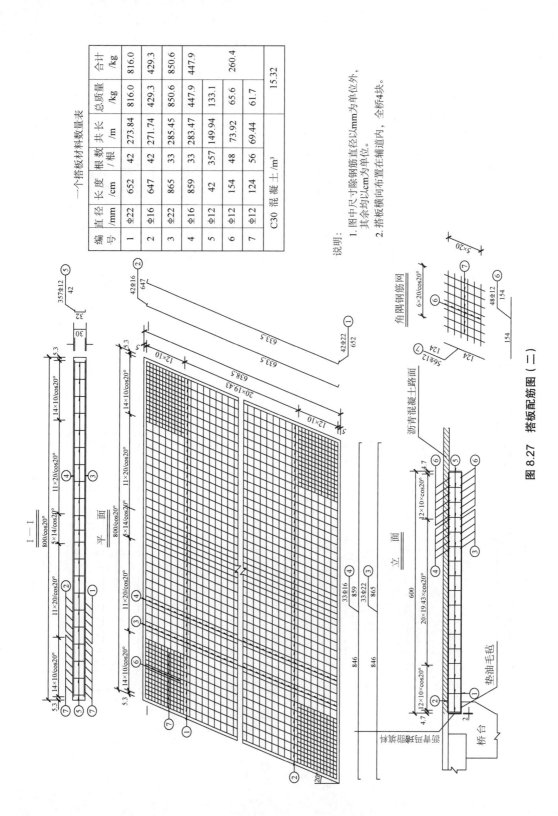

图 8.27 搭板配筋图（二）

250

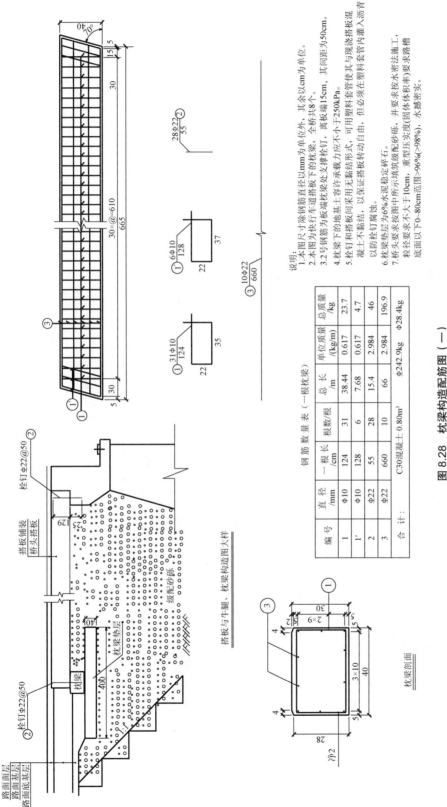

说明:
1. 本图尺寸除钢筋直径以mm为单位外,其余以cm为单位。
2. 本图为快行车道搭板下的枕梁。
3. 2号钢筋为枕梁端枕梁处支撑栓钉,离板端15cm,其间距为50cm。全桥共8个。
4. 枕梁下的地基土容许承载力应不小于250kPa。
5. 栓钉和搭板间采用无黏结形式,可用塑料套管使其与现浇搭板混凝土不黏结,以保证搭板转动自由,但必须在塑料套管内灌入沥青以防栓钉腐蚀。
6. 枕垫层为6%水泥级配砂砾,并要求水密法施工。
7. 桥头要求按图中所示填筑级配砂砾,重型压实度(固体体积率)要求路槽底面以下0~80cm范围>96%(>98%),粒径要求不大于10cm,水搅密实。

钢筋数量表(一根枕梁)

编号	直径 /mm	一根长 /cm	根数/根	总长 /m	单位质量 /(kg/m)	总质量 /kg
1	Φ10	124	31	38.44	0.617	23.7
1'	Φ10	128	6	7.68	0.617	4.7
2	Φ22	55	28	15.4	2.984	46
3	Φ22	660	10	66	2.984	196.9
合 计:				Φ242.9kg	Φ28.4kg	

C30混凝土 0.80m³

图 8.28 枕梁构造配筋图(一)

搭板与牛腿、枕梁构造图大样

枕梁剖面

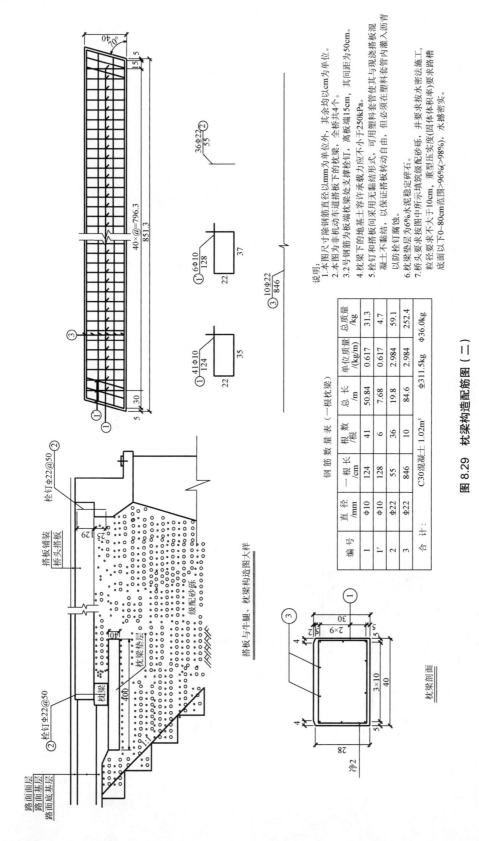

说明：
1. 本图尺寸除钢筋直径以mm为单位外，其余均以cm为单位。
2. 本图为非机动车道搭板下的枕梁，全桥共4个。
3. 2号钢筋为板端搭板处支撑栓钉，离板端15cm，其间距为50cm。
4. 枕梁下的地基土容许承载力应不小于250kPa。
5. 栓钉和搭板间采用无黏结形式，可用塑料套管使其与现浇搭板混凝土不黏结，以保证搭板转动自由，但必须在塑料套管内灌入沥青以防栓钉腐蚀。
6. 枕梁垫层为6%水泥稳定碎石。
7. 桥头要求按图中所示填筑级配砂砾，并要求按水密法施工，重型压实度（固体体积率）要求路槽底面以下0～80cm范围＞96%（＞98%），水撼密实。

钢筋数量表（一根枕梁）

编号	直径/mm	一根长/cm	根数/根	总长/m	单位质量/(kg/m)	总质量/kg
1	Φ10	124	41	50.84	0.617	31.3
1'	Φ10	128	6	7.68	0.617	4.7
2	Φ22	55	36	19.8	2.984	59.1
3	Φ22	846	10	84.6	2.984	252.4
合计：					Φ311.5kg	Φ36.0kg

C30混凝土 1.02m³

图 8.29 枕梁构造配筋图（二）

搭板与牛腿、枕梁构造图大样

枕梁剖面

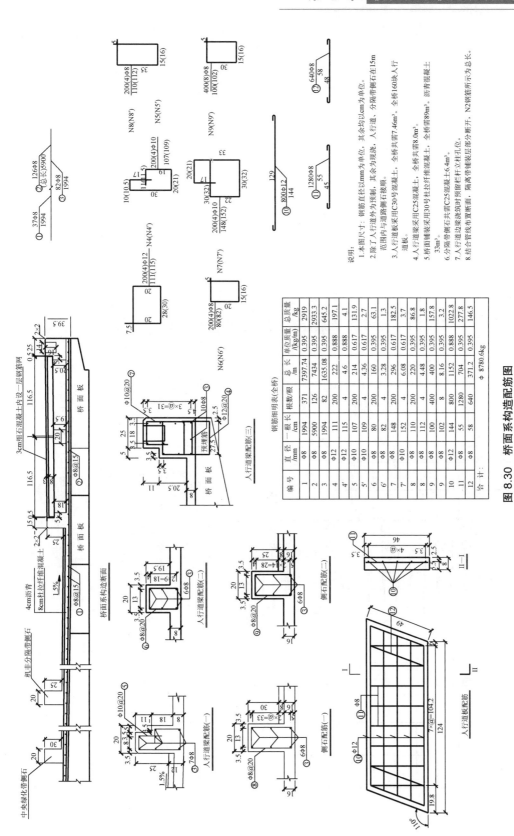

说明：
1. 本图尺寸：钢筋直径以mm为单位，其余均以cm为单位。
2. 除了人行道外为预制，其余为现浇。人行道、分隔带侧石接顺在15m范围内与道路侧石接顺。
3. 人行道板采用C30号混凝土，全桥共需7.46m³，全桥160块人行道板。
4. 人行道梁采用C25混凝土，全桥共需8.0m³。
5. 桥面铺装采用30号拉纤维混凝土，全桥需89m³，沥青混凝土33m³。
6. 分隔带侧石共需C25混凝土33m³。
7. 结合管线布置断面，隔离带预留栏杆立柱孔位。
8. 结合管线布置断面，隔离带铺装层部分断开，N2钢筋断开，N4钢筋所示为总长。

钢筋细明表（全桥）

编号	直径/mm	一根长/cm	根数/根	总长/m	单位质量(kg/m)	总质量/kg
1	Φ8	1994	371	7397.74	0.395	2919
2	Φ8	5900	126	7434	0.395	2933.3
3	Φ8	1994	82	1635.08	0.395	645.2
4	Φ12	111	200	222	0.888	197.1
4'	Φ12	115	4	4.6	0.888	4.1
5	Φ10	107	200	214	0.617	131.9
5'	Φ10	109	4	4.36	0.617	2.7
6	Φ8	80	200	160	0.395	63.1
6'	Φ8	82	4	3.28	0.395	1.3
7	Φ8	148	200	296	0.617	182.5
7'	Φ10	152	4	6.08	0.617	3.7
8	Φ8	110	200	220	0.395	86.8
8'	Φ8	112	4	4.48	0.395	1.8
9	Φ8	100	400	400	0.395	157.8
9'	Φ8	102	8	8.16	0.395	3.2
10	Φ12	144	800	1152	0.888	1022.8
11	Φ8	55	1280	704	0.395	277.8
12	Φ8	58	640	371.2	0.395	146.5
合计：						Φ 8780.6kg

图 8.30 桥面系构造配筋图

技术参数表

型号	伸缩量	N1	N2	N3	N4	螺孔间距 a×b	螺孔间距 e×d	h
80	0~80	980×410×28	980×240×28	976×250×2	700×1.6延长	35×70	35×80	120

B值表

规格	设置温度T/℃				
	<0	10	20	30	<40
SFP-80	620	610	600	590	580

说明：

1. 本图尺寸均以mm为单位。
2. 梁架设时，梁端应成一直线并预留适当缝隙，预留缝隙根据气温参照C值确定，同时应采用有效的措施防止杂物落入缝隙。
3. 开挖槽尺寸以梁的端面为基准，根据气温参照B值放样。
4. 桥面上应安装滑移梳形钢板。
5. 滑移钢板应安装在坚实牢固的基地上，对原桥面松散和不坚固的铺装需彻底凿除，同时防止杂物落入缝隙内。
6. 伸缩装置应安装在坚实牢固的基地上。
7. 桥面为双向车道时，梳形钢板必须根据桥面的中心线处开始编排，非标准长度的梳形钢板应放在桥面的两端。
8. 锚固螺栓孔具装深度应大于50mm，在定位打孔时如遇原缝处与梳形板开孔位置一致，该处的螺栓应用电焊焊接锚固。
9. 锚固螺栓孔用专用锚具埋设，孔距应与梳形钢板B值确定。
10. 锚固螺栓用环氧砂浆埋设1~2mm。
11. 安装时，梳形钢板的总宽度应根据气温参照B值确定。
12. 混凝土浇捣要密实、平整、无蜂窝状，强度等级为C40纤维网混凝土。
13. 安装后，伸缩装置表面与原路面纵向高差应控制在2mm以内(3m直尺范围)，横向的顺直度应控制在3mm以内(一条缝范围内)。
14. 安装完成后，用环氧砂浆灌注封闭，梳形钢板同的缝隙同防水油膏封闭，油膏层厚比梳形钢板顶面低适当距离。
15. 伸缩缝预埋筋必须与厂家产品规格配套施工，并由厂家指导安装。

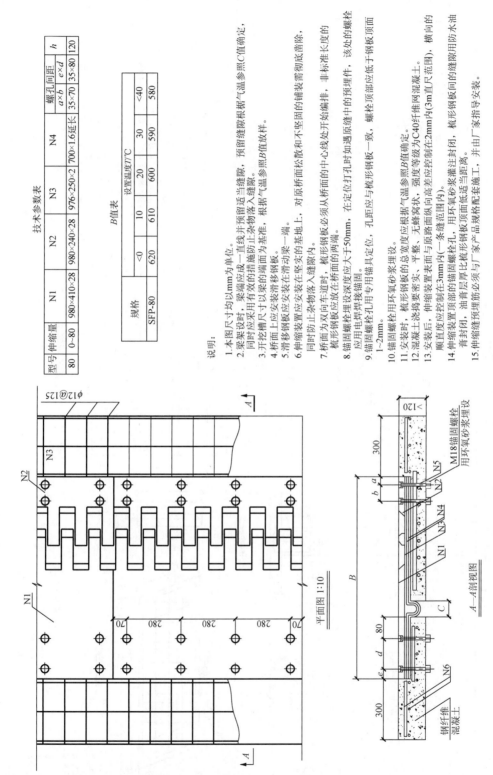

φ12@125

N1 N2 N3

70 280 280 280 70

平面图 1:10

A—A剖视图

M18锚固螺栓用环氧砂浆埋设

钢纤维混凝土

图 8.31 SPF伸缩缝

表 8-6 分部分项项目工程量计算及定额套用表

序号	工程项目名称	单位	计算式	数量	定额子目	基价
1	人工辅助挖基坑土方（一、二类土，深度 4m 以内）	m³	257.90	257.90	[1-14]H	2690.63 元/100m³
2	挖掘机挖土并装车（一、二类土）	m³	2579.9-544.9×1.15	1953.27	[1-71]	3057.45 元/1000m³
3	挖掘机挖土不装车（一、二类土）	m³	544.9×1.15-257.9	368.73	[1-68]	2012.59 元/1000m³
4	自卸车运土方（运距 8km）	m³	2579.9-544.9×1.15	1953.27	[1-94]+[1-95]×7	16461.16 元/1000m³
5	槽坑机械填土夯实	m³	544.90	544.90	[1-116]	1051.68 元/100m³
6	台背回填级配砂砾	m³	1387.03	1387.03	[2-67]H	1619.10 元/10m³
7	搭拆桩基础支架平台（陆上）	m²	$\left(\dfrac{61.00-1.02\times2}{\sin70^\circ}+6.5\right)\times(6.5+3)\times2+6.5\times[20-(6.5+3)]\times1$	1383.89	[3-492]	2610.22 元/100m²
8	埋设钢护筒（φ≤1000）	m	24×2×2	96.00	[3-107]	1572.20 元/10m
9	转盘式钻孔桩基成孔（桩径 1000mm）	m³	π×0.5²×(3.69+49.1)×48	1990.14	[3-122]	2003.87 元/10m³
10	泥浆池建造拆除	m³	1990.14	1990.14	[3-150]	56.69 元/10m³
11	泥浆外运（运距 10km）	m³	1990.14	1990.14	[3-152]+[3-153]×5	1140.44 元/10m³
12	灌注桩混凝土 C25（非泵送水下商品混凝土）	m³	π×0.5²×(50+1.2)×48	1929.22	[3-155]	5933.21 元/10m³
13	凿桩头	m³	π×0.5²×1.2×48	45.22	[3-525]	2156.25 元/10m³
14	C25 混凝土承台（非泵送商品混凝土）	m³	查图 8.12	1035.00	[3-191]H	4670.50 元/10m³
15	30cm 厚片石垫层	m³	查图 8.12	220.10	[3-186]H	1964.33 元/10m³
16	C10 混凝土垫层（非泵送商品混凝土）	m³	$\left(\dfrac{61.00}{\sin70^\circ}+2\times0.3\right)\times(5+0.3\times2)\times0.1\times2$	73.38	[3-187]H	4351.28 元/10m³
17	C30 混凝土台帽（泵送商品混凝土）	m³	查图 8.13	140.20	[3-210]H	4973.13 元/10m³

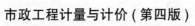

续表

序号	工程项目名称	单位	计算式	数量	定额子目	基价
18	C25混凝土台身（泵送商品混凝土）	m³	查图8.13	835.70	[3-198]H	4991.24元/10m³
19	C25混凝土侧墙（泵送商品混凝土）	m³	查图8.13	36.00	[3-240]H	4869.33元/10m³
20	C50预应力板梁预制（非泵送商品混凝土）	m³	查图8.17，图8.18：10.6×4+9.47×53	544.31	[3-302]H	7013.80元/10m³
21	板梁场内运输（平板拖车运输、1km，构件重25t以内）	m³	9.47×53	501.91	[3-345]	276.71元/10m³
22	板梁场内运输（平板拖车运输、1km，构件重40t以内）	m³	10.6×4	42.40	[3-346]	213.70元/10m³
23	板梁安装（起重机安装）	m³	544.31	544.31	[3-402]	428.87元/10m³
24	C40小石子混凝土铰缝（泵送商品混凝土）	m³	0.41×（11+14+29）	22.14	[3-244]H	7580.88元/10m³
25	桥面铺装C30混凝土厚8cm（非泵送商品混凝土）	m³	20×60.5×0.08	96.8	[3-273]H	4928.16元/10m³
26	混凝土路面养生（塑料膜养护）	m²	20×60.5	1210.00	[2-226]	177.79元/100m²
27	细粒式沥青混凝土桥面铺装（厚4cm）	m²	8×20×2+12.5×20×2	820.00	[2-208]+[2-209]	3896.50元/100m²
28	人行道C30细石混凝土铺装（厚3cm，非泵送商品混凝土）	m³	（1.165×2）×20×2×0.03	2.80	[3-273]H	4928.16元/10m³
29	C30预制人行道板（非泵送商品混凝土）	m³	查图8.30	7.46	[3-316]H	5308.46元/10m³
30	人行道板场运输（10t以内汽车运输，运距1km内）	m³	等于预制人行道板工程量	7.46	[3-335]	246.71元/10m³
31	人行道板安装	m³	等于预制人行道板工程量	7.46	[3-439]	1034.37元/10m³
32	C25现浇人行道梁、侧石（非泵送商品混凝土）	m³	6.4+8	14.40	[3-260]	4989.01元/10m³

续表

序号	工程项目名称	单位	计算式	数量	定额子目	基价
33	现浇C30搭板（非泵送商品混凝土）	m³	$11.97 \times 8 + 15.32 \times 4$	157.04	[3-275]H	4899.73 元/10m³
34	C30混凝土枕梁（非泵送商品混凝土）	m³	$0.8 \times 8 + 1.02 \times 4$	4.72	[3-275]H	4899.73 元/10m³
35	板式橡胶支座	cm³	$10 \times 15 \times 2.1 \times 57 \times 2$	35910	[3-459]	5.41 元/100cm³
36	梳形钢板伸缩缝安装	m	64.195×2	129.83	[3-476]	1249.13 元/10m
37	桥台φ10PVC泄水孔	m	$20 \times 1.45 \times 2$	58	[3-473]	476.05 元/10m
38	沉降缝安装（油浸木丝板嵌缝）	m²	$\dfrac{0.95+1.95}{2} \times (7.735-2.4-0.04-0.08-0.9-0.8) \times 2$	8.48	[3-485]	392.85 元/10m²
39	钻孔桩钢筋笼（光圆钢筋）	t	$214.9 \times 48/1000$	10.315	[1-272]	5086.88 元/t
40	钻孔桩钢筋笼（带肋钢筋）	t	$(1712.1+33.9) \times 48/1000+ (35 \times 0.02 \times 4+35 \times 0.02 \times 3) \times 10 \times 48 \times 0.00617 \times 20^2$	89.613	[1-273]	4996.66 元/t
41	普通钢筋制作安装（光圆钢筋）	t	$(2570.2 \times 2+474.1 \times 53+461.7 \times 4+28.4 \times 12+8780.6)/1000+ (35 \times 0.012 \times 7 \times 22+35 \times 0.012 \times 1 \times 10) \times 2 \times 0.00617 \times 12^2/1000$	41.358	[1-268]	5216.14 元/t
42	普通钢筋制作安装（带肋钢）	t	$[15109.2 \times 2+1309.5 \times 2+193.8 \times 53+208.9 \times 4+112.14 \times 57+52.85 \times 4+41.73 \times 53+ (660.6+347.6+667.7+350.9+217.4) \times 8+ (816.0+429.3+850.6+447.9+260.4) \times 4+242.9 \times 12]/1000+35 \times 0.016 \times 7 \times 66 \times 2 \times 0.00617 \times 16^2/1000$	85.662	[1-269]	4716.01 元/t
43	搭板纵缝拉杆（20mm以内）	t	查图8.26	0.116	[1-282]	11709.88 元/t
44	φ15.24钢绞线制作安装	t	$370.49 \times 57/1000$	21.118	[1-298]	6639.63 元/t
45	安装φ56波纹管	m	78.84×57	4493.88	[1-309]	1589.79 元/100m
46	孔道压浆	m³	$\pi \times (0.056/2)^2 \times 4493.88$	11.06	[1-310]	11723.06 元/10m³

表 8-7　技术措施项目工程量计算及定额套用表

序号	工程项目名称	单位	计算式	数量	定额子目	基价
1	轻型井点安装	根	根据施工方案确定	250	[1-518]	1188.59 元 /10 根
2	轻型井点拆除	根	根据施工方案确定	250	[1-519]	780.03 元 /10 根
3	轻型井点使用	套·天	5×12	60	[1-520]	583.58 元 /（套·天）
4	编织袋围堰	m³	根据施工方案确定	550.80	[1-497]	9819.63 元 /100m³
5	转盘钻孔机场外运输	台次	根据施工方案确定	2	[3026]	3817.04 元 / 台次

思考题与习题

一、简答题

1. 桥梁打桩工程，送桩高度超过 4m，套用定额时如何调整？

2. 打钢管桩工程，送桩如何套用定额？

3. 桥梁打桩工程，送桩工程量计算时，如何确定"界限"？

4. 钻孔灌注桩成孔工程量计算时，如何确定成孔长度？

5. 钻孔灌注桩混凝土灌注工程量计算时，如何确定加灌长度？

6. 钻孔灌注桩钢护筒无法拔出时，如何进行定额换算套用？

7. 板与板梁如何界定？

8. 现浇混凝土墙、板上有预留孔洞，如何计算现浇混凝土墙、板的混凝土工程量及模板工程量？

9. 桥梁工程现浇混凝土模板的工程量应如何计算？

10. 嵌石混凝土中块石含量与定额不同时，如何换算套用定额？

11. 桥梁预制混凝土工程的模板工程量如何计算？

12. 预制空心板梁混凝土体积计算时，是否要计入堵头板的体积？

13. 箱涵顶进空顶工程量如何计算？

14. 箱涵顶进土方工程量如何计算？

15. 桥涵工程安装预制构件定额，是否包括了构件场内运输？

16. 隔声屏障制作工程量如何计算？

17. 橡胶支座工程量如何计算？

18. 如何划分桩基础陆上支架平台、水上支架平台？

19. 桩基础支架平台项目套用定额时，如何确定桩机锤重？

20. 桥涵支架堆载预压工程量如何计算？

二、计算题

1. 某桥梁工程现浇实心板梁，原地面至梁底的平均高度为 12m，采用现浇现拌 C30（40）商品混凝土，确定板梁混凝土及模板套用的定额子目与基价。

2. 某桥梁工程采用陆上起重机安装板梁，提升高度为 12m，梁长 18m，确定套用的定额子目与基价。

3. 某桥梁在支架上打钢筋混凝土方桩共 36 根，桩截面积为 0.4m×0.4m，设计桩长

10m，设计桩顶标高为 0.000m，施工期间最高潮水位标高为 5.500m。计算该工程送桩的工程量，确定套用的定额子目及基价，并计算该工程送桩的人工消耗量。

4. 某桥梁工程在陆上打钢管桩，桩径为 406.40mm，桩长为 20m，原地面平均标高为 1.600m，设计桩顶标高为 –1.000m，确定该工程送桩套用的定额子目及基价。

5. 某桥梁工程采用钻孔灌注桩基础，桩径为 1m，采用转盘式钻机陆上成孔，已知南侧桥台下共有 10 根桩、设计桩顶标高为 0.000m，桩底标高为 –25.000m，南侧原地面平均标高为 3.500m；北侧桥台下共有 10 根桩，设计桩顶标高为 0.000m，桩底标高为 –25.500m，北侧原地面平均标高为 3.800m，要求钻孔灌注桩入岩 80cm。试计算该桩基础工程的成孔工程量、灌注混凝土工程量、入岩增加费工程量。

6. 某桥梁工程采用钻孔灌注桩基础，桩径 1.2m，水上施工时，钢护筒无法拔出，确定钢护筒套用的定额子目及基价。

7. 某桥梁工程的现浇毛石混凝土基础，采用 C15 非泵送商品混凝土，块石含量为 25%。试确定套用的定额子目及基价。

8. 某桥梁工程采用钢筋混凝土方桩 20 根，桩截面尺寸为 0.4m×0.4m，桩长为 28m，分两段预制。试计算钢筋混凝土方桩预制时模板的工程量。

9. 某两跨桥梁工程，跨径为 10m+12m，两侧桥台均采用双排 ϕ800 钻孔灌注桩 12 根，桩距为 1.5m，排距为 1.2m；中间桥墩采用单排 ϕ1000 钻孔灌注桩 10 根，桩距为 1.5m。试计算钻孔灌注桩施工时搭拆陆上工作平台的工程量，并确定套用的定额子目及基价。

10. 某桥梁工程水上（支架上）打桩，采用桩长 12m 的钢筋混凝土方桩，桩截面尺寸为 0.4m×0.4m。试确定搭拆桩基础支架平台套用的定额子目及基价。

第三篇

市政工程清单计量与计价

第 9 章　道路工程（含土石方工程）清单计量与计价

思维导图

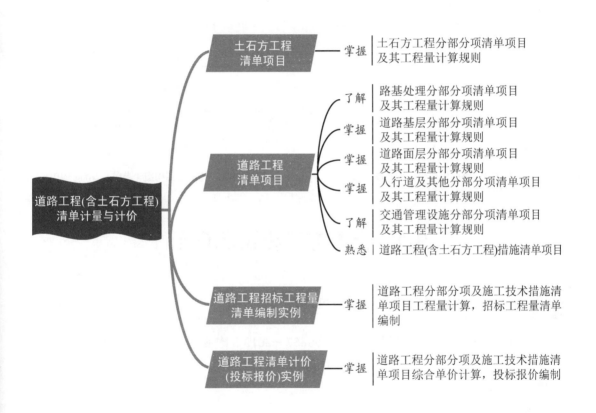

道路工程(含土石方工程)清单计量与计价

├ 土石方工程清单项目 ── 掌握 ── 土石方工程分部分项清单项目及其工程量计算规则

├ 道路工程清单项目
│　├ 了解 ── 路基处理分部分项清单项目及其工程量计算规则
│　├ 掌握 ── 道路基层分部分项清单项目及其工程量计算规则
│　├ 掌握 ── 道路面层分部分项清单项目及其工程量计算规则
│　├ 掌握 ── 人行道及其他分部分项清单项目及其工程量计算规则
│　├ 了解 ── 交通管理设施分部分项清单项目及其工程量计算规则
│　└ 熟悉 ── 道路工程(含土石方工程)措施清单项目

├ 道路工程招标工程量清单编制实例 ── 掌握 ── 道路工程分部分项及施工技术措施清单项目工程量计算，招标工程量清单编制

└ 道路工程清单计价(投标报价)实例 ── 掌握 ── 道路工程分部分项及施工技术措施清单项目综合单价计算，投标报价编制

引例

　　某道路工程，长 200m，道路横断面为 4m（人行道）+18m（车行道）+4m（人行道），车行道采用水泥混凝土路面，路面板块划分示意图、伸缩缝结构图分别如图 9.1 和图 9.2 所示。试计算水泥混凝土路面的相关清单工程量、定额工程量。其清单工程量、定额工程量相等吗？有什么区别？

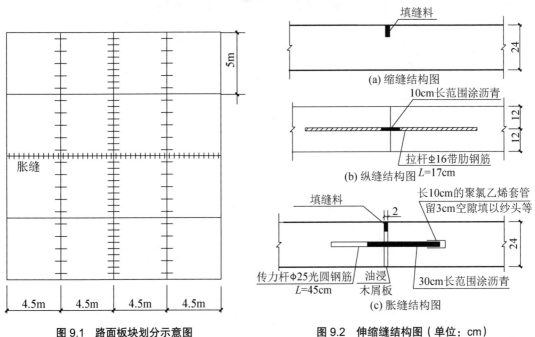

图 9.1　路面板块划分示意图　　　　　图 9.2　伸缩缝结构图（单位：cm）

9.1　土石方工程清单项目

9.1.1　土石方工程分部分项清单项目

　　《市政工程工程量计算规范》（GB 50857—2013）附录 A"土石方工程"中，设置了 3 个小节 10 个清单项目，3 个小节分别为：土方工程、石方工程、回填方及土石方运输。

1. 土方工程

　　本节根据土方开挖的尺寸、开挖方式等的不同，设置了 5 个清单项目：挖一般土方，挖沟槽土方，挖基坑土方，暗挖土方，挖淤泥、流砂。

2. 石方工程

　　本节根据石方开挖的尺寸，设置了 3 个清单项目：挖一般石方，挖沟槽石方，挖基坑石方。

沟槽、基坑、一般土石方的划分如下。

（1）底宽≤7m且底长>3倍底宽为沟槽。

（2）底长≤3倍底宽且底面积≤150m² 为基坑。

（3）超过以上范围，为一般土石方。

3. 回填方及土石方运输

本节设置了2个清单项目：回填方，余方弃置。

各清单项目的项目编码、项目名称、项目特征、计量单位、工程量计算规则、工作内容、可组合的定额项目等参见本书附录。

9.1.2 土石方工程分部分项清单项目工程量计算规则

1. 挖一般土石方

工程量按设计图示尺寸以体积计算，即按原地面线与设计图示开挖线之间的体积计算，计量单位为"m³"。

2. 挖沟槽土石方

工程量按设计图示尺寸以基础垫层底面积乘以挖土石深度以体积计算，计量单位为"m³"。

3. 挖基坑土石方

工程量按设计图示尺寸以基础垫层底面积乘以挖土石深度以体积计算，计量单位为"m³"。

土石方工程
清单项目

4. 暗挖土方

工程量按设计图示断面乘以长度以体积计算，计量单位为"m³"。

5. 挖淤泥、流砂

工程量按设计图示位置、界限以体积计算，计量单位为"m³"。

（1）土石方体积应按挖掘前的天然密实体积计算。土壤、岩石分类参见本书第5章5.2节。

（2）挖沟槽、基坑土石方中的挖土石深度，一般是指原地面到沟槽、基坑底的平均深度。

（3）土壤类别不能准确划分时，招标人可注明为综合，由投标人根据地勘报告决定报价。

（4）挖方清单项目的工作内容包括了土石方场内平衡所需的运输费用，如需土石方外运，按"余方弃置"项目编码列项。

（5）石方爆破按《爆破工程工程量计算规范》（GB 50862—2013）相关项目编码列项。

（6）挖土石方因工作面和放坡增加的工程量，是否并入各挖方工程量中，按各省、自治区、直辖市或行业建设行政主管部门的规定实施。

知识链接

根据浙建站计〔2013〕63号文，浙江省在具体贯彻实施时，应按照计算规范有关规定，将挖沟槽、基坑、一般土石方因工作面和放坡所增加的工程量并入各土石方工程量中计算。如各专业工程清单提供的工作面宽度和放坡系数与浙江省现行预算定额不一致，应按预算定额有关规定执行。

6. 回填方

（1）工程量按挖方清单项目工程量加原地面至设计要求标高间的体积，减基础、构筑物等埋入体积计算，计量单位为"m³"。

本条计算规则适用于沟槽、基坑等开挖后再进行回填方的清单项目。

（2）工程量按设计图示尺寸以体积计算，计量单位为"m³"。

本条计算规则适用于场地填方。

特别提示

（1）回填方总工程量中若包括场内平衡（回填）和缺方内运（回填）两部分时，应分别编码列项。

（2）回填方如需缺方内运，且填方材料品种为土方时，是否在综合单价中计入购买土方的费用，由投标人根据工程实际情况自行考虑决定报价。

（3）回填方运距可以不描述，但应注明由投标人根据工程实际情况自行考虑决定报价。

7. 余方弃置

工程量按挖方清单项目工程量减利用回填方体积（正数）计算，计量单位为"m³"。

特别提示

余方弃置的运距可以不描述，但应注明由投标人根据工程实际情况自行考虑决定报价。

【例9-1】某段D500钢筋混凝土管道沟槽放坡开挖如图9.3所示，已知混凝土基础宽度$B=0.88$m，每侧工作面宽度$b=0.5$m，沟槽边坡坡度为1：0.5，沟槽长$L=30$m。该管段沟槽底平均标高$h=1.000$m，原地面平均标高$H=4.000$m。试分别计算该段管道沟槽挖方的清单工程量、定额工程量。

【解】根据浙江省补充规定（浙建站计〔2013〕63号文），因工作面和放坡所增加的工程量并入清单土方开挖工程量中，工作面宽度和放坡系数m按预算定额规定执行，所以该段管道沟槽挖方的清单工程量与定额工程量相等。

沟槽底宽：$W=B+2b=0.88+2×0.5=1.88$（m）

沟槽边坡坡度为1：$m=1$：0.5

沟槽平均挖深 = 原地面平均标高 − 沟槽底平均标高 =$H-h$

$$=4.000-1.000=3.000（m）$$

沟槽挖方 $V=[W+m（H-h）]×（H-h）×L=[1.88+0.5×（4.000-1.000）]×$

$$（4.000-1.000）×30 =304.2（m^3）$$

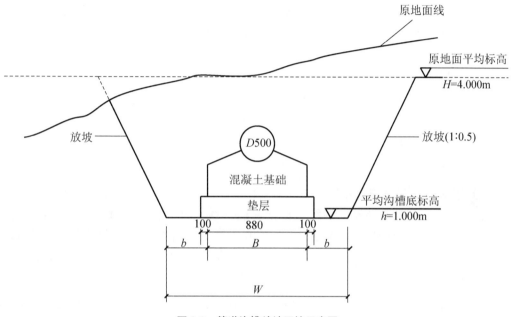

图 9.3　管道沟槽放坡开挖示意图

9.2　道路工程清单项目

9.2.1　道路工程分部分项清单项目

《市政工程工程量计算规范》（GB 50587—2013）附录 B "道路工程" 中，设置了 5 个小节 80 个清单项目，5 个小节分别为：路基处理、道路基层、道路面层、人行道及其他、交通管理设施。

1. 路基处理

本节主要按照路基处理方式的不同，设置了 23 个清单项目：预压地基，强夯地基，振冲密实（不填料），掺石灰，掺干土，掺石，抛石挤淤，袋装砂井，塑料排水板，振冲桩（填料），砂石桩，水泥粉煤灰碎石桩，深层水泥搅拌桩，粉喷桩，高压水泥旋喷桩，石灰桩，灰土（土）挤密桩，柱锤冲扩桩，地基注浆，褥垫层，土工合成材料，排水沟、截水沟，盲沟。

2. 道路基层

本节主要按照基层材料的不同，设置了 16 个清单项目：路床（槽）整形，石灰稳定土，水泥稳定土，石灰、粉煤灰、土，石灰、碎石、土，石灰、粉煤灰、碎（砾）石，粉煤灰，矿渣，砂砾石，卵石，碎石，块石，山皮石，粉煤灰三渣，水泥稳定碎（砾）石，沥青稳定碎石。

3. 道路面层

本节主要按照道路面层材料的不同，设置了 9 个清单项目：沥青表面处治，沥青贯入式，透层、黏层，封层，黑色碎石，沥青混凝土，水泥混凝土，块料面层，弹性面层。

4. 人行道及其他

本节主要按照道路附属构筑物的不同，设置了 8 个清单项目：人行道整形碾压，人行道块料铺设，现浇混凝土人行道及进口坡，安砌侧（平、缘）石，现浇侧（平、缘）石，检查井升降，树池砌筑，预制电缆沟铺设。

5. 交通管理设施

本节按交通管理设施的不同，设置了 24 个清单项目：人（手）孔井、电缆保护管、标杆、标志板、视线诱导器、标线、标记、横道线、清除标线、环形检测线圈、值警亭、隔离护栏、架空走线、信号灯、设备控制机箱、管内配线、防撞筒（墩）、警示柱、减速垄、监控摄像机、数码相机、道闸机、可变信息情报板、交通智能系统调试。

6. 其他

除上述分部分项清单项目以外，道路工程通常还包括《市政工程工程量计算规范》（GB 50587—2013）附录 A "土石方工程"、附录 J "钢筋工程" 中的有关分部分项清单项目。如果是改建道路工程，还包括附录 K "拆除工程" 中的有关分部分项清单项目。

道路工程的土石方工程清单项目主要有：挖一般土方、挖一般石方、回填方、余方弃置。

道路工程的钢筋工程清单项目主要有：现浇构件钢筋、预制构件钢筋、钢筋网片。

改建道路工程的拆除工程清单项目主要有：拆除路面，拆除人行道，拆除基层，铣刨路面，拆除侧、（平、缘）石，拆除混凝土结构，拆除电杆，等等。

各清单项目的项目编码、项目名称、项目特征、计量单位、工程量计算规则、工作内容、可组合的定额项目等参见本书附录。

9.2.2 道路工程分部分项清单项目工程量计算规则

道路工程清单项目

1. 路基处理

（1）预压地基、强夯地基、振冲密实（不填料）、土工合成材料：按设计图示尺寸以加固面积计算，计量单位为 "m²"。

（2）掺石灰、掺干土、掺石、抛石挤淤：按设计图示尺寸以体积计算，计量单位为 "m³"。

（3）袋装砂井、塑料排水板、排水沟、截水沟、盲沟：按设计图示尺寸以长度计算，计量单位为 "m"。

（4）深层水泥搅拌桩、粉喷桩、高压水泥旋喷桩、石灰桩、灰土（土）挤密桩、柱锤冲扩桩：按设计图示尺寸以桩长（包括桩尖）计算，计量单位为"m"。

（5）振冲桩（填料）：按设计图示尺寸以桩长计算，计量单位为"m"；或者，按设计桩截面乘以桩长以体积计算，计量单位为"m³"。

（6）砂石桩：按设计图示尺寸以桩长（包括桩尖）计算，计量单位为"m"；或者，按设计桩截面乘以桩长（包括桩尖）以体积计算，计量单位为"m³"。

（7）地基注浆：按设计图示尺寸以深度计算，计量单位为"m"；或者，按设计图示尺寸以加固体积计算，计量单位为"m³"。

（8）褥垫层：按设计图示尺寸以铺设面积计算，计量单位为"m²"；或者，按设计图示尺寸以铺设体积计算，计量单位为"m³"。

> **特别提示**
>
> 路基处理方法不同，清单项目工程量计算规则及工程量计量单位不同，有的以长度计算，有的以面积计算，有的以体积计算。

2. 道路基层

（1）路床（槽）整形：按设计道路底基层图示尺寸以面积计算，不扣除各类井所占面积，计量单位为"m²"。

【例9-2】某道路工程采用水泥混凝土路面，道路平面图、横断面图如图9.4所示，现施工 K0+000 ～ K0+200 段，计算该路段路床整形的清单工程量并确定清单项目编码。

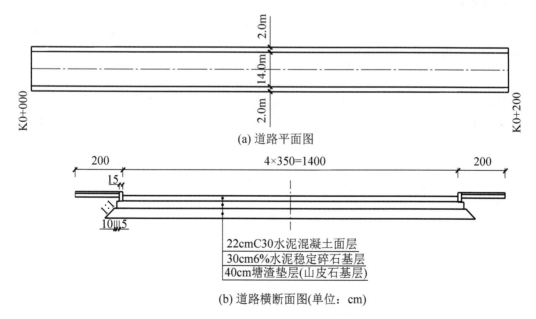

(a) 道路平面图

(b) 道路横断面图(单位：cm)

图9.4 水泥混凝土道路平面图、横断面图

【解】本例道路底基层为40cm塘渣垫层。

$$塘渣垫层的底宽 = 路床宽度 = 14 + 2 \times (0.15 + 0.05 + 0.1 + 0.4) = 15.4（m）$$

$$路床长度 = 200m$$

$$路床整形的清单工程量 = 15.4 \times 200 = 3080（m^2）$$

路床整形清单项目编码：040202001001

【例9-3】某道路工程采用水泥混凝土路面，道路平面图、横断面图如图9.4所示，现施工 K0+000～K0+200 段，计算该路段路床整形的定额工程量。

【解】《浙江省市政工程预算定额》（2018版）第二册《道路工程》的工程量计算规则规定，路床整形碾压宽度按设计道路底层宽度加加宽值计算，加宽值无明确规定时，按底层两侧各加25cm计算。

$$路床整形碾压宽度 = [14 + 2 \times (0.15 + 0.05 + 0.1 + 0.4)] + 2 \times 0.25 = 15.9（m）$$

$$路床长度 = 200m$$

$$路床整形的定额工程量 = 15.9 \times 200 = 3180（m^2）$$

> **特别提示**
>
> 从上述计算可知，由于路床整形项目清单工程量计算规则与定额工程量计算规则不同，其清单工程量与定额工程量是不同的。

（2）道路基层：不同材料的道路基层，工程量计算规则相同，均按设计图示尺寸以面积计算，不扣除各种井所占面积，计量单位为"m²"。

> **特别提示**
>
> 道路基层设计截面为梯形时，应按其截面平均宽度计算面积，并在项目特征中对截面参数加以描述。

【例9-4】某道路工程采用水泥混凝土路面，道路平面图、横断面图如图9.4所示，现施工 K0+000～K0+200 段，确定其基层清单项目名称、项目特征、项目编码并计算相应的清单工程量。

【解】本例基层共两层，其基层材料、厚度均不同，有2个道路基层的清单项目。

（1）项目名称：水泥稳定碎石道路基层（简称水稳基层）

项目特征：厚度30cm、水泥含量6%

项目编码：040202015001

$$清单工程量：水稳基层宽度 = 14 + 2 \times (0.15 + 0.05) = 14.4（m）$$

$$水稳基层长度 = 200m$$

$$水稳基层的清单工程量 = 14.4 \times 200 = 2880（m^2）$$

（2）项目名称：山皮石基层

项目特征：厚度40cm、1∶1放坡铺设

项目编码：040202013001

清单工程量：山皮石基层1：1放坡铺设，计算其面积时按截面平均宽度也就是中截面宽度计算。

$$山皮石基层的截面平均宽度（中截面宽度）=14+2×（0.15+0.05）+2×0.1+2×0.2$$
$$=15.0（m）$$
$$山皮石基层长度=200m$$
$$山皮石基层的清单工程量=15.0×200=3000（m^2）$$

3. 道路面层

不同材料的道路面层，其工程量计算规则相同，均按设计图示面层尺寸以面积计算，不扣除各种井所占面积，带平石的面层应扣除平石所占面积，计量单位为"m^2"。

特别提示

水泥混凝土路面中的传力杆、拉杆及角隅加强钢筋的制作、安装均不包括在"水泥混凝土道路面层"清单项目中，应按《市政工程工程量计算规范》（GB 50857—2013）附录J"钢筋工程"中的相关项目编码列项。

【例9-5】某道路工程采用水泥混凝土路面，道路平面图、横断面图如图9.4所示，现施工K0+000～K0+200段，计算该路段道路面层的清单工程量并确定清单项目编码。

【解】本例道路面层为22cm厚C30水泥混凝土面层，车行道的宽度即为水泥混凝土面层的宽度。

$$道路面层宽度=14m$$
$$道路面层长度=200m$$
$$道路面层的清单工程量=14×200=2800（m^2）$$

水泥混凝土面层清单项目编码：040203007001

【例9-6】某道路工程采用沥青混凝土路面，道路平面图、横断面图如图9.5所示，现施工K0+000～K0+200段，已知平石宽度为30cm，计算该路段道路面层的清单工程量并确定清单项目编码。

【解】本例道路面层为沥青混凝土面层，车行道的宽度14m包括了两侧平石的宽度。

$$沥青混凝土面层宽度=车行道宽度-平石宽度×2=14-0.3×2=13.4（m）$$
$$沥青混凝土面层长度=200m$$
$$沥青混凝土面层的清单工程量=13.4×200=2680（m^2）$$

3cm细粒式沥青混凝土面层清单项目编码：040203006001

4cm中粒式沥青混凝土面层清单项目编码：040203006002

7cm粗粒式沥青混凝土面层清单项目编码：040203006003

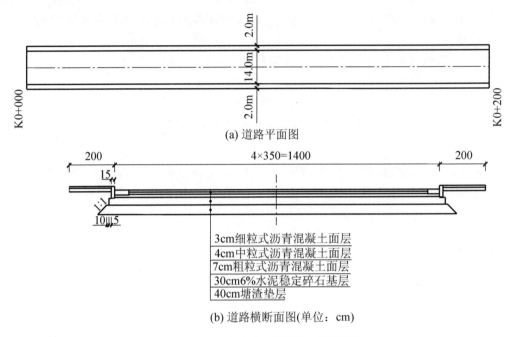

(a) 道路平面图

(b) 道路横断面图(单位：cm)

3cm细粒式沥青混凝土面层
4cm中粒式沥青混凝土面层
7cm粗粒式沥青混凝土面层
30cm6%水泥稳定碎石基层
40cm塘渣垫层

图 9.5　沥青混凝土道路平面图、横断面图

4. 人行道及其他

（1）人行道整形碾压：按设计人行道图示尺寸以面积计算，不扣除侧石、树池和各类井所占面积，计量单位为"m²"。

特别提示

> 人行道整形碾压项目清单工程量计算规则与定额工程量计算规则不同，定额工程量计算时要计入加宽值，清单工程量计算时不考虑加宽值。

（2）人行道块料铺设、现浇混凝土人行道及进口坡：按设计图示尺寸以面积计算，不扣除各类井所占面积，但应扣除侧石、树池所占面积，计量单位为"m²"。

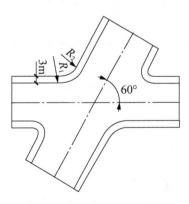

图 9.6　某道路交叉口示意图

【例9-7】某道路交叉口，如图 9.6 所示，两条道路斜交，交角为60°，已知交叉口西北侧人行道内侧半径 $R_1=12$m，人行道外侧半径 $R_2=9$m，人行道宽3m，人行道内侧侧石宽15cm，人行道外侧无侧石，试计算交叉口西北侧转弯处人行道面积。

【解】人行道宽包括了侧石宽，本例人行道实际铺设宽度 =3−0.15=2.85（m）

交叉口西北侧人行道的长度按内、外两侧长度的平均值计算。

$$人行道的长度 = \frac{(12+9)}{2} \times \frac{60°}{180°}\pi \approx 11.00（m）$$

该侧转弯处人行道面积 =2.85×11.00=31.35（m²）

（3）安砌侧（平、缘）石、现浇侧（平、缘）石：按设计图示中心线长度计算，计量单位为"m"。

知识链接

侧（平）石工程量（长度）计算方法如下。

（1）直线段。

$$侧（平）石长度 = 设计长度 = 道路中线长度 \qquad (9\text{-}1)$$

设计长度等于道路中线长度，按道路平面图中的桩号进行计算。

（2）交叉口转弯处（计算至切点）。

设计长度按转弯处圆弧长度计算，等于转弯半径乘以圆心角，如图 9.7 所示。

半径 R_1 处圆弧长度 $$\overset{\frown}{AB} = \overset{\frown}{GH} = R_1\pi\frac{\alpha}{180°} \qquad (9\text{-}2)$$

半径 R_2 处圆弧长度 $$\overset{\frown}{CD} = \overset{\frown}{EF} = R_2\pi\frac{(180°-\alpha)}{180°} \qquad (9\text{-}3)$$

上两式中 α 单位以度（°）计，交叉口转弯处侧（平）石总长度 $= \overset{\frown}{AB} + \overset{\frown}{CD} + \overset{\frown}{EF} + \overset{\frown}{GH}$。

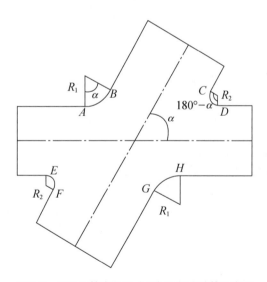

图 9.7　交叉口转弯处侧（平）石长度计算示意图

（4）检查井升降：按设计图示路面标高与原有的检查井发生正负高差的检查井的数量计算，计量单位为"座"。

（5）树池砌筑：按设计图示数量计算，计量单位为"个"。

（6）预制电缆沟铺设：按设计图示中心线长度计算，计量单位为"m"。

5. 交通管理设施

（1）人（手）孔井、值警亭：按设计图示数量计算，计量单位为"座"。

（2）电缆保护管、隔离护栏、架空走线、管内配线、减速垄：按设计图示长度计算，计量单位为"m"。

（3）标杆、警示柱：按设计图示数量计算，计量单位为"根"。

（4）标志板：按设计图示数量计算，计量单位为"块"。

（5）视线诱导器：按设计图示数量计算，计量单位为"只"。

（6）标线：按设计图示长度计算，计量单位为"m"；或者，按设计图示尺寸以面积计算，计量单位为"m²"。

（7）标记：按设计图示数量计算，计量单位为"个"；或者，按设计图示尺寸以面积计算，计量单位为"m²"。

（8）横道线、清除标线：按设计图示尺寸以面积计算，计量单位为"m²"。

（9）环形检测线圈、防撞筒（墩）：按设计图示数量计算，计量单位为"个"。

（10）信号灯、数码相机、道闸机、可变信息情报板：按设计图示数量计算，计量单位为"套"。

（11）设备控制机箱、监控摄像机：按设计图示数量计算，计量单位为"台"。

（12）交通智能系统调试：按设计图示数量计算，计量单位为"系统"。

9.2.3　道路工程（含土石方工程）措施清单项目

道路工程（含土石方工程）措施清单项目需根据工程的施工内容、工程的特点，结合工程的施工组织设计进行确定，参见《市政工程工程量计算规范》（GB 50587—2013）附录 L"措施项目"。

1. 技术措施清单项目

通常有以下技术措施清单项目。

1）大型机械设备进出场及安拆

工程量按使用机械设备的数量计算，计量单位为"台·次"。

通常道路工程（含土石方工程）施工时，需要挖掘机、压路机、推土机、沥青混凝土摊铺机等大型机械。具体工程施工时，需要的大型机械的种类、规格、数量须结合工程的实际情况、工程的施工组织设计确定。

2）其他现浇构件模板

工程量按混凝土与模板的接触面积计算，计量单位为"m²"。

道路工程中，水泥混凝土道路面层、人行道混凝土基础、现浇混凝土侧（平）石、现浇侧（平）石靠背混凝土等部位施工时，均需进行模板的安拆。

3）便道

工程量按设计图示尺寸以面积计算，计量单位为"m²"。

2.组织措施清单项目

组织措施清单项目有：安全文明施工，夜间施工，二次搬运，冬雨季施工，行车、行人干扰，地上、地下设施、建筑物的临时保护设施，已完工程及设备保护，等等。

9.3 道路工程招标工程量清单编制实例

【例9-8】某市风华路道路工程，为城市次干道。风华路起止桩号为K0+560～K0+800，于桩号K0+630处与风情路正交，风情路施工至交叉口切点外20m。风华路施工横断面见图6.8（风情路土石方工程不计），土壤类别为三类土。风华路路幅宽为34m，风情路路幅宽为26m，详见图6.9道路平面图、图6.10道路标准横断面图。风华路道路结构层采用沥青混凝土面层、粉煤灰三渣基层、塘渣垫层，详见图6.11道路结构图；风情路道路结构同风华路。

道路工程清单计量实例

根据风华路道路工程施工图纸，编制该道路工程的招标工程量清单。

知识链接

编制道路工程招标工程量清单的基本思路。

1.根据道路工程施工图纸，依据《市政工程工程量计算规范》（GB 50857—2013），确定道路工程（含土石方工程）的分部分项清单项目（名称），并确定清单项目编码、项目特征。

2.按照《市政工程工程量计算规范》（GB 50857—2013）规定的清单工程量计算规则，计算分部分项清单项目的工程量。

3.根据施工图纸，结合工程的实际情况，依据《市政工程工程量计算规范》（GB 50857—2013）确定道路工程（含土石方工程）施工时需发生的施工技术措施清单项目（名称），并确定项目编码。

4.若设计图纸中有技术措施项目的专项设计方案，应按规定描述其项目特征，并按照《市政工程工程量计算规范》（GB 50857—2013）规定的清单工程量计算规则，计算施工技术措施清单项目的工程量。若无相关设计方案，相应技术措施清单项目的工程数量，在编制工程量清单时可为暂估量，在办理结算时，按经批准的施工组织设计方案计算。

5.根据施工图纸，结合工程的实际情况，依据《市政工程工程量计算规范》（GB 50857—2013）确定道路工程（含土石方工程）施工时需发生的施工组织措施清单项目（名称），并确定项目编码。

6.按照工程量清单的表格样式编制招标工程量清单（这一步通常采用计价软件进行）。

【解】（1）根据施工图纸，依据《市政工程工程量计算规范》（GB 50857—2013），确定风华路道路工程（含土石方工程）分部分项清单项目的项目编码、项目名称、项目特征，并计算其清单工程量。

风华路道路工程的基础数据同例 6-15。

① 土石方工程。

根据图 6.8 施工横断面图，计算得到总的挖方量为 771.31m³、总的填方量为 2992.42m³，填方量大于挖方量，本工程缺方，土石方工程有 3 个分部分项清单项目：挖一般土方、回填方、缺方内运。清单项目编码、项目名称、项目特征、工程量见表 9-1。

② 道路工程。

根据图 6.9 道路平面图、图 6.10 道路标准横断面图，依据《市政工程工程量计算规范》（GB 50857—2013），本工程道路工程有 12 个分部分项清单项目：路床（槽）整形、山皮石基层、粉煤灰三渣基层、透层、黏层、7cm 粗粒式沥青混凝土面层、4cm 中粒式沥青混凝土面层、3cm 细粒式沥青混凝土面层、人行道整形碾压、人行道块料铺设、安砌侧石、安砌平石。清单项目编码、项目名称、项目特征、工程量见表 9-1。

表 9-1　分部分项清单项目及其工程量计算表

序号	项目编码	项目名称	项目特征	计量单位	计算公式	工程量
1	040101001001	挖一般土方	三类土	m³	根据施工横断面图采用横截面法计算	771.31
2	040103001001	回填方	—	m³	根据施工横断面图采用横截面法计算	2992.42
3	040103002001	缺方内运	运距由投标人自行考虑	m³	$2992.42 \times 1.15 - 771.31$	2669.97
4	040202001001	路床（槽）整形	车行道	m²	$7053.40 + 1167.36 \times (0.15 + 0.1 + 0.1 + 0.4)$	7928.92
5	040202013001	山皮石基层	40cm 厚，1：1 放坡铺设	m²	$7053.40 + 1167.36 \times (0.15 + 0.1 + 0.1 + 0.2)$	7695.45
6	040202014001	粉煤灰三渣基层	30cm 厚，厂拌，顶面洒水养护	m²	$7053.40 + 1167.36 \times (0.15 + 0.1) \times \dfrac{20}{30}$	7247.96
7	040203003001	透层	乳化沥青，喷油量 1.1L/m²	m²	$7053.40 - 1167.36 \times 0.3$	6703.19
8	040203003002	黏层	乳化沥青，喷油量 0.52L/m²	m²	6703.19×2	13406.38
9	040203006001	沥青混凝土面层	7cm 粗粒式	m²	同透层油面积	6703.19

续表

序号	项目编码	项目名称	项目特征	计量单位	计算公式	工程量
10	040203006002	沥青混凝土面层	4cm 中粒式	m²	同透层油面积	6703.19
11	040203006003	沥青混凝土面层	3cm 细粒式	m²	同透层油面积	6703.19
12	040204001001	人行道整形碾压	人行道	m²	同基础数据中的人行道面积	1554.27
13	040204002001	人行道块料铺设	250mm×250mm×50mm 人行道板人字纹安装、3cm 厚 M7.5 水泥砂浆、12cm 厚 C15 混凝土基础	m²	1554.27−522.80×0.15	1475.85
14	040204004001	安砌侧石	15mm×37mm×100mm C30 混凝土侧石、2cm 厚 M7.5 水泥砂浆垫层	m	522.80+644.56	1167.36
15	040204004002	安砌平石	30mm×30mm×12mm C30 混凝土平石、2cm 厚 M7.5 水泥砂浆垫层	m	522.80+644.56	1167.36

（2）根据工程施工图纸、结合相关的施工技术规范要求及常规的施工方法，依据《市政工程工程量计算规范》（GB 50857—2013），确定风华路道路工程施工技术措施清单项目的项目编码、项目名称、项目特征，并计算其清单工程量，见表9-2。

表 9-2　施工技术措施清单项目及其工程量计算表

序号	项目编码	项目名称	项目特征	计量单位	计算公式	工程量
1	041102037001	其他现浇构件模板	粉煤灰三渣基层	m²	1167.36×0.3	350.21
2	041102037002	其他现浇构件模板	人行道混凝土基础	m²	$\left(240+240-60+\dfrac{2\pi\times17}{4}\times2+20\times2\right)\times0.12$	61.61
3	041106001001	大型机械设备进出场及安拆	1m³ 履带式挖掘机	台·次	—	1

序号	项目编码	项目名称	项目特征	计量单位	计算公式	工程量
4	041106001002	大型机械设备进出场及安拆	90kW 内履带式推土机	台·次	—	1
5	041106001003	大型机械设备进出场及安拆	压路机	台·次	—	2
6	041106001004	大型机械设备进出场及安拆	沥青混凝土摊铺机	台·次	—	1

（3）根据工程实际情况，确定施工组织措施清单项目的项目编码、项目名称，见表 9-3。

表 9-3　施工组织措施清单项目表

序号	项目编码	项目名称
1	041109001001	安全文明施工
2	041109003001	二次搬运
3	041109005001	行车、行人干扰
4	041109004001	冬雨季施工

（4）编制本工程的招标工程量清单，见表 9-4～表 9-10。

表 9-4　招标工程量清单封面

某 市 风 华 路 道 路 工 程

招 标 工 程 量 清 单

招 标 人：

_____

（单位盖章）

造价咨询人：

_____

（单位盖章）

年　　月　　日

表 9-5　招标工程量清单扉页

某 市 风 华 路 道 路 工 程

招 标 工 程 量 清 单

招　标　人：＿＿＿＿＿＿＿＿＿＿＿＿　　　　　工程造价咨询人：＿＿＿＿＿＿＿＿＿＿＿＿

　　　　　　（单位盖章）　　　　　　　　　　　　　　　（单位资质专用章）

法定代表人　　　　　　　　　　　　　　　　法定代表人
或其授权人：＿＿＿＿＿＿＿＿＿＿＿＿　　　　或其授权人：＿＿＿＿＿＿＿＿＿＿＿＿

　　　　　　（签字或盖章）　　　　　　　　　　　　　（签字或盖章）

编　制　人：＿＿＿＿＿＿＿＿＿＿＿＿　　　　复　核　人：＿＿＿＿＿＿＿＿＿＿＿＿

　　（造价人员签字盖专用章）　　　　　　　　（造价工程师签字盖专用章）

编 制 时 间：　　　　　　　　　　　　　　复 核 时 间：

表 9-6　招标工程量清单编制说明

工程名称：某市风华路道路工程　　　　　　　　　　　　　　　　　　　　第 1 页　共 1 页

一、工程概况及工程量清单编制范围

某市风华路道路工程，为城市次干道，风华路起讫桩号为 K0+560 ～ K0+800，于桩号 K0+630 处与风情路正交，风情路实施至切点外 20m。风华路路幅宽为 34m，风情路路幅宽为 26m。风华路道路结构层采用沥青混凝土面层、粉煤灰三渣基层、塘渣垫层，风情路道路结构同风华路。

二、工程量清单编制依据

1.《建设工程工程量清单计价规范》（GB 50500—2013）。

2.《市政工程工程量计算规范》（GB 50857—2013）。

3. 市政道路工程施工相关规范。

4. 某市风华路道路工程施工图。

三、编制说明

1. 该工程土壤类别为三类土。

2. 缺方内运距由投标人自行考虑，场内平衡的土方运输方式由投标人自行考虑。

3. 沥青混凝土、人行道板、平石、侧石均采用成品。

四、其他

1. 本工程风险费用暂不考虑。

2. 本工程无创标化工程要求。

3. 本工程不得分包。

4. 本工程无暂列金额、专业工程暂估价、材料（工程设备）暂估价、计日工。

5. 安全文明施工按市区工程考虑。

单位（专业）工程名称：市政－道路　　　　　标段：

表 9-7　分部分项工程量清单与计价表

序号	项目编码	项目名称	项目特征	计量单位	工程量	综合单价	合价	人工费	机械费	暂估价	备注
								金额 / 元			
									其中		
1	04010101001001	挖一般土方	三类土	m³	771.31						
2	04010301001001	回填方	填土，密实度按设计及规范要求	m³	2992.42						
3	04010302001001	缺方内运	运距由投标人自行考虑	m³	2669.97						
4	04020201001001	路床（槽）整形	车行道	m²	7928.92						
5	04020201300101	山皮石基层	40cm 厚，1∶1 放坡铺设	m²	7695.45						
6	04020201400101	粉煤灰三渣基层	30cm 厚，厂拌，顶面洒水养护	m²	7247.96						
7	04020300300101	透层	乳化沥青，喷油量 1.1L/m²	m²	6703.19						
8	04020300300201	黏层	乳化沥青，喷油量 0.52L/m²	m²	13406.38						
9	04020300600101	沥青混凝土面层	7cm 粗粒式	m²	6703.19						
10	04020300600201	沥青混凝土面层	4cm 中粒式	m²	6703.19						
11	04020300600301	沥青混凝土面层	3cm 细粒式	m²	6703.19						
12	04020400100101	人行道整形碾压	人行道	m²	1554.27						
13	04020400200101	人行道块料铺设	250mm×250mm×50mm 人行道板人字纹安装，3cm 厚 M7.5 水泥砂浆、12cm 厚 C15 混凝土基础	m²	1475.85						
14	04020400400101	安砌侧石	15mm×37mm×100mm C30 混凝土侧石，2cm 厚 M7.5 水泥砂浆垫层	m	1167.36						
15	04020400400201	安砌平石	30mm×30mm×12mm C30 混凝土平石，2cm 厚 M7.5 水泥砂浆垫层	m	1167.36						
			本页小计								
			合　计								

表 9-8 施工技术措施项目清单与计价表

工程名称：道路   标段：   第 1 页 共 1 页

序号	项目编码	项目名称	项目特征	计量单位	工程量	金额 / 元					备注
						综合单价	合价	其中			
								人工费	机械费	暂估价	
1	041102037001	其他现浇构件模板	粉煤灰三渣基层	m²	350.21						
2	041102037002	其他现浇构件模板	人行道混凝土基础	m²	61.61						
3	041106001001	大型机械设备进出场及安拆	1m³ 履带式挖掘机	台·次	1						
4	041106001002	大型机械设备进出场及安拆	90kW 内履带式推土机	台·次	1						
5	041106001003	大型机械设备进出场及安拆	压路机	台·次	2						
6	041106001004	大型机械设备进出场及安拆	沥青混凝土摊铺机	台·次	1						
		本页小计									
		合 计									

表 9-9 施工组织措施项目清单与计价表

工程名称：道路   标段：   第 1 页 共 1 页

序号	项目编码	项目名称	计算基础	费率 /%	金额 / 元	备注
1	041109001001	安全文明施工				
1.1		安全文明施工基本费				
2	041109003001	二次搬运				
3	041109005001	行车、行人干扰				
4	041109004001	冬雨季施工				
5						
6						
		合 计				

表 9-10　其他项目清单与计价汇总表

工程名称：道路　　　　　　　　　　　　标段：　　　　　　　　　　　第1页　共1页

序号	项目名称	金额/元	备注
1	暂列金额	0.00	
1.1	标化工地增加费	0.00	详见明细清单
1.2	优质工程增加费	0.00	详见明细清单
1.3	其他暂列金额	0.00	详见明细清单
2	暂估价	0.00	
2.1	材料（工程设备）暂估价	—	详见明细清单
2.2	专业工程暂估价	0.00	详见明细清单
3	计日工	0.00	详见明细清单
4	总承包服务费	0.00	详见明细清单
	合　计		

注：本工程无其他项目，其他项目清单包括的明细清单均为空白表格。本例不再放入空白的明细清单表格。

9.4　道路工程清单计价（投标报价）实例

道路工程
清单计价
实例

　　【例 9-9】某市风华路道路工程，为城市次干道。风华路起止桩号为 K0+560 ～ K0+800，于桩号 K0+630 处与风情路正交，风情路实施至交叉口切点外 20m。风华路施工横断面见图 6.8（风情路土石方工程不计），土质类别为三类土。风华路路幅宽为 34m，风情路路幅宽为 26m，详见图 6.9 道路平面图、图 6.10 道路标准横断面图。风华路道路结构层采用沥青混凝土面层、粉煤灰三渣基层、塘渣垫层，详见图 6.11 道路结构图；风情路道路结构同风华路。

　　风华路道路工程招标工程量清单见表 9-4 ～ 表 9-10，根据工程施工图纸和招标工程量清单，采用一般计税法编制该道路工程的投标报价。

特别提示

　　编制投标报价须根据工程施工图纸、招标工程量清单，结合工程的施工方案进行，每个投标单位考虑的施工方案不同，投标报价也会不同。

知识链接

编制道路工程投标报价的基本思路。

1. 根据工程施工图纸，确定工程的施工方案。

2. 根据工程施工图纸，结合施工方案，确定招标工程量清单中每一个分部分项清单项目的组合工作内容，按照定额计算规则计算各组合工作内容的定额工程量，并确定各组合工作内容套用的定额子目。

施工方案不同，清单项目的组合工作内容可能不同，组合工作内容的工程量也可能不同，投标报价（工程造价）自然也会不同。

3. 根据工程施工图纸，结合施工方案，确定招标工程量清单中每一个施工技术措施清单项目的组合工作内容，按照定额计算规则计算各组合工作内容的定额工程量，并确定各组合工作内容套用的定额子目。

4. 确定投标报价时的人工、材料、机械单价。

投标报价时，人工、材料、机械单价由投标单位自主确定，可以参考市场价格、工程造价管理单位发布的信息价格确定。

5. 确定投标报价各项费率。

投标报价时，在满足计价规则的前提下，各项费率由投标单位自主确定。

6. 按照费用计算程序计算投标报价（工程造价）（这一步通常采用计价软件进行）。

【解】（1）确定风华路道路工程施工方案。

本实例道路工程的施工方案、道路工程基础数据与例 6-15 相同。

（2）根据招标工程量清单中的分部分项工程量清单、工程施工图纸，结合施工方案确定分部分项清单项目的组合工作内容，计算各组合工作内容的定额工程量，并确定其套用的定额子目，见表 9-11。

（3）根据招标工程量清单中的施工技术措施项目工程量清单、工程施工图纸，结合施工方案确定施工技术措施清单项目的组合工作内容，计算各组合工作内容的定额工程量，并确定其套用的定额子目，见表 9-12。

（4）确定人工、材料、机械单价。

本实例，厂拌粉煤灰三渣单价为 150 元 /m³，250mm×250mm×50mm 人行道板单价为 45 元 /m²，300mm×300mm×120mm C30 混凝土平石单价为 26 元 /m，其他材料、人工、机械单价按《浙江省市政工程预算定额》（2018 版）计取。

（5）确定各项费率。

企业管理费、利润、各项组织措施费的费率按《浙江省建设工程计价规则》（2018 版）规定的费率范围的低值计取；规费、税金按《浙江省建设工程计价规则》（2018 版）的规定计取。风险费用不计。

（6）编制投标报价（工程造价），详见表 9-13 ～表 9-26。

表 9-11　分部分项清单项目的组合工作内容工程量计算表

分部分项清单项目所包含的组合工作内容

序号	项目名称	清单工程量	组合工作内容名称	组合工作内容的定额工程量计算式	工程量	定额子目
1	挖一般土方（三类土）	771.31m³	挖掘机挖土不装车（三类土）	等于清单工程量	771.31m³	[1−69]
			机动翻斗车运土（运距200m以内）	等于挖方量	771.31m³	[1−41]
2	回填方（填土）	2992.42m³	填土碾压（内燃压路机）	等于清单工程量	2992.42m³	[1−111]
3	缺方内运（运距由投标人自行考虑）	2669.97m³	自卸车运土方（运距6km）	等于清单工程量	2669.97m³	[1−94]+[1−95]×5
4	路床（槽）整形	7928.92m²	路床碾压检验	7053.40+1167.36×（0.15+0.1+0.1+0.4+0.25）	8220.76m²	[2−1]
5	山皮石基层（40cm厚，1∶1放坡铺设）	7695.45m²	40cm厚摊渣垫层	等于清单工程量	7695.45m²	[2−117]×2
6	粉煤灰三渣基层（30cm厚，厂拌，顶面洒水养护）	7247.96m²	30cm厚粉煤灰三渣基层	等于清单工程量	7247.96m²	[2−91]H×2−[2−92]H×10
			三渣基层顶面洒水养护	等于车行道面积（含平石）	7053.40m²	[2−143]
7	透层（乳化沥青，喷油量1.1L/m²）	6703.19m²	透层油（乳化沥青，1.10L/m²）	等于清单工程量	6703.19m²	[2−163]
8	黏层（乳化沥青，喷油量0.52L/m²）	13406.38H	黏层油（乳化沥青，0.52Lg/m²）	等于清单工程量	13406.38m²	[2−165]H
9	沥青混凝土面层（7cm粗粒式）	6703.19m²	7cm粗粒式沥青混凝土面层（机械摊铺）	等于清单工程量	6703.19m²	[2−192]+[2−193]

续表

序号	项目名称	清单工程量	组合工作内容名称	组合工作内容的定额工程量计算式	工程量	定额子目
			分部分项清单项目所包含的组合工作内容			
10	沥青混凝土面层（4cm 中粒式）	6703.19m²	4cm 中粒式沥青混凝土面层（机械摊铺）	等于清单工程量	6703.19m²	[2-200]
11	沥青混凝土面层（3cm 细粒式）	6703.19m²	3cm 细粒式沥青混凝土面层（机械摊铺）	等于清单工程量	6703.19m²	[2-208]
12	人行道整形碾压	1554.27m²	人行道整形碾压	1554.27+522.80×0.25	1684.97m²	[2-2]
13	人行道块料铺设（250mm×250mm×50mm人行道板人字纹安装，3cm厚M7.5水泥砂浆，12cm厚C15混凝土基础）	1475.85m²	人行道 12cm 厚 C15 混凝土基础	1554.27-522.80×0.15	1475.85m³	[2-230]H+[2-231]H×2
			机动翻斗车运输混凝土（200m以内）	1475.85×0.12	177.10m³	[1-604]
			250mm×250mm×50mm 人行道板人字纹安装（3cm 厚 M7.5 水泥砂浆）	等于清单工程量	1475.85m²	[2-232]H
14	安砌侧石（15mm×37mm×100mm C30 混凝土侧石，2cm厚M7.5水泥砂浆垫层）	1167.36m	15mm×37mm×100mm C30 混凝土侧石安砌	等于清单工程量	1167.36m	[2-249]
			侧石垫层（2cm 厚 M7.5 水泥砂浆）	1167.36×0.15×0.02	3.50m³	[2-248]
15	安砌平石（30mm×12mm C30 混凝土平石，2cm厚M7.5水泥砂浆垫层）	1167.36m	30mm×30mm×12mm C30 混凝土平石安砌	等于清单工程量	1167.36m	[2-251]H
			平石垫层（2cm 厚 M7.5 水泥砂浆）	1167.36×0.3×0.02	7.00m³	[2-248]

表 9-12　施工技术措施清单项目的组合工作内容工程量计算表

序号	项目名称	清单工程量	施工技术措施清单项目的组合工作内容			
			组合工作内容名称	组合工作内容定额工程量计算式	工程量	定额子目
1	其他现浇构件模板（粉煤灰三渣基层）	350.21m²	粉煤灰三渣基层模板	等于清单工程量	350.21m²	[2-215]
2	其他现浇构件模板（人行道混凝土基础）	61.61m²	人行道混凝土基础模板	等于清单工程量	61.61m²	[2-215]
3	大型机械设备进出场及安拆（1m³ 履带式挖掘机）	1 台·次	1m³ 履带式挖掘机进出场	根据施工方案确定	1 台·次	[3001]
4	大型机械设备进出场及安拆（90kW 内履带式推土机）	1 台·次	90kW 内履带式推土机进出场	根据施工方案确定	1 台·次	[3003]
5	大型机械设备进出场及安拆（压路机）	2 台·次	压路机进出场	根据施工方案确定	2 台·次	[3010]
6	大型机械设备进出场及安拆（沥青混凝土摊铺机）	1 台·次	沥青混凝土摊铺机进出场	根据施工方案确定	1 台·次	[3012]

表 9-13　投标报价封面

某 市 风 华 路 道 路 工 程

投 标 报 价

投 标 人：_____

（单位盖章）

日期：　年　月　日

表 9-14　投标报价扉页

投 标 报 价

招 标 人：_____

工 程 名 称：　某市风华路道路工程

投标总价（小写）：　2216910.00 元

（大写）：　贰佰贰拾壹万陆仟玖佰壹拾元整

投 标 人：_____

（单位盖章）

法定代表人
或其授权人：_____

（签字或盖章）

编 制 人：_____

（造价工程师签字盖章）

编 制 日 期：

表 9-15　投标报价编制说明

工程名称：某市风华路道路工程　　　　　　　　　　　　　　　　　　　第 1 页　共 1 页

一、工程概况

　　某市风华路道路工程，为城市次干道，风华路起讫桩号为 K0+560 ～ K0+800，于桩号 K0+630 处与风情路正交，风情路实施至切点外 20m。风华路路幅宽为 34m，风情路路幅宽为 26m。风华路道路结构层采用沥青混凝土面层、粉煤灰三渣基层、塘渣垫层，风情路道路结构同风华路。

二、工程施工方案

　　1. 挖方采用挖掘机进行，场内平衡的土方用机动翻斗车运至需回填的路段用于回填，缺方所需土方用自卸汽车运至施工现场，运距 6km。填方用内燃压路机碾压密实。

　　2. 塘渣垫层采用人机配合铺筑。

　　3. 粉煤灰三渣基层施工时两侧支立钢模板，顶面采用洒水车洒水养护。施工时，采用厂拌粉煤灰三渣。

　　4. 人行道基础混凝土采用现场拌和，拌和机设在桩号 K0+700 处，拌制后混凝土采用机动翻斗车运至施工点，混凝土浇筑时支立钢模板。

　　5. 人行道板、平石、侧石的水泥砂浆垫层均采用干混砂浆。

　　6. 沥青混凝土、人行道板、平石、侧石均采用成品。

　　7. 沥青混凝土采用沥青混凝土摊铺机摊铺。

　　8. 配备以下大型机械：1m³ 以内履带式挖掘机 1 台、90kW 以内履带式推土机 1 台、压路机 2 台、沥青摊铺机 1 台。

三、人工、材料、机械单价取定

　　厂拌粉煤灰三渣单价为 150 元 /m³，250mm×250mm×50mm 人行道板单价为 45 元 /m²，300mm×300mm×120mm C30 混凝土平石单价为 26 元 /m，其他材料及人工、机械单价按《浙江省市政工程预算定额》（2018 版）计取。

四、费率取定

　　企业管理费、利润、各项组织措施费的费率按《浙江省建设工程计价规则》（2018 版）规定的费率范围的低值计取；规费、税金按《浙江省建设工程计价规则》（2018 版）的规定计取。风险费用不计。

五、编制依据

　　1.《浙江省市政工程预算定额》（2018 版）。

　　2.《浙江省建设工程计价规则》（2018 版）。

表 9-16　投标报价费用表

工程名称：某市风华路道路工程　　　　　　　　　　　　　　　　　　　第 1 页　共 1 页

序号	工程名称	金额 / 元	其中 / 元				备注
			暂估价	安全文明施工基本费	规费	税金	
1	市政	2216190.26		23248.02	56906.04	183047.64	
1.1	道路	2216190.26		23248.02	56906.04	183047.64	
	合　计	2216910[①]		23248.02	56906.04	183047.64	

①该表格是计价软件自动生成的表格，计价软件自动将合计金额取整。

表 9-17 单位工程投标报价费用表

单位（专业）工程名称：市政 – 道路 　　　　　　标段：　　　　　　　第 1 页 共 1 页

序号	费用名称		计算公式	金额 / 元	备注
1	分部分项工程费		$\sum$（分部分项工程量 × 综合单价）	1906958.78	
1.1	其中	人工费 + 机械费	$\sum$分部分项（人工费 + 机械费）	277532.36	
2	措施项目费		（2.1+2.2）	69997.80	
2.1	施工技术措施项目费		$\sum$（技措项目工程量 × 综合单价）	41286.79	
2.1.1	其中	人工费 + 机械费	$\sum$技措项目（人工费 + 机械费）	25966.54	
2.2	施工组织措施项目费		（1.1+2.1.1）× 9.46%	28711.01	
2.2.1	其中	安全文明施工基本费	（1.1+2.1.1）× 7.66%	23248.02	
3	其他项目费		（3.1+3.2+3.3+3.4）	0.00	
3.1	暂列金额		3.1.1+3.1.2+3.1.3		
3.1.1	其中	标化工地增加费	按招标文件规定额度列计		
3.1.2		优质工程增加费	按招标文件规定额度列计		
3.1.3		其他暂列金额	按招标文件规定额度列计		
3.2	暂估价		3.2.1+3.2.2+3.2.3		
3.2.1	其中	材料（工程设备）暂估价	按招标文件规定额度列计（或计入综合单价）		
3.2.2		专业工程暂估价	按招标文件规定额度列计		
3.2.3		专项技术措施暂估价	按招标文件规定额度列计		
3.3	计日工		$\sum$计日工（暂估数量 × 综合单价）		
3.4	施工总承包服务费		3.4.1+3.4.2		
3.4.1	其中	专业发包工程管理费	$\sum$专业发包工程（暂估金额 × 费率）		
3.4.2		甲供材料设备管理费	甲供材料暂估金额 × 费率+甲供设备暂估金额 × 费率		
4	规费		（1.1+2.1.1）× 18.75%	56906.04	
5	税金		（1+2+3+4）× 9%	183047.64	
	投标报价合计		1+2+3+4+5	2216910.26	

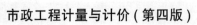市政工程计量与计价（第四版）

表 9-18　分部分项工程清单与计价表

单位（专业）工程名称：市政－道路　　　　标段：

序号	项目编码	项目名称	项目特征	计量单位	工程量	金额／元					备注
						综合单价	合价	人工费	其中 机械费	暂估价	
1	040101001001	挖一般土方	三类土	m³	771.31	29.97	23116.16	5507.15	13713.89		
2	040103001001	回填方	填土，密实度按设计及规范要求	m³	2992.42	3.17	9485.97	1077.27	6792.79		
3	040103002001	缺方内运	运距由投标人自行考虑	m³	2669.97	16.16	43146.72		35857.70		
4	040202001001	路床（槽）整形	车行道	m²	7928.92	1.61	12765.56	2140.81	8483.94		
5	040202013001	山皮石基层	40cm 厚，1：1 放坡铺设	m²	7695.45	33.78	259952.30	10773.63	19931.22		
6	040202014001	粉煤灰三渣基层	30cm 厚，顶面洒水养护	m²	7247.96	58.08	421034.00	59578.23	9712.27		
7	040203003001	透层	乳化沥青，喷油量 1.1L/m²	m²	6703.19	4.61	30901.71	201.10	603.29		
8	040203003002	黏层	乳化沥青，喷油量 0.52L/m²	m²	13406.38	2.16	28957.78	402.19	402.19		
9	040203006001	沥青混凝土面层	7cm 粗粒式	m²	6703.19	55.83	374239.10	5965.84	13741.54		
10	040203006002	沥青混凝土面层	4cm 中粒式	m²	6703.19	32.73	219395.41	4155.98	7842.73		
11	040203006003	沥青混凝土面层	3cm 细粒式	m²	6703.19	29.64	198682.55	4155.98	9317.43		

单位（专业）工程名称：市政 - 道路

标段：

序号	项目编码	项目名称	项目特征	计量单位	工程量	综合单价	合价	人工费	机械费	暂估价	备注
							金额 / 元		其中		
12	040204001001	人行道整形碾压	人行道	m²	1554.27	1.81	2813.23	2113.81	233.14		
13	040204002001	人行道块料铺设	250mm×250mm×50mm 人行道板人字纹安装、3cm 厚 M7.5 水泥砂浆、12cm 厚 C15 混凝土基础	m²	1475.85	127.91	188775.97	38770.58	3158.32		
14	040204004001	安砌侧石	15mm×37mm×100mm C30 混凝土侧石、2cm 厚 M7.5 水泥砂浆垫层	m	1167.36	46.05	53756.93	7914.70	81.72		
15	040204004002	安砌平石	30mm×30mm×12mm C30 混凝土平石、2cm 厚 M7.5 水泥砂浆垫层	m	1167.36	34.21	39935.39	4751.16	151.76		
		合 计					1906958.78	147508.43	130023.93		

市政工程计量与计价（第四版）

表9-19 施工技术措施项目清单与计价表

单位（专业）工程名称：市政 - 道路   标段：

序号	项目编码	项目名称	项目特征	计量单位	工程量	金额/元					备注
						综合单价	合价	人工费	机械费	暂估价	
									其中		
1	041102037001	其他现浇构件模板	粉煤灰三渣基层	m²	350.21	56.19	19678.30	12026.21	1005.10		
2	041102037002	其他现浇构件模板	人行道混凝土基础	m²	61.61	56.19	3461.87	2115.69	176.82		
3	041106001001	大型机械设备进出场及安拆	1m³ 内履带式挖掘机	台·次	1	3697.38	3697.38	540.00	1543.29		
4	041106001002	大型机械设备进出场及安拆	90kW 内履带式推土机	台·次	1	3224.18	3224.18	540.00	1442.97		
5	041106001003	大型机械设备进出场及安拆	压路机	台·次	2	3142.98	6285.96	810.00	2621.18		
6	041106001004	大型机械设备进出场及安拆	沥青混凝土摊铺机	台·次	1	4939.10	4939.10	810.00	2335.28		
		本页小计					41286.79	16841.90	9124.64		
		合 计					41286.79	16841.90	9124.64		

表 9-20　分部分项清单项目综合单价计算表

单位（专业）工程名称：市政 – 道路

标段：

清单序号	项目编码	项目名称	计量单位	数量	综合单价/元						合计/元
					人工费	材料（设备）费	机械费	管理费	利润	小计	
1	040101001001	挖一般土方	m³	771.31	7.14		17.78	3.18	1.87	29.97	23116.16
	[1-69]	挖掘机挖土，不装车三类土	1000m³	0.77131	360.00		1957.12	296.13	173.55	2786.80	2149.49
	[1-41]	机动翻斗车运土，运距 200m 以内	100m³	7.7131	678.00		1582.02	288.83	169.28	2718.13	20965.21
2	04010300 1001	回填方	m³	2992.42	0.36		2.27	0.34	0.20	3.17	9485.97
	[1-111]	机械，填土碾压内燃压路机	1000m³	2.99242	360.00		2269.14	336.00	196.92	3162.06	9462.21
3	04010300 2001	缺方内运	m³	2669.97			13.43	1.72	1.01	16.16	43146.72
	[1-94]+[1-95]×5	自卸汽车运土方，运距 6km	1000m³	2.66997			13433.67	1716.82	1006.18	16156.67	43137.82
4	040202001001	路床（槽）整形	m²	7928.92	0.27		1.07	0.17	0.10	1.61	12765.56
	[2-1]	路床（槽）整形，路床碾压检验	100m²	82.2076	26.33		103.28	16.56	9.71	155.88	12814.52
5	040202013001	山皮石	m²	7695.45	1.40	28.98	2.59	0.51	0.30	33.78	259952.30
	[2-117]×2	塘渣底层，人机配合，厚 40cm	100m²	76.9545	140.13	2897.95	259.34	51.05	29.92	3378.39	259982.31
6	040202014001	粉煤灰三渣	m²	7247.96	8.22	46.58	1.34	1.22	0.72	58.08	421034.00
	[2-91]×2+[2-92]×(-10)	道路基层，厂拌粉煤灰三渣基层，厂拌人铺，厚 30cm	100m²	72.4796	816.48	4652.38	119.3	119.60	70.09	5777.87	418777.71
	[2-143]	顶层多合土养生，洒水车洒水	100m²	70.534	5.67	6.29	15.52	2.71	1.59	31.78	2241.57
7	040203003001	透层	m²	6703.19	0.03	4.46	0.09	0.02	0.01	4.61	30901.71
	[2-163]	透层半刚性基层乳化沥青 1.1L/m²	100m²	67.0319	2.97	445.91	8.98	1.53	0.90	460.29	30854.11
8	040203003002	黏层	m²	13406.38	0.03	2.09	0.03	0.01		2.16	28957.78
	[2-165]H	黏层沥青层乳化沥青 0.5L/m²	100m²	134.0638	2.70	209.08	3.08	0.74	0.43	216.03	28961.80
9	040203006001	沥青混凝土	m²	6703.19	0.89	52.30	2.05	0.37	0.22	55.83	374239.10

单位（专业）工程名称：市政－道路   标段：

清单序号	项目编码	项目名称	计量单位	数量	综合单价/元						合计/元
					人工费	材料（设备）费	机械费	管理费	利润	小计	
10	[2-192]+[2-193]	粗粒式沥青混凝土路面，机械摊铺，厚度7cm	100m²	67.0319	88.70	5229.85	204.63	37.49	21.97	5582.64	374214.97
	04020300 6002	沥青混凝土	m²	6703.19	0.62	30.58	1.17	0.23	0.13	32.73	219395.41
	[2-200]	中粒式沥青混凝土路面，机械摊铺，厚度4cm	100m²	67.0319	62.37	3058.16	116.93	22.91	13.43	3273.80	219449.03
11	04020300 6003	沥青混凝土	m²	6703.19	0.62	27.22	1.39	0.26	0.15	29.64	198682.55
	[2-208]	细粒式沥青混凝土路面，机械摊铺，厚度3cm	100m²	67.0319	61.56	2721.91	138.85	25.61	15.01	2962.94	198611.50
12	04020400 1001	人行道整形碾压	m²	1554.27	1.36		0.15	0.19	0.11	1.81	2813.23
	[2-2]	路床（槽）整形、人行道整形碾压	100m²	16.8497	125.55		13.76	17.80	10.43	167.54	2823.00
13	04020400 2001	人行道块料铺设	m²	1475.85	26.27	93.74	2.14	3.63	2.13	127.91	188775.97
	[2-230]+[2-231]×2H	人行道基础，混凝土，厚度12cm，现浇现拌混凝土C15（40）	100m²	14.7585	882.50	3385.71	83.75	123.49	72.37	4547.82	67119.00
	1-604	机动翻斗车运输（运距200m以内）	10m³	17.71	126.90		90.68	27.81	16.30	261.69	4634.53
	[2-232]H	250mm×250mm×50mm人行道板人字纹安装（3cm厚M7.5干混砂浆）	100m²	14.7585	1592.66	5988.48	21.89	206.34	120.93	7930.30	117039.33
14	04020400 4001	安砌侧石	m	1167.36	6.78	37.82	0.07	0.87	0.51	46.05	53756.93
	[2-249]	C30混凝土侧石安砌	100m	11.6736	644.63	3654.53	0.39	82.43	48.31	4430.29	51717.43
	[2-248]	侧石垫层，人工铺装砂浆黏结层	m³	3.5	110.84	424.84	21.40	16.90	9.90	583.88	2043.58
15	04020400 4002	安砌平石	m	1167.36	4.07	29.16	0.13	0.54	0.31	34.21	39935.39
	[2-251]	平石混凝土安砌	100m	11.6736	340.88	2660.75	0.19	43.59	25.55	3070.96	35849.16
	[2-248]	平石垫层，人工铺装砂浆黏结层	m³	7	110.84	424.84	21.40	16.90	9.90	583.88	4087.16
合　计											1906958.78

知识链接

以表 9-20 中的清单项目"安砌侧石 040204004001"为例，其综合单价的计算步骤如下。

（1）根据施工图纸和施工方案，确定清单项目"安砌侧石 040204004001"有 2 项工作内容：C30 混凝土侧石安砌，侧石垫层、人工铺装的砂浆黏结层，并确定其套用的定额子目分别为 [2-249]、[2-248]。

（2）按照定额工程量计算规则，计算 2 项工作内容的定额工程量：C30 混凝土侧石安砌工程量为 1167.36m，定额计量单位为"100m"；侧石垫层、人工铺装砂浆黏结层的工程量为 3.5m³，定额计量单位为"m³"。

（3）计算 2 项工作内容 1 个定额计量单位的人工费、材料费、机械费。

本工程砂浆黏结层采用 M7.5 干混砂浆，2 项工作内容所涉及的人工、材料、机械单价均按《浙江省市政工程预算定额》（2018 版）计取。

C30 混凝土侧石安砌　定额子目为 [2-249]　　　　计量单位 100m
　　　　　　　　　　每 100m　　　　　　所需的人工费 =644.63 元
　　　　　　　　　　　　　　　　　　　所需的材料费 =3654.30 元
　　　　　　　　　　　　　　　　　　　所需的机械费 =0.39 元

侧石垫层、人工铺装砂浆黏结层　定额子目为 [2-248]　计量单位为 m³
　　　　　　　　　　每 1m³　　　　　　所需的人工费 =110.84 元
　　　　　　　　　　　　　　　　　　　所需的材料费 =424.80 元
　　　　　　　　　　　　　　　　　　　所需的机械费 =21.32 元

（4）确定企业管理费、利润、风险的费率，并计算 2 项工作内容 1 个定额计量单位的企业管理费、利润、风险费用。本实例企业管理费费率为 12.78%，利润费率为 7.49%，风险费率为 0%。

C30 混凝土侧石安砌　定额子目为 [2-249]　　　　计量单位为 100m
　　　　　　　　　　每 100m　　　管理费 =（644.63+0.39）×12.78% ≈ 82.43（元）
　　　　　　　　　　　　　　　　利润 =（644.63+0.39）×7.49% ≈ 48.31（元）
　　　　　　　　　　　　　　　　风险费用 =0.00 元

侧石垫层、人工铺装砂浆黏结层　定额子目为 [2-248]　计量单位为 m³
　　　　　　　　　　每 1m³　　　管理费 =（110.84+21.32）×12.78% ≈ 16.89（元）
　　　　　　　　　　　　　　　　利润 =（110.84+21.32）×7.49% ≈ 9.90（元）
　　　　　　　　　　　　　　　　风险费用 =0.00 元

（5）合计清单项目"安砌侧石 040204004001"2 项工作内容的人工费，除以该清单项目的工程量 1167.36m，计算出该清单项目 1 个清单计量单位也就是"1m"所需的人工费。

该清单项目 2 项工作内容合计的人工费 =644.63×11.6736+110.84×3.5 ≈ 7913.09（元）

　　　"安砌侧石"1m 所需的人工费 =7913.09÷1167.36 ≈ 6.78（元）

（6）按同样的方法计算出该清单项目 1 个清单计量单位所需的材料费、机械费、管理费、利润、风险费用分别为 37.82 元、0.07 元、0.87 元、0.51 元、0.00 元。

（7）合计该清单项目 1 个清单计量单位的人工费、材料费、机械费，以及企业管理费、利润、风险费用，即为该清单项目的综合单价

清单项目"安砌侧石 040204004001"的综合单价 =6.78+37.82+0.07+0.87+0.51=46.05（元）

市政工程计量与计价（第四版）

表 9-21 施工技术措施清单项目综合单价计算表

单位（专业）工程名称：市政 - 道路　　　　　标段：　　　　　　　　　　　　　　　　　　　　　　　　第 1 页 共 1 页

| 清单序号 | 项目编码 | 项目名称 | 计量单位 | 数量 | 综合单价/元 | | | | | | 合计/元 |
					人工费	材料（设备）费	机械费	管理费	利润	小计	
1	041102037001	其他现浇构件模板	m²	350.21	34.34	11.43	2.87	4.76	2.79	56.19	19678.30
	[2-215]	水泥混凝土路面，模板	100m²	3.5021	3434.40	1143.29	287.24	475.63	278.75	5619.31	19679.39
2	041102037002	其他现浇构件模板	m²	61.61	34.34	11.43	2.87	4.76	2.79	56.19	3461.87
	[2-215]	水泥混凝土路面，模板	100m²	0.6161	3434.40	1143.29	287.24	475.63	278.75	5619.31	3462.06
3	041106001001	大型机械设备进出场及安拆	台·次	1	540.00	1191.81	1543.29	266.24	156.04	3697.38	3697.38
	[3001]	履带式挖掘机 1m³ 以内	台次	1	540.00	1191.81	1543.29	266.24	156.04	3697.38	3697.38
4	041106001002	大型机械设备进出场及安拆	台·次	1	540.00	839.27	1442.97	253.42	148.52	3224.18	3224.18
	[3003]	履带式推土机 90kW 以内	台次	1	540.00	839.27	1442.97	253.42	148.52	3224.18	3224.18
5	041106001003	大型机械设备进出场及安拆	台·次	2	405.00	1079.64	1310.59	219.25	128.50	3142.98	6285.96
	[3010]	压路机	台次	2	405.00	1079.64	1310.59	219.25	128.50	3142.98	6285.96
6	041106001004	大型机械设备进出场及安拆	台·次	1	810.00	1156.27	2335.28	401.97	235.58	4939.10	4939.10
	[3012]	沥青混凝土摊铺机	台次	1	810.00	1156.27	2335.28	401.97	235.58	4939.10	4939.10
		合　计									41286.79

表 9-22　施工组织措施项目清单与计价表

工程名称：某市风华路工程　　　　　　标段：　　　　　　　　第1页　共1页

序号	项目编号	项目名称	计算基础	费率/%	金额/元	备注
1	041109001001	安全文明施工费			23248.02	
1.1		安全文明施工基本费	人工费＋机械费	7.66	23248.02	
2	Z04110900801	提前竣工增加费	人工费＋机械费			
3	041109003001	二次搬运费	人工费＋机械费	0.38	1153.03	
4	041109004001	冬雨季施工增加费	人工费＋机械费	0.07	212.45	
5	041109005001	行车、行人干扰增加费	人工费＋机械费	1.35	4097.24	
6		其他施工组织措施费	按相关规定计算			
		合　计			28711.01	

表 9-23　其他项目清单与计价汇总表

工程名称：某市风华路工程　　　　　　标段：　　　　　　　　第1页　共1页

序号	项目名称	金额/元	备注
1	暂列金额		
1.1	标化工地增加费		
1.2	优质工程增加费		
1.3	其他暂列金额		
2	暂估价		
2.1	材料（工程设备）暂估价		
2.2	专业工程暂估价		
2.3	专项技术措施暂估价		
3	计日工		
4	总承包服务费		
	合　计	0.00	

注：本工程无其他项目，其他项目清单包括的各明细清单相应的金额均为0.00元。本实例不再放入各明细清单。

表 9-24　主要人工工日一览表

工程名称：某市风华路道路工程　　　　　　　　　标段：　　　　　　　　　第1页　共1页

序号	工日名称（类别）	单位	数量	单价 / 元	合价 / 元	备注
1	一类人工	工日	52.675	125.00	6584.38	
2	二类人工	工日	1168.741	135.00	157743.59	

表 9-25　主要材料及工程设备价格一览表

工程名称：某市风华路道路工程　　　　　　　　　标段：　　　　　　　　　第1页　共1页

序号	名称、规格、型号	单位	数量	单价 / 元	合价 / 元	备注
1	普通硅酸盐水泥 PO42.5 综合	kg	36132.350	0.34	12285.00	
2	黄砂净砂	t	163.311	92.23	15062.17	
3	碎石综合	t	215.363	102.00	21967.03	
4	厂拌粉煤灰三渣	m³	2217.876	150.00	332681.40	
5	塘渣	t	6285.644	34.95	219683.26	
6	干混砌筑砂浆 DM M7.5	kg	97228.109	0.25	24307.03	
7	粗粒式沥青混凝土	m³	473.916	733.00	347380.43	
8	细粒式沥青混凝土	m³	203.107	888.00	180359.02	
9	中粒式沥青混凝土	m³	270.809	750.00	203106.75	
10	乳化沥青	kg	14339.089	4.00	57356.36	
11	柴油 0#	kg	556.365	5.09	2831.90	
12	水	m³	1408.888	4.27	6015.95	
13	道路侧石 370mm×150mm×1000mm	m	1179.034	35.78	42185.84	
14	混凝土平石 500mm×500mm×120mm	m	1179.034	26.00	30654.88	
15	人行道砖 200mm×100mm×60mm	m²	1520.126	45.00	68405.67	

表 9-26　主要机械台班价格一览表

工程名称：某市风华路道路工程　　　　　　　　标段：　　　　　　　　第 1 页　共 1 页

序号	机械名称、规格、型号	单位	数量	单价/元	合价/元	备注
1	履带式推土机 75kW	台班	7.832	629.60	4931.03	
2	履带式推土机 90kW	台班	0.500	723.33	361.67	
3	履带式推土机 105kW	台班	0.131	805.31	105.50	
4	平地机 90kW	台班	16.468	570.92	9401.91	
5	履带式单斗液压挖掘机 $1m^3$	台班	2.019	923.97	1865.50	
6	钢轮内燃压路机 8t	台班	5.146	356.18	1832.90	
7	钢轮内燃压路机 12t	台班	50.243	458.58	23040.43	
8	钢轮内燃压路机 15t	台班	41.170	541.23	22282.44	
9	轮胎压路机 26t	台班	8.446	816.33	6894.72	
10	汽车式沥青喷洒机 4000L	台班	1.608	616.03	990.58	
11	沥青混凝土摊铺机 8t	台班	8.446	838.09	7078.51	
12	沥青混凝土摊铺机 15t	台班	0.500	2507.96	1253.98	
13	汽车式起重机 8t	台班	0.288	653.15	188.11	
14	载货汽车 4t	台班	0.659	370.77	244.34	
15	自卸汽车 15t	台班	44.874	799.29	35867.34	
16	平板拖车组 40t	台班	5.000	1081.30	5406.50	
17	机动翻斗车 1t	台班	69.739	198.00	13808.32	
18	洒水车 4000L	台班	2.539	431.04	1094.41	
19	双锥反转出料混凝土搅拌机 500L	台班	5.372	216.12	1161.00	
20	干混砂浆罐式搅拌机 20000L	台班	2.850	194.56	554.50	
21	木工圆锯机 500mm	台班	19.479	27.68	539.18	
22	木工平刨床 300mm	台班	19.479	10.84	211.15	
23	混凝土振捣器平板式	台班	5.889	12.73	74.97	

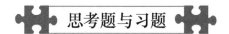

思考题与习题

一、简答题

1.《市政工程工程量计算规范》中，道路工程主要列了哪些清单项目？

2. 路床（槽）整形清单项目与定额子目的工程量计算规则相同吗？

3. 人行道整形清单项目与定额子目的工程量计算规则相同吗？

4. 树池砌筑清单项目与定额子目的工程量计算规则相同吗？

5. 现浇侧（平）石清单项目与定额子目的工程量计算规则相同吗？

6. 道路基层设计截面为梯形时，如何计算清单项目工程量？与定额的工程量计算规则相同吗？

市政工程计量与计价（第四版）

7. 如何区分透层油与黏层油？

8. 道路面层清单项目工程量计算时，需注意哪些事项？

9. "水泥混凝土面层"清单项目通常包含哪些组合工作内容？

10. 水泥混凝土面层的钢筋是否包含在"水泥混凝土面层"清单项目中？编制工程量清单时，如何处理水泥混凝土面层的钢筋？

11. 水泥混凝土面层施工时的模板是否包含在"水泥混凝土面层"清单项目中？编制工程量清单时，如何处理其模板？

12. 新建的道路工程采用水泥混凝土面层，工程通常包括哪些分部分项清单项目？

13. 新建的道路工程采用沥青混凝土面层，工程通常包括哪些分部分项清单项目？

二、计算题

某道路工程车行道结构如图 9.8 所示，已知车行道宽 16m，道路长 500m，试确定该道路车行道工程清单项目及项目编码，计算各清单项目工程量，并计算各清单项目的组合工作内容定额工程量。

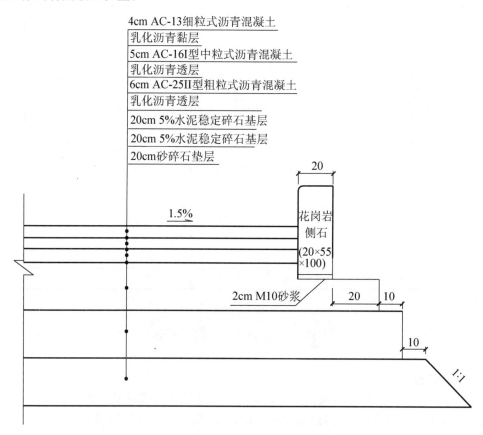

图 9.8　某道路工程车行道结构示意图

第 10 章 排水管网工程清单计量与计价

思维导图

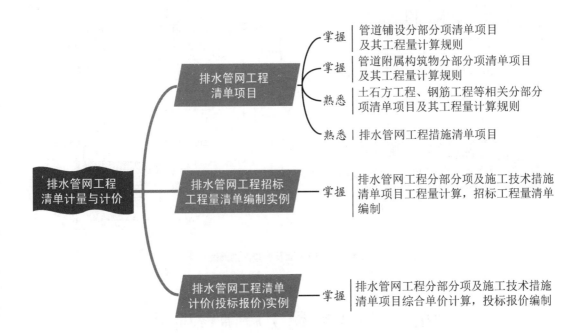

市政工程计量与计价（第四版）

引例

某管道平面及检查井剖面图如图 10.1 所示，已知 Y1、Y2、Y3、Y5 为 1100mm×1100mm 流槽井（不落底井），Y4 为 1100mm×1100mm 落底井。试计算该管道工程检查井的清单工程量、定额工程量。其清单工程量、定额工程量相等吗？有什么不同？

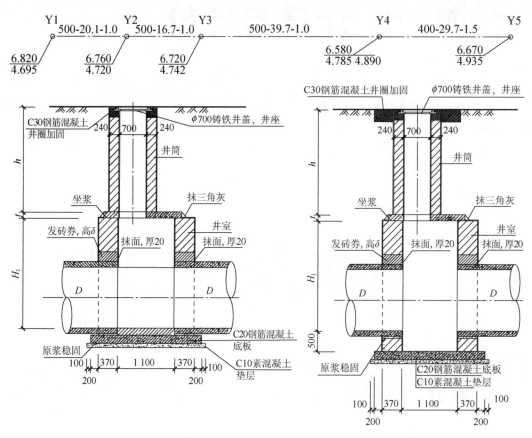

图 10.1　某管道平面及检查井剖面图

10.1　排水管网工程清单项目

10.1.1　排水管网工程分部分项清单项目

《市政工程工程量计算规范》（GB 50587—2013）附录 E "管网工程"中，设置了 4 个小节 51 个清单项目，4 个小节分别为：管道铺设，管件、阀门及附件安装，支架制作及安装，管道附属构筑物。市政管网工程包括市政排水、给水、燃气、供热等管网工程，本章主要介绍排水管网工程的相关清单项目。

各清单项目的项目编码、项目名称、项目特征、计量单位、工程量计算规则、工作内容、可组合的定额项目等参见本书附录。

1. 管道铺设

本节根据管（渠）道材料、铺设方式的不同，设置了 20 个清单项目：混凝土管、钢管、铸铁管、塑料管、直埋式预制保温管、管道架空跨越、隧道（沟、管）内管道、水平导向钻进、夯管、顶（夯）管工作坑、预制混凝土工作坑、顶管、土壤加固、新旧管连接、临时放水管线、砌筑方沟、混凝土方沟、砌筑渠道、混凝土渠道、警示（示踪）带铺设。

其中铸铁管、直埋式预制保温管、管道架空跨越、临时放水管线等主要为给水、燃气、供热等管网工程相关的清单项目。

> **特别提示**
>
> 管道铺设项目的做法如为标准设计，可在项目特征中标注标准图集号及页码。
> 管道铺设项目特征中的检验及试验要求应根据专业的施工验收规范及设计要求，对已完工管道工程进行的严密性试验、闭水试验、吹扫、冲洗消毒、强度试验等内容进行描述。

2. 管件、阀门及附件安装

本节主要是给水、燃气、供热管网工程相关的清单项目。

3. 支架制作及安装

本节主要是给水、燃气、供热管网工程相关的清单项目。

4. 管道附属构筑物

本节共设置了 9 个清单项目：砌筑井、混凝土井、塑料检查井、砖砌井筒、预制混凝土井筒、砌体出水口、混凝土出水口、整体化粪池、雨水口。

> **特别提示**
>
> 当管道附属构筑物为标准定型构筑物时，应在项目特征中标注标准图集编号及页码。

5. 其他

除上述分部分项清单项目以外，排水管网工程通常还包括《市政工程工程量计算规范》（GB 50587—2013）附录 A "土石方工程"、附录 J "钢筋工程"中的有关分部分项清单项目。如果是改建排水管网工程，还包括附录 K "拆除工程"中的有关分部分项清单项目。

排水管网工程的土石方工程清单项目主要有：挖沟槽土方、挖沟槽石方、回填方、余方弃置等。

排水管网工程的钢筋工程清单项目主要有：现浇构件钢筋、预制构件钢筋、预埋铁件等。

改建排水管网工程的拆除工程清单项目主要有：拆除管道、拆除砖石结构、拆除混凝土结构、拆除井等。

10.1.2 排水管网工程分部分项清单项目工程量计算规则

排水管网工程清单项目

本章主要介绍排水管网工程常见的分部分项清单项目的工程量计算规则。

1. 管道铺设

管道铺设常见的清单项目包括：混凝土管、塑料管、水平导向钻进、顶（夯）管工作坑、顶管、砌筑渠道、混凝土渠道等。

（1）混凝土管、塑料管：按设计图示中心线长度以延长米计算，不扣除附属构筑物、管件及阀门等所占长度，计量单位为"m"。

知识链接

管道铺设清单工程量 = 设计图示井中至井中的距离 　　　　（10-1）

在计算管道铺设清单工程量时，要根据具体工程的施工图，结合管道铺设清单项目的项目特征，划分不同的清单项目，分别计算其工程量。

如"混凝土管"清单项目的特征有7个，需结合工程实际加以区别：①垫层、基础材质及厚度；②管座材质；③规格（即管内径）；④接口形式 [区分平（企）接口、承插接口、套环接口等形式]；⑤铺设深度；⑥混凝土强度等级；⑦管道检验及试验要求（是否要求做管道严密性试验）。

上述7个项目特征中，如果有1个及以上项目特征不同，就应是不同的清单项目，其管道铺设的工程量应分别进行计算。

注意：在计算管道铺设定额工程量时，需扣除井等附属构筑物所占长度，与管道铺设清单工程量计算规则不同。

【例10-1】某段雨水管道平面图如图10.2所示，管道均采用钢筋混凝土管，承插式橡胶圈接口。基础均采用C20钢筋混凝土条形基础，管道基础结构图如图10.3所示。管道均要求进行闭水试验。试确定该段雨水管道清单项目名称、项目编码及其工程量。

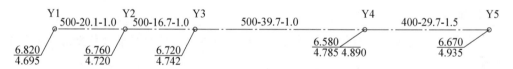

图 10.2　某段雨水管道平面图

管道基础尺寸及混凝土用量表

D	D_1	D_2	H_1	B_1	h_1	h_2	h_3	C20混凝土/(m³/m)
200	260	365	30	465	60	86	47	0.07
300	380	510	40	610	70	129	54	0.11
400	490	640	45	740	80	167	60	0.17
500	610	780	55	880	80	208	66	0.22
600	720	910	60	1010	80	246	71	0.28
800	930	1104	65	1204	80	303	71	0.36
1000	1150	1346	75	1446	80	374	79	0.48
1200	1380	1616	90	1716	80	453	91	0.66

注：尺寸单位为mm。

图 10.3　管道基础结构图

【**解**】由管道平面图可知，该段管道有 $D400$、$D500$ 两种规格，各段管道的垫层、基础、接口、试验要求等项目特征均相同，所以有两个管道铺设的清单项目，工程量要分开计算。

（1）项目名称：$D400$ 混凝土管道铺设（橡胶圈接口、C20 钢筋混凝土条形基础、C10 素混凝土垫层）。

项目编码：040501001001

工程量 =29.7m

（2）项目名称：$D500$ 混凝土管道铺设（橡胶圈接口、C20 钢筋混凝土条形基础、C10 素混凝土垫层）。

项目编码：040501001002

工程量 =20.1+16.7+39.7=76.5（m）

特别提示

（1）混凝土管清单项目可组合的工作内容包括：垫层、管道基础（平基、管座）混凝土浇筑，管道铺设，管道接口，闭水试验，井壁（墙）凿洞，垫层、基础混凝土模板的安拆等内容。

例 10-1 中，$D400$ 混凝土管清单项目包括：C10 素混凝土垫层、C20 钢筋混凝土条形基础、$D400$ 管道铺设、橡胶圈接口、C20 混凝土管座、管道闭水试验、垫层模板安拆、基础模板安拆。

（2）混凝土管清单项目不包括管道混凝土基础钢筋的制作安装，钢筋制作安装按附录 J "钢筋工程" 另列分部分项清单项目计算。

（3）管道垫层、基础混凝土浇筑时模板的安拆可作为管道铺设清单项目的组合工作内容，也可单列施工技术措施清单项目计算。

（2）水平导向钻进：按设计图示长度以延长米计算，扣除附属构筑物（检查井）所占长度，计量单位为 "m"。

（3）顶（夯）管工作坑：按设计图示数量计算，计量单位为 "座"。

（4）顶管：按设计图示长度以延长米计算，扣除附属构筑物（检查井）所占长度，计量单位为 "m"。

（5）砌筑渠道、混凝土渠道：按设计图示长度以延长米计算，计量单位为 "m"。

2. 管道附属构筑物

管道附属构筑物常见的清单项目包括：砌筑井、混凝土井、塑料检查井、砌体出水口、混凝土出水口、雨水口。

管道附属构筑物工程量按设计图示数量计算，计量单位为 "座"。

$$管道附属构筑物工程量 = 附属构筑物的数量 \qquad (10-2)$$

【**例 10-2**】某段雨水管道平面图如图 10.2 所示，已知 Y1、Y2、Y3、Y4、Y5 均为 1100mm×1100mm 砖砌检查井，试确定该段管道检查井清单项目名称、项目编码及其工程量。

【**解**】由图 10.2 可知：Y1、Y2、Y3、Y5 均为雨水流槽井（不落底井）、Y4 为雨水落底井。

该段雨水管道检查井根据井的结构、尺寸、井深等项目特征，有两个清单项目。

（1）项目名称：1100mm×1100mm 砖砌雨水检查井（不落底井、平均井深 2m 以内）。

项目编码：040504001001

工程量 =4 座

（2）项目名称：1100mm×1100mm 砖砌雨水检查井（落底井、井深 4m 以内）。

项目编码：040504001002

工程量 =1 座

特别提示

在计算工程量时，要根据具体工程的施工图，结合检查井清单项目的项目特征，划分不同的清单项目，分别计算其工程量。

（1）砌筑井清单项目一般包括以下组合工作内容：井垫层铺筑或浇筑、井底板混凝土浇筑、井室砌筑、井筒砌筑、井身抹灰、流槽抹灰、井内爬梯（铁件）安装、井室盖板制作安装、井圈制作安装、井盖及井盖座安装。

（2）砌筑井清单项目不包括井底板、井室盖板、井圈等钢筋混凝土结构中钢筋的制作安装，钢筋的制作安装按《市政工程工程量计算规范》（GB 50587—2013）附录 J "钢筋工程"另列分部分项清单项目计算。

（3）检查井的井垫层、井底板、井室盖板、井圈等部位，混凝土浇筑时模板的安拆可列入施工技术措施清单项目计算，也可作为检查井清单项目的组合工作内容。

（4）检查井清单项目不包括井深大于 1.5m 时所需的井字架工程，也不包括砌筑高度超过 1.2m 及抹灰高度超过 1.5m 所需的脚手架工程。井字架、脚手架均列入施工技术措施清单项目计算。

10.1.3 排水管网工程措施清单项目

排水管网工程措施清单项目需根据工程的施工内容、工程的特点，结合工程的施工组织设计进行确定，参见《市政工程工程量计算规范》（GB 50587—2013）附录 L "措施项目"。

1. 技术措施清单项目

根据排水管网工程的特点及常规的施工组织设计，排水管网工程通常有以下技术措施清单项目。

1）大型机械设备进出场及安拆

工程量按使用机械设备的数量计算，计量单位为"台·次"。

排水管网工程施工时，需要挖掘机、压路机、起重机等大型机械，具体工程施工时需要大型机械的种类、规格、数量，须结合工程的实际情况和施工组织设计确定。

2）混凝土模板

工程量按混凝土与模板接触面积计算，计量单位为"m²"。

排水管网工程中，管道的条形基础、砌筑井的井底板、井室盖板、井圈等部位通常为钢筋混凝土结构，这些部位及混凝土井浇筑时，均须进行模板的安拆。

混凝土模板应区分现浇或预制混凝土的不同结构部位等项目特征，设置不同的清单项目。

3）脚手架、井字架

排水管网工程中，若检查井砌筑或浇筑高度较大，可以考虑搭设脚手架进行砌筑或浇筑，并采用井字架进行材料的垂直运输。

（1）墙面脚手架：工程量按墙面水平线长度乘以墙面砌筑高度计算，计量单位为"m²"。

（2）仓面脚手架：工程量按仓面水平面积计算，计量单位为"m²"。

（3）井字架：工程量按图示数量计算，计量单位为"座"。

4）围堰

排水管网工程中，出水口施工前，通常需要先进行围堰施工，并将堰内积水抽除。

围堰工程量以"m³"为计量单位，按设计图示围堰体积计算；或以"m"为计量单位，按设计图示围堰中心线长度计算。

5）排水、降水

排水管网工程施工时，通常需要采取明沟排水或者人工降水措施，使管道沟槽内不积水。

排水、降水工程量按排水、降水的日历天计算，计量单位为"昼夜"。

2. 组织措施清单项目

组织措施清单项目有：安全文明施工，夜间施工，二次搬运，冬雨季施工，行车、行人干扰，地上/地下设施、建筑物的临时保护设施，已完工程及设备保护等。

10.2　排水管网工程招标工程量清单编制实例

【例 10-3】某市中华路排水管道工程，雨水管道实施的起止井号为 Y1～Y3，污水管道实施的起止井号为 W1～W4，均不包括沿线的支管、支管井、雨水口及连接支管。当管径 D≤400mm 时，采用承插式 UPVC 管、橡胶圈接口、砂基础；当管径 D≥500mm 时，采用承插式钢筋混凝土管、橡胶圈接口、钢筋混凝土条形基础。雨污水检查井采用砖砌矩形或方形检查井，详见管道平面图、管道纵断面图及相关结构图（图 7.10～图 7.27）。

已知本工程沿线土质为砂性土，地下水位于地表以下 1.3～1.5m。

根据中华路排水管道工程施工图纸，编制该排水管道工程的招标工程量清单。

【解】（1）根据施工图纸、施工方案、《市政工程工程量计算规范》（GB 50857—

2013），确定中华路排水管道工程（包括土石方工程）的分部分项清单项目名称、项目编码、项目特征，并计算其工程量。

中华路排水管道工程施工方案、管道及检查井基础数据计算同例 7-13。

① 土石方工程。

土石方工程有 3 个分部分项清单项目：挖沟槽土方、回填方、余方弃置。

挖沟槽土方、回填方、余方弃置这 3 个清单项目工程量计算规则与相应的定额项目工程量计算规则相同，所以各管段土方工程量计算式参见表 7-8。

其中，挖沟槽土方工程量 =92.29+1213.57=1305.86（m³）
回填方工程量 =1024.56m³
余方弃置工程量 =1305.86–1024.56 × 1.15 ≈ 127.62（m³）

土石方工程的分部分项清单项目名称、项目编码、项目特征、工程量见表 10-1。

② 排水管网工程。

根据图 7.10 ～图 7.27，依据《市政工程工程量计算规范》（GB 50857—2013），中华路排水管道工程有 10 个分部分项清单项目：混凝土管（D500）、塑料管（DN400）、砌筑井（1100mm×1100mm 污水流槽井）、砌筑井（1100mm×1100mm 雨水落底井）、砌筑井（1100mm×1250mm 雨水落底井）、砌筑井（1100mm×1100mm 雨水流槽井）、现浇构件钢筋（光圆钢筋）、现浇构件钢筋（带肋钢筋）、预制构件钢筋（带肋钢筋）、预制构件钢筋（光圆钢筋）。其中，管道铺设、检查井清单工程量计算规则与定额计算规则不同；钢筋清单工程量计算规则与定额计算规则相同，钢筋工程量计算式参见表 7-11。

排水管网工程的分部分项清单项目编码、项目名称、项目特征、工程量见表 10-1。

表 10-1　分部分项清单项目及其工程量计算表

序号	项目编码	项目名称	项目特征	计量单位	计算式	工程量
1	040101002001	挖沟槽土方	一、二类土	m³		1305.86
2	040103001001	回填方	一、二类土，场内平衡	m³	见表 7-8	1024.56
3	040103002001	余方弃置	运距由投标人自行考虑	m³		127.62
4	040501001001	混凝土管	D500，10cm 厚 C10 素混凝土垫层，C20 钢筋混凝土条形基础，承插式橡胶圈接口，闭水试验，含混凝土模板	m	45+45	90
5	040501004001	塑料管	DN400，砂基础，承插式橡胶圈接口，闭水试验	m	27+30+30	87

续表

序号	项目编码	项目名称	项目特征	计量单位	计算式	工程量
6	040504001001	砌筑井	1100mm×1100mm 砖砌污水流槽井，平均井深 3.098m，10cm 厚 C10 素混凝土垫层，20cm 厚 C20 钢筋混凝土底板，M10 水泥砂浆砌 MU10 机砖、水泥砂浆抹面，C20 钢筋混凝土井室盖板，C30 钢筋混凝土井圈，ϕ700 铸铁井盖，含混凝土模板	座	4	4
7	040504001002	砌筑井	1100mm×1100mm 砖砌雨水落底井，井深 2.991m，10cm 厚 C10 素混凝土垫层，20cm 厚 C20 钢筋混凝土底板，M10 水泥砂浆砌 MU10 机砖、水泥砂浆抹面，C20 钢筋混凝土井室盖板，C30 钢筋混凝土井圈，ϕ700 铸铁井盖，含混凝土模板	座	1	1
8	040504001003	砌筑井	1100mm×1250mm 砖砌雨水落底井，井深 3.201m，10cm 厚 C10 素混凝土垫层，20cm 厚 C20 钢筋混凝土底板，M10 水泥砂浆砌 MU10 机砖、水泥砂浆抹面，C20 钢筋混凝土井室盖板，C30 钢筋混凝土井圈，ϕ700 铸铁井盖，含混凝土模板	座	1	1
9	040504001004	砌筑井	1100mm×1100mm 砖砌雨水流槽井，井深 2.521m，10cm 厚 C10 素混凝土垫层，20cm 厚 C20 钢筋混凝土底板，M10 水泥砂浆砌 MU10 机砖、水泥砂浆抹面，C20 钢筋混凝土井室盖板，C30 钢筋混凝土井圈，ϕ700 铸铁井盖，含混凝土模板	座	1	1
10	040901001001	现浇构件钢筋	光圆钢筋，条形基础	t	见表 7-11	0.780
11	040901001002	现浇构件钢筋	带肋钢筋，井底板	t		0.381
12	040901002001	预制构件钢筋	带肋钢筋，井室盖板	t		0.164
13	040901002002	预制构件钢筋	光圆钢筋，井圈	t		0.036

（2）根据工程施工图纸，结合相关的施工技术规范要求及常规的施工方法，依据《市政工程工程量计算规范》（GB 50857—2013），确定施工技术措施清单项目的项目名称、项目编码、项目特征，并计算其工程量，见表 10-2。

表 10-2　施工技术措施清单项目及其工程量计算表

序号	项目编码	项目名称	项目特征	计量单位	计算式	工程量
1	041107002001	排水、降水	轻型井点降水	昼夜	7+10	17
2	041101005001	井字架	4m 以内	座	4+3	7
3	041106001001	大型机械设备进出场及安拆	1m³ 履带式挖掘机	台·次	1	1

（3）根据工程实际情况，确定施工组织措施清单项目的项目名称、项目编码，见表 10-3。

表 10-3　施工组织措施清单项目表

序号	项目编码	项目名称
1	041109001001	安全文明施工
2	041109003001	二次搬运
3	041109005001	行车、行人干扰
4	041109004001	冬雨季施工

（4）编制本工程的招标工程量清单，见表 10-4～表 10-10。

表 10-4　招标工程量清单封面

某市中华路排水管道工程

招标工程量清单

招标人：

（单位盖章）

造价咨询人：

（单位盖章）

年　月　日

表 10-5　招标工程量清单扉页

某 市 中 华 路 排 水 管 道 工 程

招 标 工 程 量 清 单

招 标 人：_____　　　工程造价咨询人：_____

（单位盖章）　　　　　　　　　　　　　　　　　（单位资质专用章）

法定代表人　　　　　　　　　　　　　　　　法定代表人
或其授权人：_____　　　或其授权人：_____

（签字或盖章）　　　　　　　　　　　　　　　（签字或盖章）

编 制 人：_____　　　复 核 人：_____

（造价人员签字盖专用章）　　　　　　　　　　（造价工程师签字盖专用章）

编 制 时 间：　　　　　　　　　　　　　　　复 核 时 间：

表 10-6　招标工程量清单编制说明

工程名称：某市中华路排水管道工程　　　　　　　　　　　　　　　　　　　　　第 1 页　共 1 页

一、工程概况及实施范围

某市中华路排水管道工程雨水管道实施的起讫井号为 Y1 ～ Y3，污水管道实施的起讫井号为 W1 ～ W4，均不包括沿线的支管、支管井、雨水口及连接管。当管径 $D \leqslant 400mm$ 时，采用承插式 UPVC 管、砂基础；当管径 $D \geqslant 500mm$ 时，采用承插式钢筋混凝土管、钢筋混凝土条形基础。雨污水均采用砖砌矩形或方形检查井。

工程沿线土质为砂性土，地下水位于地表以下 1.3 ～ 1.5m。

二、工程量清单编制依据

1.《建设工程工程量清单计价规范》（GB 50500—2013）。

2.《市政工程工程量计算规范》（GB 50857—2013）。

3. 市政排水管网工程施工相关规范。

4. 某市中华路排水管道工程施工图。

三、编制说明

1. 多余的土方外运运距由投标人自行考虑。

2. 场内平衡的土方运输方式由投标人自行考虑。

四、其他

1. 本工程风险费用暂不考虑。

2. 本工程无创标化工程要求。

3. 本工程不得分包。

4. 本工程无暂列金额、专业工程暂估价、材料（工程设备）暂估价、计日工。

5. 安全文明施工按市区工程考虑。

单位（专业）工程名称：市政－排水

表 10-7　分部分项工程量清单与计价表

标段：

序号	项目编码	项目名称	项目特征	计量单位	工程量	综合单价	合价	人工费	机械费	暂估价	备注
									其中		
									金额/元		
1	040101002001	挖沟槽土方	一、二类土，4m 以内	m³	1305.86						
2	040103001001	回填方	一、二类土，场内平衡	m³	1024.56						
3	040103002001	余方弃置	运距由投标人自行确定	m³	127.62						
4	040501001001	混凝土管	D500，10cm 厚 C10 素混凝土垫层，C20 钢筋混凝土基础，承插式橡胶圈接口，闭水试验，含混凝土模板	m	90.00						
5	040501004001	塑料管	DN400，砂基础，承插式橡胶圈接口，闭水试验	m	87.00						
6	040504001001	砌筑井	1100mm×1100mm 砖砌污水流槽井，平均井深 3.098m，10cm 厚 C10 素混凝土垫层，20cm 厚 C20 钢筋混凝土底板，M10 水泥砂浆砌筑 MU10 机砖，水泥砂浆抹面，C20 钢筋混凝土井室盖板，C30 钢筋混凝土井圈，φ700 铸铁井盖，井座，含混凝土模板	座	4						
7	040504001002	砌筑井	1100mm×1100mm 砖砌雨水落井，井深 2.991m，10cm 厚 C10 素混凝土垫层，20cm 厚 C20 钢筋混凝土底板，M10 水泥砂浆砌筑 MU10 机砖，水泥砂浆抹面，C20 钢筋混凝土井室盖板，C30 钢筋混凝土井圈，φ700 铸铁井盖，井座，含混凝土模板	座	1						

单位（专业）工程名称：市政 - 排水　　　　　　　　标段：

序号	项目编码	项目名称	项目特征	计量单位	工程量	金额/元					备注
						综合单价	合价	其中			
								人工费	机械费	暂估价	
8	040504001003	砌筑井	1100mm×1250mm 砖砌雨水落底井，井深 3.201m，10cm 厚 C10 素混凝土垫层，20cm 厚 C20 钢筋混凝土底板，M10 水泥砂浆砌筑 MU10 机砖，水泥砂浆抹面，C20 钢筋混凝土井室盖板，C30 钢筋混凝土井圈，φ700 铸铁井盖、井座，含混凝土模板	座	1						
9	040504001004	砌筑井	1100mm×1100mm 砖砌雨水流槽井，井深 2.521m，10cm 厚 C10 素混凝土垫层，20cm 厚 C20 钢筋混凝土底板，M10 水泥砂浆砌筑 MU10 机砖，水泥砂浆抹面，C20 钢筋混凝土井室盖板，C30 钢筋混凝土井圈，φ700 铸铁井盖、井座，含混凝土模板	座	1						
10	040901001001	现浇构件钢筋	光圆钢筋，条形基础	t	0.780						
11	040901001002	现浇构件钢筋	带肋钢筋，井底板	t	0.381						
12	040901002001	预制构件钢筋	带肋钢筋，井室盖板	t	0.164						
13	040901002002	预制构件钢筋	光圆钢筋，井圈	t	0.036						
			本页小计								
			合　计								

市政工程计量与计价（第四版）

表 10-8 施工技术措施项目清单与计价表

单位（专业）工程名称：市政 – 排水　　　　　　标段：　　　　　　　　　第 1 页　共 1 页

序号	项目编码	项目名称	项目特征	计量单位	工程量	金额 / 元					备注
						综合单价	合价	其中			
								人工费	机械费	暂估价	
1	041107002001	排水、降水	轻型井点降水	昼夜	17						
2	041101005001	井字架	4m 以内	座	7						
3	041106001001	大型机械设备进出场及安拆	1m³ 履带式挖掘机	台·次	1						
		本页小计									
		合　计									

表 10-9 施工组织措施项目清单与计价表

工程名称：排水　　　　　　标段：　　　　　　　　　第 1 页　共 1 页

序号	项目编码	项目名称	计算基础	费率 /%	金额 / 元	备注
1	041109001001	安全文明施工				
1.1		安全文明施工基本费				
2	041109003001	二次搬运				
3	041109005001	行车、行人干扰				
4	041109004001	冬雨季施工				
5						
6						
		合　计				

表 10-10 其他项目清单与计价汇总表

工程名称：排水　　　　　　标段：　　　　　　　　　第 1 页　共 2 页

序号	项目名称	金额 / 元	备注
1	暂列金额	0.00	
1.1	标化工地增加费	0.00	详见明细清单
1.2	优质工程增加费	0.00	详见明细清单
1.3	其他暂列金额	0.00	详见明细清单
2	暂估价	0.00	
2.1	材料（工程设备）暂估价	—	详见明细清单

序号	项目名称	金额/元	备注
2.2	专业工程暂估价	0.00	详见明细清单
3	计日工	0.00	详见明细清单
4	总承包服务费	0.00	详见明细清单
	合　计		

注：本工程无其他项目，其他项目清单包括的明细清单均为空白表格。本实例不再放入空白的明细清单表格。

10.3　排水管网工程清单计价（投标报价）实例

【例 10-4】某市中华路排水管道工程，雨水管道实施的起止井号为 Y1～Y3，污水管道实施的起止井号为 W1～W4，均不包括沿线的支管、支管井、雨水口及连接支管。当管径 $D \leqslant 400mm$ 时，采用承插式 UPVC 管、橡胶圈接口、砂基础；当管径 $D \geqslant 500mm$ 时，采用承插式钢筋混凝土管、橡胶圈接口、钢筋混凝土条形基础。雨污水检查井采用砖砌矩形或方形检查井，详见管道平面图、管道纵断面图及相关结构图（图 7.10～图 7.27）。

已知本工程沿线土质为砂性土，地下水位于地表以下 1.3～1.5m。

中华路排水管道工程招标工程量清单见表 10-4～表 10-10，根据工程施工图纸和招标工程量清单，采用一般计税法编制该排水管道工程的投标报价。

本实例中排水管道工程的施工方案与定额计价模式下编制投标报价相同，具体可见例 7-13。

【解】（1）确定中华路排水管道工程施工方案。

本实例排水管道工程的施工方案、管道基础数据、检查井基础数据，与例 7-13 相同。

（2）根据招标工程量清单中的分部分项工程量清单、工程施工图纸，结合施工方案确定分部分项清单项目的组合工作内容，计算各组合工作内容的定额工程量，并确定其套用的定额子目，见表 10-11。

（3）根据招标工程量清单中的施工技术措施项目清单、工程施工图纸，结合施工方案确定施工技术措施清单项目的组合工作内容，计算各组合工作内容的定额工程量，并确定其套用的定额子目，见表 10-12。

（4）确定人工、材料、机械单价。

本实例，人工、材料、机械单价均按《浙江省市政工程预算定额》（2018 版）计取。

（5）确定各项费率。

企业管理费、利润、各项组织措施费的费率按《浙江省建设工程计价规则》（2018版）规定的费率范围的低值计取；规费、税金按《浙江省建设工程计价规则》（2018 版）的规定计取；风险费用不计。

（6）编制投标报价（工程造价），详见表 10-13～表 10-26。

表10-11　分部分项清单项目的组合工作内容工程量计算表

序号	项目名称	清单工程量	分部分项清单项目所包含的组合工作内容			
			组合工作内容名称	组合工作内容定额工程量计算式	工程量	定额子目
1	挖沟槽土方（一、二类土，4m以内）	1305.86m³	人工挖沟槽土方（一、二类土，4m以内，辅助清底）	见表7-8	92.29	[1-14]H
			挖掘机挖土不装车（一、二类土）	见表7-8	1085.95m³	[1-68]
			挖掘机挖土并装车（一、二类土）	见表7-8	127.62m³	[1-71]
2	回填方（一、二类土，场内平衡）	1024.56m³	机械填土夯实槽坑	等于清单工程量	1024.56m³	[1-116]
3	余方弃置（运距由投标人自行考虑）	127.62m³	自卸车运土方（运距5km）	等于清单工程量	127.62m³	[1-94]+[1-95]×4
4	混凝土管（D500）	90.00m	C10素混凝土垫层	见表7-9：4.74+4.74	9.48m³	[6-292]H
			C20混凝土平基	见表7-9：3.09+3.09	6.18m³	[6-299]H
			C20混凝土管座	见表7-9：6.74+6.74	13.48m³	[6-304]H
			D500混凝土管道铺设（人工）	见表7-9：45-1.1+45-1.1	87.8m³	[6-30]
			D500承插式橡胶圈接口	见表7-9：10+10	20个口	[6-188]
			D500管道闭水试验	见表7-9：45+45	90m	[6-227]
			现浇管道混凝土垫层模板	见表7-12：0.1×（45-1.1）×2×2	17.56m²	[6-1090]
			现浇管道平基模板	见表7-12：0.08×（45-1.1）×2×2	14.05m²	[6-1141]
			现浇管座模板	见表7-12：0.208×（45-1.1）×2×2	36.52m²	[6-1143]
5	塑料管（DN400）	87.00m	砂垫层	见表7-9：4.95+5.53+5.53	16.01m³	[6-290]
			沟槽回填砂	见表7-9：40.79+45.51+45.51	131.81m³	[6-306]
			DN400 UPVC管道铺设	见表7-9：27-1.1+30-1.1+30-1.1	83.7m	[6-55]
			DN400 UPVC管橡胶圈接口	见表7-9：4+4+4	12个口	[6-209]
			DN400管道闭水试验	见表7-9：27+30+30	87m	[6-226]

续表

序号	项目名称	清单工程量	分部分项清单项目所包含的组合工作内容			
			组合工作内容名称	组合工作内容定额工程量计算式	工程量	定额子目
6	砌筑井（1100mm×1100mm砖砌污水流槽井，平均井深3.098m）	4座	C10混凝土井垫层	（2.04+2×0.1）×（2.04+2×0.1）×0.1×4	2.01m³	[6-249]H
			C20混凝土井底板	2.04×2.04×0.2×4	3.33m³	[6-250]H
			井室砌筑（矩形，M10砂浆）	2.18×1.845×4+0.35×4	17.49m³	[6-252]
			井筒砌筑（圆形，M10砂浆）	0.71×0.843×4	2.39m³	[6-251]
			井壁抹灰	（11.76×1.845+5.91×0.843）×4	106.72m²	[6-260]
			流槽抹灰	2.14×4	8.56m²	[6-262]
			C20混凝土井室盖板预制	0.197×4	0.79m³	[6-354]
			C20混凝土井室盖板安装	0.197×4	0.79m³	[6-365]
			C30混凝土井圈预制	0.182×4	0.73m³	[6-272]H
			C30混凝土井圈安装	0.182×4	0.73m³	[6-370]
			φ700铸铁井盖、井座安装	4	4套	[6-275]
			现浇井垫层模板	2.24×0.1×4×4	3.58m²	[6-1090]
			现浇井底板模板	2.04×0.2×4×4	6.53m²	[6-1141]
			预制井室盖板模板	0.179×4	0.79m³	[6-1158]
			预制井圈模板	0.182×4	0.73m³	[6-1168]
7	砌筑井（1100mm×1100mm砖砌雨水落底井，井深2.991m）	1座	C10混凝土井垫层	（2.04+2×0.1）×（2.04+2×0.1）×0.1	0.50m³	[6-249]H
			C20混凝土井底板	2.04×2.04×0.2	0.83m³	[6-250]H
			井室砌筑（矩形，M10砂浆）	2.18×2.3	5.01m³	[6-252]

（井壁抹灰行见表7-10；流槽抹灰行见表7-10；预制井圈模板行参见表7-12；井室砌筑行见表7-10）

续表

序号	项目名称	清单工程量	分部分项清单项目所包含的组合工作内容			
			组合工作内容名称	组合工作内容定额工程量计算式	工程量	定额子目
7	砌筑井（1100mm×1100mm砖砌雨水落底井，井深2.991m）	1座	井筒砌筑（圆形、M10砂浆）	0.71×0.281	0.20m³	[6-251]
			井壁抹灰	$11.76 \times 2.3 + 5.91 \times 0.281$	28.71m²	[6-260]
			C20混凝土井室盖板预制	0.197×1	0.20m³	[6-354]
			C20混凝土井室盖板安装	0.197×1 （见表 7-10）	0.20m³	[6-365]
			C30混凝土井圈预制	0.182×1	0.18m³	[6-272]H
			C30混凝土井圈安装	0.182×1	0.18m³	[6-370]
			φ700 铸铁井盖、井座安装	1	1套	[6-275]
			现浇井垫层模板	$2.24 \times 0.1 \times 4$	0.90m²	[6-1090]
			现浇井底板模板	$2.04 \times 0.2 \times 4$ （参见表 7-12）	1.63m²	[6-1141]
			预制井室盖板模板	0.197	0.20m³	[6-1158]
			预制井圈模板	0.182	0.18m³	[6-1168]
8	砌筑井（1100mm×1250mm砖砌雨水落底井，井深3.201m）	1座	C10混凝土井垫层	$(2.04+2 \times 0.1) \times (2.19+2 \times 0.1) \times 0.1$	0.54m³	[6-249]H
			C20混凝土井底板	$2.04 \times 2.19 \times 0.2$ （见表 7-10）	0.89m³	[6-250]H
			井室砌筑（矩形、M10砂浆）	$2.29 \times 2.3 - \dfrac{\pi \times 0.93^2}{4} \times 0.37$	5.02m³	[6-252]
			井筒砌筑（圆形、M10砂浆）	0.71×0.491	0.35m³	[6-251]

序号	项目名称	清单工程量	组合工作内容名称	组合工作内容定额工程量计算式	工程量	定额子目
8	砌筑井（1100mm×1250mm砖砌雨水落底井，井深3.201m）	1座	井壁抹灰	12.36×2.3+5.91×0.491	31.33m²	[6-260]
			C20混凝土井室盖板预制	0.224×1	0.22m³	[6-354]
			C20混凝土井室盖板安装	0.224×1	0.22m³	[6-365]
			C30混凝土井圈预制	0.182×1 （见表7-10）	0.18m³	[6-272]H
			C30混凝土井圈安装	0.182×1	0.18m³	[6-370]
			φ700铸铁井盖、井座安装	1	1套	[6-275]
9	砌筑井（1100mm×1100mm砖砌雨水流槽井，井深2.521m）	1座	现浇井垫层模板	2.24×0.1×2+2.39×0.1×2	0.93m²	[6-1090]
			现浇井底板模板	2.04×0.2×2+2.19×0.2×2	1.69m²	[6-1141]
			预制井室盖板模板	0.22 （参见表7-12）	0.22m³	[6-1158]
			预制井圈模板	0.182	0.18m³	[6-1168]
			C10混凝土井垫层	$(2.04+2×0.1)×(2.04+2×0.1)×0.1$	0.50m³	[6-249]H
			C20混凝土井底板	2.04×2.04×0.2 （见表7-10）	0.83m³	[6-250]H
			井室砌筑（矩形、M10砂浆）	2.18×1.875+0.35	4.44m³	[6-252]
			井筒砌筑（圆形、M10砂浆）	0.71×0.236	0.17m³	[6-251]
			井壁抹灰	11.76×1.875+5.91×0.236	23.44m³	[6-260]
			流槽抹灰	2.14×1	2.14m³	[6-262]

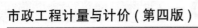

市政工程计量与计价（第四版）

续表

序号	项目名称	清单工程量	分部分项清单项目所包含的组合工作内容			
			组合工作内容名称	组合工作内容定额工程量计算式	工程量	定额子目
9	砌筑井（1100mm×1100mm 砖砌雨水流槽井，井深2.521m）	1座	C20混凝土井室盖板预制	0.197×1	0.20m³	[6-354]
			C20混凝土井室盖板安装	0.197×1	0.20m³	[6-365]
			C30混凝土井圈预制	0.182×1	0.18m³	[6-272]H
			C30混凝土井圈安装	0.182×1	0.18m³	[6-370]
			φ700铸铁井盖、井座安装	1	1套	[6-275]
			现浇井垫层模板	2.24×0.1×4	0.90m²	[6-1090]
			现浇井底板模板	2.04×0.2×4	1.63m²	[6-1141]
			预制井室盖板模板	0.197	0.20m³	[6-1158]
			预制井圈模板	0.182	0.18m³	[6-1168]
10	现浇构件钢筋（光圆钢筋）	0.780t	现浇构件钢筋，光圆钢筋（混凝土条形基础）	等于清单工程量	0.780t	[1-268]
11	现浇构件钢筋（带肋钢筋）	0.381t	现浇构件钢筋，带肋钢筋（井底板）	等于清单工程量	0.381t	[1-269]
12	预制构件钢筋（光圆钢筋）	0.036t	预制构件钢筋，光圆钢筋（井圈）	等于清单工程量	0.036t	[1-268]
13	预制构件钢筋（带肋钢筋）	0.164t	预制构件钢筋，带肋钢筋（井室盖板）	等于清单工程量	0.164t	[1-269]

注：见表7-10

表 10-12　施工技术措施清单项目的组合工作内容工程量计算表

序号	项目名称	清单工程量	施工技术措施清单项目所包含的组合工作内容			
			组合工作内容名称	组合工作内容定额工程量计算式	工程量	定额子目
1	排水、降水（轻型井点降水）	17 昼夜	轻型井点井点管安装	见表 7-12：（27+30+30+20）÷1.2+（45+45+20）÷1.2	183 根	[1-518]
			轻型井点井点管拆除	（27+30+30+20）÷1.2+（45+45+20）÷1.2	183 根	[1-519]
			井点使用	2×7+2×10	34 套·天	[1-520]
2	井字架（4m 以内）	7 座	钢管井字架（4m 以内）	根据施工方案确定	7	[6-1172]
3	大型机械设备进出场及安拆（1m³ 履带式挖掘机）	1 台·次	1m³ 挖掘机进出场	根据施工方案确定	1	[3001]

表 10-13　投标报价封面

某 市 中 华 路 排 水 管 道 工 程

投 标 报 价

投 标 人：＿＿＿＿＿＿＿＿＿＿＿＿＿＿＿＿＿＿＿＿

（单位盖章）

日期：　　年　　月　　日

表 10-14　投标报价扉页

投 标 报 价

招 标 人：＿＿＿＿＿＿＿＿＿＿＿＿＿＿＿＿＿＿＿＿＿＿

工程名称：　某市中华路排水管道工程

投标总价（小写）：　234982.00 元

　　　　（大写）：　贰拾叁万肆仟玖佰捌拾贰元整

投 标 人：＿＿＿＿＿＿＿＿＿＿＿＿＿＿＿＿＿＿＿＿＿＿

　　　　　　　　　　　　　　　　　（单位盖章）

法定代表人
或其授权人：＿＿＿＿＿＿＿＿＿＿＿＿＿＿＿＿＿＿＿＿＿＿

　　　　　　　　　　　　　　　　　（签字盖章）

编 制 人：＿＿＿＿＿＿＿＿＿＿＿＿＿＿＿＿＿＿＿＿＿＿

　　　　　　　　　　　　　　　（造价人员签字盖章）

复 核 人：＿＿＿＿＿＿＿＿＿＿＿＿＿＿＿＿＿＿＿＿＿＿

　　　　　　　　　　　　　　（造价工程师签字盖章）

编制日期：＿＿＿＿＿＿＿＿＿

表 10-15　投标报价编制说明

工程名称：某市中华路排水管道工程　　　　　　　　　　　　　　　　　第 1 页　共 1 页

一、工程概况

某市中华路排水管道工程雨水管道实施的起讫井号为 Y1 ～ Y3，污水管道实施的起讫井号为 W1 ～ W4，均不包括沿线的支管、支管井、雨水口及连接管。当管径 $D \leqslant 400mm$ 时，采用承插式 UPVC 管、砂基础；当管径 $D \geqslant 500mm$ 时，采用承插式钢筋混凝土管、钢筋混凝土条形基础。雨污水均采用砖砌矩形或方形检查井。

工程沿线土质为砂性土，地下水位于地表以下 1.3 ～ 1.5m。

二、施工方案

1.本工程土质为砂性土，地下水位高于沟槽底标高，考虑采用轻型井点降水，在雨水、污水管道沟槽一侧设置单排井点，井点管间距为 1.2m，井点管布设长度超出沟槽两端各 10m。

2.沟槽挖方采用挖掘机在槽边作业、放坡开挖，边坡根据土质情况确定为 1∶0.5；距离槽底 30cm 的土方用人工辅助清底。W1 ～ W4 三段管道一起开挖，Y1 ～ Y3 两段管道一起开挖，先施工污水管道，再施工雨水管道。

3.沟槽所挖土方就近用于沟槽回填，多余的土方直接装车用自卸车外运，运距为 5km。

4.管道均采用人工下管。

5.混凝土采用非泵送商品混凝土。

6.钢筋混凝土条形基础、井底板混凝土施工时采用钢模，其他部位混凝土施工时采用木模或复合木模。

7.检查井砌筑砂浆及抹灰砂浆均采用干混砂浆。

8.检查井施工时均搭设钢管井字架。检查井砌筑、抹灰时不考虑脚手架。

9.配备 1m³ 以内履带式挖掘机 1 台。

三、人工、材料、机械单价的取定

人工、材料、机械单价均按《浙江省市政工程预算定额》（2018 版）计取。

四、费率的取定

企业管理费、利润、各项组织措施费的费率按《浙江省建设工程计价规则》（2018 版）及浙江省有关规定的费率范围的低值计取；规费、税金按《浙江省建设工程计价规则》（2018 版）的规定计取；风险费用不计。

五、编制依据

1.《浙江省市政工程预算定额》（2018 版）。

2.《浙江省建设工程计价规则》（2018 版）。

3.某市中华路排水管道工程招标工程量清单及工程施工图纸。

表 10-16　投标报价费用表

工程名称：某市中华路排水管道工程　　　　　　　　　　　　　　　　　　　　　第 1 页　共 1 页

序号	工程名称	金额/元	其中/元				备注
			暂估价	安全文明施工基本费	规费	税金	
1	市政	234982.04		6608.45	16176.03	19402.19	
1.1	排水	234982.04		6608.45	16176.03	19402.19	
合　计		234982①		6608.45	16176.03	19402.19	

① 该表格是计价软件自动生成的表格，计价软件自动将合计金额取整。

表 10-17　单位工程投标报价费用表

单位（专业）工程名称：市政 – 排水　　　　　　　　标段：　　　　　　　　　　第 1 页　共 1 页

序号	费用名称		计算公式	金额/元	备注
1	分部分项工程费		$\sum$（分部分项工程量 × 综合单价）	121225.98	
1.1	其中	人工费 + 机械费	$\sum$分部分项（人工费 + 机械费）	38314.08	
2	措施项目费		（2.1+2.2）	78177.84	
2.1	施工技术措施项目费		$\sum$（技措项目工程量 × 综合单价）	70016.50	
2.1.1	其中	人工费 + 机械费	$\sum$技措项目（人工费 + 机械费）	47958.08	
2.2	施工组织措施项目费		（1.1+2.1.1）× 9.46%	8161.34	
2.2.1	其中	安全文明施工基本费	（1.1+2.1.1）× 7.66%	6608.45	
3	其他项目费		（3.1+3.2+3.3+3.4）		
3.1	暂列金额		3.1.1+3.1.2+3.1.3		
3.1.1	其中	标化工地增加费	按招标文件规定额度列计		
3.1.2		优质工程增加费	按招标文件规定额度列计		
3.1.3		其他暂列金额	按招标文件规定额度列计		
3.2	暂估价		3.2.1+3.2.2+3.2.3		
3.2.1	其中	材料（工程设备）暂估价	按招标文件规定额度列计（或计入综合单价）		
3.2.2		专业工程暂估价	按招标文件规定额度列计		
3.2.3		专项技术措施暂估价	按招标文件规定额度列计		
3.3	计日工		$\sum$计日工（暂估数量 × 综合单价）		
3.4	施工总承包服务费		3.4.1+3.4.2		
3.4.1	其中	专业发包工程管理费	$\sum$专业发包工程（暂估金额 × 费率）		
3.4.2		甲供材料设备管理费	甲供材料暂估金额 × 费率+甲供设备暂估金额 × 费率		
4	规费		（1.1+2.1.1）× 18.75%	16176.03	
5	税金		（1+2+3+4）× 9%	19402.19	
投标报价合计			1+2+3+4+5	234982.04	

表 10-18 分部分项工程量清单与计价表

单位（专业）工程名称：市政－排水　　　标段：　　　　　　　　　　　　　　　　　　　　　　

序号	项目编码	项目名称	项目特征	计量单位	工程量	金额/元		其中			备注
						综合单价	合价	人工费	机械费	暂估价	
1	040101002001	挖沟槽土方	一、二类土，挖深4m以内	m³	1305.86	4.68	6111.42	2925.13	2154.67		
2	040103001001	回填方	一、二类土，场内平衡	m³	1024.56	12.68	12991.42	8483.36	2315.51		
3	040103002001	余方弃置	运距由投标人自行考虑	m³	127.62	14.28	1822.41		1514.85		
4	040501001001	混凝土管	D500，10cm厚C10素混凝土垫层，C20钢筋混凝土条形基础，承插式橡胶圈接口，闭水试验，含混凝土模板	m	90.00	275.04	24753.60	4582.80	123.30		
5	040501004001	塑料管	DN400，砂基础，承插式橡胶圈接口，闭水试验	m	87.00	397.62	34592.94	4994.67	98.31		
6	040504001001	砌筑井	1100mm×1100mm砖砌污水流槽井，平均井深3.098m，10cm厚C10素混凝土垫层，20cm厚C20钢筋混凝土底板，M10水泥砂浆砌MU10机砖，水泥砂浆抹面，C20钢筋混凝土井圈、φ700铸铁井盖，井座，含混凝土模板	座	4	4825.14	19300.56	5269.92	331.44		
7	040504001002	砌筑井	1100mm×1100mm砖砌雨水落底井，井深2.991m，10cm厚C10素混凝土垫层，20cm厚C20钢筋混凝土底板，M10水泥砂浆砌MU10机砖，水泥砂浆抹面，C30混凝土井圈，C20钢筋混凝土井圈、φ700铸铁井盖，井座，含混凝土模板	座	1	4902.11	4902.11	1330.98	83.42		
8	040504001003	砌筑井	1100mm×1250mm砖砌雨水落底井，井深3.201m，10cm厚C10素混凝土垫层，20cm厚C20钢筋混凝土底板，M10水泥砂浆砌MU10机砖，水泥砂浆抹面，C30混凝土井圈，C20钢筋混凝土井圈、φ700铸铁井盖，井座，含混凝土模板	座	1	5125.23	5125.23	1413.74	88.24		

单位（专业）工程名称：市政－排水　　　　标段：　　　　

序号	项目编码	项目名称	项目特征	计量单位	工程量	综合单价	合价	人工费	机械费	暂估价	备注
9	040504001004	砌筑井	1100mm×1100mm 砖砌雨水流槽井，井深 2.521m，10cm 厚 C10 素混凝土垫层，20cm 厚 C20 钢筋混凝土底板，M10 水泥砂浆砌 MU10 机砖，水泥砂浆抹面，C20 钢筋混凝土井室盖板，C30 钢筋混凝土井圈，φ700 铸铁井盖、井座，含混凝土模板	座	1	4532.60	4532.60	1211.88	75.98		
10	040901001001	现浇构件钢筋	光圆钢筋，条形基础	t	0.780	5441.48	4244.35	833.98	31.81		
11	040901001002	现浇构件钢筋	带肋钢筋，井底板	t	0.381	4868.72	1854.98	276.93	9.79		
12	040901002001	预制构件钢筋	带肋钢筋，井室盖板	t	0.164	4868.72	798.47	119.20	4.21		
13	040901002002	预制构件钢筋	光圆钢筋，井圈	t	0.036	5441.48	195.89	38.49	1.47		
		合　计					121225.98	31481.08	6833.00		

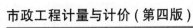

市政工程计量与计价（第四版）

表10-19 分部分项清单项目综合单价计算表

单位（专业）工程名称：市政-排水

标段：

清单序号	项目编码	项目名称	计量单位	数量	综合单价/元						合计/元
					人工费	材料（设备）费	机械费	管理费	利润	小计	
1	040101002001	挖沟槽土方	m³	1305.86	2.24		1.65	0.50	0.29	4.68	6111.42
	[1-14]H	人工辅助挖沟槽、基坑土方、一、二类土，深度4m以内	100m³	0.9229	2690.63			343.86	201.53	3236.02	2986.52
	[1-68]	挖掘机挖土、不装车、一、二类土	1000m³	1.08595	360.00		1669.04	259.31	151.98	2440.33	2650.08
	[1-71]	挖掘机挖土、装车、一、二类土	1000m³	0.12762	360.00		2723.44	394.06	230.95	3708.45	473.27
2	040103001001	回填方	m³	1024.56	8.28		2.26	1.35	0.79	12.68	12991.42
	[1-116]	机械、填土夯实槽、坑	100m³	10.2456	828.00		226.07	134.71	78.95	1267.73	12988.65
3	040103002001	余方弃置	m³	127.62			11.87	1.52	0.89	14.28	1822.41
	[1-94]+[1-95]×4	自卸汽车运方、运距5km	1000m³	0.12762			11867.06	1516.61	888.84	14272.51	1821.46
4	040501001001	混凝土管	m	90.00	50.92	212.15	1.37	6.68	3.92	275.04	24753.60
	[6-292]H	渠（管）道垫层、混凝土、C10非泵送商品混凝土	10m³	0.948	302.94	59.76	15.00	40.63	23.81	442.14	419.15
	[6-299]H	混凝土平基混凝土、C20非泵送商品混凝土	10m³	0.618	464.94	4236.17	7.92	60.43	35.42	4804.88	2969.42
	[6-304]H	混凝土管座、C20非泵送商品混凝土	10m³	1.348	370.98	4336.44	7.92	48.42	28.38	4792.14	6459.80
	[6-30]	混凝土管道铺设、承插式、人工下管、管径500mm以内	100m	0.878	1466.10	10403.00		187.37	109.81	12166.28	10681.99

单位（专业）工程名称：市政－排水

标段：

清单序号	项目编码	项目名称	计量单位	数量	综合单价/元						合计/元
					人工费	材料（设备）费	机械费	管理费	利润	小计	
	[6−188]	承插接口，混凝土管胶圈（承插）接口，管径500mm以内	10个口	2	132.03	66.74		16.87	9.89	225.53	451.06
	[6−227]	管道闭水试验，管径500mm以内	100m	0.9	184.41	195.86	0.58	23.64	13.86	418.35	376.52
	[6−1090]	现浇混凝土模板，混凝土基础垫层木模	100m²	0.1756	995.09	1525.82	41.94	132.53	77.67	2773.05	486.95
	[6−1141]	现浇混凝土模板，管、渠道平基钢模	100m²	0.1405	2205.23	1700.74	169.90	303.54	177.90	4557.31	640.30
	[6−1143]	现浇混凝土模板，管、渠道混凝土模座钢模	100m²	0.3652	3576.42	1705.10	169.90	478.78	280.60	6210.80	2268.18
5	040501004001	塑料管	m	87.00	57.41	327.22	1.13	7.48	4.38	397.62	34592.94
	[6−290]	渠（管）道垫层，砂	10m³	1.601	380.70	1574.31	22.66	51.55	30.21	2059.43	3297.15
	[6−306]	沟槽回填，黄砂	10m³	13.181	281.07	1551.63	4.71	36.52	21.40	1895.33	24982.34
	[6−55]	塑料排水管管铺设，管径DN400mm以内	100m	0.837	489.24	6429.30		62.52	36.64	7017.70	5873.81
	[6−209]	承插式橡胶圈接口，管径DN400mm以内	10个口	1.2	127.98	5.51		16.36	9.59	159.44	191.33
	[6−226]	管道闭水试验，DN400mm以内	100m	0.8700	134.60	124.07	0.39	17.25	10.11	286.42	249.19
6	040504001001	砌筑井	座	4	1317.48	3140.96	82.86	178.96	104.88	4825.14	19300.56
	[6−249]H	井、垫层混凝土，C10非泵送商品混凝土	10m³	0.201	619.25	71.33	7.54	80.10	46.95	825.17	165.86
	[6−250]H	井、底板混凝土，C20非泵送商品混凝土	10m³	0.333	660.42	4234.83	9.04	85.56	50.14	5039.99	1678.32

单位（专业）工程名称：市政－排水　　标段：

清单序号	项目编码	项目名称	计量单位	数量	综合单价/元						合计/元
					人工费	材料（设备）费	机械费	管理费	利润	小计	
	[6-252]	井砌筑，砖砌矩形	10m³	1.749	885.47	3094.55	81.88	123.63	72.45	4257.98	7447.21
	[6-251]	井砌筑，砖砌圆形	10m³	0.239	1175.31	3385.95	115.23	164.93	96.66	4938.08	1180.20
	[6-260]	砖墙，抹灰井壁	100m²	1.0672	1874.21	983.13	77.54	249.43	146.19	3330.50	3554.31
	[6-262]	砖墙，抹灰流槽	100m²	0.0856	1573.16	983.13	77.54	210.96	123.64	2968.43	254.10
	[6-354]	钢筋混凝土盖板，预制井室盖板，C20非泵送商品混凝土	10m³	0.079	1239.44	4375.67	7.89	159.41	93.43	5875.84	464.19
	[6-365]	井室盖板安装，矩形盖板（单块体积0.3m³以内）	10m³	0.079	1203.93	524.77	298.47	192.01	112.53	2331.71	184.21
	[6-272]H	井圈制作，C30非泵送商品混凝土	10m³	0.073	813.11	4544.05	7.50	104.87	61.46	5530.99	403.76
	[6-370]	安装预制混凝土过梁（检查井过梁）（体积0.5m³以内）	10m³	0.073	1572.08	749.05	302.95	239.63	140.44	3004.15	219.30
	[6-275]	检查井盖铸铁井盖安装	10套	0.4	398.79	6585.35		50.97	29.87	7064.98	2825.99
	[6-1090]	现浇混凝土模板，井基础垫层木模	100m²	0.0358	995.09	1525.82	41.94	132.53	77.67	2773.05	99.28
	[6-1141]	现浇混凝土模板，井底板钢模	100m²	0.0653	2205.23	1700.74	169.90	303.54	177.90	4557.31	297.59
	[6-1158]	预制混凝土模板，井室盖板-矩形混凝土盖板木模	10m³	0.079	1094.18	586.79	81.43	150.24	88.05	2000.69	158.05
	[6-1168]	预制混凝土模板，井圈木模	10m³	0.073	2307.02	2255.23	12.03	296.37	173.70	5044.35	368.24
7	040504001002	砌筑井	座	1	1330.98	3201.01	83.42	180.76	105.94	4902.11	4902.11

单位（专业）工程名称：市政－排水

标段：

清单序号	项目编码	项目名称	计量单位	数量	综合单价/元						合计/元
					人工费	材料（设备）费	机械费	管理费	利润	小计	
	[6-249]H	井，垫层混凝土，C10非泵送商品混凝土	10m³	0.05	619.25	71.33	7.54	80.10	46.95	825.17	41.26
	[6-250]H	井，底板送商品混凝土，C20非泵送商品混凝土	10m³	0.083	660.42	4234.83	9.04	85.56	50.14	5039.99	418.32
	[6-252]	井砌筑，砖砌矩形	10m³	0.501	885.47	3094.55	81.88	123.63	72.45	4257.98	2133.25
	[6-251]	井砌筑，砖砌圆形	10m³	0.020	1175.31	3385.95	115.23	164.93	96.66	4938.08	98.76
	[6-260]	砖墙，抹灰井壁	100m²	0.2871	1874.21	983.13	77.54	249.43	146.19	3330.50	956.19
	[6-354]	钢筋混凝土盖板预制，井室盖板，C20非泵送商品混凝土	10m³	0.020	1239.44	4375.67	7.89	159.41	93.43	5875.84	117.52
	[6-365]	井室盖板安装，矩形盖板（单块体积0.3m³以内）	10m³	0.020	1203.93	524.77	298.47	192.01	112.53	2331.71	46.63
	[6-272]H	井圈制作，C30非泵送商品混凝土	10m³	0.018	813.11	4544.05	7.50	104.87	61.46	5530.99	99.56
	[6-370]	井圈（检查井过梁）安装（体积0.5m³以内）	10m³	0.018	1572.08	749.05	302.95	239.63	140.44	3004.15	54.07
	[6-275]	检查井盖铸铁井盖安装	10套	0.1	398.79	6585.35		50.97	29.87	7064.98	706.50
	[6-1090]	现浇混凝土模板，井基础垫层木模	100m²	0.0090	995.09	1525.82	41.94	132.53	77.67	2773.05	24.96
	[6-1141]	现浇混凝土模板，井底板板钢模	100m²	0.0163	2205.23	1700.74	169.90	303.54	177.90	4557.31	74.28
	[6-1158]	预制混凝土模板，井室盖板－矩形板复合木模	10m³	0.020	1094.18	586.79	81.43	150.24	88.05	2000.69	40.01

单位（专业）工程名称：市政 - 排水　　标段：

清单序号	项目编码	项目名称	计量单位	数量	综合单价/元						合计/元
					人工费	材料（设备）费	机械费	管理费	利润	小计	
8	[6-1168]	预制混凝土模板，井圈木模	10m³	0.018	2307.02	2255.23	12.03	296.37	173.70	5044.35	90.80
	040504001003	砌筑井	座	1	1413.74	3318.80	88.24	191.95	112.50	5125.23	5125.23
	[6-249]H	井，垫层混凝土，C10非泵送商品混凝土	10m³	0.054	619.25	71.33	7.54	80.10	46.95	825.17	44.56
	[6-250]H	井，底板混凝土，C20非泵送商品混凝土	10m³	0.089	660.42	4234.83	9.04	85.56	50.14	5039.99	448.56
	[6-252]	井砌筑，砖砌矩形	10m³	0.502	885.47	3094.55	81.88	123.63	72.45	4257.98	2137.51
	[6-251]	井砌筑，砖砌圆形	10m³	0.035	1175.31	3385.95	115.23	164.93	96.66	4938.08	172.83
	[6-260]	砖墙，抹灰井壁	100m²	0.3133	1874.21	983.13	77.54	249.43	146.19	3330.50	1043.45
	[6-354]	钢筋混凝土盖板预制，井室盖板，C20非泵送商品混凝土	10m³	0.022	1239.44	4375.67	7.89	159.41	93.43	5875.84	129.27
	[6-365]	井室盖板安装，矩形盖板（单块体积0.3m³以内）	10m³	0.022	1203.93	524.77	298.47	192.01	112.53	2331.71	51.30
	[6-272]H	井圈制作，C30非泵送商品混凝土	10m³	0.018	813.11	4544.05	7.50	104.87	61.46	5530.99	99.56
	[6-370]	井圈（检查井过梁）安装（体积0.5m³以内）	10m³	0.018	1572.08	749.05	302.95	239.63	140.44	3004.15	54.07
	[6-275]	检查井盖铸铁井盖安装	10套	0.1	398.79	6585.35		50.97	29.87	7064.98	706.50
	[6-1090]	现浇混凝土模板，井基础垫层木模	100m²	0.0093	995.09	1525.82	41.94	132.53	77.67	2773.05	25.79
	[6-1141]	现浇混凝土模板，井底板钢模	100m²	0.0169	2205.23	1700.74	169.90	303.54	177.90	4557.31	77.02

标段：

单位（专业）工程名称：市政－排水

清单序号	项目编码	项目名称	计量单位	数量	综合单价/元						合计/元
					人工费	材料（设备）费	机械费	管理费	利润	小计	
	[6-1158]	预制混凝土模板，井室盖板－矩形板复合木模	10m³	0.022	1094.18	586.79	81.43	150.24	88.05	2000.69	44.02
	[6-1168]	预制混凝土模板，井圈木模	10m³	0.018	2307.02	2255.23	12.03	296.37	173.70	5044.35	90.80
9	040504001004	砌筑井	座	1	1211.88	2983.69	75.98	164.59	96.46	4532.60	4532.60
	[6-249]H	井，垫层混凝土，C10 非泵送商品混凝土	10m³	0.050	619.25	71.33	7.54	80.10	46.95	825.17	41.26
	[6-250]H	井，底板混凝土，C20 非泵送商品混凝土	10m³	0.083	660.42	4234.83	9.04	85.56	50.14	5039.99	418.32
	[6-252]	井砌筑，砖砌矩形	10m³	0.444	885.47	3094.55	81.88	123.63	72.45	4257.98	1890.54
	[6-251]	井砌筑，砖砌圆形	10m³	0.017	1175.31	3385.95	115.23	164.93	96.66	4938.08	83.95
	[6-260]	砖墙，抹灰井壁	100m²	0.2344	1874.21	983.13	77.54	249.43	146.19	3330.50	780.67
	[6-262]	砖墙，抹灰流槽	100m²	0.0214	1573.16	983.13	77.54	210.96	123.64	2968.43	63.52
	[6-354]	钢筋混凝土盖板预制，井室盖板，C20 非泵送商品混凝土	10m³	0.020	1239.44	4375.67	7.89	159.41	93.43	5875.84	117.52
	[6-365]	盖板安装，矩形盖板－单块体积 0.3m³ 以内	10m³	0.020	1203.93	524.77	298.47	192.01	112.53	2331.71	46.63
	[6-272]H	井圈制作，C30 非泵送商品混凝土	10m³	0.018	813.11	4544.05	7.50	104.87	61.46	5530.99	99.56
	[6-370]	井圈（检查井）安装（体积 0.5m³ 以内）	10m³	0.018	1572.08	749.05	302.95	239.63	140.44	3004.15	54.07
	[6-275]	检查井盖铸铁井盖安装	10套	0.1	398.79	6585.35		50.97	29.87	7064.98	706.50

标段：

单位（专业）工程名称：市政－排水

清单序号	项目编码	项目名称	计量单位	数量	人工费	材料（设备）费	机械费	管理费	利润	小计	合计/元
					综合单价/元						
	[6-1090]	现浇混凝土模板，井基础垫层木模	100m²	0.009	995.09	1525.82	41.94	132.53	77.67	2773.05	24.96
	[6-1141]	现浇混凝土模板，井底板钢模	100m²	0.0163	2205.23	1700.74	169.90	303.54	177.90	4557.31	74.28
	[6-1158]	预制混凝土模板，井室盖板－矩形板复合木模	10m³	0.020	1094.18	586.79	81.43	150.24	88.05	2000.69	40.01
	[6-1168]	预制混凝土模板，井圈木模	10m³	0.018	2307.02	2255.23	12.03	296.37	173.70	5044.35	90.80
10	040901001001	现浇构件钢筋	t	0.780	1069.20	4106.50	40.78	141.86	83.14	5441.48	4244.35
	[1-268]	普通钢筋制作、安装 光圆钢筋	t	0.780	1069.20	4106.50	40.78	141.86	83.14	5441.48	4244.35
11	040901001002	现浇构件钢筋	t	0.381	726.84	3963.66	25.69	96.17	56.36	4868.72	1854.98
	[1-269]	普通钢筋制作、安装 带肋钢筋	t	0.381	726.84	3963.66	25.69	96.17	56.36	4868.72	1854.98
12	040901002001	预制构件钢筋	t	0.164	726.84	3963.66	25.69	96.17	56.36	4868.72	798.47
	[1-269]	普通钢筋制作、安装 带肋钢筋	t	0.164	726.84	3963.66	25.69	96.17	56.36	4868.72	798.47
13	040901002002	预制构件钢筋	t	0.036	1069.20	4106.50	40.78	141.86	83.14	5441.48	195.89
	[1-268]	普通钢筋制作、安装 光圆钢筋	t	0.036	1069.20	4106.50	40.78	141.86	83.14	5441.48	195.89
		合　计									121225.98

单位（专业）工程名称：市政－排水

表 10-20 施工技术措施项目清单与计价表

标段：

序号	项目编码	项目名称	项目特征	计量单位	工程量	金额/元					备注
						综合单价	合价	其中			
								人工费	机械费	暂估价	
1	041107002001	排水、降水	轻型井点降水	昼夜	17	3827.67	65070.39	24871.51	19995.91		
2	041101005001	井字架	4m 以内	座	7	178.39	1248.73	1007.37			
3	041106001001	大型机械设备进出场及安拆	1m³ 履带式挖掘机	台·次	1	3697.38	3697.38	540.00	1543.29		
	本页小计						70016.50	26418.88	21539.20		
	合 计						70016.50	26418.88	21539.20		

单位（专业）工程名称：市政 - 排水   标段：

表 10-21　施工技术措施清单项目综合单价计算表

清单序号	项目编码	清单项目名称	计量单位	数量	综合单价 / 元						合计 / 元
					人工费	材料（设备）费	机械费	管理费	利润	小计	
1	041107002001	排水、降水	昼夜	17	1463.03	653.43	1176.23	337.30	197.68	3827.67	65070.39
	[1-518]	轻型井点安装	10 根	18.3	402.44	560.73	226.37	80.36	47.10	1317.00	24101.10
	[1-519]	轻型井点拆除	10 根	18.3	279.45		502.95	99.99	58.60	940.99	17220.12
	[1-520]	轻型井点使用	套·天	34	364.50	24.91	195.57	71.58	41.95	698.51	23749.34
2	041101005001	井字架	座	7	143.91	5.31		18.39	10.78	178.39	1248.73
	[6-1172]	钢管井字架，井深 4m 以内	座	7	143.91	5.31		18.39	10.78	178.39	1248.73
3	041106001001	大型机械设备进出场及安拆	台·次	1	540.00	1191.81	1543.29	266.24	156.04	3697.38	3697.38
	[3001]	履带式挖掘机 1m³ 以内	台·次	1	540.00	1191.81	1543.29	266.24	156.04	3697.38	3697.38
		合　计									70016.50

表 10-22　施工组织措施项目清单与计价表

工程名称：排水　　　　　　　　　　　　标段：　　　　　　　　　　　第 1 页　共 1 页

序号	项目编号	项目名称	计算基础	费率 /%	金额 / 元	备注
1	041109001001	安全文明施工费			6608.45	
1.1		安全文明施工基本费	人工费 + 机械费	7.66	6608.45	
2	Z04110900801	提前竣工增加费	人工费 + 机械费			
3	041109003001	二次搬运费	人工费 + 机械费	0.38	327.83	
4	041109004001	冬雨季施工增加费	人工费 + 机械费	0.07	60.39	
5	041109005001	行车、行人干扰增加费	人工费 + 机械费	1.35	1164.67	
6		其他施工组织措施费	按相关规定计算			
		合　计			8161.34	

表 10-23　其他项目清单与计价汇总表

工程名称：排水　　　　　　　　　　　　标段：　　　　　　　　　　　第 1 页　共 1 页

序号	项目名称	金额 / 元	备注
1	暂列金额		
1.1	标化工地增加费		
1.2	优质工程增加费		
1.3	其他暂列金额		
2	暂估价		
2.1	材料（工程设备）暂估价		
2.2	专业工程暂估价		
2.3	专项技术措施暂估价		
3	计日工		
4	总承包服务费		
	合　计	0.00	

注：本工程无其他项目，其他项目清单包括的明细清单中金额均为 0.00。本实例不再放入相应的明细清单。

表 10-24　主要工日一览表

工程名称：排水　　　　　　　　　　　　标段：　　　　　　　　　　　第 1 页　共 1 页

序号	工日名称（类别）	单位	数量	单价 / 元	合价 / 元	备注
1	一类人工	工日	91.228	125.00	11403.50	
2	二类人工	工日	344.374	135.00	46490.49	

表 10-25　主要材料和工程设备一览表

工程名称：排水　　　　　　　　　标段：　　　　　　　　　　第 1 页　共 1 页

序号	名称、规格、型号	单位	数量	单价/元	合价/元	备注
1	热轧带肋钢筋 HRB400 综合	t	0.556	3849.00	2140.04	
2	热轧光圆钢筋综合	t	0.833	3966.00	3303.68	
3	黄砂毛砂	t	261.658	87.38	22863.68	
4	黄砂净砂	t	86.376	92.23	7966.46	
5	混凝土实心砖 240mm×115mm×53mm MU10	千块	19.193	388.00	7446.88	
6	C20 非泵送商品混凝土	m³	27.219	412.00	11214.23	
7	UPVC 双壁波纹排水管 *DN*400	m	84.956	63.22	5370.92	
8	钢筋混凝土承插管 φ500mm×4000mm	m	88.678	103.00	9133.83	

表 10-26　主要机械台班一览表

工程名称：排水　　　　　　　　　标段：　　　　　　　　　　第 1 页　共 2 页

序号	机械名称、规格、型号	单位	数量	单价/元	合价/元	备注
1	履带式推土机 105kW	台班	0.305	805.31	245.62	
2	履带式单斗液压挖掘机 1m³	台班	2.572	923.97	2376.45	
3	电动夯实机 250N·m	台班	83.041	28.33	2352.55	
4	履带式起重机 5t	台班	19.215	479.00	9203.99	
5	汽车式起重机 8t	台班	0.186	653.15	121.49	
6	载货汽车 5t	台班	0.198	383.97	76.03	
7	载货汽车 8t	台班	0.013	413.12	5.37	
8	自卸汽车 15t	台班	1.895	799.29	1514.65	
9	平板拖车组 40t	台班	1.000	1081.30	1081.30	
10	机动翻斗车 1t	台班	1.836	198.00	363.53	
11	干混砂浆罐式搅拌机 20000L	台班	0.481	194.56	93.58	
12	钢筋调直机 14mm	台班	0.119	38.55	4.59	
13	钢筋切断机 40mm	台班	0.138	43.64	6.02	
14	钢筋弯曲机 40mm	台班	0.389	26.71	10.39	
15	木工圆锯机 500mm	台班	0.079	27.68	2.19	
16	木工压刨床单面 600mm	台班	0.027	31.60	0.85	
17	电动多级离心清水泵 φ150（*h*≤180m）	台班	10.431	283.96	2961.99	
18	污水泵 100mm	台班	10.431	113.18	1180.58	
19	射流井点泵 9.50m	台班	102.000	65.19	6649.38	
20	直流弧焊机 32kW	台班	0.270	97.59	26.35	
21	混凝土振捣器平板式	台班	7.321	12.73	93.20	

工程名称：排水　　　　　　　　　　　标段：　　　　　　　　　　第2页　共2页

序号	机械名称、规格、型号	单位	数量	单价/元	合价/元	备注
22	混凝土振捣器插入式	台班	1.871	4.68	8.76	

思考题与习题

一、简答题

1.《市政工程工程量计算规范》（GB 50857—2013）中，管网工程主要列了哪些清单项目？

2."混凝土管"清单项目与定额子目的工程量计算规则相同吗？

3."混凝土管"清单项目通常包括哪些组合工作内容？

4.混凝土管的混凝土基础施工时，模板的安拆费否包含在"混凝土管"清单项目中？编制工程量清单时，如何处理其模板？

5."塑料管"清单项目通常包括哪些组合工作内容？

6."砌筑井"清单项目通常包括哪些组合工作内容？

7.砌筑井的混凝土基础底板、垫层施工时，模板的安拆费否包含在"砌筑井"清单项目中？编制工程量清单时，如何处理其模板？

8."砌筑井"清单项目是否包括检查井施工时搭设的脚手架、井字架？

二、计算题

某段雨水管道平面图、基础图如图10.4所示，试确定"管道铺设"清单项目及项目编码、计算各清单项目工程量，并确定其组合工作内容、计算其定额工程量。

D	D_1	D_2	H_1	B_1	h_1	h_2	h_3	C20混凝土/(m³/m)
200	260	365	30	465	60	86	47	0.07
300	380	510	40	610	70	129	54	0.11
400	490	640	45	740	80	167	60	0.17
500	610	780	55	880	80	208	66	0.22
600	720	910	60	1010	80	246	71	0.28
800	930	1104	65	1204	80	303	71	0.36
1000	1150	1346	75	1446	80	374	79	0.48
1200	1380	1616	90	1716	80	453	91	0.66

管道基础尺寸及混凝土用量表　单位：mm

图 10.4　某段雨水管道平面图、基础图

第11章 桥涵工程清单计量与计价

思维导图

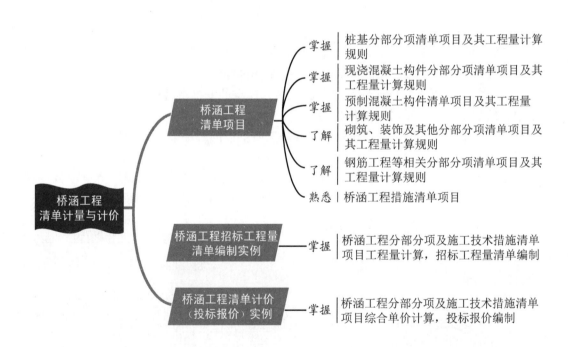

引例

　　某桥梁工程采用钻孔灌注桩基础，如图 11.1 所示。灌注桩直径为 1m，共 28 根，入岩 0.5m，钻孔灌注桩采用转盘式钻机成孔，计算钻孔灌注桩相关分部分项清单项目的工程量。钻孔灌注桩相关分部分项清单项目、定额项目相同吗？工程量相同吗？有什么不同？

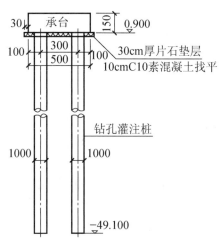

图 11.1　钻孔灌注桩基础示意图

11.1　桥涵工程清单项目

11.1.1　桥涵工程分部分项清单项目

　　《市政工程工程量计算规范》（GB 50587—2013）附录 C"桥涵工程"中，设置了 9 个小节 105 个清单项目，9 个小节分别为：桩基、基坑及边坡支护、现浇混凝土构件、预制混凝土构件、砌筑、立交箱涵、钢结构、装饰、其他。

桥涵工程清单项目

　　下文主要介绍桩基、现浇混凝土构件、预制混凝土构件、砌筑、装饰、其他几个小节中常见的清单项目。各清单项目的项目编码、项目名称、项目特征、计量单位、工程量计算规则、工作内容、可组合的定额项目等参见本书附录。

1. 桩基

　　本节根据不同的桩基形式设置了 12 个清单项目：预制钢筋混凝土方桩、预制钢筋混凝土管桩、钢管桩、泥浆护壁成孔灌注桩、沉管灌注桩、干作业成孔灌注桩、挖孔桩土（石）方、人工挖孔灌注桩、钻孔压浆桩、灌注桩后注浆、截桩头、声测管。

> **特别提示**
>
> 当项目特征中的"地层情况"无法准确描述时，可注明由投标人根据岩土工程勘察报告自行决定报价。项目特征中的"桩截面""混凝土强度等级""桩类型"等可直接用标准图代号或设计桩型进行描述。项目特征中的"桩长"应包括桩尖。
>
> 桩基陆上工作平台搭拆工作内容包含在相应的清单项目中，若为水上工作平台，应按施工技术措施清单项目单独列项编码。

2. 现浇混凝土构件

本节根据桥涵工程现浇混凝土构件的不同结构部位设置了 25 个清单项目：混凝土垫层、混凝土基础、混凝土承台、混凝土墩（台）帽、混凝土墩（台）身、混凝土支撑梁及横梁、混凝土墩（台）盖梁、混凝土拱桥拱座、混凝土拱桥拱肋、混凝土拱上构件、混凝土箱梁、混凝土连续板、混凝土板梁、混凝土板拱、混凝土挡墙墙身、混凝土挡墙压顶、混凝土楼梯、混凝土防撞护栏、桥面铺装、混凝土桥头搭板、混凝土搭板枕梁、混凝土桥塔身、混凝土连系梁、混凝土其他构件、钢管拱混凝土。

> **特别提示**
>
> 台帽、台盖梁均应包括耳墙、背墙。

3. 预制混凝土构件

本节根据桥涵工程预制混凝土构件的不同结构类型设置了 5 个清单项目：预制混凝土梁、预制混凝土柱、预制混凝土板、预制混凝土挡土墙墙身、预制混凝土其他构件。

> **特别提示**
>
> 浙江省补充规定：对于基础、柱、梁、板、墙等结构混凝土，混凝土模板应按施工技术措施清单项目单独列项。
>
> 预制混凝土构件清单项目均包括构件的场内运输。

4. 砌筑

本节按砌筑的方式、部位不同设置了 5 个清单项目：垫层、干砌块料、浆砌块料、砖砌体、护坡。

5. 装饰

本节按不同的装饰材料设置了 5 个清单项目：水泥砂浆抹面、剁斧石饰面、镶贴面层、涂料、油漆。

6. 其他

本节主要是桥梁栏杆、支座、伸缩缝、泄水管等附属结构相关的清单项目，共设置了 10 个清单项目：金属栏杆、石质栏杆、混凝土栏杆、橡胶支座、钢支座、盆式支座、桥梁伸缩装置、隔声屏障、桥面排（泄）水管、防水层。

特别提示

除上述清单项目外，常规的桥梁工程的分部分项清单项目一般还包括《市政工程工程量计算规范》（GB 50857—2013）附录 A "土石方工程"、附录 J "钢筋工程"中的相关清单项目，如果是改建的桥梁工程，还应包括附录 K "拆除工程"中的有关清单项目。

附录 A "土石方工程"中与"桥涵工程"相关的清单项目主要有：挖基坑土方、挖基坑石方、回填方、余方弃置等。

附录 J "钢筋工程"中与"桥涵工程"相关的清单项目主要有：现浇构件钢筋、预制构件钢筋、钢筋笼、先张法预应力钢筋、后张法预应力钢筋、预埋铁件等。

附录 K "拆除工程"中与"桥涵工程"相关的清单项目主要有：拆除混凝土结构。

11.1.2 桥涵工程分部分项清单项目工程量计算规则

下文主要介绍桥涵工程中常见的分部分项清单项目的工程量计算规则。

1. 桩基

（1）预制钢筋混凝土方桩、管桩：工程量按设计图示尺寸以桩长（包括桩尖）计算，计量单位为"m"；或按设计图示桩长（包括桩尖）乘以桩的断面积计算，计量单位为"m³"；或按设计图示数量计算，计量单位为"根"。

知识链接

在计算工程量时，要根据具体工程的施工图，结合桩基清单项目的项目特征，划分不同的清单项目，分别计算其工程量。

如"预制钢筋混凝土方桩"的项目特征有 5 个，需结合工程实际加以区别。

（1）地层情况；

（2）送桩深度、桩长；

（3）桩截面；

（4）桩倾斜度；

（5）混凝土强度等级。

上述 5 个项目特征中，如果有 1 个及以上项目特征不同，就应是不同的清单项目，其预制钢筋混凝土方桩的工程量应分别计算。

【例 11-1】某单跨小型桥梁工程，采用轻型桥台、预制钢筋混凝土方桩基础，该桥梁工程打入桩基础图如图 11.2 所示，试确定该桥梁工程的桩基清单项目并计算其清单工程量。

市政工程计量与计价（第四版）

【解】根据图11.2可知，该桥梁两侧桥台下均采用C30钢筋混凝土方桩，均为直桩。但两侧桥台下方桩的截面尺寸、桩长不同，即有2个项目特征不同，所以该桥梁工程桩基有2个清单项目，应分别计算其工程量。

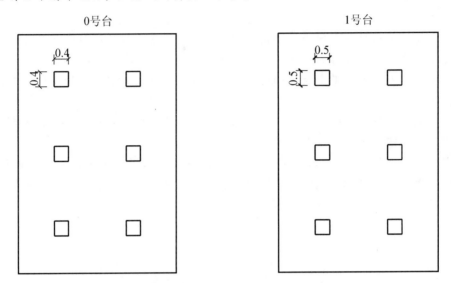

(a) 桩基础平面图

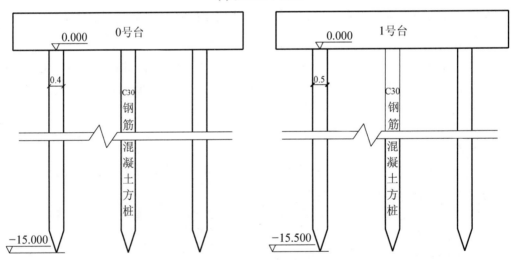

(b) 桩基础横剖面图

图11.2 某桥梁工程打入桩基础图（单位：m）

（1）C30钢筋混凝土方桩（400mm×400mm，桩长15m），项目编码：040301001001

工程量 =15×6=90（m）

（2）C30钢筋混凝土方桩（500mm×500mm，桩长15.5m），项目编码：040301001002

工程量 =15.5×6=93（m）

特别提示

（1）打入桩清单项目包括搭拆桩基础支架平台（陆上）、打桩、送桩、接桩等工程内容，但不包括桩机进出场及安拆，桩机进出场及安拆单列施工技术措施清单项目计算。

（2）本节所列的各种桩均指作为桥梁基础的永久桩，是桥梁结构的一个组成部分，不是临时的工具桩；而《浙江省市政工程预算定额》（2018 版）第一册《通用项目》中的"打拔工具桩"，均指临时的工具桩，不是永久桩，要注意两者的区别。

（3）各类混凝土预制桩均按成品桩考虑，购置费用应计入综合单价，如采用现场预制，应包括预制桩的所有费用。

（2）泥浆护壁成孔灌注桩：工程量按设计图示尺寸以桩长（包括桩尖）计算，计量单位为"m"；或按不同截面在桩长范围内以体积计算，计量单位为"m³"；或按设计图示数量计算，计量单位为"根"。

【例 11-2】某桥梁工程钻孔灌注桩基础图如图 11.3 所示，采用回旋钻机陆上硬地法施工，桩径为 1.2m，桩顶设计标高为 0.000m，桩底设计标高为 –29.500m，桩底要求入岩，桩身采用 C25 水下混凝土。全桥共计 36 根灌注桩，施工时采用 2m 长钢护筒，泥浆不需固化处理，需外运 5km。试确定该桥梁工程桩基清单项目及清单工程量，并确定其组合工作内容及计算组合工作内容的定额工程量。

【解】（1）清单项目名称：泥浆护壁成孔灌注桩（ϕ1200、桩长 29.5m，回旋钻机，C25 水下混凝土）。

项目编码：040301004001

$$\text{工程量} = \left[0.00 - (-29.50) \right] \times 36 = 1060\ (\text{m})$$

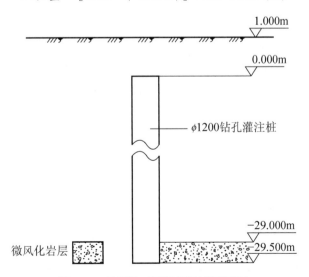

图 11.3　某桥梁工程钻孔灌注桩基础图

（2）组合工作内容及其定额工程量。

根据工程实际情况，确定本工程泥浆护壁成孔灌注桩的组合工作内容有：护筒埋设、成孔、入岩增加费、灌注混凝土、泥浆池建造和拆除、泥浆外运。

① 护筒埋设工程量 $=2\times36=72$（m）

② 成孔工程量 $=\left[1.00-(-29.50)\right]\times(1.2/2)^2\times\pi\times36\approx1241.85$（$m^3$）

③ 入岩增加费工程量 $=\left[-29.00-(-29.50)\right]\times(1.2/2)^2\times\pi\times36\approx20.36$（$m^3$）

④ 灌注混凝土工程量 $=\left[0.00-(-29.50)+0.8\right]\times(1.2/2)^2\times\pi\times36\approx1233.71$（$m^3$）

⑤ 泥浆池建造和拆除工程量 = 成孔工程量 $=1241.85m^3$

⑥ 泥浆外运工程量 = 成孔工程量 $=1241.85m^3$

特别提示

（1）"泥浆护壁成孔灌注桩"清单项目可组合的工作内容包括：搭拆桩基支架平台（陆上）、埋设钢护筒、成孔、入岩增加费、灌注混凝土、泥浆池建造和拆除、泥浆外运、泥浆固化等。计算时，应结合工程实际情况、施工方案确定组合的工作内容，分别计算各项工作内容的定额工程量。

（2）"泥浆护壁成孔灌注桩"清单项目工作内容不包括桩的钢筋笼、桩头的截除、声测管的制作安装，钢筋笼、桩头的截除、声测管的制作安装需另列清单项目。

（3）沉管灌注桩、干作业成孔灌注桩：工程量按设计图示尺寸以桩长（包括桩尖）计算，计量单位为"m"；或按设计图示桩长（包括桩尖）乘以桩的断面积以体积计算，计量单位为"m^3"；或按设计图示数量计算，计量单位为"根"。

（4）人工挖孔灌注桩：工程量按桩芯混凝土体积计算，计量单位为"m^3"；或按设计图示数量计算，计量单位为"根"。

人工挖孔灌注桩可组合的工作内容为：制作、安装混凝土护壁；灌注混凝土。

特别提示

人工挖孔灌注桩的组合工作内容不包括桩孔土（石）方的开挖、所挖土（石）方的外运，桩孔土（石）方的开挖、所挖土（石）方的外运需另列清单项目。

（5）挖孔桩土（石）方：工程量按设计图示尺寸（含护壁）截面积乘以挖孔深度以体积计算，计量单位为"m^3"。

挖孔桩土（石）方可组合的工作内容为：人工挖孔；挖淤泥、流砂增加费；挖岩石增加费，土（石）方外运。

（6）截桩头：工程量按设计桩截面乘以桩头长度以体积计算，计量单位为"m^3"；或按设计图示数量计算，计量单位为"根"。

截桩头可组合的工作内容为：截桩头、废料弃置。

（7）声测管：工程量按设计图示尺寸以质量计算，计量单位为"t"；或按设计图示尺寸以长度计算，计量单位为"m"。

2. 现浇混凝土构件

（1）混凝土防撞护栏：工程量按设计图示尺寸以长度计算，计量单位为"m"。

（2）桥面铺装：工程量按设计图示尺寸以面积计算，计量单位为"m²"。

（3）混凝土楼梯：工程量按设计图示尺寸以水平投影面积计算，计量单位为"m²"；或按设计图示尺寸以体积计算，计量单位为"m³"。

（4）其他现浇混凝土结构：工程量按设计图示尺寸以体积计算，计量单位为"m³"。

> **特别提示**
>
> （1）桥涵工程中的现浇混凝土构件清单项目应区别现浇混凝土的结构部位、混凝土强度等级等项目特征，划分并设置不同的分部分项清单项目，分别计算相应的工程量。
>
> （2）现浇混凝土构件清单项目的组合工作内容不包括混凝土构件的钢筋制作安装。
>
> （3）浙江省补充规定：对于基础、柱、梁、板、墙等结构混凝土，混凝土模板应按施工技术措施清单项目单独列项。

3. 预制混凝土构件

预制混凝土清单项目工程量均按设计图示尺寸以体积计算，计量单位为"m³"。

> **特别提示**
>
> （1）桥涵工程中的预制混凝土构件清单项目应区别预制混凝土的结构部位、混凝土强度等级等项目特征，划分并设置不同的分部分项清单项目，分别计算相应的工程量。
>
> （2）预制混凝土构件清单项目包含的组合工作内容主要有混凝土浇筑、构件场内运输、构件安装、构件连接、接头灌浆等，不包括混凝土结构构件的钢筋制作安装。

4. 砌筑

（1）垫层、干砌块料、浆砌块料、砖砌体工程量按设计图示尺寸以体积计算，计量单位为"m³"。

（2）护坡工程量按设计图示尺寸以面积计算，计量单位为"m²"。

> **特别提示**
>
> 砌筑清单项目应区别砌筑的结构部位、材料品种、规格、砂浆强度等级等项目特征，划分设置不同的分部分项清单项目，并分别计算相应的工程量。

5. 装饰

装饰清单项目工程量均按设计图示尺寸以面积计算，计量单位为"m²"。

6. 其他

（1）金属栏杆：工程量按设计图示尺寸以质量计算，计量单位为"t"；或按设计图示尺寸以延长米计算，计量单位为"m"。

（2）石质栏杆、混凝土栏杆：工程量按设计图示尺寸以长度计算，计量单位为"m"。

（3）橡胶支座、钢支座、盆式支座：工程量按设计图示数量计算，计量单位为"个"。

（4）桥梁伸缩装置：工程量按设计图示尺寸以延长米计算，计量单位为"m"。

（5）隔声屏障：工程量按设计图示尺寸以面积计算，计量单位为"m²"。

（6）桥面排（泄）水管：工程量按设计图示尺寸以长度计算，计量单位为"m"。

（7）防水层：工程量按设计图示尺寸以面积计算，计量单位为"m²"。

7. 钢筋工程

现浇构件钢筋、预制构件钢筋、钢筋笼、先张法预应力钢筋（钢丝、钢绞线）、后张法预应力钢筋（钢丝、钢绞线）、预埋铁件：按设计图示尺寸以质量计算，计量单位为"t"。

11.1.3　桥涵工程措施清单项目

桥涵工程措施清单项目需根据工程的施工内容、工程的特点，结合工程的施工组织设计进行确定，参见《市政工程工程量计算规范》（GB 50587—2013）附录 L"措施项目"。

1. 施工技术措施清单项目

根据桥涵工程的特点及常规的施工组织设计，桥涵工程通常可能有以下技术措施清单项目。

1）大型机械设备进出场及安拆

工程量按使用机械设备的数量计算，计量单位为"台·次"。

桥涵工程施工时，通常需要挖掘机、压路机、推土机、沥青混凝土摊铺机、起重机、打桩机、钻机、架桥机等大型机械。具体工程施工时，需要的大型机械的种类、规格、数量须结合工程的实际情况、结合工程的施工组织设计确定。

2）混凝土模板（基础、柱、梁、板、墙等结构混凝土）

工程量按混凝土与模板接触面的面积计算，计量单位为"m²"。

混凝土模板应区别现浇或预制混凝土的不同结构部位、支模高度等项目特征，划分并设置不同的清单项目。

3）脚手架

（1）墙面脚手架：工程量按墙面水平线长度乘以墙面砌筑高度计算，计量单位为"m²"。

（2）柱面脚手架：工程量按柱结构外围周长乘以柱砌筑高度计算，计量单位为"m²"。

（3）仓面脚手：工程量按仓面水平面积计算，计量单位为"m²"。

4）便道及便桥

（1）便道工程量按设计图示尺寸以面积计算，计量单位为"m²"。

（2）便桥工程量按设计图示数量计算，计量单位为"座"。

5）围堰

工程量按设计图示围堰体积计算，计量单位为"m³"；或按设计图示围堰中心线长度计算，计量单位为"m"。

6）排水、降水

工程量按排水、降水日历天计算，计量单位为"昼夜"。

2. 施工组织措施清单项目

施工组织措施清单项目有：安全文明施工，夜间施工，二次搬运，冬雨季施工，行车、行人干扰，地上/地下设施、建筑物的临时保护设施，已完工程及设备保护等。

11.2 桥涵工程招标工程量清单编制实例

【例11-3】某工程在K8+260处跨越现状月牙河处建设一座桥梁，月牙河桥与道路中线斜交70°，上部结构采用20m跨径预应力空心板简支梁，下部结构采用重力式桥台，基础采用φ1000钻孔灌注桩。桥面铺装采用4cm细粒式沥青混凝土和8cm厚C30纤维混凝土。桥梁工程施工图如图8.10～图8.31所示。本桥梁工程采用GJZ100×150板式橡胶支座，支座总厚度为21mm。本桥梁工程混凝土模板、桥梁栏杆不在本次计算范围内。已知原地面平均标高为3.690m，桥台基坑开挖方量（一、二类土）为2579.90m³，其中人工辅助清底为257.90m³，其余用挖掘机挖土；基坑回填土方量为544.90m³，台背回填砂砾石1387.03m³；承台下方C10素混凝土垫层每侧比承台宽30cm；桥台泄水孔单根长1.45m。

根据工程施工图纸，编制该桥梁工程的招标工程量清单。

【解】（1）根据施工图纸，根据《市政工程工程量计算规范》（GB 50857—2013），确定分部分项清单项目的项目编码、项目名称、项目特征，并计算其工程量，见表11-1。

表11-1 分部分项清单项目及其工程量计算表

序号	项目编码	项目名称	项目特征	计量单位	计算式	工程量
1	040101001001	挖基坑土方	一、二类土，挖深4m以内	m³	已知	2579.9
2	040103001001	回填方	一、二类土，场内平衡	m³	已知	544.90
3	040103001002	回填方	台背回填砂砾石	m³	已知	1387.03

序号	项目编码	项目名称	项目特征	计量单位	计算式	工程量
4	040103002001	余方弃置	运距由投标人自行考虑	m^3	2579.9−544.9×1.15	1953.27
5	040301004001	泥浆护壁成孔灌注桩	ϕ1000，设计桩长50m，转盘式钻机成孔，C25水下商品混凝土	根	24×2	48
6	040301011001	截桩头	钻孔灌注桩，C25混凝土	根	24×2	48
7	040303001001	混凝土垫层	10cm，C10混凝土	m^3	（64.915+0.3×2）×（5+0.3×2）×0.1×2	73.38
8	040305001001	垫层	30cm，片石	m^3	查图8.13	220.10
9	040303003001	混凝土承台	C25混凝土	m^3	查图8.13	1035.00
10	040303005001	混凝土台身	C25混凝土	m^3	835.7+36	871.70
11	040303004001	混凝土台帽	C30混凝土	m^3	查图8.13	140.20
12	040304001001	预制混凝土梁	C50混凝土，20m预应力空心板梁	m^3	10.6×4+9.47×53	544.31
13	040303019001	桥面铺装	C30混凝土厚8cm、4cm细粒式沥青混凝土桥面铺装	m^2	8×20×2+12.5×20×2	820.00
14	040303020001	混凝土桥头搭板	C30混凝土	m^3	11.97×8+15.32×4	157.04
15	040303021001	混凝土搭板枕梁	C30混凝土	m^3	0.8×8+1.02×4	4.72
16	040303024001	混凝土其他构件	C25现浇人行道梁、侧石	m^3	6.4+8	14.40
17	040304005001	预制混凝土其他构件	C30预制人行道板	m^3	查图8.30	7.46
18	040309004001	橡胶支座	GJZ100×150板式橡胶支座，支座总厚度为21mm	个	57×2	114
19	040309007001	桥梁伸缩装置	SPF伸缩缝	m	64.195×2	129.83
20	040309009001	泄水管	ϕ10PVC管	m	20×1.45×2	58.00

续表

序号	项目编码	项目名称	项目特征	计量单位	计算式	工程量
21	040901006001	后张法预应力钢筋（钢绞线）	板梁 $\phi15.24$ 钢绞线，YM15-4 锚具，波纹管压浆管道	t	$370.49 \times 57/1000$	21.118
22	040901004001	钢筋笼	钻孔灌注桩	t	$(1712.1+214.9+33.9) \times 48/1000$	94.123
23	040901001001	现浇构件钢筋	光圆钢筋	t	$2570.2 \times 2+28.4 \times 12+8780.6-1022.8-277.8-146.5$	12.815
24	040901001002	现浇构件钢筋	带肋钢筋	t	$1309.5 \times 2+15109.2 \times 2+(660.6+347.6+667.7+350.9+217.4) \times 8+(816.0+429.3+850.6+447.9+260.4) \times 4+242.9 \times 12+115.5$	65.038
25	040901002001	预制构件钢筋	光圆钢筋	t	$1022.8+277.8+146.5+474.1 \times 53+461.7 \times 4$	28.421
26	040901002002	预制构件钢筋	带肋钢筋	t	$193.8 \times 53+208.9 \times 4+112.14 \times 57+52.85 \times 4+41.73 \times 53$	19.922

（2）根据工程施工图纸，结合相关的施工技术规范要求及常规的施工方法，确定施工技术措施清单项目的项目编码、项目名称、项目特征，并计算其工程量，见表 11-2。

表 11-2　施工技术措施清单项目及其工程量计算表

序号	项目编码	项目名称	项目特征	计量单位	计算公式	工程量
1	041103001001	围堰	编织袋围堰	m	20×2	40
2	041107002001	排水、降水	井点降水	昼夜		12
3	041106001001	大型机械设备进出场及安拆	转盘式钻机	台·次		2

（3）根据工程实际情况，确定施工组织措施清单项目的项目名称、项目编码，见表 11-3。

表 11-3　施工组织措施清单项目表

序号	项目编码	项目名称
1	041109001001	安全文明施工
2	041109003001	二次搬运
3	041109005001	行车、行人干扰
4	041109004001	冬雨季施工
5		

（4）编制本工程的招标工程量清单，见表 11-4～表 11-10。

表 11-4　招标工程量清单封面

月 牙 河 桥 工 程

招 标 工 程 量 清 单

招 标 人：

（单位盖章）

造价咨询人：

（单位盖章）

年　月　日

表 11-5 招标工程量清单扉页

月 牙 河 桥 工 程

招 标 工 程 量 清 单

招标人: _____　　　　　　　　造价咨询人: _____

　　　　（单位盖章）　　　　　　　　　　　　　　　　　（单位资质专用章）

法定代表人　　　　　　　　　　　　　　　　法定代表人
或其授权人: _____　　　　　　或其授权人: _____

　　　　（签字或盖章）　　　　　　　　　　　　　　　　（签字或盖章）

编 制 人: _____　　　　　　　　复 核 人: _____

　　（造价人员签字盖专用章）　　　　　　　　　　　（造价工程师签字盖专用章）

编制时间:　　　　　　　　　　　　　　　　复核时间:

表 11-6 招标工程量清单总编制说明

工程名称:月牙河桥工程　　　　　　　　　　　　　　　　　　　第 1 页 共 1 页

一、工程概况

月牙河桥与道路中线斜交 70°，上部结构采用 20m 跨径的简支预应力空心板简支梁，下部结构采用重力式桥台、$\phi 1000$ 钻孔灌注桩基础。桥面铺装采用 4cm 细粒式沥青混凝土和 8cm 厚 C30 纤维混凝土。本工程采用 GJZ100×150 板式橡胶支座，支座总厚度为 21mm。本桥梁工程混凝土模板、桥梁栏杆不在本次招标范围内。已知原地面平均标高为 3.690m，桥台基坑开挖方量（一、二类土）为 2579.90m³，其中人工辅助清底为 257.90m³，其余用挖掘机挖土；基坑回填土方量为 544.90m³，台背回填砂砾石 1387.03m³；承台下方 C10 素混凝土垫层每侧比承台宽 30cm；桥台泄水孔单根长 1.45m。

二、施工方案

1. 钻孔灌注桩:采用转盘式钻机成孔，水下商品混凝土。

2. 梁板:现场预制，场内运输由投标人自行考虑。

3. 履带式挖掘机、履带式推土机、压路机、沥青摊铺机的进出场费在道路工程预算中考虑，本桥梁工程不计。

4. 桥台施工过程中采用轻型井点降水，使用 12 天。

5. 桥梁施工时设置编织袋围堰，堰顶高于设计水位 0.5m，围堰体积为 550.80m³。

6. 多余的土方、泥浆外运的运距由投标人自行考虑；场内平衡的土方运输方式由投标人自行考虑。

三、工程量清单编制依据

1.《建设工程工程量清单计价规范》（GB 50500—2013）。

2.《市政工程工程量计算规范》（GB 50857—2013）。

3. 市政桥梁工程施工相关规范。

4. 某道路月牙河桥工程施工图。

四、其他

1. 本工程无创标化工程要求，不得分包，本工程无暂列金额、暂估价、计日工。

2. 安全文明施工费按市区工程考虑。

市政工程计量与计价（第四版）

表 11-7 分部分项工程量清单与计价表

单位（专业）工程名称：市政－桥梁   标段：   第 1 页 共 2 页

序号	项目编码	项目名称	项目特征	计量单位	工程量	金额／元						备注
						综合单价	合价	其中				
								人工费	机械费	暂估价		
1	040101003001	挖基坑土方	一、二类土，挖深 4m 以内	m³	2579.90							
2	040103001001	回填方	一、二类土，场内平衡	m³	544.90							
3	040103001002	回填方	台背回填砂砾石	m³	1387.03							
4	040103002001	余方弃置	运距由投标人自行考虑	m³	1953.27							
5	040301004001	泥浆护壁成孔灌注桩	φ1000，设计桩长 50m，转盘式钻机成孔，C25 水下商品混凝土	根	48							
6	040301011001	截桩头	φ1000 钻孔灌注桩，C25 混凝土	根	48							
7	040303001001	混凝土垫层	10cm，C10 混凝土	m³	73.38							
8	040305001001	垫层	30cm，片石	m³	220.10							
9	040303003001	混凝土承台	C25 混凝土	m³	1035.00							
10	040303005001	混凝土台身	C25 混凝土	m³	871.70							
11	040303004001	混凝土台帽	C30 混凝土	m³	140.20							
12	040304001001	预制混凝土梁	C50 混凝土，20m 预应力空心板梁	m³	544.31							
13	040303019001	桥面铺装	8cm 厚 C30 混凝土，4cm 细粒式沥青混凝土桥面铺装	m²	820.00							
			本页小计									

352

单位（专业）工程名称：市政－桥梁　　　　标段：　　　　　　　　　　　　　　　　　　第 2 页　共 2 页

序号	项目编码	项目名称	项目特征	计量单位	工程量	金额/元					备注
						综合单价	合价	其中			
								人工费	机械费	暂估价	
14	040303020001	混凝土桥头搭板	C30混凝土	m³	157.04						
15	040303021001	混凝土搭板枕梁	C30混凝土	m³	4.72						
16	040303024001	混凝土其他构件	C25混凝土现浇人行道梁、侧石	m³	14.40						
17	040304005001	预制混凝土其他构件	C30混凝土、人行道板	m³	7.46						
18	040309004001	橡胶支座	GJZ100×150板式橡胶支座，支座总厚度为21mm	个	114						
19	040309007001	桥梁伸缩装置	SPF伸缩缝	m	129.83						
20	040309009001	桥面排（泄）水管	φ10PVC管	m	58.00						
21	040901006001	后张法预应力钢筋（钢绞线）	板梁φ15.24钢绞线，YM15-4锚具，波纹管压浆管道	t	21.118						
22	040901004001	钢筋笼	钻孔灌注桩	t	94.123						
23	040901001001	现浇构件钢筋	光圆钢筋	t	12.815						
24	040901001002	现浇构件钢筋	带肋钢筋	t	65.038						
25	040901002001	预制构件钢筋	光圆钢筋	t	28.421						
26	040901002002	预制构件钢筋	带肋钢筋	t	19.922						
		本页小计									
		合　计									

市政工程计量与计价（第四版）

表 11-8　施工技术措施项目清单与计价表

单位（专业）工程名称：市政－桥梁　　标段：　　　　　　　　　　　　　　　　　　　　第 1 页　共 1 页

序号	项目编码	项目名称	项目特征	计量单位	工程量	金额/元				
						综合单价	合价	其中		备注
								人工费	机械费	暂估价	
1	041103001001	围堰	编织袋围堰	m³	550.80					
2	041107002001	排水、降水	井点降水	昼夜	12					
3	041106001001	大型机械设备进出场及安拆	转盘式钻机	台·次	2					
			本页小计							
			合　计							

354

表 11-9　施工组织措施项目清单与计价表

工程名称：桥梁　　　　　　　　　　　　　标段：　　　　　　　　　　第 1 页　共 1 页

序号	项目编号	项目名称	计算基础	费率 /%	金额 / 元	备注
1	041109001001	安全文明施工费				
1.1		安全文明施工基本费				
2	Z04110900801	提前竣工增加费				
3	041109003001	二次搬运费				
4	041109004001	冬雨季施工增加费				
5	041109005001	行车、行人干扰增加费				
6						
	合　计					

表 11-10　其他项目清单与计价汇总表

工程名称：桥梁　　　　　　　　　　　　　标段：　　　　　　　　　　第 1 页　共 1 页

序号	项目名称	金额 / 元	备注
1	暂列金额	0.00	
1.1	标化工地增加费	0.00	详见明细清单
1.2	优质工程增加费	0.00	详见明细清单
1.3	其他暂列金额	0.00	详见明细清单
2	暂估价	0.00	
2.1	材料（工程设备）暂估价	—	详见明细清单
2.2	专业工程暂估价	0.00	详见明细清单
2.3	专项技术措施暂估价	0.00	详见明细清单
3	计日工	0.00	详见明细清单
4	总承包服务费	0.00	详见明细清单
	合　计		

注：本工程无其他项目，其他项目清单包括的明细清单均为空白表格。本实例不再放入空白的明细清单表格。

市政工程计量与计价（第四版）

11.3　桥涵工程清单计价（投标报价）实例

【**例 11-4**】某工程在 K8+260 处跨越现状月牙河处建设一座桥梁，月牙河桥与道路中线斜交 70°，上部结构采用 20m 跨径预应力空心板简支梁，下部结构采用重力式桥台，基础采用 φ1000 钻孔灌注桩；桥面铺装采用 4cm 细粒式沥青混凝土和 8cm 厚 C30 纤维混凝土。桥梁工程施工图如图 8.10～图 8.31 所示。本桥梁工程采用 GJZ100×150 板式橡胶支座，支座总厚度为 21mm。本桥梁工程混凝土模板、桥梁栏杆不在本次计算范围内。已知原地面平均标高为 3.690m，桥台基坑开挖方量（一、二类土）为 2579.90m³，其中人工辅助清底为 257.90m³，其余用挖掘机挖土；基坑回填土方量为 544.90m³，台背回填砂砾石 1387.03m³；承台下方 C10 素混凝土垫层每侧比承台宽 30cm；桥台泄水孔单根长 1.45m。

月牙河桥工程招标工程量清单见表 11-4～表 11-10，根据工程施工图纸和招标工程量清单，采用一般计税法编制该桥梁工程的投标报价。

> **特别提示**
>
> 编制投标报价须根据工程施工图纸、招标工程量清单，结合工程的施工方案进行，每个投标单位考虑的施工方案不同，投标报价也会不同。

【**解**】（1）确定月牙河桥工程施工方案。

本实例桥梁工程的施工方案与例 8-21 相同。

（2）根据招标工程量清单中的分部分项工程量清单、工程施工图纸，结合施工方案确定分部分项清单项目的组合工作内容，计算各组合工作内容的定额工程量，并确定其套用的定额子目，见表 11-11。

（3）根据招标工程量清单中的施工技术措施项目工程量清单、工程施工图纸，结合施工方案确定施工技术措施清单项目的组合工作内容，计算各组合工作内容的定额工程量，并确定其套用的定额子目，见表 11-12。

（4）确定人工、材料、机械单价。

本实例台背回填级配砂砾石单价为 85.66 元/t，片石单价为 83.00 元/t，其他材料、人工、机械单价按《浙江省市政工程预算定额》（2018 版）计取。

（5）确定各项费率。

企业管理费、利润、各项组织措施费的费率按《浙江省建设工程计价规则》（2018 版）规定的费率范围的低值计取；规费、税金按《浙江省建设工程计价规则》（2018 版）的规定计取；风险费用不计。

（6）编制投标报价（工程造价），详见表 11-13～表 11-26。

表 11-11　分部分项清单项目的组合工作内容工程量计算表

序号	项目名称	清单工程量	组合工作内容名称	分部分项清单项目所包含的组合工作内容 组合工作内容的定额工程量计算式	工程量	定额子目
1	挖基坑土方（一、二类土，挖深4m以内）	2579.9m³	人工辅助挖基坑土方（一、二类土，4m以内）	257.90	257.90m³	[1−14]H
			挖掘机挖土并装车（一、二类土）	2579.9−544.9×1.15	1953.27m³	[1−71]
			挖掘机挖土不装车（一、二类土）	544.9×1.15−257.9	368.73m³	[1−68]
2	回填方（一、二类土）	544.90m³	槽坑机械填夯实	等于清单工程量	544.90m³	[1−116]
3	回填方（台背回填砂砾石）	1387.03m³	台背回填级配砂砾石	等于清单工程量	1387.03m³	[2−67]H
4	余方弃置	1953.27m³	自卸车运土方（运距8km以内）	等于清单工程量	1953.27m³	[1−94]+[1−95]×7
5	泥浆护壁成孔灌注桩	48 根	搭拆桩基础支架平台（陆上）	$\left(\dfrac{61.00-1.02\times2}{\sin70°}+6.5\right)\times(6.5+3)\times2+6.5\times[20-(6.5+3)]\times1$	1383.89m²	[3−492]
			埋设钢护筒（$\phi\leqslant1000$）	24×2×2	96.00m	[3−107]
			转盘式钻孔灌桩成孔（桩径1000mm）	π×0.5²×（3.69+49.1）×48	1990.14m³	[3−122]
			泥浆池建造拆除	等于成孔工程量	1990.14m³	[3−150]
			泥浆外运（运距10km）	等于成孔工程量	1990.14m³	[3−152]+[3−153]×5
			灌注桩C25混凝土（非泵送水下商品混凝土）	π×0.5²×（50+1.2）×48	1929.22m³	[3−155]
6	截桩头	48 根	凿桩头	π×0.5²×1.2×48	45.22m³	[3−525]

市政工程计量与计价（第四版）

续表

序号	项目名称	清单工程量	分部分项清单项目所包含的组合工作内容			
			组合工作内容名称	组合工作内容的定额工程量计算式	工程量	定额子目
7	混凝土垫层（C10混凝土）	73.38m³	C10混凝土垫层（非泵送商品混凝土）	等于清单工程量	73.38m³	[3-187]H
8	垫层（片石）	220.10m³	30cm厚片石垫层	等于清单工程量	220.10m³	[3-186]H
9	混凝土承台	1035.00m³	C25混凝土承台（非泵送商品混凝土）	等于清单工程量	1035.00m³	[3-191]H
10	混凝土台身	871.70m³	C25混凝土台身（泵送商品混凝土）	查图8.13	835.70m³	[3-198]H
			C25混凝土侧墙（泵送商品混凝土）	查图8.13	36.00m³	[3-240]H
11	混凝土台帽	140.20m³	C30混凝土台帽（泵送商品混凝土）	等于清单工程量	140.20m³	[3-210]H
12	预制混凝土梁	544.31m³	C50混凝土预应力板梁预制（非泵送商品混凝土）	等于清单工程量	544.31m³	[3-302]H
			板梁场内运输（平板拖车运输、运距1km以内，构件重25t以内）	9.47×53	501.91m³	[3-345]
			板梁场内运输（平板拖车运输、运距1km以内，构件重40t以内）	10.6×4	42.40m³	[3-346]
			板梁安装（起重机安装）	544.31	544.31m³	[3-402]
			C40小石子混凝土铰缝（泵送商品混凝土）	0.41×（11+14+29）	22.14m³	[3-244]H

续表

序号	项目名称	清单工程量	分部分项清单项目所包含的组合工作内容			
			组合工作内容名称	组合工作内容的定额工程量计算式	工程量	定额子目
13	桥面铺装	820.00m²	桥面铺装8cm厚C30混凝土（非泵送商品混凝土）	20×60.5×0.08	96.8m³	[3-273]H
			混凝土路面养生（塑料膜养护）	20×60.5	1210.00m²	[2-226]
			4cm细粒式沥青混凝土桥面铺装	等于清单工程量	820.00m²	[2-208]+[2-209]
14	混凝土桥头搭板	157.04m³	现浇C30混凝土搭板（非泵送商品混凝土）	等于清单工程量	157.04m³	[3-275]H
15	混凝土搭板枕梁	4.72m³	C30混凝土枕梁（非泵送商品混凝土）	等于清单工程量	4.72m³	[3-275]H
16	混凝土其他构件（现浇人行道梁、侧石）	14.40m³	C25混凝土现浇人行道梁、侧石（非泵送商品混凝土）	等于清单工程量	14.40m³	[3-260]
17	预制混凝土其他构件（预制人行道板）	7.46m³	C30混凝土预制人行道板（非泵送商品混凝土）	等于清单工程量	7.46m³	[3-316]H
			人行道板运输（10t以内汽车运输，运距1km以内）	等于预制人行道板工程量	7.46m³	[3-335]
			人行道板安装	等于预制人行道板工程量	7.46m³	[3-439]
			人行道3cm厚C30细石混凝土铺装（非泵送商品混凝土）	(1.165×2)×20×2×0.03	2.80m³	[3-273]H
18	橡胶支座	114个	板式橡胶支座	10×15×2.1×57×2	35910cm³	[3-459]

续表

序号	项目名称	清单工程量	分部分项清单项目所包含的组合工作内容		工程量	定额子目
			组合工作内容名称	组合工作内容的定额工程量计算式		
19	桥梁伸缩装置	129.83m	梳形钢板伸缩缝安装	等于清单工程量	129.83m	[3-476]
			沉降缝安装（油浸木丝板嵌缝）	$\frac{0.95+1.95}{2} \times (7.735-2.4-0.04-0.08-0.9-0.8) \times 2$	8.48m²	[3-485]
20	桥面排（泄）水管	58.00m	桥台φ10PVC泄水孔	等于清单工程量	58m	[3-473]
21	后张法预应力钢筋（钢绞线）	21.118t	φ15.24钢绞线制作安装	等于清单工程量	21.118 t	[1-298]
			安装φ56波纹管	78.84×57	4493.88m	[1-309]
			孔道压浆	$\pi \times (0.056/2)^2 \times 4493.88$	11.06m³	[1-310]
22	钢筋笼	94.123t	钻孔桩钢筋笼，光圆钢筋	214.9 × 48/1000	10.315 t	[1-272]
			钻孔桩钢筋笼，带肋钢筋	$(1712.1+33.9) \times 48/1000 + (35 \times 0.02 \times 4+35 \times 0.02 \times 3) \times 10 \times 48 \times 0.00617 \times 20^2$	89.613 t	[1-273]
23	现浇构件钢筋（光圆钢筋）	12.815t	普通钢筋制作安装，光圆钢筋	$12.815+(35 \times 0.012 \times 7 \times 22+35 \times 0.012 \times 1 \times 10) \times 2 \times 0.00617 \times 12^2/1000$	12.937 t	[1-268]
24	现浇构件钢筋（带肋钢筋）	65.038t	普通钢筋制作安装，带肋钢筋	$65.038+35 \times 0.016 \times 7 \times 66 \times 2 \times 0.00617 \times 16^2/1000$	65.855 t	[1-269]
			搭板纵缝拉杆（直径20mm以内）	查图8.26	0.116 t	[1-282]
25	预制构件钢筋（光圆钢筋）	28.421t	普通钢筋制作安装，光圆钢筋	等于清单工程量	28.421 t	[1-268]
26	预制构件钢筋（带肋钢筋）	19.922t	普通钢筋制作安装，带肋钢筋	等于清单工程量	19.922 t	[1-269]

表 11-12　施工技术措施清单项目的组合工作内容工程量计算表

序号	项目名称	清单工程量	施工技术措施清单项目所包含的组合工作内容			
			组合工作内容名称	组合工作内容定额工程量计算式	工程量	定额子目
1	围堰	550.80m³	编织袋围堰	根据施工方案确定	550.80	[1-497]
2	排水、降水	12昼夜	轻型井点安装	根据施工方案确定	250	[1-518]
			轻型井点拆除	根据施工方案确定	250	[1-519]
			轻型井点使用	5×12	60	[1-520]
3	大型机械设备进出场及安拆	2台·次	转盘式钻孔机场外运输	根据施工方案确定	2	[3026]

表 11-13　投标报价封面

月 牙 河 桥 工 程

投 标 报 价

投 标 人：_____

（单位盖章）

日期：　年　月　日

表 11-14　投标报价扉页

投 标 报 价

招 标 人：_____

工 程 名 称：　月牙河桥工程

投标总价（小写）：　6553751.00 元

（大写）：　陆佰伍拾伍万叁仟柒佰伍拾壹元整

投 标 人：_____

（单位盖章）

法定代表人
或其授权人：_____

（签字或盖章）

编 制 人：_____

（造价人员签字盖章）

编 制 日 期：

复 核 人：_____

（造价工程师签字盖章）

审 核 日 期：

表 11-15　投标报价编制说明

工程名称：月牙河桥工程　　　　　　　　　　　　　　　　　　　　第1页　共1页

一、工程概况

月牙河桥与道路中线斜交 70°，上部结构采用 20m 跨径预应力空心板简支梁，下部结构采用重力式桥台，基础采用 ϕ1000 钻孔灌注桩；桥面铺装采用 4cm 细粒式沥青混凝土和 8cm 厚 C30 纤维混凝土。本工程采用 GJZ100×150 板式橡胶支座，支座总厚度为 21mm。本桥梁工程混凝土模板、桥梁栏杆不在本次计算范围内。已知原地面平均标高为 3.69m，桥台基坑开挖方量（一、二类土）2579.90m³，其中人工辅助清底为 257.90m³，其余挖掘机挖土；基坑回填土方量为 544.90m³，台背回填砂砾石 1387.03m³；承台下方 C10 素混凝土垫层每侧比承台宽 30cm；桥台泄水孔单根长 1.45m。

二、施工方案

1. 钻孔灌注桩：采用转盘式钻机陆上成孔，施工时配置 2 台钻机；钻孔桩钢护筒长 2m；泥浆外运运距为 10km；灌注桩混凝土采用非泵送水下商品混凝土。

2. 板梁：现场预制；预制后用平板拖车运至施工地点安装，用起重机装车，运距 1km 以内；板梁采用汽车式起重机（75t）陆上安装。

3. 桥梁人行道板采用现场预制，预制后采用 10t 以内汽车运至施工地点，运距 1km 以内。

4. 台身、侧墙、台帽、梁板铰缝混凝土施工时采用泵送商品混凝土，其他部位混凝土均采用非泵送商品混凝土。

5. 施工机械中的履带式挖掘机、履带式推土机、压路机、沥青摊铺机的进出场费在该工程的道路工程预算中考虑，本桥梁工程不计。

6. 桥台施工过程中采用轻型井点降水，共计安装井点管 250 根，使用 12 天。

7. 桥梁施工时设置编织袋围堰，堰顶高于设计水位 0.5m，围堰体积为 550.80m³。

8. 多余土方用自卸车外运，运距 8km。

三、人工、材料、机械单价取定

台背回填级配砂砾石单价为 85.66 元 /t，片石单价为 83.00 元 /t，桥梁工程（包括土石方工程）其他项目的人工、材料、机械单价均按《浙江省市政工程预算定额》（2018 版）计取。

四、费率取定

企业管理费、利润、各项组织措施费的费率按《浙江省建设工程计价规则》（2018 版）费率范围的低值计取；规费、税金按《浙江省建设工程计价规则》（2018 版）的规定计取；风险费用不计。

五、编制依据

1. 月牙河桥工程招标施工图纸及招标工程量清单。

2.《浙江省市政工程预算定额》（2018 版）。

3.《浙江省建设工程计价规则》（2018 版）。

表 11-16　投标报价费用表

工程名称：月牙河桥工程　　　　　　　　　　　　　　　　　　　　第1页　共1页

序号	工程名称	金额 / 元	其中 / 元				备注
			暂估价	安全文明施工基本费	规费	税金	
1	市政	6553751.18		103459.02	308486.16	541135.42	
1.1	桥梁	6553751.18		103459.02	308486.16	541135.42	
合　计		6553751①		103459.02	308486.16	541135.42	

① 该表格是计价软件自动生成的表格，计价软件自动将合计金额取整。

表 11-17　单位工程投标报价费用表

工程名称：市政 – 桥梁　　　　　　标段：　　　　　　　　第 1 页　共 1 页

序号	费用名称		计算公式	金额 / 元	备注
1	分部分项工程费		$\sum$（分部分项工程量 × 综合单价）	5406481.22	
1.1	其中	人工费 + 机械费	$\sum$分部分项（人工费 + 机械费）	1234933.82	
2	措施项目费		（2.1+2.2）	297648.38	
2.1	施工技术措施项目费		$\sum$（技措项目工程量 × 综合单价）	169742.78	
2.1.1	其中	人工费 + 机械费	$\sum$技措项目（人工费 + 机械费）	115706.11	
2.2	施工组织措施项目费		（1.1+2.1.1）×9.47%	127905.60	
2.2.1	其中	安全文明施工基本费	（1.1+2.1.1）×7.66%	103459.02	
3	其他项目费		（3.1+3.2+3.3+3.4）		
3.1	暂列金额		3.1.1+3.1.2+3.1.3		
3.1.1	其中	标化工地增加费	按招标文件规定额度列计		
3.1.2		优质工程增加费	按招标文件规定额度列计		
3.1.3		其他暂列金额	按招标文件规定额度列计		
3.2	暂估价		3.2.1+3.2.2+3.2.3		
3.2.1	其中	材料（工程设备）暂估价	按招标文件规定额度列计（或计入综合单价）		
3.2.2		专业工程暂估价	按招标文件规定额度列计		
3.2.3		专项技术措施暂估价	按招标文件规定额度列计		
3.3	计日工		$\sum$计日工（暂估数量 × 综合单价）		
3.4	施工总承包服务费		3.4.1+3.4.2		
3.4.1	其中	专业发包工程管理费	$\sum$专业发包工程（暂估金额 × 费率）		
3.4.2		甲供材料设备管理费	甲供材料暂估金额 × 费率 + 甲供设备暂估金额 × 费率		
4	规费		（1.1+2.1.1）×22.84%	308486.16	
5	税金		（1+2+3+4）×9%	541135.42	
	投标报价合计		1+2+3+4+5	6553751.18	

单位（专业）工程名称：市政－桥梁　　　　　标段：

表 11-18　分部分项工程量清单与计价表

序号	项目编码	项目名称	项目特征	计量单位	工程量	综合单价	金额／元			备注
							合价	其中		
								人工费	机械费	暂估价	
1	040101003001	挖基坑土方	一、二类土，挖深 4m 以内	m³	2579.90	6.39	16485.56	7765.50	5933.77	
2	040103001001	回填方	一、二类土，场内平衡	m³	544.90	12.69	6914.78	4511.77	1231.47	
3	040103001002	回填方	台背回填砂砾石	m³	1387.03	164.00	227472.92	13149.04	887.70	
4	040103002001	余方弃置	运距由投标人自行考虑	m³	1953.27	19.94	38948.20		32365.68	
5	040301004001	泥浆护壁成孔灌注桩	φ1000，设计桩长 50m，转盘式钻孔机成孔，C25 水下商品混凝土	根	48	41248.65	1979935.20	320903.04	390379.68	
6	040301011001	截桩头	φ1000 钻孔灌注桩，C25 混凝土	根	48	244.77	11748.96	8773.44	986.40	
7	040303001001	混凝土垫层	10cm 厚 C10 混凝土	m³	73.38	445.09	32616.20	2720.89	839.06	
8	040305001001	垫层	30cm 厚片石垫层	m³	220.10	207.21	45606.92	11641.09		
9	040303003001	混凝土承台	C25 混凝土	m³	1035.00	462.95	479153.25	29621.70	382.95	
10	040303005001	混凝土台身	C25 混凝土	m³	871.70	507.92	442753.86	39191.63	575.32	
11	040303004001	混凝土台帽	C30 混凝土	m³	140.20	515.13	72221.23	5284.14	68.70	
12	040304001001	预制混凝土梁	C50 混凝土，20m 预应力空心板梁	m³	544.31	828.47	450944.51	36517.76	31439.35	
13	040303019001	桥面铺装	8cm 厚 C30 混凝土，4cm 细粒式沥青混凝土桥面铺装	m²	820.00	101.63	83336.60	5789.20	1607.20	
			本页小计				3888138.19	485869.20	466697.28	

单位（专业）工程名称：市政 - 桥梁

标段：

| 序号 | 项目编码 | 项目名称 | 项目特征 | 计量单位 | 工程量 | 综合单价 | 合价 | 金额/元 | | | 备注 |
								人工费	机械费	暂估价	
14	040303020001	混凝土桥头搭板	C30 混凝土	m³	157.04	498.71	78317.42	6611.38	106.79		
15	040303021001	混凝土搭板枕梁	C30 混凝土	m³	4.72	498.71	2353.91	198.71	3.21		
16	040303024001	混凝土其他构件	C25 混凝土现浇人行道梁、侧石	m³	14.40	512.24	7376.26	922.61	19.58		
17	040304005001	预制混凝土其他构件	C30 混凝土、人行道板	m³	7.46	887.49	6620.68	1416.95	171.06		
18	040309004001	橡胶支座	GJZ100×150 板式橡胶支座，支座总厚度为 21mm	个	114	18.08	2061.12	581.40			
19	040309007001	桥梁伸缩装置	SPF 伸缩缝	m	129.83	146.78	19056.45	8590.85	3633.94		
20	040309009001	桥面排（泄）水管	φ10PVC 管	m	58.00	49.15	2850.70	438.48			
21	040901006001	后张法预应力钢筋（钢绞线）	板梁 φ15.24 钢绞线，YM15-4 锚具，波纹管压浆管道	t	21.118	11154.90	235569.18	46589.69	6941.06		
22	040901004001	钢筋笼	钻孔灌注桩	t	94.123	5523.50	519888.39	74426.82	20793.65		
23	040901001001	现浇构件钢筋	光圆钢筋	t	12.815	5494.51	70412.15	13832.25	527.59		
24	040901001002	现浇构件钢筋	带肋钢筋	t	65.038	4953.08	322138.42	48285.51	1737.16		
25	040901002001	预制构件钢筋	光圆钢筋	t	28.421	5442.70	154686.98	30387.73	1159.01		
26	040901002002	预制构件钢筋	带肋钢筋	t	19.922	4869.56	97011.37	14480.11	511.80		
		本页小计					1518343.03	246762.49	35604.85		
		合 计					5406481.22	732631.69	502302.13		

表 11-19　分部分项清单项目综合单价计算表

单位（专业）工程名称：市政–桥梁　　标段：

序号	项目编码	项目名称	计量单位	数量	综合单价/元						合计/元
					人工费	材料（设备）费	机械费	管理费	利润	小计	
1	04010103001	挖基坑土方	m³	2579.90	3.01	0.00	2.30	0.78	0.30	6.39	16485.56
	[1-14]H	人工辅助挖沟槽、基坑土方，一、二类土，挖深4m以内	100m³	2.5790	2690.63	0.00	0.00	395.25	153.10	3238.98	8353.33
	[1-71]	挖掘机挖土，装车一、二类土	1000m³	1.95327	360.00	0.00	2723.44	452.96	175.45	3711.85	7250.25
	[1-68]	挖掘机挖土，不装车一、二类土	1000m³	0.36873	360.00	0.00	1669.04	298.07	115.45	2442.56	900.65
2	040103001001	回填方	m³	544.90	8.28	0.00	2.26	1.55	0.60	12.69	6914.78
	[1-116]	机械、填土夯实槽、坑	100m³	5.4490	828.00	0.00	226.07	154.84	59.98	1268.89	6914.18
3	040103001002	回填方	m³	1387.03	9.48	151.81	0.64	1.49	0.58	164.00	227472.92
	[2-67]	路基填筑，砂砾石	10m³	138.703	94.77	1518.06	6.37	14.86	5.75	1639.81	227446.57
4	040103002001	余方弃置	m³	1953.27	0.00	0.00	16.57	2.43	0.94	19.94	38948.20
	[1-94]+[1-95]×7	自卸汽车运土方，运距8km	1000m³	1.95327	0.00	0.00	16566.88	2433.67	942.66	19943.21	38954.47
5	040301004001	泥浆护壁成孔灌注桩	根	48	6685.48	23410.28	8132.91	2176.82	843.16	41248.65	1979935.20
	[3-492]	搭、拆桩基础工作平台，陆上工作平台锤重≤2500kg	100m²	13.8389	843.48	1582.02	186.14	151.25	58.59	2821.48	39046.18

单位（专业）工程名称：市政–桥梁

标段：

序号	项目编码	项目名称	计量单位	数量	综合单价/元						合计/元
					人工费	材料（设备）费	机械费	管理费	利润	小计	
	[3–107]	埋设钢护筒，支架上 ≤φ1000	10m	9.600	605.88	278.59	691.58	190.60	73.83	1840.48	17668.61
	[3–122]	转盘式钻孔桩基成孔 桩径φ1000以内	10m³	199.014	832.68	245.79	929.21	258.82	100.25	2366.75	471016.38
	[3–150]	泥浆池建造、拆除	10m³	199.014	29.16	27.34	0.19	4.31	1.67	62.67	12472.21
	[3–152]+[3–153]×5	泥浆运输，运距10km以内	10m³	199.014	334.53	0.00	810.26	168.17	65.14	1378.10	274261.19
	[3–155]	灌注桩混凝土，回旋钻孔	10m³	192.922	338.58	5415.50	181.15	76.35	29.57	6041.15	1165470.74
6	04030101001	截桩头	根	48	182.78	0.00	20.55	29.87	11.57	244.77	11748.96
	[3–525]	凿除桩顶钢筋混凝土，钻孔灌注桩	10m³	4.522	1940.22	0.00	218.13	317.06	122.81	2598.22	11749.15
7	04030001001	混凝土垫层	m³	73.28	37.13	386.61	11.45	7.14	2.76	445.09	32616.20
	[3–187]H	垫层混凝土，C10非泵送商品混凝土	10m³	7.328	371.25	3866.11	114.48	71.35	27.64	4450.83	32615.68
8	04030500101001	垫层	m³	220.10	52.89	143.54	0.00	7.77	3.01	207.21	45606.92
	[3–186]	垫层片石	10m³	22.010	528.93	1435.40	0.00	77.70	30.10	2072.13	45607.58
9	04030300301001	混凝土承台	m³	1035.00	28.62	428.05	0.37	4.26	1.65	462.95	479153.25
	[3–191]H	承台混凝土，C25非泵送商品混凝土	10m³	103.500	286.20	4280.49	3.66	42.58	16.49	4629.42	479144.97

单位（专业）工程名称：市政 - 桥梁　　　　标段：

序号	项目编码	项目名称	计量单位	数量	综合单价/元						合计/元
					人工费	材料（设备）费	机械费	管理费	利润	小计	
10	04030305001	混凝土台身	m³	871.70	44.96	453.00	0.66	6.70	2.60	507.92	442753.86
	[3-198]H	轻型桥台混凝土，C25 泵送商品混凝土	10m³	83.570	454.68	4529.86	6.74	67.78	26.25	5085.31	424979.36
	[3-240]H	现浇侧墙混凝土，C25 泵送商品混凝土	10m³	3.600	331.97	4534.18	3.20	49.24	19.07	4937.66	17775.58
11	04030304001	混凝土台帽	m³	140.20	37.69	469.17	0.49	5.61	2.17	515.13	72221.23
	[3-210]H	台帽混凝土，C30 泵送商品混凝土	10m³	14.020	376.92	4691.68	4.94	56.10	21.73	5151.37	72222.21
12	04030400100 1	预制混凝土梁	m³	544.31	67.09	678.18	57.76	18.34	7.10	828.47	450944.51
	[3-302]H	空心板梁，C50 非泵送商品混凝土（预应力）	10m³	54.431	486.27	6508.45	19.27	74.26	28.77	7117.02	387386.52
	[3-345]	第一个 1km 起重机装车构件，质量 25t 以内	10m³	50.191	28.49	22.10	228.46	37.75	14.62	331.42	16634.30
	[3-346]	第一个 1km 起重机装车构件，质量 40t 以内	10m³	4.240	19.04	13.00	183.69	29.78	11.54	257.05	1089.89
	[3-402]	安装梁、陆上安装板梁起重机 L≤20m	10m³	54.431	100.44	0.00	333.37	63.73	24.68	522.22	28424.96
	[3-244]H	板梁间灌缝，C40 泵送商品混凝土	10m³	2.214	1386.72	6193.61	0.00	203.71	78.90	7862.94	17408.55
13	04030319001	桥面铺装	m²	820.00	7.06	90.77	1.96	1.33	0.51	101.63	83336.60

单位（专业）工程名称：市政 – 桥梁

标段：

序号	项目编码	项目名称	计量单位	数量	综合单价/元						合计/元
					人工费	材料（设备）费	机械费	管理费	利润	小计	
	[3-273]H	桥面混凝土铺装面层，C30非泵送商品混凝土	10m³	9.680	447.24	4473.26	8.08	66.89	25.91	5021.38	48606.96
	[2-226]	水泥混凝土路面养生，塑料膜养护	100m²	12.1000	64.80	113.02	0.00	9.52	3.69	191.03	2311.46
	[2-208]+[2-209]	4cm细粒式沥青混凝土路面，机械摊铺	100m²	8.2000	82.76	3629.19	186.36	39.53	15.31	3953.15	32415.83
14	04030302000001	混凝土桥头搭板	m³	157.04	42.10	447.22	0.68	6.28	2.43	498.71	78317.42
	[3-275]H	桥头搭板及枕梁混凝土，C30非泵送商品混凝土	10m³	15.704	421.00	4472.18	6.78	62.84	24.34	4987.14	78318.05
15	04030302001001	混凝土搭板枕梁	m³	4.72	42.10	447.22	0.68	6.28	2.43	498.71	2353.91
	[3-275]H	桥头搭板及枕梁混凝土，C30非泵送商品混凝土	10m³	0.472	421.00	4472.18	6.78	62.84	24.34	4987.14	2353.93
16	04030302004001	混凝土其他构件	m³	14.40	64.07	433.48	1.36	9.61	3.72	512.24	7376.26
	[3-260]	小型构件、地梁、侧石混凝土，C25泵送商品混凝土	10m³	1.440	640.71	4334.81	13.57	96.11	37.23	5122.43	7376.30
17	04030400005001	预制混凝土其他构件	m³	7.46	189.94	631.24	22.93	31.27	12.11	887.49	6620.68
	[3-316]H	预制混凝土人行道，C30非泵送商品混凝土	10m³	0.746	688.50	4604.62	15.57	103.43	40.06	5452.18	4067.33
	[3-335]	第一个1km载货汽车载重量10t以内	10m³	0.746	8.64	28.82	210.69	32.22	12.48	292.85	218.47

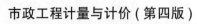

单位(专业)工程名称: 市政-桥梁 标段:

序号	项目编码	项目名称	计量单位	数量	综合单价/元						合计/元
					人工费	材料(设备)费	机械费	管理费	利润	小计	
	[3-439]	安装小型构件,人行道板	10m³	0.746	1034.37	0.00	0.00	151.95	58.86	1245.18	928.90
	[3-273]H	桥面混凝土铺装面层,C30非泵送商品混凝土	10m³	0.280	447.24	4473.26	8.08	66.89	25.91	5021.38	1405.99
18	04030900400 1	橡胶支座	个	114	5.10	11.94	0.00	0.76	0.28	18.08	2061.12
	[3-459]	安装支座,板式橡胶支座	100cm³	359.1000	1.62	3.79	0.00	0.24	0.09	5.74	2061.23
19	04030900700 1	桥梁伸缩装置	m	129.83	66.17	33.43	27.99	13.83	5.36	146.78	19056.45
	[3-476]	安装伸缩装置,梳型钢板	10m	12.983	659.34	310.99	279.85	137.97	53.44	1441.59	18716.16
	[3-485]	安装沉降装置,沥青木丝板	10m²	0.848	35.64	357.21	0.00	5.24	2.03	400.12	339.30
20	04030900900 1	桥面排(泄),水管	m	58.00	7.56	40.05	0.00	1.11	0.43	49.15	2850.70
	[3-473]	安装排(泄)水孔,塑料管	10m	5.800	75.60	400.45	0.00	11.11	4.30	491.46	2850.47
21	04090100600 1	后张法预应力钢筋(钢绞线)	t	21.118	2206.16	8103.46	328.68	372.36	144.24	11154.90	235569.18
	[1-298]	预应力钢绞线制作、安装,后张法群锚束长40m以内,7孔以内	t	21.118	909.63	5553.54	177.04	159.63	61.83	6861.67	144904.75
	[1-309]	压浆管道波纹管	100m	44.9988	503.82	1086.12	0.00	74.01	28.67	1692.62	76064.31
	[1-310]	有粘结钢绞线孔道压浆	10m³	1.106	4284.90	4557.21	2895.50	1054.80	408.56	13200.97	14600.27

单位（专业）工程名称：市政 - 桥梁

标段：

序号	项目编码	项目名称	计量单位	数量	综合单价/元						合计/元
					人工费	材料（设备）费	机械费	管理费	利润	小计	
22	04090100404001	钢筋笼	t	94.123	790.74	4305.66	220.92	148.62	57.56	5523.50	519888.39
	[1-272]	普通钢筋制作、安装，灌注桩钢筋笼圆钢	t	10.315	765.99	4158.11	165.17	136.79	52.98	5279.04	54453.30
	[1-273]	普通钢筋制作、安装，灌注桩钢筋笼带肋钢筋	t	89.613	742.37	4043.73	213.03	140.35	54.36	5193.84	465435.58
23	04090100001001	现浇构件钢筋	t	12.815	1079.38	4145.59	41.17	164.61	63.76	5494.51	70412.15
	[1-268]	普通钢筋制作、安装，光圆钢筋	t	12.937	1069.20	4106.50	40.78	163.06	63.16	5442.70	70412.21
24	04090100002001	预制构件钢筋	t	28.421	1069.20	4106.50	40.78	163.06	63.16	5442.70	154686.98
	[1-268]	普通钢筋制作、安装，光圆钢筋	t	28.421	1069.20	4106.50	40.78	163.06	63.16	5442.70	154686.98
25	04090100001002	现浇构件钢筋	t	65.038	742.42	4027.20	26.71	112.99	43.76	4953.08	322138.42
	[1-269]	普通钢筋制作、安装，带肋钢筋	t	65.855	726.84	3963.66	25.69	110.55	42.82	4869.56	320684.87
	[1-282]	搭板纵缝拉杆，直径20mm 以内	t	0.116	3614.22	7706.25	391.34	588.42	227.92	12528.15	1453.27
26	04090100002002	预制构件钢筋	t	19.922	726.84	3963.66	25.69	110.55	42.82	4869.56	97011.37
	[1-269]	普通钢筋制作、安装，带肋钢筋	t	19.922	726.84	3963.66	25.69	110.55	42.82	4869.56	97011.37
		合　计									5406481.22

单位（专业）工程名称：市政－桥梁   标段：   第1页 共1页

表 11-20 施工技术措施项目清单与计价表

序号	项目编码	项目名称	项目特征	计量单位	工程量	综合单价	合价	人工费	其中 机械费	暂估价	备注
											金额/元
1	041103001001	围堰	编织袋围堰	m³	550.80	113.27	62389.12	39431.77	1305.40		
2	041107002001	排水、降水	井点降水	昼夜	12	8202.98	98435.76	38917.20	29967.24		
3	041106001001	大型机械设备进出场及安拆	转盘式钻机	台·次	2	4458.95	8917.90	1350.00	4734.50		
			本页小计				169742.78	79698.97	36007.14		
			合　计				169742.78	79698.97	36007.14		

单位（专业）工程名称：市政－桥梁   标段：   第1页 共1页

表 11-21 施工技术措施清单项目综合单价计算表

序号	项目编码	项目名称	计量单位	数量	人工费	材料（设备）费	机械费	管理费	利润	小计	合计/元
							综合单价/元				
1	041103001001	围堰	m³	550.80	71.59	24.24	2.37	10.86	4.21	113.27	62389.12
	[1-497]	编织袋围堰	100m³	5.5080	7158.78	2423.67	237.18	1086.47	420.83	11326.93	62388.73
2	041107002001	排水、降水	昼夜	12	3243.10	1292.74	2497.27	843.23	326.64	8202.98	98435.76
	[1-518]	轻型井点安装	10根	25	402.44	560.73	226.37	92.37	35.78	1317.69	32942.25
	[1-519]	轻型井点拆除	10根	25	279.45		502.95	114.93	44.52	941.85	23546.25
	[1-520]	轻型井点使用	套·天	60	364.50	24.91	195.57	82.27	31.87	699.12	41947.20
3	041106001001	大型机械设备进出场及安拆	台·次	2	675.00	796.69	2367.25	446.91	173.10	4458.95	8917.90
	[3026]	转盘钻孔机	台次	2	675.00	796.69	2367.25	446.91	173.10	4458.95	8917.90
		合　计									169742.78

表 11-22 施工组织（总价）措施项目清单与计价表

表 11-22 施工组织（总价）措施项目清单与计价表

工程名称：桥梁　　　　　　　　　　　　标段：　　　　　　　　　　　　第 1 页　共 1 页

序号	项目编号	项目名称	计算基础	费率 /%	金额 / 元	备注
1	041109001001	安全文明施工费			103459.02	
1.1		安全文明施工基本费	人工费 + 机械费	7.66	103459.02	
2	Z04110900801	提前竣工增加费	人工费 + 机械费	0.01	135.06	
3	041109003001	二次搬运费	人工费 + 机械费	0.38	5132.43	
4	041109004001	冬雨季施工增加费	人工费 + 机械费	0.07	945.45	
5	041109005001	行车、行人干扰增加费	人工费 + 机械费	1.35	18233.64	
6						
合　计					127905.60	

表 11-23 其他项目清单与计价汇总表

工程名称：桥梁　　　　　　　　　　　　标段：　　　　　　　　　　　　第 1 页　共 1 页

序号	项目名称	金额 / 元	备注
1	暂列金额		
1.1	标化工地增加费		
1.2	优质工程增加费		
1.3	其他暂列金额		
2	暂估价		
2.1	材料（工程设备）暂估价		
2.2	专业工程暂估价		
2.3	专项技术措施暂估价		
3	计日工		
4	总承包服务费		
合　计		0.00	

注：本工程无其他项目，其他项目清单包括的明细清单中金额均为零。本实例不再放入相应的明细清单。

表 11-24 主要人工工日计价一览表

工程名称：桥梁　　　　　　　　　　　　标段：　　　　　　　　　　　　第 1 页　共 1 页

序号	工日名称（类别）	单位	数量	单价 / 元	合价 / 元	备注
1	一类人工	工日	98.294	125.00	12286.75	
2	二类人工	工日	5926.299	135.00	800050.37	

市政工程计量与计价（第四版）

表 11-25　主要材料和工程设备计价一览表

工程名称：桥梁　　　　　　　　　　标段：　　　　　　　　　　第 1 页　共 1 页

序号	名称、规格、型号	单位	数量	单价/元	合价/元	备注
1	热轧带肋钢筋 HRB400 综合	t	178.897	3849.00	688574.55	
2	热轧光圆钢筋综合	t	52.797	3966.00	209392.90	
3	普通硅酸盐水泥 PO 42.5 综合	kg	14655.606	0.34	4982.91	
4	黄砂毛砂	t	2452.269	85.66	210061.36	
5	C25 泵送商品混凝土	m³	880.417	447.00	393546.40	
6	C30 泵送商品混凝土	m³	141.602	461.00	65278.52	
7	C25 非泵送商品混凝土	m³	1059.894	421.00	446215.37	
8	C30 非泵送商品混凝土	m³	272.318	438.00	119275.28	
9	C25 非泵送水下商品混凝土	m³	2315.064	448.00	1037148.67	
10	M5 干混砌筑砂浆 DM	kg	6567.462	0.24	1576.19	
11	C50 非泵送商品混凝土	m³	549.753	632.00	347443.90	

表 11-26　主要机械台班计价一览表

工程名称：桥梁　　　　　　　　　　标段：　　　　　　　　　　第 1 页　共 1 页

序号	机械名称、规格、型号	单位	数量	单价/元	合价/元	备注
1	履带式推土机 90kW	台班	3.363	723.33	2432.56	
2	履带式单斗液压挖掘机 1m³	台班	4.408	923.97	4072.86	
3	转盘钻孔机 1500mm	台班	242.996	555.33	134942.97	
4	履带式起重机 5t	台班	26.250	479.00	12573.75	
5	履带式起重机 15t	台班	49.388	707.63	34948.43	
6	轮胎式起重机 16t	台班	17.987	761.68	13700.34	
7	汽车式起重机 75t	台班	5.661	3205.50	18146.34	
8	轮胎式起重机 40t	台班	4.826	1202.25	5802.06	
9	自卸汽车 15t	台班	40.485	799.29	32359.26	
10	平板拖车组 30t	台班	7.923	974.40	7720.17	
11	泥浆罐车 5000L	台班	316.233	463.19	146475.96	
12	泥浆泵 100mm	台班	314.840	205.69	64759.44	
13	射流井点泵 9.50m	台班	180.000	65.19	11734.20	

思考题与习题

简答题

1.《市政工程工程量计算规范》（GB50857—2013）中，桥涵工程桩基主要列了哪些清单项目？

2."泥浆护壁成孔灌注柱"清单项目与相应的定额项目计算规则相同吗？

3."泥浆护壁成孔灌注柱"清单项目组合工作内容是否包括钢筋笼？

4."泥浆护壁成孔灌注柱"清单项目组合工作内容是否包括截桩头？

5."泥浆护壁成孔灌注柱"清单项目可组合的工作内容是否包括陆上支架平台的搭拆？是否包括水上支架平台的搭拆？

6.桥涵工程现浇混凝土模板在编制工程量清单时，如何处理？

7."泥浆护壁成孔灌注柱"清单项目可组合的工作内容是否包括声测管的制作、安装？

8."预制混凝土梁"清单项目可组合的工作内容有哪些？

9."现浇混凝土承台"清单项目可组合的工作内容有哪些？

10.新建的简支梁桥（轻型桥台、钻孔灌注桩基础）工程通常包括哪些分部分项清单项目？

附录 市政工程清单项目及其计算规则、工作内容

1. 土石方工程

（1）土方工程，见附表 -1。

附表 -1　土方工程（编号：040101）

<table>
<tr><th>项目编号</th><th>项目名称</th><th>项目特征</th><th>计量单位</th><th>工程量计算规则</th><th>工作内容</th><th>可组合的定额项目</th></tr>
<tr><td>040101001</td><td>挖一般土方</td><td rowspan="3">1. 土壤类别
2. 挖土深度</td><td rowspan="5">m^3</td><td>按设计图示尺寸以体积计算</td><td rowspan="3">1. 排地表水
2. 土方开挖
3. 围护（挡土板）及拆除
4. 基底钎探
5. 场内运输</td><td rowspan="3">1. 人工挖土方
2. 挖掘机挖土
3. 打拔工具桩
4. 木、竹、钢挡土板
5. 人工装、运土方
6. 推土机推土
7. 装载机装松散土、装运土方
8. 自卸车运土</td></tr>
<tr><td>040101002</td><td>挖沟槽土方</td><td rowspan="2">按设计图示尺寸以基础垫层底面积乘以挖土深度计算</td></tr>
<tr><td>040101003</td><td>挖基坑土方</td></tr>
<tr><td>040101004</td><td>暗挖土方</td><td>1. 土壤类别
2. 平洞、斜洞（坡度）
3. 运距</td><td>按设计图示断面乘以长度以体积计算</td><td>1. 排地表水
2. 土方开挖
3. 场内运输</td><td></td></tr>
<tr><td>040101005</td><td>挖淤泥、流砂</td><td>1. 挖掘深度
2. 运距</td><td>按设计图示位置、界限以体积计算</td><td>1. 开挖
2. 运输</td><td>1. 人工挖淤泥、流砂
2. 机械挖淤泥、流砂
3. 人工运淤泥、流砂
4. 船运淤泥、流砂</td></tr>
</table>

（2）石方工程，见附表-2。

附表-2　石方工程（编号：040102）

项目编号	项目名称	项目特征	计量单位	工程量计算规则	工作内容	可组合的定额项目
040102001	挖一般石方	1. 岩石类别 2. 开凿深度	m³	按设计图示尺寸以体积计算	1. 排地表水 2. 石方开凿 3. 修整底、边 4. 场内运输	1. 人工、机械凿石 2. 爆破石方 3. 挖掘机挖石渣 4. 明挖石方运输 5. 推土机推石渣 6. 自卸汽车运石渣
040102002	挖沟槽石方			按设计图示尺寸以基础垫层底面乘以挖石深度计算		
040102003	挖基坑石方					

注：① 挖石方按天然密实度体积计算，填方应按压实后体积计算。

② 沟槽、基坑、一般土石方的划分应符合下列规定。

a. 底宽 7m 以内，且底长大于底宽 3 倍以上应按沟槽计算。

b. 底长小于底宽 3 倍以下，且底面积在 150m² 以内应按基坑计算。

c. 超过上述范围，应按一般土石方计算。

（3）回填方及土石方运输，见附表-3。

附表-3　回填方及土石方运输（编号：040103）

项目编号	项目名称	项目特征	计量单位	工程量计算规则	工作内容	可组合的定额项目
040103001	回填方	1. 密实度 2. 填方材料品种 3. 填方粒径要求 4. 填方来源、运距	m³	1. 按挖方清单项目工程量加原地面线至设计要求标高间的体积，减基础、构筑物等埋入体积计算 2. 按设计图示尺寸以体积计算	1. 运输 2. 填方 3. 压实	1. 人工装、运土方 2. 装载机装松散土、装运土方 3. 自卸汽车运土 4. 人工填土夯实 5. 机械填土夯实 6. 路基填筑砂、砂、粉煤灰等
040103002	余方弃置	1. 废弃料品种 2. 运距		按挖方清单项目工程量减利用回填方体积（正数）计算	余方点装料运输至弃置点	1. 人工装、运土方 2. 推土机推土 3. 装载机装松散土、装运土方 4. 自卸汽车运土 5. 明挖石渣运输 6. 推土机推石渣 7. 自卸汽车运石渣

注：① 填方应按压实后体积计算。

② 回填方清单项目计算规则第 1 条适用于沟槽、基坑等开挖后再进行回填的清单项目，计算规则第 2 条适用于场地填方的清单项目。

2. 道路工程

（1）路基处理，见附表-4。

附表-4 路基处理（编号：040201）

项目编号	项目名称	项目特征	计量单位	工程量计算规则	工作内容	可组合的定额项目
040201001	预压地基	1.排水竖井种类、断面尺寸、排列方式、间距、深度 2.预压方法 3.预压荷载、时间 4.砂垫层厚度	m²	按设计图示尺寸以加固面积计算	1.设置排水竖井、盲沟、滤水管 2.铺设砂垫层、密封膜 3.堆载、卸载或抽气设备安拆、抽真空 4.材料运输	1.堆载预压 2.真空预压
040201002	强夯地基	1.夯击能量 2.夯击遍数 3.地基承载力要求 4.夯填材料种类			1.铺设夯填材料 2.强夯 3.夯填材料运输	1.满夯 2.点夯
040201003	振冲密实（不填料）	1.地层情况 2.振密深度 3.孔距 4.振冲器功率			1.振冲加密 2.泥浆运输	
040201004	掺石灰	含灰量			1.掺石灰 2.夯实	1.掺石灰 2.消解石灰
040201005	掺干土	1.密实度 2.掺土率	m³	按设计图示尺寸以体积计算	1.掺干土 2.夯实	
040201006	掺石	1.密实度 2.掺石率			1.掺石 2.夯实	改换片石
040201007	抛石挤淤	材料品种、规格			1.抛石挤淤 2.填塞垫平、压实	
040201008	袋装砂井	1.直径 2.填充料品种 3.深度	m	按设计图示尺寸以长度计算	1.制作砂袋 2.定位沉管 3.下砂袋 4.拔管	袋装砂井
040201009	塑料排水板	材料品种、规格			1.安装排水板 2.沉管插板 3.拔管	塑料排水板
040201010	振冲桩（填料）	1.地层情况 2.空桩长度、桩长 3.桩径 4.填充材料种类	1. m 2. m³	1.以"m"为计量单位，按设计图示尺寸以桩长计算 2.以"m³"为计量单位，按设计桩截面乘以桩长以体积计算	1.振冲成孔、填料、振实 2.材料运输 3.泥浆运输	振冲碎石桩

续表

项目编号	项目名称	项目特征	计量单位	工程量计算规则	工作内容	可组合的定额项目
040201011	砂石桩	1. 地层情况 2. 空桩长度、桩长 3. 桩径 4. 成孔方法 5. 材料种类、级配	1. m 2. m^3	1. 以“m”为计量单位，按设计图示尺寸以桩长（包括桩尖）计算 2. 以“m^3”为计量单位，按设计桩截面乘以桩长（包括桩尖）以体积计算	1. 成孔 2. 填充、振实 3. 材料运输	
040201012	水泥粉煤灰碎石桩	1. 地层情况 2. 空桩长度、桩长 3. 桩径 4. 成孔方法 5. 混合料强度等级	m	按设计图示尺寸以桩长（包括桩尖）计算	1. 成孔 2. 混合料制作、灌注、养护 3. 材料运输	水泥粉煤灰碎石桩
040201013	深层水泥搅拌桩	1. 地层情况 2. 空桩长度、桩长 3. 桩截面尺寸 4. 水泥强度等级、掺量	m	按设计图示尺寸以桩长计算	1. 预搅下钻、水泥浆制作、喷浆搅拌提升成桩 2. 材料运输	水泥搅拌桩（喷浆）
040201014	粉喷桩	1. 地层情况 2. 空桩长度、桩长 3. 桩径 4. 粉体种类、掺量 5 . 水泥强度等级、石灰粉要求	m	按设计图示尺寸以桩长计算	1. 预搅下钻、喷粉搅拌提升成桩 2. 材料运输	水泥搅拌桩（喷粉）
040201015	高压水泥旋喷桩	1. 地层情况 2. 空桩长度、桩长 3. 桩截面 4. 旋喷类型、方法 5. 水泥强度等级、掺量	m	按设计图示尺寸以桩长计算	1. 成孔 2. 水泥浆制作、高压旋喷注浆 3. 材料运输	1. 钻孔 2. 喷浆
040201016	石灰桩	1. 地层情况 2. 空桩长度、桩长 3. 桩径 4. 成孔方法 5. 掺和料种类、配合比	m	按设计图示尺寸以桩长（包括桩尖）计算	1. 成孔 2. 混合料制作、运输、夯填	1. 石灰砂桩 2. 消解石灰

市政工程计量与计价（第四版）

续表

项目编号	项目名称	项目特征	计量单位	工程量计算规则	工作内容	可组合的定额项目
040201017	灰土（土）挤密桩	1.地层情况 2.空桩长度、桩长 3.桩径 4.成孔方法 5.灰土级配	m	按设计图示尺寸以桩长（包括桩尖)计算	1.成孔 2.灰土拌和、运输、填充、夯实	
040201018	柱锤冲扩桩	1.地层情况 2.空桩长度、桩长 3.桩径 4.成孔方法 5.桩体材料种类、配合比		按设计图示尺寸以桩长计算	1.安拔套管 2.冲孔、填料、夯实 3.桩体材料制作、运输	
040201019	地基注浆	1.地层情况 2.成孔深度、间距 3.浆液种类及配合比 4.注浆方法 5.水泥强度等级、用量	1. m 2. m³	1.以"m"为计量单位，按设计图示尺寸以深度计算 2.以"m³"为计量单位，按设计图示尺寸以加固体积计算	1.成孔 2.注浆导管制作、安装 3.浆液制作、压浆 4.材料运输	1.分层注浆 2.压密注浆
040201020	褥垫层	1.厚度 2.材料品种、规格及比例	1. m² 2. m³	1.以"m²"为计量单位，按设计图示尺寸以铺设面积计算 2.以"m³"为计量单位，按设计图示尺寸以铺设体积计算	1.材料拌和、运输 2.铺设 3.压实	
040201021	土工合成材料	1.材料品种、规格 2.搭接方式	m²	按设计图示尺寸以面积计算	1.基层整平 2.铺设 3.固定	1.土工布 2.土工格栅
040201022	排水沟、截水沟	1.断面尺寸 2.基础、垫层：材料品种、厚度 3.砌体材料 4.砂浆强度等级 5.伸缩缝填塞 6.盖板材质、规格	m	按设计图示尺寸以长度计算	1.模板制作、安装、拆除 2.基础、垫层铺筑 3.混凝土拌和、运输、浇筑 4.侧墙浇捣或砌筑 5.勾缝、抹面 6.盖板安装	1.垫层 2.基础 3.混凝土浇捣 4.砌筑 5.抹面 6.勾缝 7.沉降缝 8.盖板制作、安装
040201023	盲沟	1.材料品种、规格 2.断面尺寸			铺筑	1.砂石盲沟 2.滤管盲沟

注：项目特征中的桩长应包括桩尖，空桩长度＝孔深－桩长，孔深为自然地面至设计桩底的深度。

（2）道路基层，见附表 -5。

附表 -5　道路基层（编号：040202）

项目编号	项目名称	项目特征	计量单位	工程量计算规则	工作内容	可组合的定额项目
040202001	路床（槽）整形	1. 部位 2. 范围	m²	按设计道路底基层图示尺寸以面积计算，不扣除各类井所占面积	1. 放样 2. 修整路拱 3. 碾压成型	路床（槽）整形
040202002	石灰稳定土	1. 含灰量 2. 厚度		按设计图示尺寸以面积计算，不扣除各种井所占面积		—
040202003	水泥稳定土	1. 水泥含量 2. 厚度				1. 水泥稳定土 2. 顶层多合土养生
040202004	石灰、粉煤灰、土	1. 配合比 2. 厚度				1. 石灰、粉煤灰、土基层 2. 顶层多合土养生
040202005	石灰、碎石、土	1. 配合比 2. 碎石规格 3. 厚度			1. 拌和 2. 运输 3. 铺筑 4. 找平 5. 碾压 6. 养护	1. 石灰、碎石、土基层 2. 顶层多合土养生
040202006	石灰、粉煤灰、碎（砾）石	1. 配合比 2. 碎（砾）石规格 3. 厚度				1. 石灰、粉煤灰、碎（砾）石基层 2. 顶层多合土养生
040202007	粉煤灰	厚度				—
040202008	矿渣					矿渣底层
040202009	砂砾石					砂砾石底层
040202010	卵石	1. 石料规格 2. 厚度				卵石底层
040202011	碎石					碎石底层
040202012	块石					块石底层
040202013	山皮石					塘渣底层
040202014	粉煤灰三渣	1. 配合比 2. 厚度		按设计图示尺寸以面积计算，不扣除各种井所占面积	1. 拌和 2. 运输 3. 铺筑 4. 找平 5. 碾压 6. 养护	1. 粉煤灰三渣基层 2. 顶层多合土养生
040202015	水泥稳定碎（砾）石	1. 水泥含量 2. 石料规格 3. 厚度				1. 水泥稳定碎石基层 2. 水泥稳定碎石砂基层 3. 顶层多合土养生
040202016	沥青稳定碎石	1. 沥青品种 2. 石料粒径 3. 厚度				沥青稳定碎石

（3）道路面层，见附表 -6。

附表 -6　道路面层（编号：040203）

项目编号	项目名称	项目特征	计量单位	工程量计算规则	工作内容	可组合的定额项目
040203001	沥青表面处理	1. 沥青品种 2. 层数	m²	按设计图示尺寸以面积计算，不扣除各种井所占面积，带平石的面层应扣除平石所占面积	1. 喷油、布料 2. 碾压	沥青表面处治
040203002	沥青贯入式	1. 沥青品种 2. 厚度			1. 摊铺碎石 2. 喷油、布料 3. 碾压	沥青贯入式路面
040203003	透层、黏层	1. 材料品种 2. 喷油量			1. 清理下承层 2. 喷油、布料	1. 透层 2. 黏层
040203004	封层	1. 材料品种 2. 喷油量 3. 厚度			1. 清理下承层 2. 喷油、布料 3. 压实	封层
040203005	黑色碎石	1. 材料品种 2. 石料规格 3. 厚度			1. 清理下承面 2. 拌和、运输 3. 摊铺、整形 4. 压实	黑色碎石路面
040203006	沥青混凝土	1. 沥青品种 2. 沥青混凝土种类 3. 石料粒径 4. 掺合料 5. 厚度			1. 清理下承面 2. 拌和、运输 3. 摊铺、整形 4. 压实	1. 粗粒式沥青混凝土路面 2. 中粒式沥青混凝土路面 3. 细粒式沥青混凝土路面 4. 透水沥青混凝土路面
040203007	水泥混凝土	1. 混凝土强度等级 2. 掺合料 3. 厚度 4. 嵌缝材料		按设计图示尺寸以面积计算，不扣除各种井所占面积，带平石的面层应扣除平石所占面积	1. 模板制作、安装、拆除 2. 混凝土拌和、运输、浇筑 3. 拉毛 4. 压痕或刻防滑槽 5. 伸缝 6. 缩缝 7. 锯缝、嵌缝 8. 路面养护	1. 水泥混凝土路面 2. 伸缩缝嵌缝、锯缝 3. 混凝土路面防滑条 4. 水泥混凝土路面养生 5. 水泥混凝土路面模板

续表

项目编号	项目名称	项目特征	计量单位	工程量计算规则	工作内容	可组合的定额项目
040203008	块料面层	1.块料品种、规格 2.垫层：材料品种、厚度、强度等级	m²		1.铺筑垫层 2.铺砌块料 3.嵌缝、勾缝	1.铺筑垫层 2.块料铺贴
040203009	弹性面层	1.材料品种 2.厚度			1.配料 2.铺贴	

（4）人行道及其他，见附表-7。

附表-7　人行道及其他（编号：040204）

项目编号	项目名称	项目特征	计量单位	工程量计算规则	工作内容	可组合的定额项目
040204001	人行道整形碾压	1.部位 2.范围	m²	按设计人行道图示尺寸以面积计算，不扣除侧石、树池和各类井所占面积	1.放样 2.碾压	人行道整形碾压
040204002	人行道块料铺设	1.块料品种、规格 2.垫层、基础：材料品种、厚度 3.图形		按设计图示尺寸以面积计算，不扣除各类井所占面积，但应扣除侧石、树池所占面积	1.基础、垫层铺筑 2.块料铺设	1.人行道基础 2.人行道块料安砌
040204003	现浇混凝土人行道及进口坡	1.混凝土强度等级 2.厚度 3.基础、垫层：材料品种、厚度			1.模板制作、安装、拆除 2.基础、垫层铺筑 3.混凝土拌和、运输、浇筑	
040204004	安砌侧（平、缘）石	1.材料品种、规格 2.基础、垫层：材料品种、厚度	m	按设计图示中心线长度计算	1.开槽 2.基础、垫层铺筑 3.侧（平、缘）石安砌	1.侧、平石垫层 2.侧、平石安砌
040204005	现浇侧（平、缘）石	1.材料品种 2.尺寸 3.形状 4.混凝土强度等级 5.基础、垫层：材料品种、厚度		按设计图示中心线长度计算	1.模板制作、安装、拆除 2.开槽 3.基础、垫层铺筑 4.侧（平、缘）石安砌	1.侧、平石垫层 2.现浇侧、平石

续表

项目编号	项目名称	项目特征	计量单位	工程量计算规则	工作内容	可组合的定额项目
040204006	检查井升降	1. 材料品种 2. 检查井规格 3. 平均升（降）高度	座	按设计图示路面标高与原有的检查井发生正负高差的检查井的数量计算	1. 提升 2. 降低	1. 拆除检查井 2. 检查井砌筑或浇筑 3. 井壁抹灰、勾缝
040204007	树池砌筑	1. 材料品种、规格 2. 树池尺寸 3. 树池盖面材料品种	个	按设计图示以数量计算	1. 基础、垫层铺筑 2. 树池砌筑 3. 盖面材料运输、安装	1. 砌筑树池 2. 树池盖制作、安装
040204008	预制电缆沟铺设	1. 材料品种 2. 规格尺寸 3. 基础、垫层：材料品种、厚度 4. 盖板品种、规格	m	按设计图示中心线长度计算	1. 基础、垫层铺筑 2. 预制电缆沟安装 3. 盖面安装	

3. 桥涵工程

（1）桩基，见附表 -8。

附表 -8　桩基（编号：040301）

项目编号	项目名称	项目特征	计量单位	工程量计算规则	工作内容	可组合的定额项目
040301001	预制钢筋混凝土方桩	1. 地层情况 2. 送桩深度、桩长 3. 桩截面 4. 桩倾斜度 5. 混凝土强度等级	1. m 2. m³ 3. 根	1. 以"m"为计量单位，按设计图示尺寸以桩长（包括桩尖）计算 2. 以"m³"为计量单位，按设计图示桩长（包括桩尖）乘以桩的断面积计算 3. 以"根"为计量单位，按设计图示数量计算	1. 工作平台搭拆 2. 桩就位 3. 桩机移位 4. 沉桩 5. 接桩 6. 送桩	1. 搭拆桩基础支架平台 2. 打桩 3. 接桩 4. 送桩
040301002	预制钢筋混凝土管桩	1. 地层情况 2. 送桩深度、桩长 3. 桩外径、壁厚 4. 桩倾斜度 5. 桩尖设置及类型 6. 混凝土强度等级 7. 填充材料种类	1. m 2. m³ 3. 根		1. 工作平台搭拆 2. 桩就位 3. 桩机移位 4. 桩尖安装 5. 沉桩 6. 接桩 7. 送桩 8. 桩芯填充	1. 搭拆桩基础支架平台 2. 打桩 3. 接桩 4. 送桩 5. 桩芯填充

续表

项目编号	项目名称	项目特征	计量单位	工程量计算规则	工作内容	可组合的定额项目
040301003	钢管桩	1.地层情况 2.送桩深度、桩长 3.材质 4.管径、壁厚 5.桩倾斜度 6.填充材料种类 7.防护材料种类	1. t 2. 根	1.以"t"为计量单位,按设计图示尺寸以质量计算 2.以"根"为计量单位,按设计图示数量计算	1.工作平台搭拆 2.桩就位 3.桩机移位 4.沉桩 5.接桩 6.送桩 7.切割钢管、精割盖帽 8.管内取土、余土弃置 9.管内填芯、刷防护材料	1.搭拆桩基础支架平台 2.打桩 3.接桩 4.送桩 5.钢管桩内切割 6.钢管桩精割盖帽 7.钢管桩管内钻孔取土 8.钢管桩填芯
040301004	泥浆护壁成孔灌注桩	1.地层情况 2.空桩长度、桩长 3.桩径 4.成孔方法 5.混凝土种类、强度等级	1. m 2. m³ 3. 根	1.以"m"为计量单位,按设计图示尺寸以桩长(包括桩尖)计算 2.以"m³"为计量单位,按不同截面在桩长范围内以体积计算 3.以"根"为计量单位,按设计图示数量计算	1.工作平台搭拆 2.桩机移位 3.护筒埋设 4.成孔、固壁 5.混凝土制作、运输、灌注、养护 6.土方、废浆外运 7.打桩场地硬化及泥浆池、泥浆沟	1.搭拆桩基础支架平台 2.埋设钢护筒 3.转盘式钻孔桩基成孔 4.旋挖桩机成孔 5.冲孔桩机成孔 6.入岩增加费 7.泥浆池建造和拆除 8.泥浆外运 9.泥浆固化处理 10.灌注混凝土
040301005	沉管灌注桩	1.地层情况 2.空桩长度、桩长 3.复打长度 4.桩径 5.沉管方法 6.桩尖类型 7.混凝土种类、强度等级	1. m 2. m³ 3. 根	1.以"m"为计量单位,按设计图示尺寸以桩长(包括桩尖)计算 2.以"m³"为计量单位,按设计图示桩长(包括桩尖)乘以桩的断面积计算 3.以"根"为计量单位,按设计图示数量计算	1.工作平台搭拆 2.桩机移位 3.打(沉)拔钢管 4.桩尖安装 5.混凝土制作、运输、灌注、养护	
040301006	干作业成孔灌注桩	1.地层情况 2.空桩长度、桩长 3.桩径 4.扩孔直径、高度 5.成孔方法 6.混凝土种类、强度等级	1. m 2. m³ 3. 根		1.工作平台搭拆 2.桩机移位 3.成孔、扩孔 4.混凝土制作、运输、灌注、振捣、养护	
040301007	挖孔桩土(石)方	1.土(石)类别 2.挖孔深度 3.弃土(石)运距	m³	按设计图示尺寸(含护壁)截面积乘以挖孔深度以体积计算	1.排地表水 2.挖土、凿石 3.基底钎探 4.土(石)方外运	1.人工挖孔 2.挖淤泥、流砂增加费 3.挖岩石增加费

市政工程计量与计价（第四版）

续表

项目编号	项目名称	项目特征	计量单位	工程量计算规则	工作内容	可组合的定额项目
040301008	人工挖孔灌注桩	1. 桩芯长度 2. 桩芯直径、扩底直径、扩底高度 3. 护壁厚度、高度 4. 护壁材料种类、强度等级 5. 桩芯混凝土种类、强度等级	1. m³ 2. 根	1. 以"m³"为计量单位，按桩芯混凝土体积计算 2. 以"根"为计量单位，按设计图示数量计算	1. 护壁制作、安装 2. 混凝土制作、运输、灌注、振捣、养护	1. 制作、安装混凝土护壁 2. 灌注混凝土
040301009	钻孔压浆桩	1. 地层情况 2. 桩长 3. 钻孔直径 4. 骨料品种、规格 5. 水泥强度等级	1. m 2. 根	1. 以"m"为计量单位，按设计图示尺寸以桩长计算 2. 以"根"为计量单位，按设计图示数量计算	1. 钻孔、下注浆管、投放骨料 2. 浆液制作、运输、压浆	
040301010	灌注桩后注浆	1. 注浆导管材料、规格 2. 注浆导管长度 3. 单孔注浆量 4. 水泥强度等级	孔	按设计图示以注浆孔数计算	1. 注浆导管制作、安装 2. 浆液制作、运输、压浆	1. 注浆管埋设 2. 预留孔注浆
040301011	截桩头	1. 桩类型 2. 桩头截面、高度 3. 混凝土强度等级 4. 有无钢筋	1. m³ 2. 根	1. 以"m³"为计量单位，按设计桩截面乘以桩头长度以体积计算 2. 以"根"为计量单位，按设计图示数量计算	1. 截桩头 2. 凿平 3. 废料外运	1. 截桩头 2. 废料弃置
040301012	声测管	1. 材质 2. 规格、型号	1. t 2. m	1. 按设计图示尺寸以质量计算 2. 按设计图示尺寸以长度计算	1. 检测管截断、挂头 2. 套管制作、焊接 3. 定位、固定	声测管制作、安装

（2）基坑与边坡支护，见附表-9。

附表-9 基坑及边坡防护（编号：040302）

项目编号	项目名称	项目特征	计量单位	工程量计算规则	工作内容	可组合的定额项目
040302001	圆木桩	1. 地层情况 2. 桩长 3. 材质 4. 尾径 5. 桩倾斜度	1. m 2. 根	1. 以"m"为计量单位，按设计图示尺寸以桩长（包括桩尖）计算 2. 以"根"为计量单位，按设计图示数量计算	1. 工作平台搭拆 2. 桩机移位 3. 桩制作、运输、就位 4. 桩靴安装 5. 沉桩	1. 搭拆桩基础支架平台 2. 打基础圆木桩

续表

项目编号	项目名称	项目特征	计量单位	工程量计算规则	工作内容	可组合的定额项目
040302002	预制钢筋混凝土板桩	1.地层情况 2.送桩深度、桩长 3.桩截面 4.混凝土强度等级	1. m³ 2. 根	1.以"m³"为计量单位，按设计图示桩长（包括桩尖）乘以桩的断面积计算 2.以"根"为计量单位，按设计图示数量计算	1.工作平台搭拆 2.桩就位 3.桩机移位 4.沉桩 5.接桩 6.送桩	1.搭拆桩基础支架平台 2.打桩 3.接桩 4.送桩
040302003	地下连续墙	1.地层情况 2.导墙类型、截面 3.墙体厚度 4.成槽深度 5.混凝土种类、强度等级 6.接头形式	m³	按设计图示墙中心线长乘以厚度乘以槽深以体积计算	1.导墙挖填、制作、安装、拆除 2.挖土成槽、固壁、清底置换 3.混凝土制作、运输、灌注、养护 4.接头处理 5.土方、废浆外运 6.打桩场地硬化及泥浆池、泥浆沟	1.导墙开挖、现浇混凝土导墙 2.挖土成槽 3.土方外运 4.接头管（箱）吊拔 5.浇捣混凝土连续墙 6.泥浆池建造和拆除 7.泥浆外运
040302004	咬合灌注桩	1.地层情况 2.桩长 3.桩径 4.混凝土种类、强度等级 5.部位	1. m 2. 根	1.以"m"为计量单位，按设计图示尺寸以桩长计算 2.以"根"为计量单位，按设计图示数量计算	1.桩机移位 2.成孔、固壁 3.混凝土制作、运输、灌注、养护 4.套管压拔 5.土方、废浆外运 6.打桩场地硬化及泥浆池、泥浆沟	咬合灌注桩
040302005	型钢水泥土搅拌墙	1.深度 2.桩径 3.水泥掺量 4.型钢材料、规格 5.是否拔出	m³	按设计图示尺寸以体积计算	1.钻机移位 2.钻进 3.浆液制作、运输、压浆 4.搅拌、成桩 5.型钢插拔 6.土方、废浆外运	1.深层水泥搅拌桩 2.插、拔型钢 3.土方外运 4.泥浆外运
040302006	锚杆（索）	1.地层情况 2.锚杆（索）类型、部位 3.钻孔直径、深度 4.杆体材料品种、规格、数量 5.是否预应力 6.浆液种类、强度等级	1. m 2. 根	1.以"m"为计量单位，按设计图示尺寸以钻孔深度计算 2.以"根"为计量单位，按设计图示数量计算	1.钻孔、浆液制作、运输、压浆 2.锚杆（索）制作、安装 3.张拉锚固 4.锚杆（索）施工平台搭设拆除	1.锚杆、锚索钻孔 2.锚杆（索）制作、安装 3.锚杆、锚索注浆

续表

项目编号	项目名称	项目特征	计量单位	工程量计算规则	工作内容	可组合的定额项目
040302007	土钉	1.地层情况 2.钻孔直径、深度 3.置入方法 4.杆体材料品种、规格、数量 5.浆液种类、强度等级	1. m 2. 根	1.以"m"为计量单位，按设计图示尺寸以钻孔深度计算 2.以"根"为计量单位，按设计图示数量计算	1.钻孔、浆液制作、运输、压浆 2.土钉制作、安装 3.土钉施工平台搭设拆除	1.砂浆土钉 2.钢管护坡土钉
040302008	喷射混凝土	1.部位 2.厚度 3.材料种类 4.混凝土类别、强度等级	m²	按设计图示尺寸以面积计算	1.修整边坡 2.混凝土制作、运输、喷射、养护 3.钻排水孔、安装排水管 4.喷射施工平台搭设、拆除	1.喷射混凝土支护无筋 2.喷射混凝土支护有筋

（3）现浇混凝土构件，见附表-10。

附表-10　现浇混凝土构件（编号：040303）

项目编号	项目名称	项目特征	计量单位	工程量计算规则	工作内容	可组合的定额项目
040303001	混凝土垫层	混凝土强度等级				混凝土垫层
040303002	混凝土基础	1.混凝土强度等级 2.嵌料（毛石）比例				1.毛石混凝土基础 2.混凝土基础 3.模板
040303003	混凝土承台	混凝土强度等级				1.承台混凝土 2.承台模板
040303004	混凝土墩（台）帽		m³	按设计图示尺寸以体积计算	1.模板制作、安装、拆除 2.混凝土拌和、运输、浇筑 3.养护	1.墩帽混凝土 2.墩帽模板 3.台帽混凝土 4.台帽模板
040303005	混凝土墩（台）身	1.部位 2.混凝土强度等级				1.轻型桥台混凝土、模板 2.实体式桥台混凝土、模板 3.拱桥墩身混凝土、模板 4.拱桥台身混凝土、模板 5.柱式墩台身混凝土、模板
040303006	混凝土支撑梁及横梁					1.支撑梁混凝土、模板 2.横梁混凝土、模板

续表

项目编号	项目名称	项目特征	计量单位	工程量计算规则	工作内容	可组合的定额项目
040303007	混凝土墩（台）盖梁	1.部位 2.混凝土强度等级			1.模板制作、安装、拆除 2.混凝土拌和、运输、浇筑 3.养护	1.墩盖梁混凝土、模板 2.台盖梁混凝土、模板
040303008	混凝土拱桥拱座	混凝土强度等级				拱座混凝土、模板
040303009	混凝土拱桥拱肋					拱肋混凝土、模板
040303010	混凝土拱上构件	1.部位 2.混凝土强度等级				拱上构件混凝土、模板
040303011	混凝土箱梁	1.部位 2.混凝土强度等级	m³	按设计图示尺寸以体积计算	1.模板制作、安装、拆除 2.混凝土拌和、运输、浇筑 3.养护	1.现浇0号块件混凝土、模板 2.悬浇箱梁混凝土、模板 3.支架上现浇箱梁混凝土、模板
040303012	混凝土连续板	1.部位 2.结构形式 3.混凝土强度等级				1.矩形实体连续板混凝土、模板 2.矩形空心连续板混凝土、模板
040303013	混凝土板梁					1.实心板梁混凝土、模板 2.空心板梁混凝土、模板
040303014	混凝土板拱	1.部位 2.混凝土强度等级				板拱混凝土、模板
040303015	混凝土挡墙墙身	1.混凝土强度等级 2.泄水孔材料品种、规格 3.滤水层要求 4.沉降缝要求			1.模板制作、安装、拆除 2.混凝土拌和、运输、浇筑 3.养护 4.抹灰 5.泄水孔制作、安装 6.滤水层铺筑 7.沉降缝	1.挡墙墙身混凝土、模板 2.滤层 3.泄水孔 4.挡墙基础 5.沉降缝
040303016	混凝土挡墙压顶	1.混凝土强度等级 2.沉降缝要求			1.模板制作、安装、拆除 2.混凝土拌和、运输、浇筑 3.养护 4.沉降缝	1.挡墙压顶混凝土、模板 2.沉降缝

项目编号	项目名称	项目特征	计量单位	工程量计算规则	工作内容	可组合的定额项目
040303017	混凝土楼梯	1.结构形式 2.底板厚度 3.混凝土强度等级	1. m² 2. m³	1.以"m²"为计量单位，按设计图示尺寸以水平投影面积计算 2.以"m³"为计量单位，按设计图示尺寸以体积计算	1.模板制作、安装、拆除 2.混凝土拌和、运输、浇筑 3.养护	楼梯混凝土、模板
040303018	混凝土防撞护栏	1.断面 2.混凝土强度等级	m	按设计图示尺寸以长度计算	1.模板制作、安装、拆除 2.混凝土拌和、运输、浇筑 3.养护	防撞护栏混凝土、模板
040303019	桥面铺装	1.混凝土强度等级 2.沥青品种 3.沥青混凝土种类 4.厚度 5.配合比	m²	按设计图示尺寸以面积计算	1.模板制作、安装、拆除 2.混凝土拌和、运输、浇筑 3.养护 4.沥青混凝土铺装 5.碾压	1.混凝土桥面铺装 ①水泥混凝土路面 ②伸缩缝嵌缝、锯缝 ③混凝土路面刻防滑槽 ④水泥混凝土路面养生 2.沥青混凝土桥面铺装
040303020	混凝土桥头搭板	混凝土强度等级	m³	按设计图示尺寸以体积计算	1.模板制作、安装、拆除 2.混凝土拌和、运输、浇筑 3.养护	桥头搭板混凝土、模板
040303021	混凝土搭板枕梁	混凝土强度等级				搭板枕梁混凝土、模板
040303022	混凝土桥塔身	1.形状 2.混凝土强度等级				—
040303023	混凝土连系梁	1.形状 2.混凝土强度等级				1.横梁混凝土、模板 2.支撑梁混凝土、模板
040303024	混凝土其他构件	1.名称、部位 2.混凝土强度等级				1.混凝土接头及灌缝 2.现浇立柱、端柱、灯柱 3.现浇地梁、侧石、平石 4.现浇支座垫石
040303025	钢管拱混凝土	混凝土强度等级			混凝土拌和、运输、压注	钢管拱肋混凝土

（4）预制混凝土构件，见附表 -11。

附表 -11 预制混凝土构件（编号：040304）

项目编号	项目名称	项目特征	计量单位	工程量计算规则	工作内容	可组合的定额项目
040304001	预制混凝土梁	1. 部位 2. 图集、图纸名称 3. 构件代号、名称 4. 混凝土强度等级 5. 砂浆强度等级	m³	按设计图示尺寸以体积计算	1. 模板制作、安装、拆除 2. 混凝土拌和、运输、浇筑 3. 养护 4. 构件安装 5. 接头灌缝 6. 砂浆制作 7. 运输	1. 预制梁混凝土、模板 2. 构件出槽堆放 3. 预制构件场内运输 4. 预制梁安装 5. 构件连接
040304002	预制混凝土柱	1. 部位 2. 图集、图纸名称 3. 构件代号、名称 4. 混凝土强度等级 5. 砂浆强度等级			1. 模板制作、安装、拆除 2. 混凝土拌和、运输、浇筑 3. 养护 4. 构件安装 5. 接头灌缝 6. 砂浆制作 7. 运输	1. 预制柱混凝土、模板 2. 预制构件场内运输 3. 预制柱安装 4. 构件连接
040304003	预制混凝土板					1. 预制板混凝土、模板 2. 构件出槽堆放 3. 预制构件场内运输 4. 预制板安装 5. 构件连接
040304004	预制混凝土挡墙墙身	1. 图集、图纸名称 2. 构件代号、名称 3. 结构形式 4. 混凝土强度等级 5. 泄水孔材料种类、规格 6. 滤水层要求 7. 砂浆强度等级			1. 模板制作、安装、拆除 2. 混凝土拌和、运输、浇筑 3. 养护 4. 构件安装 5. 接头灌缝 6. 泄水孔制作、安装 7. 滤水层铺设 8. 砂浆制作 9. 运输	1. 挡墙墙身混凝土、模板 2. 滤层 3. 泄水孔 4. 构件安装 5. 构件连接 6. 预制构件场内运输
040304005	预制混凝土其他构件	1. 部位 2. 图集、图纸名称 3. 构件代号、名称 4. 混凝土强度等级 5. 砂浆强度等级			1. 模板制作、安装、拆除 2. 混凝土拌和、运输、浇筑 3. 养护 4. 构件安装 5. 接头灌缝 6. 砂浆制作 7. 运输	1. 预制拱构件混凝土、模板、构件场内运输、构件安装 2. 预制板拱混凝土、模板、构件场内运输、构件安装 3. 预制人行道板、缘石、灯柱等小型构件混凝土、模板、构件场内运输、构件安装

（5）砌筑，见附表-12。

附表-12　砌筑（编号：040305）

项目编号	项目名称	项目特征	计量单位	工程量计算规则	工作内容	可组合的定额项目
040305001	垫层	1. 材料品种、规格 2. 厚度	m³	按设计图示尺寸以体积计算	垫层铺筑	1. 碎石垫层 2. 砂垫层
040305002	干砌块料	1. 部位 2. 材料品种、规格 3. 泄水孔材料品种、规格 4. 滤水层要求 5. 沉降缝要求			1. 砌筑 2. 砌体勾缝 3. 砌体抹面 4. 泄水孔制作、安装 5. 滤层铺设 6. 沉降缝	1. 浆砌块石 2. 浆砌料石 3. 浆砌混凝土预制块 4. 滤层 5. 泄水孔 6. 沉降缝
040305003	浆砌块料	1. 部位 2. 材料品种、规格 3. 砂浆强度等级 4. 泄水孔材料品种、规格 5. 滤水层要求 6. 沉降缝要求				
040305004	砖砌体					砖砌体
040304004	护坡	1. 材料品种 2. 结构形式 3. 厚度 4. 砂浆强度等级	m²	按设计图示尺寸以面积计算	1. 修整边坡 2. 砌筑 3. 砌体勾缝 4. 砌体抹面	1. 护坡 2. 勾缝

（6）装饰，见附表-13。

附表-13　装饰（编号：040308）

项目编号	项目名称	项目特征	计量单位	工程量计算规则	工作内容	可组合的定额项目
040308001	水泥砂浆抹面	1. 砂浆配合比 2. 部位 3. 厚度	m²	按设计图示尺寸以面积计算	1. 基层清理 2. 砂浆抹面	水泥砂浆抹面
040308002	剁斧石饰面	1. 材料 2. 部位 3. 形式 4. 厚度			1. 基层清理 2. 饰面	剁斧石饰面
040308003	镶贴面层	1. 材质 2. 规格 3. 厚度 4. 部位			1. 基层清理 2. 镶贴面层 3. 勾缝	镶贴面层
040308004	涂料	1. 材料品种 2. 部位			1. 基层清理 2. 涂料涂刷	水质涂料
040308005	油漆	1. 材料品种 2. 部位 3. 工艺要求			1. 除锈 2. 刷油漆	油漆

（7）其他，见附表-14。

附表-14 其他（编号：040309）

项目编号	项目名称	项目特征	计量单位	工程量计算规则	工作内容	可组合的定额项目
040309001	金属栏杆	1.栏杆材质、规格 2.油漆品种、工艺要求	1. t 2. m	1.按设计图示尺寸以质量计算 2.按设计图示尺寸以延长米计算	1.制作、运输、安装 2.除锈、刷油漆	1.栏杆安装 2.油漆
040309002	石质栏杆	材料品种、规格	m	按设计图示尺寸以长度计算	制作、运输、安装	栏杆安装
040309003	混凝土栏杆	1.混凝土强度等级 2.规格尺寸				1.栏杆混凝土、模板 2.栏杆安装
040309004	橡胶支座	1.材质 2.规格、型号 3.形式	个	按设计图示数量计算	支座安装	支座安装
040309005	钢支座	1.规格、型号 2.形式				
040309006	盆式支座	1.材质 2.承载力				
040309007	桥梁伸缩装置	1.材料品种 2.规格、型号 3.混凝土种类 4.混凝土强度等级	m	以米计量，按设计图示尺寸以延长米计算	1.制作、安装 2.混凝土拌和、运输、浇筑	1.安装伸缩缝 2.安装沉降缝 3.伸缩缝预留槽混凝土
040309008	隔声屏障	1.材料品种 2.结构形式 3.油漆品种、工艺要求	m²	按设计图示尺寸以面积计算	1.制作、安装 2.除锈、刷油漆	1.隔声屏制作 2.隔声屏安装
040309009	桥面泄水管	1.材料品种 2.管径	m	按设计图示尺寸以长度计算	进水口、泄水管制作、安装	1.泄水管安装 2.滤层铺设
040309010	防水层	1.部位 2.材料品种 3.工艺要求	m²	按设计图示尺寸以面积计算	防水层铺涂	1.桥面处理 2.桥面防水

4.市政排水管网工程

（1）管道铺设（节选其中市政排水管网工程相关清单项目），见附表-15。

附表 -15　管道铺设（编号：040501）（节选）

项目编号	项目名称	项目特征	计量单位	工程量计算规则	工作内容	可组合的定额项目
040501001	混凝土管	1. 垫层、基础材质及厚度 2. 管座材质 3. 规格 4. 接口形式 5. 铺设深度 6. 混凝土强度等级 7. 管道检验及试验要求	m	按设计图示中心线长度以延长米计算，不扣除附属构筑物、管件及阀门等所占长度	1. 垫层、基础铺筑及养护 2. 模板制作、安装、拆除 3. 混凝土拌和、运输、浇筑、养护 4. 预制管枕安装 5. 管道铺设 6. 管道接口 7. 管道检验及试验	1. 垫层铺筑 2. 平基混凝土、模板 3. 混凝土枕基预制、安装 4. 管座混凝土、模板 5. 管道铺设 6. 管道接口 7. 排水管道闭水试验
040501002	钢管	1. 垫层、基础材质及厚度 2. 材质及规格 3. 接口形式 4. 铺设深度 5. 管道检验及试验要求 6. 集中防腐运距			1. 垫层、基础铺筑及养护 2. 模板制作、安装、拆除 3. 混凝土拌和、运输、浇筑、养护 4. 管道铺设 5. 管道检验及试验 6. 集中防腐运距	1. 垫层铺筑 2. 混凝土基础铺筑 3. 混凝土枕基预制、安装 4. 混凝土管座浇筑 5. 钢管安装 6. 管道防腐 7. 管道试压
040501004	塑料管	1. 垫层、基础材质及厚度 2. 材质及规格 3. 接口形式 4. 铺设深度 5. 管道检验及试验要求			1. 垫层、基础铺筑及养护 2. 模板制作、安装、拆除 3. 混凝土拌和、运输、浇筑、养护 4. 管道铺设 5. 管道检验及试验	1. 垫层铺筑 2. 混凝土基础浇筑 3. 混凝土枕基预制、安装 4. 管道铺设 5. 管道接口 6. 排水管道闭水试验
040501008	水平导向钻进	1. 土壤类别 2. 材质及规格 3. 一次成孔长度 4. 接口形式 5. 泥浆要求 6. 管道检验及试验要求 7. 集中防腐运距		按设计图示长度以延长米计算，扣除附属构筑物（检查井）所占的长度	1. 设备安装、拆除 2. 定位、成孔 3. 管道接口 4. 拉管 5. 纠偏、监测 6. 泥浆制作、注浆 7. 管道检测及试验 8. 集中防腐运输 9. 泥浆、土方外运	1. 塑料管管道接口 2. 排水塑料管定向钻牵引管道 3. 钢管等其他定向钻牵引管道 4. 泥浆外运 5. 管外注浆 6. 排水管道闭水试验
040501010	顶（夯）管工作坑	1. 土壤类别 2. 工作坑平面尺寸及深度 3. 支撑、围护方式 4. 垫层、基础材质及厚度 5. 混凝土强度等级 6. 设备、工作台主要技术要求	座	按设计图示数量计算	1. 支撑、围护 2. 模板制作、安装、拆除 3. 混凝土拌和、运输、浇筑、养护 4. 工作坑内设备、工作台安装及拆除	1. 打拔钢板桩 2. 支撑安拆 3. 垫层及基础浇筑 4. 基础模板 5. 工作坑挖土 6. 工作坑回填 7. 安拆顶进后座及平台 8. 安拆顶管设备

续表

项目编号	项目名称	项目特征	计量单位	工程量计算规则	工作内容	可组合的定额项目
040501011	预制混凝土工作坑	1. 土壤类别 2. 工作坑平面尺寸及深度 3. 垫层、基础材质及厚度 4. 混凝土强度等级 5. 设备、工作台主要技术要求 6. 混凝土构件运距	座	按设计图示数量计算	1. 混凝土工作坑制作 2. 下沉、定位 3. 模板制作、安装、拆除 4. 混凝土拌和、运输、浇筑、养护 5. 工作坑内设备、工作台安装及拆除 6. 混凝土构件运输	1. 混凝土工作坑预制 2. 混凝土工作坑运输 3. 工作坑垫层 4. 底板浇筑 5. 挖土下沉 6. 安拆顶进后座及平台 7. 安拆顶管设备
040501012	顶管	1. 土壤类别 2. 顶管工作方式 3. 管道材质及规格 4. 中继间规格 5. 工具管材质及规格 6. 触变泥浆要求 7. 管道检验及试验要求 8. 集中防腐运距	m	按设计图示长度以延长米计算，扣除附属构筑物（检查井）所占的长度	1. 管道顶进 2. 管道接口 3. 中继间、工具管及附属设备安装拆除 4. 管内挖、运土及土方提升 5. 机械顶管设备调向 6. 纠偏、监测 7. 触变泥浆制作、注浆 8. 洞口止水 9. 管道检测及试验 10. 集中防腐运输 11. 泥浆、土方外运	1. 顶进后座及坑内工作平台搭拆 2. 顶进设备安拆 3. 管道顶进 4. 中继间安拆 5. 触变泥浆减阻及封拆 6. 洞口止水处理 7. 泥浆外运 8. 土方外运 9. 防腐 10. 排水管道闭水试验
040501013	土壤加固	1. 土壤类别 2. 加固填充材料 3. 加固方式	1. m 2. m³	1. 按设计图示加固段长度以延长米计算 2. 按设计图示加固段体积以体积计算	打孔、调浆、灌注	1. 分层注浆 2. 压密注浆 3. 高压旋喷桩 4. 深层水泥搅拌桩 5. 插拔型钢 6. 碎石冲振桩
040501017	混凝土方沟	1. 断面规格 2. 垫层、基础材质及厚度 3. 混凝土强度等级 4. 伸缩缝（沉降缝）要求 5. 盖板材质、规格 6. 防渗、防水要求 7. 混凝土构件运距	m	按设计图示尺寸以延长米计算	1. 模板制作、安装、拆除 2. 混凝土拌和、运输、浇筑、养护 3. 盖板安装 4. 防水、止水 5. 混凝土构件运输	1. 垫层铺筑 2. 现浇混凝土方沟 3. 盖板预制、安装 4. 盖板运输 5. 沉降缝 6. 方沟渗水试验

续表

项目编号	项目名称	项目特征	计量单位	工程量计算规则	工作内容	可组合的定额项目
040501018	砌筑渠道	1. 断面规格 2. 垫层、基础材质及厚度 3. 砌筑材料品种、规格、强度等级 4. 混凝土强度等级 5. 砂浆强度等级、配合比 6. 勾缝、抹面要求 7. 伸缩缝（沉降缝）要求 8. 防渗、防水要求	m	按设计图示尺寸以延长米计算	1. 模板制作、安装、拆除 2. 混凝土拌和、运输、浇筑、养护 3. 渠道砌筑 4. 勾缝、抹面 5. 防水、止水	1. 垫层铺筑 2. 渠道基础浇筑 3. 墙身砌筑 4. 拱盖砌筑 5. 墙帽砌筑 6. 抹灰、勾缝 7. 盖板预制、安装 8. 盖板运输 9. 沉降缝 10. 渠道渗水试验
040501019	混凝土渠道	1. 断面规格 2. 垫层、基础材质及厚度 3. 混凝土强度等级 4. 伸缩缝（沉降缝）要求 5. 防渗、防水要求 6. 混凝土构件运距			1. 模板制作、安装、拆除 2. 混凝土拌和、运输、浇筑、养护 3. 防水、止水 4. 混凝土构件运输	1. 垫层铺筑 2. 现浇混凝土 3. 模板 4. 沉降缝 5. 渠道渗水试验

（2）管道附属构筑物（节选其中市政排水管网工程相关清单项目），见附表-16。

附表-16　管道附属构筑物（编号：040504）（节选）

项目编号	项目名称	项目特征	计量单位	工程量计算规则	工作内容	可组合的定额项目
040504001	砌筑井	1. 垫层、基础材质及厚度 2. 砌筑材料品种、规格、强度等级 3. 勾缝、抹面要求 4. 砂浆强度等级、配合比 5. 混凝土强度等级 6. 盖板材质、规格 7. 井盖、井圈材质及规格 8. 踏步材质、规格 9. 防渗、防水要求	座	按设计图示数量计算	1. 垫层铺筑 2. 模板制作、安装、拆除 3. 混凝土拌和、运输、浇筑、养护 4. 砌筑、勾缝、抹面 5. 井圈、井盖安装 6. 盖板安装 7. 踏步安装 8. 防水、止水	1. 垫层、基础铺筑 2. 井身砌筑 3. 流槽砌筑 4. 过梁预制 5. 过梁安装 6. 勾缝、抹灰 7. 混凝土井盖、井座制作 8. 井盖、井座安装 9. 踏步安装

续表

项目编号	项目名称	项目特征	计量单位	工程量计算规则	工作内容	可组合的定额项目
040504002	混凝土井	1. 垫层、基础材质及厚度 2. 混凝土强度等级 3. 盖板材质、规格 4. 井盖、井圈材质及规格 5. 踏步材质、规格 6. 防渗、防水要求	座	按设计图示数量计算	1. 垫层铺筑 2. 模板制作、安装、拆除 3. 混凝土拌和、运输、浇筑、养护 4. 井圈、井盖安装 5. 盖板安装 6. 踏步安装 7. 防水、止水	1. 垫层铺筑 2. 混凝土底板浇筑 3. 井壁浇筑 4. 顶板浇筑 5. 井壁模板 6. 顶板模板 7. 踏步安装 8. 流槽浇筑 9. 混凝土井盖、井座制作 10. 井盖、井座安装
040504003	塑料检查井	1. 垫层、基础材质及厚度 2. 检查井材质、规格 3. 井筒、井盖、井圈材质及规格			1. 垫层铺筑 2. 模板制作、安装、拆除 3. 混凝土拌和、运输、浇筑、养护 4. 检查井安装 5. 井筒、井圈、井盖安装	
040504004	砌筑井筒	1. 井筒规格 2. 砌筑材料品种、规格 3. 砌筑、勾缝、抹面要求 4. 砂浆强度等级、配合比 5. 踏步材质、规格 6. 防渗、防水要求	m	按设计图示尺寸以延长米计算	1. 砌筑、勾缝、抹面 2. 踏步安装	1. 砌筑 2. 踏步安装 3. 抹灰、勾缝
040504005	预制混凝土井筒	1. 井筒规格 2. 踏步规格			1. 运输 2. 安装	
040504006	砌体出水口	1. 垫层、基础材质及厚度 2. 砌筑材料品种、规格 3. 砌筑、勾缝、抹面要求 4. 砂浆强度等级及配合比	座	按设计图示数量计算	1. 垫层铺筑 2. 模板制作、安装、拆除 3. 混凝土拌和、运输、浇筑、养护 4. 砌筑、勾缝、抹面	1. 垫层铺设 2. 混凝土基础 3. 砌筑 4. 抹灰、勾缝
040504007	混凝土出水口	1. 垫层、基础材质及厚度 2. 混凝土强度等级			1. 垫层铺筑 2. 模板制作、安装、拆除 3. 混凝土拌和、运输、浇筑、养护	1. 垫层铺设 2. 混凝土基础 3. 混凝土浇筑

续表

项目编号	项目名称	项目特征	计量单位	工程量计算规则	工作内容	可组合的定额项目
040504009	雨水口	1. 雨水箅子及圈口材质、型号、规格 2. 垫层、基础材质及厚度 3. 混凝土强度等级 4. 砌筑材料品种、规格 5. 砂浆强度等级及配合比	座	按设计图示数量计算	1. 垫层铺筑 2. 模板制作、安装、拆除 3. 混凝土拌和、运输、浇筑、养护 4. 砌筑、勾缝、抹面 5. 雨水箅子安装	1. 垫层铺筑 2. 混凝土基础浇筑 3. 砌筑 4. 勾缝、抹灰 5. 井座制作、安装 6. 井箅安装

5. 钢筋工程

钢筋工程，见附表 -17。

附表 -17　钢筋工程（编号：040901）

项目编号	项目名称	项目特征	计量单位	工程量计算规则	工作内容	可组合的定额项目
040901001	现浇构件钢筋	1. 钢筋种类 2. 钢筋规格	t	按设计图示尺寸以质量计算	1. 制作 2. 运输 3. 安装	1. 普通钢筋制作、安装：光圆钢筋 2. 普通钢筋制作、安装：带肋钢筋 3. 普通钢筋制作、安装：冷轧扭钢筋 4. 钢筋场内运输
040901002	预制构件钢筋					
040901003	钢筋网片					钢筋网片
040901004	钢筋笼					1. 灌注桩钢筋笼：光圆钢筋 2. 灌注桩钢筋笼：带肋钢筋
040901005	先张法预应力钢筋（钢丝、钢绞线）	1. 部位 2. 预应力筋种类 3. 预应力筋规格			1. 张拉台座制作、安装、拆除 2. 预应力筋制作、张拉	1. 张拉台座 2. 预应力钢筋
040901006	后张法预应力钢筋（钢丝束、钢绞线）	1. 部位 2. 预应力筋种类 3. 预应力筋规格 4. 锚具种类、规格 5. 砂浆强度等级 6. 压浆管材质、规格			1. 预应力筋孔道制作、安装 2. 锚具安装 3. 预应力筋制作、张拉 4. 安装压浆管道 5. 孔道压浆	1. 预应力钢绞线 2. 预应力钢筋 3. 安装压浆管道 4. 孔道压浆 5. 无黏结预应力钢绞线 6. 预应力钢绞线智能张拉
040901007	型钢	1. 材料种类 2. 材料规格			1. 制作 2. 运输 3. 安装、定位	插拔型钢

项目编号	项目名称	项目特征	计量单位	工程量计算规则	工作内容	可组合的定额项目
040901008	植筋	1. 材料种类 2. 材料规格 3. 植入深度 4. 植筋胶品种	根	按设计图示数量计算	1. 定位、钻孔、清孔 2. 钢筋加工成型 3. 注胶、植筋 4. 抗拔试验 5. 养护	植筋增加费
040901009	预埋铁件	1. 材料种类 2. 材料规格	t	按设计图示尺寸以质量计算	1. 制作 2. 运输 3. 安装	铁件制作、安装

6. 拆除工程

拆除工程，见附表 -18。

附表 -18　拆除工程（编号：041001）

项目编号	项目名称	项目特征	计量单位	工程量计算规则	工作内容	可组合的定额项目
041001001	拆除路面	1. 材质 2. 厚度	m²	按拆除部位以面积计算	1. 拆除、清理 2. 运输	1. 拆除沥青类道路面层 2. 拆除混凝土类道路面层 3. 运输
041001002	拆除人行道					1. 拆除混凝土预制板 2. 拆除混凝土面层 3. 运输
041001003	拆除基层	1. 材质 2. 厚度 3. 部位				1. 人工拆除基层 2. 机械拆除基层 3. 运输
041001004	铣刨路面	1. 材质 2. 结构形式 3. 厚度				铣刨沥青路面
041001005	拆除侧、平（缘）石	材质	m	按拆除部位以延长米计算		1. 拆除侧、平石 2. 运输
041001006	拆除管道	1. 材质 2. 管径				1. 拆除管道 2. 运输
041001007	拆除砖石结构	1. 结构形式 2. 强度等级	m³	按拆除部位以体积计算		1. 拆除砖石构筑物 2. 运输
041001008	拆除混凝土结构					1. 拆除混凝土构筑物 2. 运输

市政工程计量与计价（第四版）

续表

项目编号	项目名称	项目特征	计量单位	工程量计算规则	工作内容	可组合的定额项目
041001009	拆除井	1. 结构形式 2. 规格尺寸 3. 强度等级	座	按拆除部位以数量计算	1. 拆除、清理 2. 运输	1. 拆除井 2. 运输
041001010	拆除电杆	1. 结构形式 2. 规格尺寸	根			
041001010	拆除管片	1. 材质 2. 部位	处			

参 考 文 献

全国造价工程师执业资格考试培训教材编审委员会，2013.建设工程计价：2013 年版 [M].6 版.北京：中国计划出版社.

全国造价工程师执业资格考试培训教材编审组，2009.工程造价管理基础理论与相关法规：2009 年版 [M].5 版.北京：中国计划出版社.

袁建新，2018.市政工程计量与计价 [M].4 版.北京：中国建筑工业出版社.

张强，易红霞，2014.建筑工程计量与计价：透过案例学造价 [M].2 版.北京：北京大学出版社.

浙江省建设工程造价管理总站，2018.浙江省建设工程计价规则：2018 版 [S].北京：中国计划出版社.

浙江省建设工程造价管理总站，2018.浙江省市政工程预算定额：2018 版：全 4 本 [S].北京：中国计划出版社.

中国建设工程造价管理协会，2021.建设工程造价管理理论与实务：2021 年版 [M].北京：中国计划出版社.

中华人民共和国住房和城乡建设部，2013.建设工程工程量清单计价规范：GB 50500—2013 [S].北京：中国计划出版社.

中华人民共和国住房和城乡建设部，2013.市政工程工程量计算规范：GB 50857—2013 [S].北京：中国计划出版社.